Das bietet Ihnen die CD-ROM

Kennzahlen-Rechner

Klären Sie mit Excel-Kennzahlen-Rechnern konkrete Fragen sofort (u.a. Delta-Analyse, Fluktuationsquote, Fehlzeitenquote, Personalkostencontrolling, Personalkostenplanung 1, Personalkostenplanung 2).

Checklisten

Von der Einführung des Personalcontrollings bis zur Dokumentation einer Datenauswertung finden Sie hier zu allen wichtigen Themen hilfreiche Checklisten.

Betriebsvereinbarung

Mit diesem Muster für eine Betriebsvereinbarung vereinbaren Sie klare, transparente Regelungen zum Personalcontrolling mit dem Betriebsrat.

Lern-Präsentation

Diese Präsentation zeigt Ihnen, wie Sie mit Ihren Berichten aus der Kommunikationssackgasse zu einem Feedback-Prozess kommen.

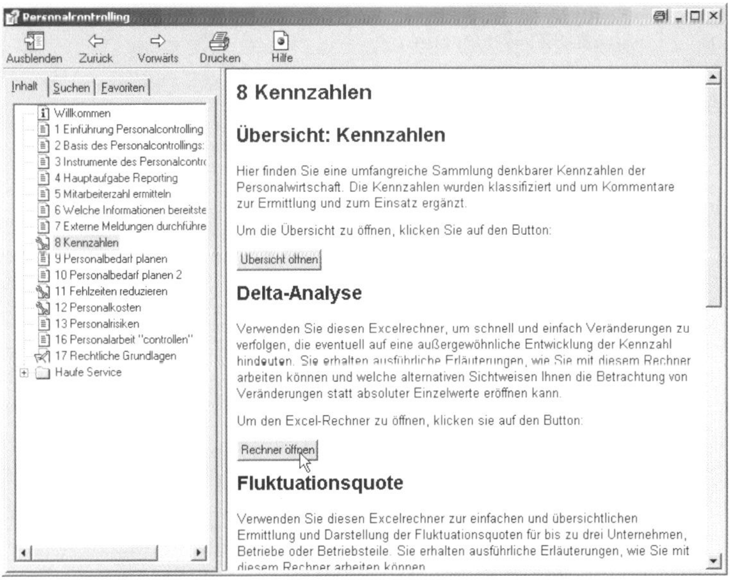

Bibliographische Information Der Deutschen Bibliothek

Die Deutsche Bibliothek verzeichnet diese Publikation in der Deutschen Nationalbibliographie; detaillierte bibliographische Daten sind im Internet über http://dnb.ddb.de abrufbar.

ISBN 978-3-448-08171-8 Bestell-Nr. 01419-0002

Niederlassung München
Redaktionsanschrift: Postfach, 82142 Planegg
Hausanschrift: Fraunhoferstraße 5, 82152 Planegg
Telefon: (089) 895 17-0
Telefax: (089) 895 17-290
www.haufe.de
online@haufe.de
Lektorat: Ulrich Leinz

Redaktion und DTP: Peter Böke
Umschlag: 102prozent design, Simone Kienle, Stuttgart
Druck: Bosch-Druck GmbH, 84030 Ergolding

Zur Herstellung dieses Buches wurde alterungsbeständiges Papier verwendet.

Personalcontrolling

Personalbedarf planen,
Fehlzeiten reduzieren,
Kosten steuern

Guido Lisges
Fred Schübbe

2. Auflage

Haufe Mediengruppe
Freiburg · Berlin · München

Inhaltsverzeichnis

Ihr Nutzen: Planen – Entscheiden – Umsetzen

Jedes Problem in einem Unternehmen ist letztlich ein Personalproblem.
(Alfred Herrhausen)

Personalcontrolling – ganz konkret. Das ist der Ansatz dieses Buches. Sie benötigen klare Antworten auf Ihre Fragen, wenn Sie in Ihrem Unternehmen die Funktion Personalcontrolling einführen oder erfolgreich betreiben möchten. Dieses Buch gibt Ihnen das dafür nötige Handwerkzeug.

Die ersten Kapitel beschäftigen sich mit dem Aufbau eines Personalcontrollings. Darin erfahren Sie, welche Werkzeuge Sie benötigen und eine erste Checkliste hilft Ihnen, alle wichtigen Punkte zu beachten. In den Praxiskapiteln erhalten Sie wertvolle Hilfen für konkrete Fragestellungen. Das der jeweiligen Problemstellung zu Grunde liegende Thema wird zunächst fachlich erörtert, wobei auch an kritischen und manchmal ungewöhnlichen Denkansätzen nicht gespart wird. Schließlich ist es eine Aufgabe des Personalcontrollings, Fragen zu stellen, die oft unbequem, aber im Sinne des Unternehmens notwendig sind. Das Buch hilft Ihnen, solche Fragen zu formulieren und die an Sie herangetragenen Problemstellungen immer aus mehreren Blickwinkeln zu betrachten.

Für die praktische Umsetzung zeigen Ihnen die Autoren dann konkret, welche Auswertungen aus Ihren Datenbeständen Sie benötigen und weisen auch auf Fallstricke und Gefahren hin. Sie erfahren, was rechtlich zu beachten ist und wie Sie Ihre Ergebnisse aussagekräftig aufbereiten. Es wäre doch schade, wenn Sie hervorragende Auswertungen durchgeführt haben, aber niemand die Aussagen erkennt und versteht, die damit erarbeitet wurden! Dazu werden die verschiedenen Verantwortlichkeiten des Personalcontrollings, die von der einfachen Dienstleistung bis zur Beratung des Managements reichen, detailliert beschrieben.

In vielen Fällen verdeutlichen zusätzliche Beispiele, Checklisten, ergänzende Dokumente, Programmierbeispiele und funktionsfähige Excel-Rechner auf der CD-ROM die Inhalte des jeweiligen Kapitels. Die Icons am Textrand des Buchs verweisen auf passende Arbeitsmittel auf der CD-ROM. Nutzen Sie diese Hilfen für die Übertragung in Ihre betriebliche Praxis. Alle auf der CD-ROM befindlichen Dokumente und Dateien sind frei kopier- und veränderbar.

Siehe CD-ROM

Die „erste Generation" der Personalcontroller besteht fast ausschließlich aus Autodidakten. Das Literaturangebot dieser jungen Disziplin ist bislang dementsprechend recht dürftig. Was bisher – aus Sicht der Autoren – fehlte, war ein umfassender, praxisorientierter Ratgeber, in dem die theoretischen Grundlagen als roter Faden selbstverständlich nicht fehlen dürfen.

Das vorliegende Buch soll jedoch nicht nur Einsteigern den Weg weisen, sondern auch Tipps für erfahrene Berufskollegen bereithalten und bei Geschäftsführern, Personalleitern und unternehmerischen Entscheidern Sensibilität für das Potenzial, aber auch für die Grenzen eines modernen Personalcontrollings in der betrieblichen Praxis erzeugen.

In vielen Fällen mussten die Autoren auf weitergehende Erläuterungen und in die Tiefe gehende Erörterungen verzichten und im Sinne der Vollständigkeit aller Facetten des Personalcontrollings in einem Buch Selbstbeschränkung üben. Insofern ist der vorliegende Praxisratgeber als „Initialzündung" für Ihre eigene Entwicklung und als „Querschnitt" für alle nicht direkt mit dem Personalcontrolling befassten Leser zu verstehen.

Wir wünschen Ihnen, dass unsere Ausführungen Ihnen bei der Gestaltung und Bewältigung Ihrer Aufgaben hilfreich sind, und über dies hinaus viel Freude beim Lesen.

Wiemersdorf/Norderstedt
im November 2004

Guido Lisges und *Fred Schübbe*

AZ Rad: Mit dieser Firma durch das Buch und in die Praxis

Der Fahrradhersteller AZ Rad ist längst kein kleiner Familienbetrieb mehr. Vor einigen Jahren in eine AG umgewandelt, produziert das Unternehmen selbst entwickelte Kinder- und Rennräder sowie Mountainbikes in seinen Werken in Flensburg und Schwerin. An diesen Standorten werden rund zweihundert Mitarbeiter vornehmlich in der Produktion, aber auch in den Bereichen Verwaltung und Forschung & Entwicklung beschäftigt. Die Struktur der Arbeitnehmer ist entsprechend heterogen. Trotz des Wachstums in den letzten Jahren tragen viele Prozesse noch die Handschrift eines Familienbetriebes. Dies gilt auch für den Personalbereich. Die Geschäftsleitung erkennt, dass nur ein professionelles Personalmanagement das Unternehmen sicher durch kommende Zeiten begleiten kann.

Praxisbeispiele aus dem Unternehmensalltag

Am Beispiel der (fiktiven) AZ Rad AG erleben Sie in den verschiedenen Kapiteln dieses Buches, wie ein Personalcontrolling aufgebaut wird und sich in die Gestaltung der unternehmerischen Aktivitäten kontinuierlich zunehmend einbringt. Praxisbeispiele aus der AZ Rad AG verdeutlichen in den einzelnen Kapiteln Lösungswege zu konkreten Aufgabenstellungen aus dem Unternehmensalltag.

www.azrad.de

Auf der Internetseite www.azrad.de steht Ihnen die im Buch erwähnte und in mehreren Beispielen verwendete Personalcontrolling-Datenbank zum (kostenlosen) Download zur Verfügung. Alle Berechnungen und Berichtsaufbereitungen erfolgen auf Basis vorhandener Daten zur Laufzeit. Es handelt sich nicht um eine statische „Demo-Version“. Da die Datenbank unabhängig vom Buch von den Autoren bereitgestellt und auch zukünftig weiterentwickelt wird, ist sie nicht auf der CD-ROM zum Buch enthalten, sondern ausschließlich per Download erhältlich. Über die genannte Homepage sind Sie darüber hinaus eingeladen, Fragen zu stellen und Anregungen weiterzugeben. Treten Sie über das AZ Rad-Forum in Kontakt mit den Autoren und anderen Personalcontrollern. Sie erreichen die

Autoren auch über die Internetadresse www.personalcontroller.de. Diese nicht-kommerzielle Homepage stellt Informationen rund um das Personalcontrolling bereit und ermöglicht im Rahmen eines Fachforums den Austausch zwischen Experten, Einsteigern und fachlich Interessierten.
Alle Namen und Daten, die in Abbildungen oder Tabellen vorkommen, sind frei erfunden. Ähnlichkeiten mit Personen oder Unternehmen wären zufällig und sind nicht beabsichtigt.

Einführung: Das Aufgabengebiet des Personalcontrollings

Definitionen für den Begriff „Personalcontrolling“ sind in der Literatur zahlreich vorhanden[1]. Sie entstammen meist wissenschaftlichen Quellen und erweisen sich für Fragestellungen aus der Praxis nur bedingt als hilfreich. Da aber auch in diesem Buch nicht darauf verzichtet werden soll, das Aufgabengebiet des Personalcontrollings zu umreißen und gegen andere Themenbereiche abzugrenzen, werden die Handlungs- und Verantwortungsfelder detailliert beschrieben werden. Die tatsächliche Ausgestaltung des Personalcontrollings im jeweiligen Unternehmen ist bis auf wenige grundlegende und unverzichtbare „basics“ abhängig von den Schwerpunkten, die das Unternehmen durch Firmen- und Personalpolitik ausdrücklich oder auch implizit vorgibt.

Definition „Personalcontrolling“

Der Terminus „Personalcontrolling“ kennt kein Vorbild aus dem anglo-amerikanischen Sprachraum, welches inhaltlich mit dem bei uns verstandenen Begriff übereinstimmt. Es ist eine neuere Wortschöpfung, die Teilaufgaben der Personalwirtschaft subsumiert. So ist der Begriff „Personalcontrolling“ im *Gabler Wirtschaftslexikon* in der Auflage von 1988 überhaupt noch nicht enthalten, wohl aber Begriffe wie „Personalplanung“ und „Personalinformationssystem“. Personalplanung wird dort als Teil des Personalmanagements beschrieben. Im aktuellen Duden ist „Personalcontrolling“ immer noch nicht zu finden.

Die Basisarbeit

Das primäre Betrachtungsobjekt des Personalcontrollings ist die Belegschaft des Unternehmens. Typischerweise sind dabei nicht

[1] z. B.: Wunderer/Jaritz: Unternehmerisches Personalcontrolling, Luchterhand-Verlag 1999.

einzelne Mitarbeiter, sondern immer Mitarbeitergruppen oder die Gesamtheit der Beschäftigten im Fokus. Hier geht es um die Ermittlung von Mitarbeiterzahlen, die Strukturierung von Kosten, verschiedene Arten von Personalplanungen, die Vermeidung von Risiken, die Ermittlung von Kennziffern, das Erkennen von Bildungsbedarfen, das Erheben von Stimmungsbildern und vieles mehr. Diese Themenfelder werden in den Praxiskapiteln 5 bis 16 ausführlich dargestellt.

Ermittlung des Personaldatenbestandes

Unverzichtbare Basis für jedes Personalcontrolling ist die Verfügbarkeit eines für die Herstellung von aussagekräftigen Personalstatistiken geeigneten Personaldatenbestandes. Nicht geeignet in diesem Sinne sind bereits gruppierte oder summierte Vorselektionen, sondern ausschließlich auf Personenebene dargestellte Datenbestände. Wer meint, zukunftsgerichtete, planerische Aufgaben und Unterstützungsfunktionen für das Management ohne diese Basisarbeit leisten zu können, irrt gewaltig und wird sehr schnell eines Besseren belehrt werden. Dies geschieht spätestens dann, wenn die vorgelegten Planungen auf ihre Validität hin überprüft werden sollen. Kann der Personalcontroller in diesem Moment seine Planung nicht auf gesicherte Grundlagen (eben einen bis auf den einzelnen Mitarbeiter detaillierten, zeitpunkt-bezogenen Personaldatenbestand) zurückführen, ist eine Akzeptanz der Planung nicht zu erwarten. Dieser deutliche Hinweis bereits an dieser frühen Stelle im Buch ist wichtig, denn vielfach wird es als trivial angesehen, den Personalbestand zu ermitteln. Soll dieser jedoch so dargestellt werden, dass damit auch weiterführende Aufgaben unterstützt werden können, entwickelt sich die Zusammenstellung der Personaldaten schnell zu einem komplexen, planerisch anzugehenden und entscheidenden Thema.

Dass diesem Thema oft wenig Beachtung geschenkt wird, ist einerseits verständlich, denn „Lorbeeren“ sind hierfür – oft mangels Verständnis – in der Regel keine zu erwarten. Gerade diese unterbewertete Basisarbeit ist bereits in der Konzeption mit vielen grundlegenden Überlegungen und Arbeit verbunden, die langfristige Auswirkungen auf das Leistungsvermögen des Personalcontrollings haben. Die nachfolgenden Kapitel sollen Ihnen helfen, hierbei erfolgreich vorzugehen.

Zukunftsprognosen durch Personalcontrolling

Personalcontrolling ist aber weit mehr als eine rückblickende oder bestenfalls monatsaktuelle Personalstatistik. Die Instrumente des Personalcontrollings erlauben eine Zukunftsbetrachtung mit Hilfe von Vorausschau- und Prognosedaten. Sie ermöglichen, zukünftige Zustände vorherzusagen. Die Genauigkeit dieser Vorhersagen ist abhängig von der Qualität der Ausgangsdaten (s. o.), von der Eintrittswahrscheinlichkeit der zukünftigen Daten und vom zeitlichen Horizont der Vorhersage. Die nachfolgenden Abgrenzungen haben sich als hilfreich erwiesen und werden im weiteren Verlauf mit den hier gegebenen Definitionen verwendet:

- Ist-Daten:
  personenbasierende Daten (z. B. persönliche Daten von Mitarbeitern, Personalkosten pro Mitarbeiter, zur Verfügung stehende Kapazität etc.) und Daten der gegenwärtigen Organisationsstruktur (z. B. Planstellen und organisatorische Einheiten mit ihren Eigenschaften)
- Vorausschau-Daten:
  als gesichert geltende, personenbezogene Zukunftsdaten mit sehr hoher Eintrittswahrscheinlichkeit, die im Personalsystem bereits erfasst bzw. hinterlegt und somit „greifbar“ sind (z. B. zukünftige Ein- und Austritte, Versetzungen, Wechsel in den Ruhestand, Arbeitszeitveränderungen, Beendigung der Ausbildungszeit etc. oder bereits gesicherte Veränderungen in der Organisationsstruktur)
- Prognose-Daten:
  ungesicherte, oft nicht an bestimmbare Personen gebundene, personenbasierende Zukunftsdaten aus Trends, Hochrechnungen oder Fortschreibungen (z. B. Fluktuation, erwartete Mutterschutz- und Elternzeiten)

Quantitative und qualitative Daten

Eine weitere begriffliche Abgrenzung lässt sich zwischen quantitativen und qualitativen Daten vornehmen. Quantitative Daten sind in allen Sparten des Controllings vorhanden, qualitative Daten sind eine Besonderheit des Personalcontrollings.

- Quantitative Daten (einzeln oder kumuliert):
  Personalkosten, Personalkapazitäten, Mitarbeiterzahlen etc.
- Qualitative Daten:
  Mitarbeiterzufriedenheit, Leistungsbereitschaft, nicht durch Messmethoden ermittelbare Kenntnisse und Fertigkeiten, soziale und methodische Kompetenzen, Betriebsklima, Innovationskraft und –bereitschaft etc.
- Klassische Bildungsdaten
  (Ausbildungsabschlüsse, Sprachkenntnisse etc.) können je nach Art der Ermittlung beiden Gruppen zugeordnet werden.

Tipp: Betonen Sie die vorausschauende Komponente

Steuerung statt Kontrolle

„Controlling" wird oft (falsch) mit „Kontrolle" übersetzt. Während es sich bei Kontrolle um einen rückschauenden Vorgang handelt, bezieht sich „Steuerung" (richtige Übersetzung des Begriffes) auf eine vorausschauende, planerische Aktion. Nur ein Navigator, der vorausschauend, die nächste Wegmarke im Visier, den Kapitän berät, kann helfen, das gesteckte Ziel zu erreichen. Der Chronist, der ausschließlich die zurückgelegte Wegstrecke dokumentiert, liefert zwar wichtige Grundlagen und Erkenntnisse, die für die weitere Planung der Reise verwendet werden können, isoliert betrachtet haben seine Aufzeichnungen jedoch bestenfalls dokumentarischen Wert.

Machen Sie es sich als Personalcontroller daher zur Gewohnheit, immer die planerische, vorausschauende Komponente Ihrer Arbeit in den Vordergrund zu stellen. Seien Sie Navigator für den Steuermann und Lotse für den Kapitän und zeigen Sie den Nutzen auf, den Sie zur Erreichung der erklärten (Unternehmens-) Ziele beitragen können.

Evaluation der Personalarbeit

Ein weiteres, von den oben beschriebenen Komponenten völlig getrennt zu betrachtendes Tätigkeitsfeld des Personalcontrollings ist die Evaluation der Personalarbeit selbst. Hier geht es darum, zu untersuchen, wie personelle Maßnahmen, Planungen und Prozesse des Personalwesens funktionieren und mit welchem Aufwand und welchem Ergebnis sie durchgeführt wurden. Dieses Aufgabengebiet des Personalcontrollings tendiert stark in Richtung Prozess-, Organisations- und Qualitätsmanagement und wird daher in der Praxis auch oft nicht durch die Personalabteilung vorgenommen.

Internationales Personal-controlling

Als Besonderheit sei an dieser Stelle noch das „internationale Personalcontrolling" erwähnt. Unter diesem Ableger des Personalcontrollings wird i. d. R. eine „zentralistische Kontrolle" verstanden. Als Ziele werden Standardisierung und Anpassung personalwirtschaftlicher Instrumente in verschiedenen Ländern genannt.

Der Aufbau des Personalcontrollings

Modularer Aufbau

Personalcontrolling kann modular aufgebaut werden. Nicht alle Funktionsbausteine sind in jedem Unternehmen erforderlich. Gleichwohl gibt es jedoch Module, die in jedem Fall zu implementieren sind, da andere auf ihnen aufbauen. So kann beispielsweise keine gesicherte Personalkostenplanung ohne Kenntnisse über den Mitarbeiterbestand vorgenommen werden. Eine Fluktuationsprognose ist ebenfalls nicht möglich, wenn bestimmte personenbezogene Daten unbekannt oder nicht verfügbar sind. Wie soll ein Frauenförderprogramm geplant werden, wenn nicht bekannt ist, wie viele Frauen in welchem Alter mit welchem betrieblichen Werdegang im Unternehmen beschäftigt sind? Auch von den grundlegenden Personaldaten scheinbar unabhängige Zweige des Personalcontrollings (z. B. Betriebsklimaanalyse) können spätestens dann nicht auf die Basiselemente des Personalcontrollings verzichten, wenn es darum geht, die vorhandenen Daten mit anderen in Beziehung zu setzen oder ihre Stichhaltigkeit und Verifizierbarkeit zu gewährleisten. Gerade bei der Kombination von Daten verschiedener Herkunft sowie bei der Bearbeitung von qualitativen Daten kann auf Plausibilitätsprüfungen und Ergebnis-Evaluationen nicht verzichtet werden! Die besonderen Schwierigkeiten im Umgang mit solchen Daten sollten durch einen fahrlässigen Umgang nicht noch verstärkt werden, da anderenfalls Fehlinterpretationen und damit unternehmerische Fehlentscheidungen vorbestimmt sind.

1 Die wichtigsten Gründe für die Einführung eines Personal-controllings

Ein entscheidender Faktor für die erfolgreiche Einführung von Personalcontrolling im Unternehmen ist die feste Unterstützung durch das Management. In den folgenden Abschnitten erfahren Sie die wichtigsten Argumente für die Einführung eines Personalcontrollings in Ihrem Unternehmen.

1.1 Wozu eigentlich Personalcontrolling?

Exkurs: Ein Blick zurück

Bildung von Personal-abteilungen

Das institutionalisierte Personalwesen hat noch keine sehr lange Entwicklungsgeschichte. Erst in der ersten Hälfte des vergangenen Jahrhunderts kann die Bildung von Personalabteilungen regelmäßig beobachtet werden, die – i. d. R. als verlängerter Arm der Geschäftsleitung – mit der Beschäftigung von Mitarbeitern verbundene Verwaltungstätigkeiten übernahmen. In den sechziger Jahren entwickelten sich Teilbereiche des Personalwesens nebeneinander her, ohne dass man die Interdependenzen zwischen diesen Bereichen erkannte oder gar Vorteile in einem integrierten Personalmanagement sah. Die siebziger, vor allem aber die achtziger Jahre waren dadurch gekennzeichnet, dass die ökonomischen Aspekte der Personalarbeit stärker in den Blickpunkt rückten. Ursächlich hierfür waren neben dem steigenden Rationalisierungsdruck auch die zunehmenden technischen Möglichkeiten durch EDV-Einsatz im Personalgeschäft. Den schon seit langem im Sinne von Personalbilanzen angefertigten Personalstatistiken – bis dato noch völlig ohne steuernde Perspektiven – wurde mit der Suche nach Freisetzungs- und Flexibilisierungsmöglichkeiten eine vollkommen neue Rolle zugewiesen.

Personalstatistiken und Zahlenfriedhöfe

Personalstatistiken bildeten in den siebziger und achtziger Jahren die Grundlagen für Managemententscheidungen. Aufgrund der gestiegenen Aufmerksamkeit, die die Geschäftsführungsebene diesen Statistiken schenkte, entwickelten sie sich nicht selten zu einem Berichtswesen, das Zahlenfriedhöfe produzierte. Diese Entwicklung wurde durch den zunehmenden Einsatz elektronischer Datenverarbeitung begünstigt, die ein Zusammentragen von immer mehr Zahlen in immer kürzeren Abständen wesentlich erleichterte. Als Controlling im heutigen Sinne konnte man dies noch nicht bezeichnen, wenngleich der Begriff „Personalcontrolling" bereits Einzug hielt. In den neunziger Jahren etablierte sich das Personalwesen zunehmend als Mitgestalter von unternehmerischen Entscheidungen. Personal- und Organisationsentwicklung wuchsen stärker zusammen und beschränkten sich nicht auf die Begleitung der immer schneller und vielschichtiger werdenden Reorganisationsprozesse, sondern gestalteten diese aktiv mit (Change Agent). Durch die zunehmende Intensität der auf das Personal wirkenden unternehmerischen Entscheidungen konnte auf eine Evaluation der getroffenen Maßnahmen immer weniger verzichtet werden. Das Personalcontrolling ist in der Mehrzahl der mittleren und größeren Unternehmen inzwischen als eigene Funktion oder als eigener Bereich vorhanden.

Unverzichtbarer Teil der Unternehmensführung

Angesichts der Notwendigkeit, unternehmerische Entscheidungen immer stärker unter dem Aspekt ihrer Wirkung auf Personalthemen zu betrachten, wird das Personalcontrolling zunehmend in das Personal- und Unternehmensmanagement integriert.

Für die Einführung eines institutionalisierten Personalcontrollings sprechen

- kürzer werdende Entwicklungs- und Produktionszyklen von Dienstleistungen und Waren,
- immer schnellere Reorganisationsgeschwindigkeiten,

- die wachsende Bedeutung des Kostenfaktors Personal sowie
- der Anspruch der Unternehmensleitung, dass auch die Personalfunktionen ihren Anteil an der Wertschöpfungskette im Produktionsprozess nachweisen müssen.

Diese und weitere Trends (z. B. gesetzliche Anforderungen, Personalrisikomanagement etc.) belegen die zunehmende Notwendigkeit der Einführung oder Verstärkung eines betrieblichen Personalcontrollings. Den Anforderungen im beschriebenen Sinne wird jedoch nur ein Personalcontrolling gerecht, das das gegenwartsorientierte Berichtswesen zwar weiterhin als festen Bestandteil bereitstellt, seinen Schwerpunkt aber in der zukunftsorientierten Ermittlung und Darstellung von Steuerungsinformationen begreift.

Schwerpunkt: zukunftsorientierte Steuerung

Es muss Chancen und Risiken erkennen sowie Vermeidungsstrategien aufzeigen, Erfolg versprechende Alternativen darlegen und Wahrscheinlichkeiten kennen; dies alles nicht isoliert, sondern als integraler Bestandteil der unternehmerischen Führung und Planung. Die Bedeutung wird in der betrieblichen Praxis noch nicht immer erkannt und bisher unter dem Kostenaspekt oftmals lediglich dem traditionellen Finanzcontrolling zugesprochen.

Personalcontrolling als Investition in die Zukunft

Personalcontrolling ist also kein Modethema. Es ist eine notwendige, aber auch chancenreiche Investition. Dies belegt auch – gerade in Hochlohnländern – die anhaltende Diskussion über Lohn- und Lohnnebenkosten des Produktionsfaktors Arbeit. Große Unternehmen haben diese Investition in der Regel bereits realisiert (nicht alle mit gleicher Konsequenz und gleichem Erfolg); auch mittlere und kleinere Unternehmen werden sich jetzt und in Zukunft der Steuerungsinformationen aus dem Personalbereich bedienen müssen. Damit dies gelingt, sind Konzepte zu entwickeln, die die Besonderheiten dieser Unternehmensgröße berücksichtigen. Es werden Systeme benötigt, die bezahlbar, individuell gestaltbar und von Menschen bedienbar sind, die nicht in jedem Fall ausschließlich mit Aufgaben des Personalcontrollings beschäftigt sind. Ein möglicher Weg mit verschiedenen Gestaltungsmöglichkeiten wird in diesem Buch aufgezeigt.

hohe Lohnnebenkosten

1.2 Lohnt sich für Sie ein Personalcontrolling?

Wenn – wie im vorangegangenen Abschnitt – Personalcontrolling als Investition verstanden wird, schließt sich die Frage an, ob sich die Investition gelohnt hat. Die Beantwortung ist – ähnlich wie die Frage nach der Wirksamkeit von Werbung – regelmäßig schwer. Ein Ursache-Wirkungs-Zusammenhang zwischen Aussagen aus dem Personalcontrolling und dem Erfolg einer unternehmerischen Maßnahme lässt sich nur selten herstellen.

Vermeidung von Fehlentscheidungen

Personalcontrolling hilft, durch rechtzeitige und umfassende Informationen Fehlentscheidungen zu vermeiden. Natürlich ist es schwierig oder gar unmöglich, solche Fehlentscheidungen zu bewerten; der grundsätzliche Zusammenhang ist jedoch klar zu erkennen. Ähnliches gilt, wenn Personalcontrolling hilft, Diskussionen darüber zu vermeiden, welches denn nun die „richtige" Personalzahl ist. Erreicht es das Personalcontrolling durch qualitativ hochwertige Arbeit, dass Personalzahlen ausschließlich hier ermittelt und von hier kommuniziert werden (die „Lufthoheit" ist aus Sicht der Autoren ein unbedingtes Muss!), gibt es keine Reibungsverluste und unterschiedliche Interpretationen durch die Differenzen der an unterschiedlichen Stellen ermittelten Personalzahlen. Personalcontrolling setzt Standards und führt diese im Unternehmen ein.

Beratung des Managements

Die Personalcontroller treffen aufgrund der ausgewerteten und interpretierten Personaldaten Aussagen und beraten das Management. Sie tragen dadurch dazu bei, Fehlentscheidungen zu vermeiden. Fehlerhafte Entscheidungen, bei denen Personal betroffen ist, sind in der Regel nur längerfristig zu korrigieren und kostspielig. Die Beratung ist eine der anspruchsvollsten, aber auch interessantesten Tätigkeiten des Personalcontrollers.

Beispiel

Leider lassen sich oft nur Negativbeispiele als Nachweis für getroffene Aussagen finden. Im Hamburger Landesparlament, der Bürgerschaft, wurde im Jahr 2002 wieder einmal über die Streichung einer größeren Anzahl von Lehrerstellen diskutiert. Die Argumentation der Regierung litt darunter, dass der damalige Bildungssenator nicht zuverlässig die Anzahl der vorhandenen Lehrerplanstellen nennen konnte. Immer wieder wurden ihm unterschiedliche Zahlen vorgelegt. Sein Ärger gipfelte in der Beleidigung eines verantwortlichen, ranghohen Behörden-Mitarbeiters: „Ein Landesschulrat, der seit zehn Jahren im Amt ist und nicht weiß, wie viele Lehrerstellen er hat, ist für mich relativ unakzeptabel"[2]. Manch ein Personalchef dürfte beim Lesen dieser Zeilen damals rote Ohren bekommen haben.

1.3 Voraussetzungen für ein Personalcontrolling: Menschen, Daten, Systeme

Datenquelle: Abrechnungsprogramm

Nur selten wird es einen modellhaften Aufbau eines Personalcontrollings „auf der grünen Wiese" geben. In der Praxis ergänzen sich vorhandene und zu beschaffende Ressourcen. Die Vorstellung, Menschen, Daten und Systeme wären in jeder Hinsicht unbegrenzt verfügbar und beliebig neu zusammenzustellen, ist nicht realistisch. Die Haupt-Datenquelle ist in der Regel durch das verwendete Abrechnungsprogramm gegeben. Die für das Personalcontrolling verwendeten Systeme können schon eher frei gewählt werden, insbesondere, wenn man berücksichtigt, dass das Teuerste nicht unbedingt das Beste sein muss. Hilfen zur Entscheidung für das richtige DV-Programm erhalten Sie in Kapitel 3.

Anforderungsprofil für einen Personalcontroller

Qualifikationsprofil des Controllers

Wer ist geeignet, die Aufgaben des Personalcontrollings zu übernehmen? Gibt es ein allgemeingültiges Anforderungsprofil? Welche Kapazitäten sind für die durchzuführenden Aufgaben vorzuhalten? Personalcontroller haben eine IT-lastige Arbeit innerhalb des Personalwesens auszuführen. Ihre Arbeit ist stark fachlich getrieben und auf dauernde und leistungsfähige Unterstützung durch EDV angewiesen. Diese Kombination muss sich im Qualifikationsprofil der handelnden Personen widerspiegeln. Das Verständnis von personalwirtschaftlichen Prozessen muss auf breit angelegte EDV- und mathematisch-statistische Kenntnisse treffen. Der Personalcontrol-

[2] Hamburger Abendblatt, 31.05.2002, Seite 1.

ler sollte in der Lage sein, sich in das für die jeweilige Aufgabe als geeignet erkannte Werkzeug (Programm) kurzfristig einzuarbeiten. Programmierung muss nicht in allen Facetten beherrscht werden, darf aber kein Fremdwort sein.

Einbeziehung weicher Daten

In Abgrenzung zum klassischen Controller (Finanzcontroller) verantwortet ein Personalcontroller auch die Verwendung von „weichen Daten" (z. B. Mitarbeiterzufriedenheit) und muss in der Lage sein, diese in seine Überlegungen einzubeziehen, zu bewerten und mit harten Faktoren zu kombinieren.

Kreativer Erbsenzähler

Gesucht wird der „kreative Erbsenzähler", der bei aller Phantasie für ungewöhnliche Entscheidungen und Lösungen die Genauigkeit nicht außer Acht lässt. Im Personalcontrolling, insbesondere im Reporting, gibt es kein „ungefähr" und keine akzeptable Fehlerquote. Gerade durch die Einbeziehung weicher Daten in Entscheidungsfindungen ist bei der Ermittlung von Planungsdaten und Indikatoren besondere Sorgfalt anzulegen.

Da es nach wie vor keine breit angelegte Ausbildung zum Personalcontroller gibt und die Anforderungen an das Personalcontrolling von Unternehmen zu Unternehmen sehr stark variieren, ist der Personalcontroller in der Regel darauf angewiesen, selbstständig seine vorhandenen Kenntnisse und Fertigkeiten zu erweitern und den jeweiligen Bedürfnissen anzupassen. Hier sind autodidaktische Fähigkeiten (denn wer im Unternehmen soll dem Personalcontroller sagen, wie es gemacht wird), Einfallsreichtum und – für die Umsetzung der zu erarbeitenden Konzepte – Durchsetzungs- und Überzeugungskraft gefragt. Dies macht natürlich auch den Charme einer solchen Position aus, da sie genau aus diesen Gründen weitestgehend selbstständiges Arbeiten mit größtmöglichen Freiräumen bietet.

Die nach wie vor relativ kleine Gruppe der Personalcontroller verfügt leider nicht über den riesigen Fundus an Publikationen, Erfahrungsberichten und weiteren Quellen wie beispielsweise der Personalentwickler. Daher hilft oft auch schon der Anruf bei einem anderen Unternehmen, der einen bilateralen Erfahrungsaustausch auslösen kann, mehr als der Blick ins Bücherregal. Hierbei ist es völlig belanglos, welcher Branche ein Austausch-Partner angehört, so dass auch nicht die Gefahr besteht, durch eigenes Know-how Mitbewerber zu stärken. Ganz im Gegenteil macht es sogar den Reiz dieser Art des gemeinsamen Lernens aus, wenn einmal die Scheuklappen des eigenen Unternehmens und der eigenen Branche abgelegt werden können. Gute Ansätze und auch perfektionierte Lösungen werden in vielen Unternehmen bereits produktiv genutzt und zumeist sind gerade die Entwickler eigener Systeme stolz auf ihre Produkte und gern bereit, diese vorzustellen und auch Berufskollegen Starthilfe zu geben. Das zahlt sich relativ schnell aus, da so wieder kompetente Ansprechpartner heranwachsen und gerade die Heterogenität der Anforderungen in Unternehmen an personalwirtschaftliche Sekundärsysteme eine Vielzahl an Lösungsansätzen und kreativen Ideen hervorbringt.

Kommunikative Fähigkeiten

In seiner Eigenschaft als Berater muss der Personalcontroller in der Lage sein, die Ergebnisse seiner komplexen Analysen so darzustellen, dass es der Kunde versteht. Die Ablieferung eines sachlich korrekten, jedoch unkommentierten Berichtes ist nicht ausreichend. Nicht immer sind die Analysen und Ergebnisse des Personalcontrollers schmeichelhaft. Im Rahmen seiner Arbeit muss der Personalcontroller häufig auch kritische und unerfreuliche Aussagen als Ergebnis seiner Auswertungen und Analysen präsentieren. Diese sind mit sozialer Kompetenz, aber unmissverständlich und nachdrücklich zu vertreten und zu begründen. Er darf sich nicht scheuen, Mitarbeitern unabhängig von ihrer Position „mit Fingerspitzengefühl auf die Füße zu treten“. Der Personalcontroller muss außerdem im Team mit Mitarbeitern verschiedener Hierarchiestufen und Fachrichtungen vorausschauend Lösungen erarbeiten und daher oft bereit sein, seinen Elfenbeinturm zu verlassen. Wenn ihm dies gelingt, wird er ein geschätzter und gesuchter Gesprächspartner sein, der rechtzeitig (und das ist erfolgsentscheidend) in unternehmerische Planungs- und Entscheidungsprozesse eingebunden wird.

Verantwortungsbereiche des Personalcontrollings

Transparenzverantwortung

Die Anforderungen an einen Personalcontroller können nicht nur über seine Tätigkeiten, sondern auch über seine Verantwortungen definiert werden. Der Begriff „Transparenzverantwortung“ fasst verschiedene Verantwortungsbereiche des Personalcontrollings zusammen und teilt sie in die Segmente System-, Berichts- und Kommunikationsverantwortung auf:[3]

- Systemverantwortung: Controller haben die Aufgabe, sicherzustellen, dass datenliefernde Systeme bedarfsgerecht funktionieren. Dies umfasst Kriterien wie Einheitlichkeit und Konsistenz, Richtigkeit und Verlässlichkeit, Zeitnähe, Funktionsfähigkeit und Robustheit.
- Berichtsverantwortung: Für eine wirkungsvolle Kontrolle ist es weiter erforderlich, die erfassten Soll- und Istwerte adäquat aufzubereiten. Eine solche Berichtsverantwortung umfasst mehrere Aspekte: Objektivität, Nachvollziehbarkeit, Benutzer- und Problemadäquanz.
- Kommunikationsverantwortung: Auch wenn die Soll- und Istwerte den soeben skizzierten Anforderungen entsprechen, muss dennoch die richtige Verwendung der Zahlen durch das Management sichergestellt sein. Folglich umschließt die Transparenzverantwortung auch die ständige Interaktion mit den Managern.

Die praktische Bedeutung der Transparenzverantwortung wird in Kapitel 4.1 ausführlich dargestellt.

Die Frage nach der vorzuhaltenden Kapazität für das Personalcontrolling ist weniger von der Größe der zu steuernden Belegschaft, als vielmehr von der Leistungsfähigkeit der eingesetzten Systeme und der Vielzahl der zu bearbeitenden Themen und Vorhaben abhängig. Der Bedarf steigt also nicht wie in anderen Bereichen des Personalwesens proportional mit der Mitarbeiterzahl. Erfahrungen zeigen, dass Unternehmen ab einer Stammbelegschaft von etwa 1.000 Mitarbeitern einen „hauptamtlichen" Personalcontroller beschäftigen. Findet man in Großunternehmen Personalcontrolling-Abteilungen von zehn Mitarbeitern oder mehr, deutet dies auf die Vielfalt der dort bearbeiteten Themen hin. Großunternehmen können sich durch die in größerem Umfang zur Verfügung stehenden Ressourcen eher weiterführenden oder spezialisierten Themen widmen und sind aufgrund ihrer Größe auch vor Aufgaben gestellt, die in kleine-

---

[3] nach: WHU Koblenz, Dr. Utz Schäffer, Lehrstuhl für Betriebswirtschaftslehre, „Kontrollieren Controller? – und wenn ja, sollten Sie es tun?"
Quelle: http://www.whu.edu/control/Forschungspapiere/FP75.pdf.

ren Unternehmen nicht oder nur eingeschränkt vorkommen (z. B. internationales Personalcontrolling). Zusätzlich wachsen mit der Größe des Unternehmens die Anzahl der an das Personalcontrolling herangetragenen Anfragen und die Zahl der Auftraggeber.

Achtung:
Leider wirkt sich die größere Menge an Personalressourcen vielfach negativ auf die eingesetzte Kreativität und den Zwang zum rationellen Arbeiten aus. Mit der Anzahl der handelnden Personen und der Komplexität von (hierarchischen) Strukturen steigen Abstimmungsnotwendigkeiten untereinander. Ferner besteht eher die Möglichkeit, Dinge „mit der Hand" zu bearbeiten, da „genügend" Personal vorhanden ist, während bei knappen Ressourcen kreative Energie für die Rationalisierung – insbesondere von Routineaufgaben – eingesetzt wird.

1.4 Die Kunden des Personalcontrollings

Lufthoheit über die Personalzahlen

Da der Begriff „Personalcontrolling" nicht einheitlich verwendet wird, ist auch das Spektrum der hier ausgeführten Tätigkeiten von Unternehmen zu Unternehmen verschieden. Je nach Ausgestaltung hat das Personalcontrolling daher eine Reihe von höchst unterschiedlichen Kunden mit ebenso unterschiedlichen Ansprüchen. Würden alle diese Kunden die gleiche Frage stellen, z. B. „Wie viele Mitarbeiter hat Ihr Unternehmen?", erhielten im Extremfall alle eine andere Antwort. Und dennoch wäre jede korrekt. Es ist eben alles eine Definitionsfrage. Erinnern Sie sich: Die „Lufthoheit" über die Personalzahlen liegt beim Personalcontrolling. Mit diesen unterschiedlichen Zahlen unterstützt das Personalcontrolling die jeweiligen „Kundenwünsche" oder eben die Unternehmensleitung beim Umgang mit diesen Kunden.
Eine Differenzierung des Controllings nach Empfängerkreisen gibt einen ersten Überblick über potenzielle Kunden. Sie wird in Kapitel 4.1 vertieft dargestellt.

Controlling – Differenzierung nach Empfängerkreisen		
Art	**Kennzeichen**	**Beispiele**
Externes, öffentliches Controlling	Publikationen des Managements werden unterstützt	Geschäftsbericht, Anfragen von Tageszeitungen, Fachzeitschriften, TV, Radio
Internes, öffentliches Controlling	Daten, die den Mitarbeitern des Unternehmens zugänglich sind und deren Weitergabe an die Öffentlichkeit nicht vorgesehen ist, aber auch keinen Schaden anrichten würde	Intranet, Mitarbeiterzeitschrift, Betriebsversammlungen, schwarzes Brett, Rundschreiben, E-Mails an großen Verteilerkreis
Internes, nicht öffentliches Controlling	Daten, die ausschließlich für Entscheider vorbehalten sind, deren Publikation extern und auch allgemein zugänglich intern Schaden anrichten könnte	Szenario-Rechnungen, Vorausschau- und Prognose-Daten, Sozialplanberechnungen
„Politisches" Controlling	Daten, die nicht Grundlage einer Entscheidung werden sollen, sondern der Untermauerung einer bereits getroffenen Entscheidung dienen. Reporting zur subjektiven (Schein-) Befriedigung eines diffusen Informationsanspruchs mittels tradierter Grafiken und Auswertungen	„meinungstransportierende" Grafiken, Alterspyramide, Fluktuationszahlen
Externes, Pflichtcontrolling (i. d. R. ausschließlich Reporting)	Daten, die aufgrund gesetzlicher Verpflichtungen erhoben und berichtet werden.	Statistische Landesämter, Arbeitgeberverbände

Wertschöpfung für das Unternehmen

Für die erfolgreiche Einführung eines Personalcontrollings im Unternehmen muss eine Reihe von Voraussetzungen erfüllt sein. Im Vordergrund steht dabei die Einsicht in die Notwendigkeit einer dauerhaften Wertschöpfung für das Unternehmen. Nur wenn anhand konkreter Frage- und Problemstellungen erkannt wird, dass die Investition mit gewisser Wahrscheinlichkeit einen Nutzen verspricht, wird der für die Einführung nötige Aufwand bereitgestellt und die Unterstützung aus der Ebene der Unternehmensleitung sichergestellt sein.

Checkliste: Personalcontrolling erfolgreich einführen[4]

Die nachfolgende Checkliste dient der erfolgreichen Einführung von Personalcontrolling. Sie soll Ihnen helfen, vor und während des Einführungsprozesses den eigenen Standort zu bestimmen und Stolpersteine zu vermeiden.

Tipp

Beim ersten Lesen erschließt sich vielleicht nicht sofort die Notwendigkeit aller angeführten Punkte. Einige Dinge bleiben zunächst schwer verständlich. Lesen Sie daher das Buch zunächst durch und kommen Sie dann erneut auf die Checkliste zurück!

Diese Checkliste finden Sie als Beratungsleitfaden für die eigene Projektarbeit auch auf der CD.

Checkliste

1. Gibt es einen Beschluss zur Einführung von Personalcontrolling durch die Geschäftsleitung?	✓
Wann, durch wen und in welchem Rahmen wurde der Beschluss gefasst?	
Wer war daran beteiligt?	
Wer ist der eigentliche Treiber des Projektes?	
Wurde die Beschlussfassung dokumentiert und kommuniziert? Wenn ja, wie?	

[4] nach: Drs. Cuypers, Opdenakker, „Checklisten Personeelsmanagement", Niederlande, Afl. 42.

2. Ist die laufende Unterstützung des Einführungsprozesses durch das Management gewährleistet?	
Gibt es einen regelmäßigen Statusbericht an die Geschäftsführung?	
Sind Eskalationsverfahren für Problemfälle definiert?	
Ist beschrieben, in welcher Weise Unterstützung durch das Management benötigt wird?	
Wurde eine Kostenschätzung durchgeführt?	
Steht ein entsprechendes, von der Geschäftsleitung genehmigtes Budget zur Verfügung?	

3. Warum soll ein Personalcontrolling eingeführt werden?	
Kann das Personalcontrolling an ein praktisches Problem anknüpfen, um seinen Nutzen zu verdeutlichen?	
Beschreiben Sie die Situation, die zum Beschluss führte, Personalcontrolling einzuführen.	
Welche Problemstellungen der Vergangenheit führten zur Entscheidung für die Einführung eines Personalcontrollings?	
Erfolgte die Entscheidung nur reaktiv auf erkannte Fehler der Vergangenheit oder auch proaktiv in Bezug auf zukünftige Aufgabenstellungen (z. B. als wesentlicher Bestandteil der strategischen Unternehmensplanung)	
Bei welcher Problemlösung mit Hilfe des Personalcontrollings würde ein Nutzen für das Unternehmen entstehen und worin besteht dieser? Ist er quantifizierbar?	
Welche Hoffnungen werden darüber hinaus mit der Einführung eines Personalcontrollings verknüpft?	

4. Verfügen die für die Aufgabe ausgewählten Mitarbeiter über die notwendigen fachlichen, methodischen und sozialen Kompetenzen? Sind diese ausführlich beschrieben (Stellenbeschreibung)?	
Welche Auswahlkriterien (Anforderungsprofile) existieren für den/die Personalcontroller?	

Wenn die Funktion durch mehrere Mitarbeiter besetzt werden soll, vergleichen Sie deren Qualifikationsprofile miteinander. Sind sie deckungsgleich oder ergänzen sie sich?	
Gibt es Defizite und wenn ja, wie gleichen Sie diese aus? (Weiterbildung, Einkauf von externen Ressourcen [gegebenenfalls temporär] etc.)	

5. Gibt es ein mit Zielen versehenes, unternehmensindividuelles Personalcontrolling-Konzept?	
Nennen Sie die Ziele! Es sollten messbare und zeitbezogene Ziele sein. Beschreiben Sie auch, welche Mittel zur Verfügung stehen, nennen Sie Zwischenziele und Verantwortliche.	
Innerhalb welcher Zeiträume sollen Ziele und Zwischenziele erreicht werden?	
Wurden „Mile-Stones" definiert?	
Sind die angedachten Zeiträume ausreichend bemessen?	
Warum ist das Konzept unternehmensindividuell?	
Was sind die speziellen Eigenschaften, die beweisen, dass es kein Konzept „von der Stange" ist, sondern sich ausschließlich an den betrieblichen Bedürfnissen orientiert?	
Gibt es besondere Einflussfaktoren, die in die Planung einbezogen werden müssen? (z. B. Wechsel des primären Personalsystems, angekündigte Veränderungen der Unternehmensstruktur)	

6. Liegen die Personaldaten in geeigneter Qualität und ausreichendem Umfang vor?	
Ist die vorliegende Datenqualität nach erster Einschätzung/ Überprüfung in Ordnung?	
Liegen alle benötigten Daten vor?	
Besteht bei den zuständigen Personalsachbearbeitern ein Verständnis für die Wichtigkeit von Personaldaten über das „korrekte Netto" hinaus?	
Ist den betreffenden Mitarbeitern bewusst, wie wichtig ihre Arbeit für die zukünftigen Aufgabenstellungen ist?	

Erfolgen Erfassungen im Primärsystem zeitnah?	
Gibt es redundante oder nicht eindeutige Zuordnungen im Personalsystem?	
Wer ist zuständig für die Pflege von Schlüsselzahlentabellen?	

7. Sind alle Beteiligten von der Einführung informiert?	
Beschreiben Sie den „Kommunikationsfahrplan". Wer wird wann von wem über welches Medium oder in welchem Rahmen informiert?	
Wurden alle potenziell Beteiligten rechtzeitig involviert? (z. B. Geschäftsleitung, Personalleitung, zukünftige Personalcontroller, Mitarbeitervertretungen [Betriebs-, Personalrat, Sprecherausschuss der Leitenden Angestellten], Betrieblicher Datenschutzbeauftragter, Revisionsabteilung, Systemverantwortliche/Systembetreuer, Wesentliche Informationsempfänger, Externe Berater oder erfahrene Fachleute aus dem Konzern bzw. aus befreundeten Unternehmen, Mitarbeiter anderer Bereiche im Unternehmen, die über Erfahrungen in der Entwicklung und Implementierung von Sekundärsystemen verfügen)	
Welche Kommunikationsmaßnahmen sind im Anschluss an die Einführungsphase geplant?	
Wer übernimmt die Projektleitung?	
Wer zählt zum engsten Projektkreis?	
Gibt es über die Information hinaus Vereinbarungen mit den Mitarbeitervertretungen über die Einführung von Personalcontrolling?	
Welche Informationen sollen aus Gründen der Vertraulichkeit nicht kommuniziert werden? Warum ist das nötig?	

8. Ist das Personalcontrolling mit ausreichenden Kompetenzen und klarer Aufgabendefinition ausgestattet?	
Wo ist das Personalcontrolling hierarchisch und organisatorisch im Unternehmen angesiedelt?	
Ist die notwendige Nähe zur Geschäftsführung gegeben?	

Welche Kompetenzen (Zugriffsrechte) sollen die Funktionsträger im Personalcontrolling erhalten? Sollen Abstufungen vorhanden sein (z. B. Einsicht in die Gehaltsdaten der Leitenden Angestellten etc.)?	
Ist die Datenverarbeitung im Personalcontrolling gegenüber den Mitarbeitervertretungen legitimiert?	
Sind andere Bereiche (z. B. Finanzcontrolling) dem Personalcontrolling gegenüber auskunftspflichtig? Wenn ja, wie und wo ist das geregelt?	
Lassen sich die beschriebenen Kompetenzen auch technisch abbilden?	
Ist das einzuführende Personalcontrolling zukünftig die einzige legitime Datenquelle für Personalzahlen im Unternehmen?	
Wurden Absprachen über die abgestimmte Verwendung, Weitergabe und Nutzung von Personalzahlen und Daten – insbesondere in Bezug auf das externe Controlling – getroffen? Wird das Personalcontrolling als „Knotenpunkt" für alle Personaldatenströme installiert?	
Zählen zu den zukünftigen Kompetenzen des Personalcontrollings auch der dv-technische Aufbau und die Pflege der internen Aufbauorganisation?	
Falls nein: In wessen Zuständigkeit liegt dies? Sind die Schnittstellen funktional?	
Besteht bereits eine planstellenorientierte Abbildung der Unternehmenshierarchie? Falls ja: Lassen sich aus dem Soll-Gerüst ableitend Führungsstrukturen ermitteln und abbilden?	

9. Lässt sich ein schnell messbares Ergebnis im Rahmen eines ersten Projektes definieren (Success Story)?	
Welches Ergebnis käme hier in Frage? Wählen Sie ein nicht zu hoch gestecktes, in einem Zeitraum von maximal drei Monaten realisierbares Ziel.	
Wie kann die „Success Story" kommuniziert werden und dazu dienen, die weitere Einführung des Personalcontrollings zu erleichtern und dessen Position zu festigen?	

2 Basis des Personalcontrollings: Die Daten

Was für einen Tischler Holz, für einen Maurer Steine, für einen Schuster Absätze und für einen Koch Lebensmittel, sind für den Controller Daten. Unverzichtbarer Werkstoff, in qualitativ unterschiedlicher Güte zu haben, mal knapp, mal im Überfluss vorhanden. Für sich allein wertlos, aber in verarbeitetem Zustand ein wertvolles, begehrtes Produkt für den „Handwerker".
Wie auch das Holz erst durch Werkzeug und Können des Tischlers seine Form erhält, bekommen auch Daten erst durch die sie verarbeitenden Programme und die genutzten Algorithmen sowie durch ihre Aufbereitung und Analyse ihre Aussagekraft. Ohne Daten wiederum sind die Programme wertlos. Werkzeug und Werkstoff gehen eine Symbiose ein, die durch den Bearbeiter gesteuert wird. Deshalb ist es wichtig, beide Komponenten genau auszuwählen, sorgfältig mit ihnen umzugehen und ihre Potenziale genau zu kennen.

2.1 So ist es: Mitarbeiterdaten

Mitarbeiterdaten sind in den Personalsystemen reichlich vorhanden. Allein für die Erstellung einer Gehaltsabrechnung werden so viele Daten eines Mitarbeiters verwendet, dass sie einen großen Prozentsatz der für das quantitative Personalcontrolling benötigten Informationen bereits abdecken. In der Regel bilden diese Daten den gegenwärtigen Zustand ab. Zukünftige Daten (wichtig für Planungszwecke) finden sich hier eher selten und wenn, dann meist mit baldigem Realisierungszeitpunkt. Dafür gibt es, entsprechende Programmfunktionalitäten vorausgesetzt, ein breites Angebot an historischen, also vergangenheitsbezogenen Daten mit unterschiedlichem Nutzen für Controllingzwecke.

Mitarbeiterdaten lassen sich grob in die Bereiche Stamm-, Gehalts- und Zeitdaten einteilen:

Stammdaten

Diese Daten bleiben in der Regel konstant. Sie ändern sich nur durch bestimmte Ereignisse oder sind von Änderungen sogar ausgenommen (Beispiel: Geburtsdatum). Aus den Stammdaten des Mitarbeiters lässt sich ein Datensatz bilden, der zum Zeitpunkt der Betrachtung gültig ist.

Beispiele für Stammdaten:

Daten	Verwendung und Hinweise
Personalnummer	Unverzichtbares, eindeutiges Identifikationsmerkmal für den Mitarbeiter (Grundsatz: Nichts geht ohne Personalnummer!)
Name	Für kumulative Auswertungen entbehrlich, aber für Prüfzwecke oder Listen auf Mitarbeiterebene zwingend. Der Name besteht mind. aus Vor- und Nachname, vollständig wird er durch akad. Titel (Dr.) und Namenszusätze (von und zu); Adelstitel können sowohl Anreden als auch Namenszusätze sein.
Geburtsdatum	Wichtig für alle Statistiken, die auf das Alter referenzieren (z. B. Altersstruktur) und für Prognoserechnungen, die Ereignisse in Abhängigkeit vom Alter vorhersagen (z. B. Renteneintritt)
Eintrittsdatum	Längst nicht so eindeutig wie es scheint, insbesondere wenn es um die Anrechnung von Vordienstzeiten in verbundenen Unternehmen geht. Wichtig für alle Auswertungen, die sich auf Betriebszugehörigkeitszeiten beziehen (z. B. Berechnung einer Abfindung, deren Höhe mit der Betriebszugehörigkeit steigt). Es können durchaus mehrere Eintrittsdaten gespeichert werden (Eintritt in den Konzern, Eintritt in die Firma, Eintritt für Betriebsrentenzusage etc.)
Austrittsdatum	Ende des Beschäftigungsverhältnisses, wichtig für Fluktuationsanalysen und Personalbedarfsplanungen

Privatanschrift	Kann zur Ermittlung der Entfernung zwischen Wohnung und Arbeitsstätte dienen, z. B. bei Umorganisationen und der Ermittlung von zumutbaren Versetzungen. Wichtig: Postleitzahl und Ort in getrennten Feldern speichern, ebenso das Land
Arbeitszeitfaktor	Verhältnis der vertraglich zu leistenden zur Vollzeit-Arbeitszeit in Prozent
Organisatorische Zuordnung	Stellt die Verbindung zur den Daten der Betriebsorganisation her. Je nach verwendetem Detaillierungsgrad wird hier eine Planstelle oder eine organisatorische Einheit (z. B. Abteilung) als Schlüsselzahl abgebildet.
Schwerbehinderung	Grad der Behinderung (z. B. für Schwerbehinderten-Verzeichnis)

Checkliste

Über diese Mitarbeiterstammdaten hinaus stehen noch viele weitere zur Verfügung. Die CD-ROM zum Buch enthält eine umfangreiche Liste mit zusätzlichen Beschreibungen und Angaben über mögliche Datentypen, Beispielen und Hinweisen.

Gehaltsdaten

Lohnarten

Diese Daten liegen in Form von Lohnarten vor und sind je nach Form der Entlohnung mehr oder weniger starken Schwankungen unterworfen. Zeitbasierte Entlohnungssysteme (Stundenlohn) oder Akkordlöhne weisen naturgemäß stärkere Schwankungen auf, als Systeme, in denen im Wesentlichen feste Monatsgehälter gezahlt werden. Lohnarten spielen eine wichtige Rolle beim Kostencontrolling, da sie sehr detailliert die tatsächlich geflossenen Zahlungen abbilden. Da pro Mitarbeiter und Abrechnungsperiode eine nicht genau vorhersehbare Anzahl von Lohnarten anfällt, sollten diese Daten für das Personalcontrolling getrennt von den Stammdaten in eigenen Tabellen gespeichert werden.

Eine solche Tabelle ist wie folgt aufgebaut:

Datum	Personal-nummer	Lohnart	Bezeichnung der Lohnart	Betrag
01.07.2004	123456	1040	Grundgehalt	3250,00
01.07.2004	123456	1070	Übertarifliche Zulage	125,00
01.07.2004	123456	2010	Urlaubsgeld	1500,00
01.07.2004	123456	2562	Mehrarbeit	25,70
01.07.2004	123456	2563	Sonntagsarbeit st.frei	104,50
01.07.2004	123456	5020	SV-Beitrag AG	645,23

Typisierung der Lohnarten

Eine Typisierung der Lohnarten für Auswertungszwecke kann in einer oder mehreren Schlüsseltabellen erfolgen. Denkbar wäre hier beispielsweise eine Schlüsseltabelle „Lohnarten Kostenplanung", die die relevanten Lohnarten kennzeichnet und mit Faktoren belegt, um einen „Mitarbeiter-Jahreswert" als Planungsgrundlage ermitteln zu können:

Datum	Lohnart	Bezeichnung der Lohnart	Faktor
01.07.2004	1040	Grundgehalt	12
01.07.2004	1070	Übertarifliche Zulage	12
01.07.2004	2010	Urlaubsgeld	1

Tipp: auf die Währung achten

Beachten Sie bei international tätigen Unternehmen, dass neben dem Betrag auch die Währung in den Lohnartentabellen vorgehalten wird. Bei der Auswertung historischer Daten ist das Feld ebenfalls erforderlich (Umstellung DEM auf EUR).

Zeitdaten

Ob und in welchem Umfang diese Daten im Abrechnungsprogramm zur Verfügung stehen, hängt davon ab, welche Art von Arbeitszeiterfassung im Unternehmen praktiziert wird und ob das Zeitwirtschaftssystem in das Abrechnungssystem integriert ist. Auf jeden Fall enthält das Abrechnungssystem Daten über die entgeltrelevanten Zeitereignisse (z. B. Krankheit, Zeiten der Dienstunterbrechung). Für Zwecke des Personalcontrollings sind die Arbeitszeiten in Form von Beginn- und Endezeiten nur in wenigen Fällen relevant. Interessant sind eher tagesbezogen ausgewertete Zeitereignisse, mit denen Auswertungen über An- und Abwesenheiten erstellt werden können. Stehen diese Daten nicht zur Verfügung, können die benötigten Informationen in einigen Fällen auch über andere Wege ermittelt werden. Hierzu einige Beispiele:

Zeitereignis	Verwendung	Alternative Ermittlung
Seminar	Bildungsstatistik	Aus dem für die Administration der Weiterbildung verwendeten Programm lassen sich diese Daten i. d. R. detaillierter ableiten
Krankheit	Fehlzeitenstatistik (Krankenstand)	Bei längeren Erkrankungen zwingend; Auswirkung auf Entgeltzahlung, daher alternativ aus Lohnkonto zu ermitteln
Urlaub	Bildung von Rückstellungen für nicht genommene Urlaubstage	?
Anwesenheit	Ermittlung der tatsächlich für die Leistungserbringung zur Verfügung stehenden Kapazität	?
Kommen/ Gehen	Ermittlung der tatsächlich für die Leistungserbringung im Tagesablauf zur Verfügung stehenden Kapazität, z. B. bei Schichtbetrieben oder zur Berücksichtigung von untertägig schwankenden Kundenfrequenzen (Personaleinsatzplanung)	?

Zeitwirtschaftssystem

Verfügt das Unternehmen über ein Zeitwirtschaftssystem, liegen die Zeitereignisse in Form von Zeitarten und -werten vor, die für Controllingzwecke aufzubereiten sind. Im Vergleich zu den anderen Datentypen handelt es sich hier um das größte Datenvolumen, wenn die Betrachtung nicht auf einzelne Zeitarten beschränkt wird. Die Betrachtung von Kommen-/Gehenzeiten ist jedoch, wie bereits geschildert, in den meisten Fällen entbehrlich, so dass für jeden Arbeitstag nur ein einziges Zeitereignis zu speichern ist. Verzichtet man darüber hinaus auf das Registrieren von „normaler" Anwesenheit am Arbeitsplatz, reduziert sich das Datenvolumen auf ein Minimum. Eine Tabelle der angefallenen Zeitereignisse könnte beispielsweise so aussehen:

Datum	Personalnummer	Zeitereignis
01.07.2004	123456	Seminar
01.07.2004	234567	Krankheit bezahlt
01.07.2004	345678	Urlaub
01.07.2004	456789	Unbezahlt abwesend wg. Erkrankung des Kindes
02.07.2004	123456	Seminar
02.07.2004	345678	Urlaub
03.07.2004	123456	Seminar

Wird diese Tabelle auf eine Personalnummer gefiltert, erhält man eine Übersicht der Zeitereignisse des Mitarbeiters für den ausgewerteten Zeitraum (Monat oder Jahr). Filtert man diese Tabelle auf ein Zeitereignis, entsteht eine Statistik über die absolute Häufigkeit der jeweiligen An- oder Abwesenheitsart. Werden diese Daten in Relation zu Sollarbeitstagen gesetzt, ergeben sich Kennziffern.

Tipp: Nutzen Sie die vorhandenen Daten

Der obige Hinweis auf das für die Gehaltsabrechnung verwendete System soll verdeutlichen, dass es immer darum geht, bereits vorhandene Daten zu nutzen. Die Erfassung von Daten ausschließlich zum Zweck des Personalcontrollings ist bis auf sehr wenige Ausnahmen nicht erforderlich und wäre auch kontraproduktiv. Nutzen Sie die vorhandenen Daten, die in verschiedenen Systemen (allen voran die Gehaltsabrechnung) bereits erfasst sind. Wie diese Daten für Sie zugänglich werden, erfahren Sie in Kapitel 3.4.

Bewertung von qualitativen Daten

Bei den in den Tabellen aufgeführten Mitarbeiterdaten handelt es sich um quantitative Daten. Sie sind ohne weitere Bewertungsverfahren verwendbar. Anders verhält es sich mit qualitativen Daten.

Bewertung anhand der Likert-Skala

Bevor sie sich für Controllingzwecke eignen, müssen sie bewertet werden. Dieser Schritt ist nicht immer einfach. Sehr leicht kommen subjektive Bewertungsmaßstäbe ins Spiel, die Daten verlieren schnell an Aktualität und können nicht wie die quantitativen Daten maschinell auf einen neuen Stand gebracht werden. So ist beispielsweise eine Aussage über die Zufriedenheit eines Mitarbeiters mit seiner Arbeitssituation zunächst schlecht greifbar („Ich fühle mich an meinem Arbeitsplatz im Großen und Ganzen wohl."). Erst durch die Bewertung der Aussage mittels einer Skala (z. B. 1 = „Fühle mich sehr wohl" bis 5 „Fühle mich überhaupt nicht wohl") wird die Aussage für vergleichende Zwecke (mit anderen oder im zeitlichen Verlauf) nutzbar. Solche Raster stammen aus der empirischen Sozialforschung und tragen nach ihrem Erfinder den Namen „Likert-Skala". Ähnlich verhält es sich mit den Bildungsdaten der Mitarbeiter. Die Aussage, dass ein Mitarbeiter gut dänisch spricht, muss in eine Skala übertragen werden. Wie lange ist diese Aussage gültig? Trainiert der Mitarbeiter seine Sprachkenntnisse regelmäßig oder verliert er die Kenntnisse im Laufe der Jahre? Wenn ja, wie stellt man dann die abnehmenden Kenntnisse im zeitlichen Verlauf dar?

Tipp: Bewerten Sie Aussagen mit der Likert-Skala

Die Nutzung der 5-stufigen Likert-Skala hat sich in der Praxis bewährt, da sie einerseits ausreichend viele Ausprägungen enthält, andererseits den Befragten auch nicht überfordert und so zu brauchbaren Ergebnissen führt.

Im Kapitel 14 wird im Zusammenhang mit Mitarbeiterbefragungen und Sprachkenntnissen auf diese Problematik im Detail eingegangen.

2.2 So soll es sein: Organisationsdaten

Im Unterschied zu Mitarbeiterdaten beschreiben Organisationsdaten den Aufbau des Unternehmens unabhängig von Personen. Sie definieren beispielsweise die Abteilungen, die Anschriften von Standorten, die Wertigkeit von Planstellen und vieles mehr. Sie stellen neben den Mitarbeiterdaten eine wichtige Basis für das Personalcontrolling dar. Werden Mitarbeiter- und Organisationsdaten nicht sauber voneinander getrennt, ist kein Plan-Ist-Vergleich möglich. Außerdem ermöglichen Organisationsdaten die automatisierte Zuordnung bestimmter Daten zum Mitarbeiter.

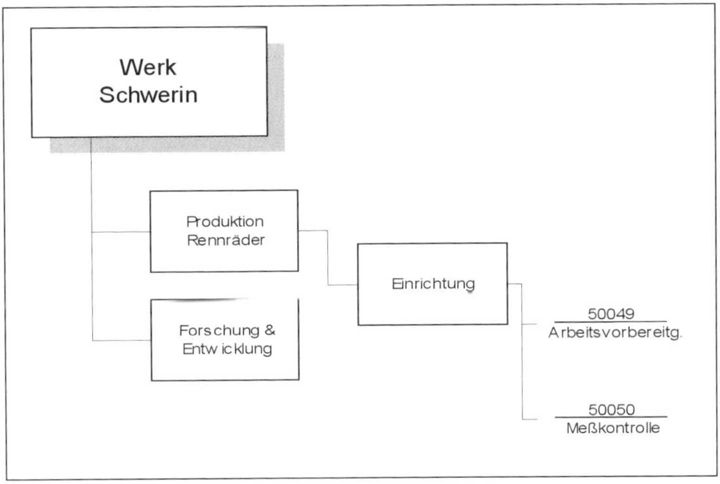

Organisationsstruktur am Beispiel „Werk Schwerin"

Der organisatorische Aufbau des Unternehmens ist das Ergebnis einer strategischen Planung der Unternehmensleitung. Er wird in Organigrammen und Stellenplänen dargestellt. Diese Pläne können mit beliebig vielen Informationen angereichert werden, die unabhängig von den Mitarbeitern, die in dieser Organisation arbeiten, Gültigkeit haben. In vielen Unternehmen sind diese Stellenpläne vorhanden, aber es gibt keine datentechnisch nutzbare Verbindung

Organigramm und Stellenplan

zu den Personaldaten. Damit wird ein Plan-Ist-Vergleich sehr schwer. Unnötige Doppelerfassungen und manuelle Vergleiche sind die Folge.

Es gibt keine Regel, wie detailliert die Organisation des Unternehmens abzubilden ist. Es sprechen eine Reihe von Argumenten dafür, die Darstellung auf der niedrigsten Ebene (der des Arbeitsplatzes oder der Planstelle) vorzunehmen. Den einzelnen organisatorischen Objekten (z. B. Bereich, Abteilung, Planstelle) werden dann Eigenschaften zugewiesen, die an die Mitarbeiter „vererbt" werden, die sich in diesen organisatorischen Einheiten befinden.

Beispiel

Dem Werk Schwerin zugeordnet ist die Anschrift „Industriestr. 67" in „15755 Schwerin". Damit ist klar, dass alle Mitarbeiter des Werkes Schwerin ebenfalls unter dieser Anschrift arbeiten. Der Abteilung „Controlling" verfügt über vier Vollzeit-Planstellen, die Abteilung hat also eine Soll-Kapazität von 4,0 FTE (FTE = Full Time Equivalent). Damit wird ein Plan-Ist-Vergleich der Kapazitäten möglich. Denkbar ist auch, bei den Planstellen je nach Beschreibung der Planstelle (Benötigte Qualifikation, Verantwortungsgruppe etc.) eine „Soll-Bezahlung" zu hinterlegen. Damit könnten nicht nur Personalkapazitäten, sondern auch Kosten gesteuert werden. Hier ist jedoch Aufwand und Nutzen sorgfältig gegeneinander abzuwägen. Die kontinuierliche Pflege dieser Daten erfordert eine große Disziplin und einen vergleichbar hohen Ressourceneinsatz. Erfolgt für einen gewissen Zeitraum die Pflege nicht oder werden aus Gründen der Bequemlichkeit Mitarbeiterdaten in die Planstellen übertragen, so werden diese zusätzlichen Daten wertlos. Außerdem ist eine Transparenz auf diesem Gebiet unternehmensseitig nicht immer gewünscht. Eine „Soll-Bezahlung" der Planstelle könnte leicht zu Ansprüchen von Mitarbeitern führen, die diese Planstelle besetzen, aber aus welchen Gründen auch immer diese „Soll-Bezahlung" noch nicht erhalten. Zu bedenken ist weiter, dass jede Änderung der Organisation eine Überprüfung aller betroffenen Planstellendaten bedingt.

Die nachfolgende Tabelle zeigt beispielhafte Organisationsdaten.

Daten	Verknüpfungen zu	Beispiel
Werk oder Betrieb	Betriebsnummer in der Sozialversicherung, Anschrift	502041112 Industriestr. 67 15755 Schwerin
Abteilung	Werk, Gebäude, Arbeitszeitrahmen, Gefahrenbereich, Personalsachbearbeiter	Werk Schwerin, Gebäude A4 07..00 – 20.00 Uhr, Brandschutz Elmar Stahl
Planstelle	Abteilung, Kapazität, Tätigkeit,	Produktion Rennräder, 1,0 FTE, Messkontrolle

Tipp

Einige der oben genannten Organisationsdaten könnten ohne weiteres auch bei den Mitarbeiterdaten gespeichert werden. Die Entscheidung für einen eigenen Organisationsdaten-Bestand zahlt sich jedoch schnell aus. Ändert sich beispielsweise der für eine Abteilung zuständige Personalsachbearbeiter, braucht dies nur an einer Stelle korrigiert zu werden und nicht bei jedem einzelnen, in dieser Abteilung beschäftigten Mitarbeiter. Die Verbindung von den Organisationsdaten zu den Mitarbeiterdaten erfolgt über die Planstellennummer, die beim Mitarbeiter hinterlegt wird (Sprechend: Mitarbeiter besetzt Planstelle). Verzichtet man auf das Anlegen einzelner Planstellen, erfolgt die Verbindung analog über die kleinste in den Organisationsdaten vorhandene Einheit (z. B. Abteilung)

Wie berücksichtigen Sie zeitliche Veränderungen von Daten?

Historisierung von Daten

Sowohl Mitarbeiter- als auch Organisationsdaten sind im Laufe der Zeit Veränderungen unterworfen. Diese Veränderungen können für jeden beliebigen Zeitpunkt nachvollzogen werden, wenn das verwendete System eine Historie abbildet. Ein Gehaltsabrechnungssystem kann dies in der Regel, da diese Funktionalität für die Erstellung von korrekten Rückrechnungen unverzichtbar ist. Man spricht in diesem Zusammenhang auch von „Historisierung". Werden die Daten in einem Sekundärsystem beispielsweise auf dem PC weiterverarbeitet (siehe Kapitel 3.1), ist diese Historienfähigkeit im ersten Schritt noch entbehrlich. In weiteren Ausbaustufen sollte darauf nicht verzichtet werden.

Beispiel für die Historisierung von Personaldaten:

Personal-nr.	Name	Plan-stelle	FTE	Beginn	Ende
1366715	Röseler	50010	0,50	01.01.00	28.02.01
1366715	Röseler	50010	0,70	01.03.01	30.06.02
1366715	Röseler	50010	1,00	01.07.02	

Beispiel für die Historisierung von Organisationsdaten:

Planstelle	Bezeich-nung	Org.-Einheit	Kapazität	Beginn	Ende
50010	Sachb. Controlling	2120	1,00	01.10.99	31.03.01
50010	Sachb. Controlling	2150	1,00	01.02.01	30.06.02
50010	Controlling-referent	2150	0,80	01.07.02	

Mitarbeiter- und Organisationsdaten werden also getrennt voneinander vorgehalten und historisiert. Möchte man den Zustand eines bestimmten Zeitpunktes rekonstruieren, wählt man aus beiden Datenbeständen den zu diesem Zeitpunkt gültigen Datensatz aus und stellt eine Verknüpfung (hier über die Planstellennummer) her.

Beispiel

Am 01.07.2001 besetzte die Mitarbeiterin Frau Röseler in Teilzeit mit 0,70 FTE die Planstelle 50010, die damals mit „Sachb. Controlling" bezeichnet und mit einer Soll-Kapazität von 1,00 ausgestattet war.

2.3 Der Plan-Ist-Vergleich

Kombination von Plan- und Ist-Werten

Die Auswertung der Mitarbeiter- und Organisationsdaten führt erst dann zu aussagekräftigen Ergebnissen, wenn sie miteinander kombiniert werden. Die isolierte Angabe der Mitarbeiterzahl sagt zunächst einmal wenig aus. Der Stellenplan, der eine geplante und genehmigte Kapazität für das Unternehmen anzeigt, ebenso. Erst die Kombination von Plan und Ist erlaubt eine Aussage zur Standortbestimmung. Wie weit befindet sich das Unternehmen vom Ziel entfernt? Im zeitlichen Verlauf lässt sich darüber hinaus noch ermitteln, ob das Ziel eher näher kommt oder in weitere Ferne rückt. Der Plan-Ist-Vergleich ist das Bindeglied zwischen strategischer Planung und Produktion im weiteren Sinne – also auch der Erbringung von Dienstleistungen. Besonders deutlich wird dies in den verschiedenen Personalplanungen, die im weiteren Verlauf dieses Buches erläutert werden.
Nicht der absolute Plan- oder Istwert ist aussagekräftig. Benötigt wird die Abweichung in ihrer absoluten, besser noch in ihrer relativen Höhe. Nach Feststellung der Abweichung ist zu bewerten, ob sie sich innerhalb oder außerhalb einer tolerierbaren Bandbreite (Zielkorridor) befindet. Steht die Ampel auf grün, gelb oder schon auf rot?
Voraussetzung für ein solches Bewertungsverfahren ist, dass in der Planungsphase überhaupt Zielwerte, Zielerreichungszeiträume und Zielkorridore formuliert werden. Für die Personalkapazität könnte dies vereinfacht so aussehen:

Produktionsstandort Jena	
Personalstand 31.12.2003	425,50 FTE
Zielkapazität 31.12.2004	370,00 FTE
Personalabbau in 2004	55,5 FTE
Bedingungen: Der Abbau soll zu einem Drittel im ersten, zu zwei Dritteln im zweiten Halbjahr erfolgen. Verschiebungen des Abbaus zwischen den Halbjahren von 10 % gelten als tolerabel.	

Aus diesen Vorgaben resultieren folgende Zielwerte:

Abbauziel zum 30.06.2004	18,50 FTE
Zielkorridor 30.06.2004 **(Toleranz +- 1,85 FTE)**	16,65 bis 20,35 FTE 408,85 - 405,15 FTE
Zielkapazität 30.12.2004	370,00 FTE

Dieses Beispiel mag trivial erscheinen, es zeigt in seiner Einfachheit jedoch, dass es nicht damit getan ist, „Köpfe zu zählen“, sondern dass es immer darum geht, die ermittelten Ergebnisse zu bewerten und dem Auftraggeber das bewertete Ergebnis oder gegebenenfalls auch nur die Bewertung vorzulegen.
Auf weitere Bedingungen, Darstellungsmöglichkeiten und auch Fallstricke wird in den verschiedenen Praxiskapiteln im weiteren Verlauf des Buches hingewiesen.

2.4 Weitere Quellen, die Sie nutzen können

Die wesentliche Datenquelle für das Personalcontrolling ist das verwendete Gehaltsabrechnungsprogramm. Die Erfahrung zeigt, dass aber darüber hinaus an weiteren Stellen im Unternehmen Daten vorgehalten werden, die einzelnen Mitarbeitern eindeutig zuzuordnen sind. Sie werden in der Regel außerhalb der Personalabteilung verwaltet und sind dem Personalcontrolling nicht ohne weiteres zugänglich.

ID-Kriterium Personalnummer

Sollen diese Daten verwendet werden, müssen die Daten des Gehaltsabrechnungsprogramms als primäre Datenquelle und der zusätzlich einzubeziehende Bestand über ein gemeinsames, eindeutiges Identifikationskriterium verfügen, über das der Mitarbeiter erkannt wird. Dies ist in aller Regel die Personalnummer. Der Name genügt nicht, da er nicht eindeutig ist und seine Aufbereitung (Vorname, Nachname, Namenszusatz etc.) auf unterschiedlichem Weg erfolgen kann.

Ist die Personalnummer im Datenbestand nicht vorhanden, sollte der Dateneigentümer davon überzeugt werden, diese seinem Bestand hinzuzufügen. Dies gelingt eigentlich immer, wenn gleichzeitig ein Mehrwert für den Dateneigentümer dargestellt werden kann. So kann dann beispielsweise ein automatisierter Abgleich mit den Personaldatenbeständen erfolgen, der bislang manuell erfolgen musste oder gar nicht stattfand. Fehlerhafte oder veraltete Datenbestände waren die Folge.

Beispiel

Der Bereich Gebäudemanagement verwaltet die den Mitarbeitern zur Verfügung stehenden Parkplätze auf dem Firmengelände. Um im Rahmen einer Standortanalyse Auswertungen über die Verkehrsmittelnutzung der Mitarbeiter zu erhalten, benötigt das Personalcontrolling die Daten über die Parkplatz-Mietverträge. Da das Nutzungsverhalten pro Abteilung ermittelt werden soll, ist die Zuordnung zum einzelnen Mitarbeiter erforderlich. Der Bereich Gebäudemanagement ordnet den Vertragsdaten jetzt die Personalnummern der Parkplatzmieter zu und kann so die gewünschten Daten liefern.

Die Personalabteilung ist daraufhin in der Lage, dem Gebäudemanagement Auskünfte über bevorstehende Austritte zu melden, damit dort rechtzeitig freiwerdende Mitarbeiterparkplätze wieder zur Vermietung angeboten werden können.

Beide Seiten profitieren zukünftig davon, dass die Personalnummer als Identifikationsmerkmal für den Mitarbeiter auch außerhalb der Personalabteilung gespeichert wird.

In welchen Bereichen außerhalb der Personalabteilung Personaldaten vorgehalten werden, wird vielfach nur zufällig bekannt. Auf die sich an dieser Stelle aufdrängende Datenschutzproblematik und die Mitbestimmungsrechte des Betriebsrates wird in Kapitel 17 eingegangen. Mögliche Quellen für weitere Personaldaten könnten neben dem im obigen Beispiel genannten Gebäudemanagement noch folgende Bereiche sein: Dienstwagen, Kantinenabrechnung, Betriebssport, Arbeitsmedizinischer Dienst, Sicherheitsbekleidung (Schuh-/Konfektionsgröße), Materialausgabe (Laptops), Zutrittskontrolle und viele andere mehr.

2.5 Regelkreis der Datenqualität

Datenpflege

Der bereits erwähnte Anspruch des Personalcontrollings auf „Lufthoheit“ über die Personalzahlen ist nur einlösbar, wenn die Qualität der herausgegebenen Informationen hochwertig ist. Dies wiederum ist nur mit exzellent gepflegten Datenbeständen zu erreichen. Der in der EDV oft verwendete Satz „Garbage in – garbage out“ stellt die Situation plastisch dar: Nur wenn die verwendeten Eingangsdaten korrekt sind, kann auch die daraus erstellte Auswertung korrekt sein.

Aktualisierung von Daten

Daten weisen immer dann eine mangelhafte Qualität auf, wenn sie nicht oder selten genutzt werden. Bekommt ein Mitarbeiter beispielsweise nie seine im Personalsystem gespeicherte Anschrift zu Gesicht, fällt ihm auch nie auf, dass diese vielleicht schon lange nicht mehr korrekt ist. Wenn auf der Gehaltsabrechnung ausschließlich seine interne Hausanschrift angedruckt wird, und auch sonst alle Post aus der Personalabteilung hausintern versandt wird, bleibt eine falsche oder veraltete Anschrift über lange Zeit gespeichert.

Animation

Wenn Daten gespeichert werden, ohne dass sie später irgendwo ausgedruckt oder verwendet werden, besteht kaum eine Motivation, diese auf einem aktuellen Stand zu halten. Dies hat fatale Folgen. Ist nämlich die schlechte Datenqualität bekannt (eine Aussage, die sich schnell in pauschaler Form verbreitet), wird erst recht niemand Auswertungen verwenden, die auf diesen Datenbeständen beruhen, denn „die Daten stimmen ja sowieso nicht“. Die vielfach schlechte Aufbereitung erledigt den Rest. (Die seitengelochten Endloslisten in Einheitsschrift, ohne Grafiken und kiloschwer sind immer noch häufig anzutreffen.) Viele regelmäßig erstellte Listen wandern ungelesen in die überall bereitstehenden Container für vertraulichen Abfall. Die Folge ist wiederum ein weiteres Absinken der Datenqualität aus den bereits genannten Gründen.

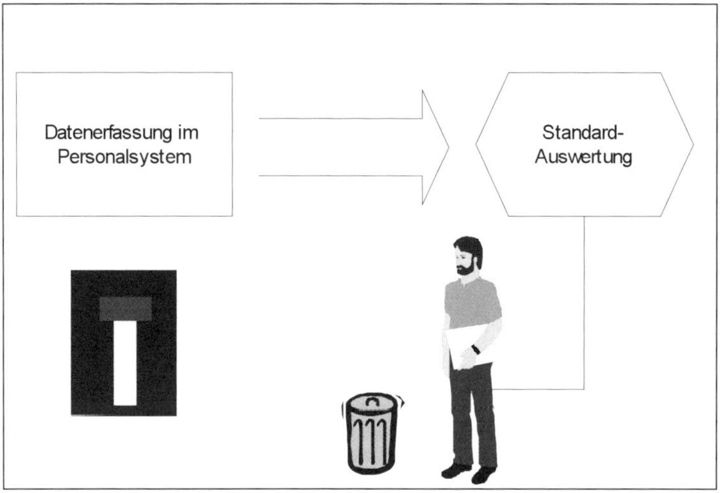

Von der Kommunikations-Sackgasse ...

Optische Gestaltung der Daten

Dieser Teufelskreis ist unbedingt zu durchbrechen, um ein Personalcontrolling überhaupt aufbauen zu können. Der erste Schritt hierzu ist die optisch ansprechende Aufbereitung der vorhandenen Daten. Die Erfahrung zeigt, dass Daten, die in ansprechender Aufmachung präsentiert werden, eine höhere Aufmerksamkeit erfahren. Durch die gestiegene Aufmerksamkeit wird ein Korrekturverfahren in Gang gesetzt, ohne dass es dazu einer gesonderten Aufforderung bedarf. Die Datenqualität steigt. Zusätzlich können in Bereichen, die als besonders vernachlässigt erkannt werden, in Einmal-Aktionen Aktivitäten zur Verbesserung der Datenqualität initiiert werden. Erfolgreicher sind aufgrund ihrer Nachhaltigkeit jedoch die Korrekturverfahren, die praktisch automatisch aus dem Empfängerkreis der Personaldatenauswertungen entstehen.

Aufgrund der gestiegenen Qualität der Personaldatenauswertungen wird eine gesteigerte Nachfrage induziert. Der Verwendungsgrad steigt also erneut, diesmal nicht aufgrund der ansprechenderen Optik, sondern wegen der besseren Qualität. Der Regelkreis verstärkt sich, die Datenqualität steigt weiter.

Fügt man den Auswertungen externe Daten hinzu (wie oben beschrieben), kann sich dieser Qualitätsverbesserungsprozess auch auf diese Daten ausweiten.

...zum Feedback-Prozess

3 Instrumente des Personalcontrollings: Die DV-Programme

Datenverarbeitung ist ein Mengengeschäft. Diese Aussage allein rechtfertigt heutzutage aber nicht mehr den ausschließlichen Einsatz von Großrechnersystemen. Jeder moderne PC, der mit der entsprechenden Software versehen ist, kann in angemessener Zeit sehr große Datenmengen bewältigen und verarbeiten. Von daher steht der Controller vor der Wahl des richtigen Softwaresystems zur Lösung der vorhandenen Aufgabenstellungen. Dazu dienen in erster Linie die vorhandenen Personalsysteme; darüber hinaus aber auch Zusatztools, die oft sehr individuell auf die Anforderungen des Anwenders zugeschnitten sind.

3.1 Auswertungen nur aus dem Abrechnungsprogramm?

Weiterverarbeitung der Daten in Folgesystemen

Sicher hat jeder Personalcontroller – mit unterschiedlichem Erfolg – bereits Datenselektionen und -aufbereitungen direkt in seinem Haupt-Personalsystem vorgenommen. Da die Output-Qualität selten den Anforderungen und Ansprüchen genugt und auch eine Verknüpfung mit Fremddaten fast nie möglich ist, erfolgt in den meisten Unternehmen eine Weiterverarbeitung mit Hilfe zusätzlicher Systeme oder Anwendungen. Hierbei kann es sich beispielsweise um die manuelle Übertragung von Daten in ein Präsentationsprogramm handeln, um eine bessere grafische Darstellung zu erreichen. Auch die händische Zusammenfassung aggregierter Daten zu einem Personalbericht wäre eine Aufbereitung in einem Folgesystem. Für das Personalcontrolling sind jedoch i. d. R. deutlich komplexere Lösungen zu implementieren. Um immer sicher zu sein, von welchem „System“ gerade die Rede ist, werden im Folgenden zwei Arbeitsbegriffe eingeführt. Ihre Beschreibung gibt schon einige Hinweise auf den Inhalt und die Intentionen dieses Kapitels. Zunächst geht es um eine Beurteilung der Möglichkeiten und Defizite der individuellen Datenverarbeitung mit kommerziellen Systemen. Grundsätzlich ist gerade das Personalcontrolling, wie das Beispiel des Reportings zeigt, ein äußerst individuelles Geschäft: Allein die Personalzählung wird in nahezu jedem Unternehmen auf unterschiedliche Weise durchgeführt. Woher soll nun ein kommerzielles System „von der Stange“ wissen, welches spezifische Verständnis ein bestimmtes Unternehmen von der Grundgesamtheit „Stammbelegschaft“ hat? In großen Konzernen – gewachsen oder aus Fusionen künstlich entstanden – gibt es oft gravierende Unterschiede in der Definition der Regeln zur Personalzählung. Es gibt nur wenige verbindliche Standards, so dass folgerichtig in standardisierte Systeme auch nur wenig greifbare Regeln implementiert werden können.

Primärsystem (oder auch Originärsystem)

Haltung der Stammdaten mit Primärsystemen

Der Begriff *Primärsystem* bezeichnet das System, welches den juristischen Personaldatenbestand des Unternehmens vorhält. An diese Systeme werden hohe Anforderungen gestellt, um den gesetzlichen Auflagen und Bestimmungen zu genügen. Zentrale Aufgaben sind die Haltung der Stammdaten und die Durchführung der Lohn- und Gehaltsabrechnung. Es handelt sich um kommerzielle Systeme, die einen ständigen Update-Support durch den Hersteller vorsehen. Bekannte Hersteller bzw. Systeme dieser Art sind SAP, PAISY oder LOGA.

Sekundärsystem (oder auch Derivatsystem)

Individuelle Datenverarbeitung mit Sekundärsystemen

Der Begriff *Sekundärsystem* bezeichnet nachgeordnete, abgeleitete Systeme, die sehr individuell ausgerichtet Spezialaufgaben übernehmen, die das Primärsystem nicht oder nicht im gewünschten Umfang darstellen kann. Die erforderlichen Daten erhält das Sekundärsystem z. T. aus dem Primärsystem – es sind jedoch auch ergänzende Datenquellen sowie eine manuelle Datenerfassung denkbar. Art und Umfang solcher Systeme ergeben sich aus der jeweiligen

Aufgabenstellung. So ist eine einfache Excel-Tabelle, die beispielsweise aus einer SAP-Query generiert wurde, ebenso wie ein komplexes Datenbanksystem per Definition ein Sekundärsystem. Die Anforderungen an die Datensicherheit sind deutlich geringer als bei Primärsystemen: Nach erfolgter Nutzung können die Daten zumeist gelöscht werden, ohne dass damit rechtliche Konsequenzen verbunden sind. Die Anforderungen zur Erfüllung der Datenschutzbestimmungen – also der Schutz der Daten vor einem unberechtigten Zugriff – sind ebenso hoch wie bei einem Primärsystem (siehe Kapitel 17). Hier gelten dieselben gesetzlichen Bestimmungen, da die Daten und nicht die Systeme Objekt der Betrachtung sind. So ist es grundsätzlich nicht unterscheidungsrelevant, ob eine nicht berechtigte Person in ein Primärsystem, eine selbst erstellte Tabelle oder auch in eine offen liegende Personalakte Einsicht nehmen kann.

Kommerzielle Primärsysteme werden nicht für den Einsatz in nur einem Unternehmen erstellt, sondern ermöglichen einer Vielzahl von Anwendern die Durchführung anspruchsvoller Aufgabenstellungen, wie z. B. der deutschen Gehaltsabrechnung – einer der komplexesten weltweit. Alle weiteren angepriesenen Controlling- und Reporting-Funktionalitäten erweisen sich bei näherem Hinsehen oft als schmückendes Beiwerk. Technisch ist eine kundenspezifische Individualisierung möglich; der Aufwand hierfür steht jedoch meist in keinem angemessenen Verhältnis zum Ergebnis. Es geht hier nicht um eine Schelte der kommerziellen Systeme – ein unternehmensspezifisches Reporting gehört nicht zu den Kernaufgaben von Primärsystemen! Insofern ist dieses Defizit den Systemen auch nicht anzukreiden, da eine standardisierte Software nicht auf alle Eventualitäten und jeden Einzelfall optimiert sein kann. Kritisch zu betrachten ist allerdings die Werbebotschaft, die alle Optionen verspricht und wenig hält. Ein Ergebnis eines Arbeitskreises mit über 30 Personalcontrollern verschiedener Branchen zum Thema „personalwirtschaftliche Sub-Systeme" war, dass ausnahmslos alle Beteiligten eigenentwickelte Sekundärsysteme nutzen – in welcher Intensität oder Ausprägung auch immer.

Neben den bloßen Funktionalitäten ist auch die Verfügbarkeit der Daten ein Erfolgskriterium. In vielen Unternehmen wird – zumeist aus Kostengründen – die Gehaltsabrechnung durch Dritte durchgeführt (Outsourcing). Hier ist zu prüfen, ob für bestimmte Controlling-Aufgaben erforderliche Daten der eigenen Mitarbeiter überhaupt noch „Inhouse“ zur Verfügung stehen oder durch eine Rücklieferung des Dienstleisters erst verfügbar gemacht werden müssen. In Primärsystemen meist nicht vorhanden sind Daten externen Personals (Zeitarbeit) sowie von Honorarkräften oder Subunternehmern. Dies wäre aber erforderlich, um z. B. eine Umrechnung in Kapazitätsäquivalente vornehmen zu können. Ebenso müssen in einigen Fällen Zusatzdaten, die an anderer Stelle im Unternehmen auf Personenebene vorgehalten werden, mit Stammdaten kombinierbar sein, wie im Kapitel 2 bereits ausführlich beschrieben wurde.

Primär- und Sekundärsystem – ein Vergleich

Eigenschaften der Primär- und Sekundärsysteme

Primär- und Sekundärsysteme sind nicht als Konkurrenten zu betrachten, sondern als erfolgreiches Team mit verteilten Aufgaben. Beide Komponenten zeigen deutliche Stärken und auch Schwächen. Hier gilt es, die optimale Kombination zu finden und die Stärken beider Systeme zu nutzen. Vereinfacht dargestellt ist die Hauptdomain der Primärsysteme die Datenhaltung, die Sekundärsysteme übernehmen die individuelle Datenverarbeitung zu Controlling- und Reportingzwecken – im Folgenden das Schwerpunktthema. Die daraus resultierenden Zieleigenschaften und die Defizite der meisten Primärsysteme stellt die folgende Tabelle gegenüber.

Typische Eigenschaften vieler Primärsysteme	Anzustrebende Eigenschaften eines Sekundärsystems
wenig ansprechender Output, standardisiert und unflexibel	Optimierung von Bildschirm-Anzeige und Druck-Output – optisch und inhaltlich hochwertige Aufbereitung, hohe Output-Flexibilität
Auswertungen inhaltlich oft nicht im Detail nachprüfbar	Qualitätsprüfung detailliert durchführbar

relationale Datenverknüpfung und Verknüpfung zu externen Datenquellen nicht oder nur bedingt möglich	relationaler Aufbau der Datenbeziehungen anwendergesteuert möglich, problemloser Datenaustausch mit anderen PC-Anwendungen bzw. Sekundärsystemen, Kompatibilität auf Betriebssystemebene
eingeschränkte, vorgegebene Daten-Export-Funktion	nahezu jedes gewünschte Ausgabeformat möglich
Spezialkenntnisse und hohe Berechtigungsstufe zur Bedienung und Anpassung erforderlich	einfache, standardisierte Bedienung für jeden Anwender, Anpassung mit „Bordmitteln"
zeitintensiv und hohe Anpassungskosten bei Veränderungen	Zeit- und Kostenvorteile bei Erweiterung und Anpassung
aufwändig bei Wechsel oder Einführung	überdauern Veränderungen und Wechsel der Primär-Systeme und unterstützen diese sogar
keine Systemtransparenz („Welche Prozesse laufen ab?")	absolute Systemtransparenz, da größtenteils offene Programmierung
meist Komplettsystem	modularer, bedarfsorientierter Auf- und Ausbau
Systemfixierung	Kundenorientierung

Im direkten Vergleich gibt es weitere Eigenschaften, die bei allen angesprochenen Vorteilen der individuellen Datenverarbeitung mit Sekundärsystemen nicht außer Acht gelassen werden dürfen.

Weitere Eigenschaften eines Primärsystems	Weitere Eigenschaften eines Sekundärsystem
aktueller Bestand mit datumsgenauer Historie	meist nur Stichtagsbestand, seltener historisierter Gesamtbestand
bedingte Reproduzierbarkeit von vergangenheitsbezogenen Auswertungsergebnissen	100%ige Reproduzierbarkeit durch „eingefrorene Datenbestände" die nicht nachträglich verändert werden
hohe Datensicherheitskriterien	niedrige Datensicherheitskriterien
primäre Erfassung von Daten	ausschließlich Auswertung von Daten, aber auch: Analyse und Weiterverarbeitung (Szenarien, Planung)
juristischer „Masterbestand"	abgeleiteter Bestand

Warum wird ein Sekundärsystem benötigt?

Soll eine empfängeradäquate Aufbereitung in hochwertiger formaler Ausgestaltung erfolgen, läuft dies in vielen Unternehmen noch nach folgendem Schema ab:

- Auswertung aus dem Primärsystem
- Ausdruck und manuelle Bearbeitung der Ergebnisse
- manuelle Erfassung/Übertragung in ein neues Dokument
- erneuter Ausdruck
- Weitergabe

Was geschieht hier? Es erfolgt eine aufwändige Nachbearbeitung der Auswertungsergebnisse des Primärsystems. Hier übernimmt der Anwender quasi die Rolle eines „manuellen Sekundärsystems" und hat bei jeder Wiederholung der Auswertung immer wieder denselben Aufwand. Ein echtes Sekundärsystem optimiert und automatisiert die letzten vier Punkte der obigen Aufstellung, so dass prinzipiell nur noch folgende Abläufe auszuführen sind:

- Datentransfer aus dem Primär- in das Sekundärsystem
- automatisierte Verarbeitung und Aufbereitung
- optimal: Versand per E-Mail (Auswertungsergebnisse als Dateianlage)

Arbeit mit eingefrorenen Daten - Reproduzierbarkeit durch „frozen-data-zone"

Veränderungen im Zeitablauf

Die Reproduzierbarkeit von Ergebnissen der Vergangenheit ist eine wesentliche Voraussetzung, um Veränderungen im Zeitablauf verfolgen zu können. Im Primärsystem werden begründet Veränderungen „in der Vergangenheit" durchgeführt (Rückrechnungen Lohn und Gehalt, Korrektur von Dienstvertragsdaten, Fehlerfassungen bezüglich Daten der Sozialversicherung etc.). Würde nun ein spezifizierter Report nach erfolgten Änderungen zum gleichen Stichtag wiederholt werden, wie vor den Änderungen geschehen, so würden die Ergebnisse definitiv voneinander abweichen. Auch eine Bilanz oder die Personalzahl eines Geschäftsberichts wird nicht im Nachhinein geändert, wenn in die Vergangenheit wirkende Erfassungen vorgenommen wurden! Eine nachträgliche Änderung bereits publizierten Zahlenmaterials ist für Reportingzwecke nicht akzeptabel und macht das Personalcontrolling unglaubwürdig. Von daher sollte die Reportdatenbasis nicht mehr verändert, sondern „eingefroren" werden. Wie ist das zu erreichen? Auf keinen Fall im Primärsystem, sondern ausschließlich in Folgesystemen, die im Sinne eines Data-Warehouse – oder Data-Mart-Modells Daten sichern und zur Verfügung stellen. Der Arbeitsbegriff „frozen-data-zone" bezeichnet dabei den Bereich der Zeitachse, für den keine Veränderungen mehr akzeptiert werden.

Die „Frostgrenze" ist der letzte Reportingstichtag der Vergangenheit, der der Gegenwart am nächsten liegt!

Das hört sich zunächst kompliziert an, wird anhand eines Beispiels aber klar:

Beispiel

Es ist Anfang August und der letzte Reportingstichtag war der 1. Juli. Aufgrund einer Fehleingabe im primären Personalsystem werden einige Versetzungen korrigiert – und zwar rückwirkend zum 1. Juli und zum 1. August. Die Änderungen auf den 1. Juli dürfen im Reporting nicht mehr berücksichtigt werden, da sich zum Zeitpunkt, als das Reporting erstmals erstellt wurde, die Realität anders darstellte und aus Gründen der Reproduzierbarkeit im Reporting nicht mehr verändert werden darf. Die Veränderungen zum 1. August werden noch berücksichtigt, da dieser Stichtag noch nicht Grundlage eines Berichts war. Erfolgt nun ein Reporting per 1. August, so wandert die Frostgrenze Richtung Gegenwart – in diesem Fall vom 1. Juli auf den 1. August – verbleibt aber immer in der Vergangenheit.

Arbeiten mit Stichtagsbeständen

Das „Einfrieren" von Daten lässt sich einfach umsetzen, wenn mit Stichtagsbeständen gearbeitet wird. Hier erfolgt lediglich eine Speicherung der Bestände. Deutlich komplexer stellt es sich dar, wenn auch das Sekundärsystem einen historienfähigen Bestand enthält. Dies kann im Rahmen dieses Buches nicht detailliert behandelt werden. Für den fortgeschrittenen Anwender erfolgt daher an dieser Stelle als Exkurs eine knappe Verfahrensbeschreibung.

Exkurs: „frozen-data-zone" mit Bestandshistorisierung

Im Sekundärsystem muss einmalig eine komplette Historie aller relevanten Mitarbeiter- und Organisationsdaten aufgebaut werden. Im Laufe der Zeit erfolgt über die Download-Daten aus dem Primärsystem regelmäßig ein Import geänderter Datensätze. Eine semikontinuierliche Fortschreibung der Datenbestände ermöglicht die korrekte zeitliche Abgrenzung unter Berücksichtigung der „Frostgrenze". Dazu wird das letzte Reportdatum als Variable im Sekundärsystem hinterlegt. Bei der Verarbeitung aktueller Downloadbestände erfolgt zu diesem definierten Stichtag eine Delta-Verarbeitung zwischen Download-Daten und historisierten Bestandsdaten. Gibt es Abweichungen, so werden bestehende Sätze geschlossen und ab „Stichtag plus einem Tag" neue angelegt; unveränderte Daten bedeuten einen Fortbestand der zumeist offenen Sätze („offen" im Sinne von „ohne Enddatum"). Der Unterschied zum Primärsystem besteht darin, dass alle Datensätze vor dem letzten Report-Stichtag unverändert erhalten bleiben und lediglich Veränderungen für die Zeit nach diesem Stichtag berücksichtigt werden. Die so erreichte Zeitstrahl-Historie ermöglicht es dem Controller, zu jedem beliebigen Stichtag der Vergangenheit reproduzierbare und in sich konsistente Auswertungen vorzunehmen. Auch Auswertungen auf die nähere Zukunft werden so darstellbar.

Weitere Argumente für den Einsatz von Sekundärsystemen werden im Praxisteil des Buches anhand von verschiedenen Beispielen angeführt.

Der hohe Programmierungsaufwand lohnt sich

Fazit

Eine System-Evolution im Sinne von Entwicklung und Optimierung ist ausschließlich mit kommerziellen Primärsystemen nicht darstellbar. In Konsequenz bedeutet dies, dass Sekundärsysteme für ein effektives Personalcontrolling unverzichtbar sind. Jedoch ist zu beachten, dass ein funktionales Sekundärsystem nicht vom Himmel fällt: Eine Sekundärsystem ist nicht „zweitrangig" und es erledigt keine „Restaufgaben". Die Konzeption und der Programmierungsaufwand werden meist deutlich unterschätzt, denn es werden hier genau die Funktionalitäten entwikkelt, über die das Primärsystem nicht verfügt! In der regelmäßigen Anwendung erfolgt jedoch in kürzester Zeit die Amortisation des Entwicklungsaufwands.

3.2 Lohnt sich die Entwicklung eines eigenen Programms?

Vorab bemerkt: Hier geht es nicht um die Auswahl eines Primärsystems! Es ist aus verschiedenen Gründen kaum möglich, mit vertretbarem Aufwand ein System zu erstellen, welches alle gesetzlichen Erfordernisse eines Systems zur Haltung von Personaldaten erfüllt und beispielsweise die Gehaltsabrechnung mit allen Nebenfunktionen abbilden kann. Dies ist die klare Domäne der kommerziellen Produkte. Wer aber vor der Entscheidung steht, ein weiteres, sekundäres System einzuführen, wird auf irgendeinem fachlich-inhaltlichen Gebiet Defizite seines Primärsystems festgestellt haben.

Beweggründe zur Einführung eines Sekundärsystems

Bevor nun eine – meist für längere Zeit gültige – Entscheidung zu Gunsten der Option Kaufen oder der Option Selbermachen gefällt wird, sollten einige Kriterien bedacht und auch weitere Möglichkeiten sowie Überschneidungen von Alternativen nicht von vorn herein ausgeschlossen werden. Eine konsequente Beschreibung des gewünschten Systems ist erfolgskritisch. Fragen helfen, die Auswahl zu systematisieren:

- Warum benötige ich ein neues, weiteres System?
- Was verspreche ich mir davon? Welche positiven Veränderungen erwarte ich?
- Welche Anforderungen werden an die neu einzuführende Software gestellt? Welche Leistungen soll sie erbringen?

Anforderungsprofil und Pflichtenheft

Zunächst wird ein übersichtliches Anforderungsprofil angelegt, darauf aufbauend sollte anschließend ein Pflichtenheft erstellt werden. Da es erwartungsgemäß wohl kaum eine 100%ige Lösung geben wird, die alle Ansprüche erfüllt, sind die Hauptmerkmale zu bestimmen und somit die wesentlichen Bestandteile von den „angenehmen Begleiterscheinungen" zu trennen. Es empfiehlt sich ferner, diese Anforderungen nach Tätigkeiten, Prozessen oder Organisationsstrukturen der Personalabteilung zu gliedern, so dass damit – neben der inhaltlichen Definition – auch die Anzahl der Endanwender bestimmt ist und die Tätigkeitsfelder bei Einführung des neuen Systems sukzessiv in Produktion gehen können – Beispiele:

- Reportingaufgaben für das Management-Berichtswesen (Personalcontrolling – hohe Priorität)
- Kostenplanung (Personalcontrolling – hohe Priorität)
- Szenariorechnungen der Personalplanung (Personalcontrolling und Personalentwicklung – mittlere Priorität)
- Erfassung und Auswertung von Daten der internen Karriereplanung (Personalentwicklung – mittlere Priorität)

Ein Pflichtenheft kann in Bezug auf Personalcontrolling-Systeme nie abschließend sein, da bestimmte Aufgaben, denen die progressive Verarbeitung von Daten zu Grunde liegt, irgendwann an den Personalcontroller herangetragen werden können, so wie es beispielsweise ein Projekt gerade erfordert. Diese Tatsache beinhaltet somit das Hauptpostulat an ein Sekundärsystem – die Flexibilität.

Wer übernimmt die Systemverantwortung?

Wartung und Entwicklung des Systems

Insbesondere bei einer Entscheidung für das Selbermachen ist der Frage nachzugehen, wer im Unternehmen in der Lage ist, die neue Technik sicher zu beherrschen bzw. zunächst überhaupt ein Konzept zu entwerfen und dann die Anwendung zu entwickeln. Auch unter Personalrisiko-Aspekten ist es wichtig, sich als Unternehmen nicht von einer Person abhängig zu machen, sondern zumindest für eine qualifizierte Abwesenheitsvertretung zu sorgen. Dies mag aus Sicht des jeweiligen Personalcontrollers aus persönlichen Motiven der Arbeitsplatzsicherung verständlicherweise auch konträr beurteilt werden und zu gedanklichen Konflikten führen („Mache ich mich unentbehrlich oder weise ich auf die Risiken hin?"). Nur wenige Systeme arbeiten über einen längeren Zeitraum ohne größere Veränderungen und so wird vom Einspielen eines Updates bis hin zur Programmierung neuer Funktionalitäten ein breites Spektrum an Wartungs- und Entwicklungsmaßnahmen abzudecken sein.

Auswahl und Prüfung der Software

Von einer echten Markttransparenz kann bei diesen Nischenprodukten nicht die Rede sein, und es fällt schwer, mit Fokus auf bestimmte Funktionalitäten einen Marktüberblick zu gewinnen. Auch wenn dies bei Tagungen und Fachkongressen gern als Tagesordnungspunkt genannt wird, können nicht alle vorhandenen Systeme berücksichtigt werden und die Selektion erfolgt letztendlich aufgrund der persönlichen Erfahrungen des Referenten und manchmal auf Grund eines persönlichen Interesses. Bei einer Entscheidung für den Kauf einer Software ist daher zu prüfen, ob für einen bestimmten Zeitraum ein Probebetrieb möglich ist – eingeschränkt als so genannte Demoversion oder besser als zeitlich befristete Vollversion. Ebenso sind Miete oder Leasing denkbare Alternativen, die einen teuren Fehlkauf vermeiden können. So wird es möglich, mehrere Kandidaten der engeren Wahl im Praxisbetrieb zu prüfen. Hier ist zu beachten, dass käufliche Produkte oft an das Vorhandensein eines bestimmten Primärsystems gebunden sind. Bei einem Wechsel des Primärsystems wird solch ein Sekundärsystem dann wertlos! Das widerspricht jedoch der Anforderung an ein Sekundärsystem, den Wechsel von Primärsystemen nicht nur zu überstehen, sondern auch qualitätssichernd zu begleiten.

Egal ob Kauf, Miete, Eigenentwicklung oder individueller Entwicklungsauftrag: Ohne eine solide Personaldatenbasis wird kein System auskommen. Daher ist ein entscheidendes Kriterium die Zusammenarbeit des neuen Systems mit dem vorhandenen Primärsystem, ohne ausschließlich auf dieses eine spezifische angewiesen zu sein.

Argumente für die Eigenentwicklung

Es gibt eine Reihe von Argumenten, die ergänzend zur Individualität der unternehmensspezifischen Anforderungen eine Eigenentwicklung von Sekundärsystemen unterstützen:

- Selbst entwickelte Systeme lassen eine Anpassung oder Erweiterung innerhalb kürzester Zeit zu.
- Eine dauerhafte Unabhängigkeit von externen Beratern/Programmierern ist gegeben (Zeit- und Kostenfaktor).
- Das erforderliche und erworbene Know-how verbleibt im Unternehmen und ist auch für andere Aufgabenstellungen verfügbar.
- Eigenentwickelte Sekundär-Systeme überdauern Veränderungen der Primär-Systeme (z. B. Wechsel von PAISY auf SAP, Veränderung des Primär-Systems durch Fusion etc.).
- Einarbeitung in Programmiersprachen von PC-Standard-Software ist weniger aufwändig als das Erlernen von primärsystemspezifischen Programmier-Tools (ABAP bei SAP oder RASA bei PAISY).

- Mitarbeiter haben vielleicht Vorkenntnisse in Standard-Software und ihren Programmiersprachen wie z. B. Visual Basic.
- Auch in anderen Unternehmensbereichen werden vielfach PC-basierende Sekundärsysteme eingesetzt (erleichterter Datenaustausch).
- Bei Problemstellungen oder Fragen zu Standard-Software findet der IT-Anwender Hilfe in diversen Newsgroups und Foren im Internet.

Einführung des neuen Systems

Einführung mit Echtdaten und realen Problemen

Die optimale Einführung der neuen Systemtechnik erfolgt am Arbeitsplatz der Anwender. Ein externes Seminar kann nie auf die Besonderheiten eines Unternehmens eingehen und auch der Trainer (hierbei kann es sich auch um einen Mitarbeiter des Unternehmens handeln) wird in der den Teilnehmern vertrauten Umgebung mit Echtdaten und realen Problemstellungen deutlich schneller die erforderlichen Fertigkeiten vermitteln können. Daher sollte eine Schulung grundsätzlich „on-the-job“ erfolgen.

Kosten-Nutzen-Analyse

Kostenfaktor

Der Nutzen muss in einem vertretbaren Verhältnis zum Aufwand stehen. Da der erwartete Nutzen im Rahmen der Vorbereitung der Systemauswahl schon definiert wurde, bleiben die Kosten. Dazu zählen nicht nur die direkten pekuniären, sondern gerade auch die personellen Aufwendungen. Diese wiederum sind zu differenzieren in eine einmaligen Einführungs- und den dauerhaften Pflegeaufwand. Gerade ein flexibles System „lebt“ und will gepflegt bzw. an neue Anforderungen angepasst werden. Dieser Aufwand darf nicht unterschätzt werden.

Neben diesen direkt kostenwirksamen Faktoren spielt auch das strategische Umfeld des Unternehmens eine große Rolle. Wer möchte schon das Rad zweimal erfinden oder aber auch eine Systemumgebung entwickeln, die nur für eine kurze Zeit von Bestand wäre:

- Wird – innerhalb eines Konzerns – an anderer Stelle schon mit Sekundärsystemen gearbeitet oder erfolgt aktuell eine Entwicklung und falls ja, mit welchem Erfolg?
- Ist in nächster Zukunft eine Veränderung der Unternehmensstruktur zu erwarten?

In der Regel wird bei eigenentwickelten Systemen nach kurzer Zeit der Nutzen vom Aufwand übertroffen. In der Kostenschätzung sind die eingesparten Zeiten früheren manuellen Aufwands und auch der Qualitätsgewinn angemessen zu berücksichtigen bzw. zu bewerten.

Beispiel

In einer Standardliste eines Primärsystems eines bekannten Herstellers sollte auf Wunsch der Personalabteilung ein zusätzliches Feld mit aufgenommen werden. Die daraufhin erstellte Aufwandsschätzung von drei Manntagen durch Systemprogrammierer wurde mit einer Mischung aus Ungläubigkeit und Entsetzen aufgenommen. Die Umsetzung erfolgte daraufhin im Sekundärsystem auf Basis von Microsoft Access, in welchem eine ähnliche Liste bereits vorhanden war. Der Anpassungsaufwand hielt sich in Grenzen: knapp drei Minuten. Die Realisierung im Sekundärsystem konnte also schneller vollzogen werden, als eine Anfrage beim Systemprogrammierer des Primärsystems dauerte. Über die prognostizierten Kosten wird an dieser Stelle geschwiegen ...

Projektorientierte Funktionalitäten mit „Einweg-Systemen"

Vorteile selbst entwickelter Systeme

Ein erheblicher Vorteil selbst entwickelter Systeme ist die Möglichkeit, kurzfristig, mit begrenztem Aufwand und individuell „Einweg-Systeme“ zu entwickeln. Oft wird für zeitlich und inhaltlich begrenzte Aufgabenstellungen ein definierter Datenbestand benötigt – beispielsweise für Zielszenarien bei umfangreichen Reorganisationsmaßnahmen oder auch für die Durchführung von Befragungen. Diese lassen sich sehr einfach aus einem vorhandenen Sekundärbestand ableiten und den Erfordernissen entsprechend weiterverarbeiten. Da die meisten bekannten Primärsysteme auch den umgekehrten Datenstrom (Upload) zulassen, können aus diesen Szenariodaten wiederum Echtdaten im Primärsystem generiert werden.

Dies erspart nicht nur den Aufwand einer manuellen Erfassung, sondern ermöglicht auch eine äußerst hohe Qualität, zudem vorab und nach dem Upload diverse Plausibilitätsprüfungen erfolgen können.

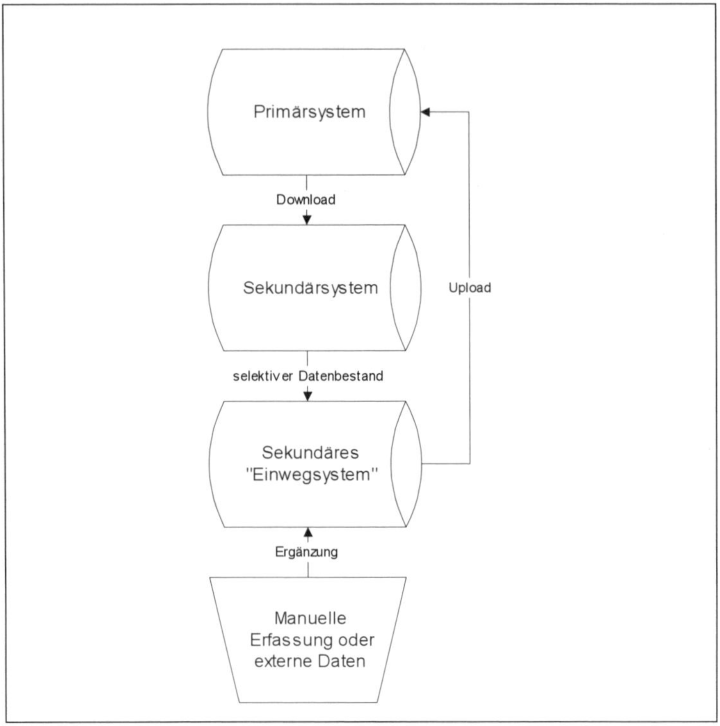

Nutzung von „Einweg-Sekundärsystemen"

War der Systemwechsel erfolgreich?

Eine Besonderheit dieser „Einweg-Anwendungen“ stellt die Nutzung von Sekundärdatenbeständen bei einem Wechsel des Primärsystems dar. Da kommerzielle Personalsysteme – außer in eng begrenzten Zeiten des Systemwechsels – selten parallel betrieben werden, sind dementsprechend auch keine standardisierten Kommunikationsschnittstellen zwischen den Systemen vorhanden. Auch die Systematik der Systeme im Sinne einer „Philosophie der Datenhaltung“ lässt sich oft nicht direkt miteinander vergleichen. Wie kann in einem solchen Fall geprüft werden, ob der Systemwechsel erfolgreich war? Stichproben sind aufgrund der vielfältigen Fehlermöglichkeiten nicht empfehlenswert. Besser ist es, die kompletten Bestände maschinell abzugleichen. Dies ist mit einem vorhandenen Sekundärsystem möglich: Zusätzlich zu den bestehenden Importfunktionalitäten – bezogen auf die Daten aus dem Alt-System – werden nun auch aus dem neuen System die Daten importiert. So schlägt man zwei Fliegen mit einer Klappe: Als einmaliger Effekt ist nun der Vergleich der Daten aus den Primärsystemen nach vielen verschiedenen Kriterien möglich (Qualitätssicherung), andererseits wurde zugleich die Fortführung des Sekundärsystems mit dem neuen Primärsystem ermöglicht.

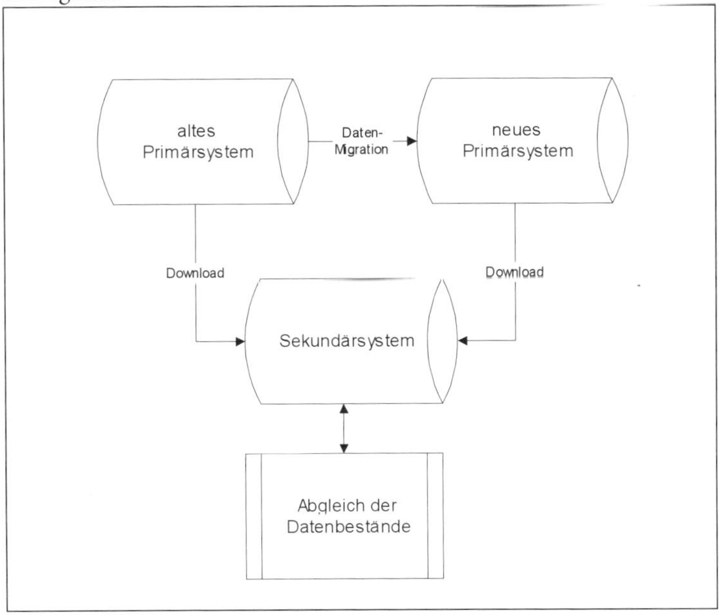

Unterstützung eines Primärsystemwechsels

Anzumerken ist, dass gerade bei Primärsystemwechseln oft historische Daten des Mitarbeiterbestandes „verloren gehen“. Auch hier kann das Sekundärsystem rettend eingreifen! Die Mitarbeiterhistorie steht dann auch nach Abschaltung des alten Primärsystems als Kopie weiter zur Verfügung. Sekundärsysteme können bei einem Primärsystemwechsel also nicht nur weitergeführt werden; sie ermöglichen auch die Durchführung von Qualitätssicherungsmaßnahmen sowie die Übernahme einer langfristigen Datenspeicher-Funktion.

3.3 Vorhandenes nutzen: Die Office-Programme

Der eigene PC als Basis für das Sekundärsystem

Sekundärsysteme, die individuelle Wünsche berücksichtigen, können kaum als kommerzielle Standardprodukte vertrieben werden. Der funktionale und auch inhaltlich richtige Weg ist daher die bedarfsorientierte Eigenentwicklung. Vor der Entscheidung, mit welchem System oder mit welcher Programmiersprache die Realisierung erfolgen soll, lohnt sich ein Blick auf die Festplatte des eigenen PCs. Für ein Sekundärsystem ist grundsätzlich jede Betriebssystem-Plattform geeignet. Auch ist eine Vielzahl von Anwendungen mit Datenbankfunktionalitäten verfügbar und als Sekundärsystembasis ausbaubar. Die Prinzipien sind bei allen Plattformen und Anwendungen identisch. Optimal erscheint jedoch die Nutzung vorhandener Software mit einer hohen Marktdurchdringung. So entsteht kein primärer Aufwand für einen Software-Kauf. Ferner sind viele Mitarbeiter im Umgang mit solchen Anwendungen geübt bzw. können ihre vorhandenen Kenntnisse in kurzer Zeit vertiefen. Aus diesem Grund fällt die Wahl auf die „Office-Programme", die auf nahezu jedem Rechner in irgendeiner Ausprägung installiert sind.

Microsoft Office

Alle folgenden Erläuterungen und Beispiele orientieren sich am wohl bekanntesten Büro-Paket: „Office" von Microsoft. Die Produktbezeichnung „Office" – oder abgewandelt „Office-Paket" – ist aufgrund der Marktdominanz im allgemeinen Sprachgebrauch bereits ein Synonym für eine Gruppe von Büro-Softwareanwendungen geworden, wie beispielsweise „Tempo" für Papiertaschentücher. Es handelt sich dabei um ein Software-Paket mit unterschiedlichen Anwendungen – je nach Kundenbedarf und Brieftasche. Grundsätzlich sind alle Anwendungen allein funktional und auch singulär zu erwerben. Es hat sich jedoch gerade in größeren Unternehmen als sinnvoll erwiesen, standardisierte Pakete zu installieren und somit den technischen Wartungsaufwand zu optimieren. Dies führt dazu, dass in einer Abwägung aus Durchschnittsbedarf und Kostenaufwand ein Paket gewählt wird, mit dem die große Masse der Anwender alle täglichen Anforderungen bewältigen kann.

Das Potenzial wird nicht ausgeschöpft

Viele Anwender wissen dabei gar nicht, welches ungeheure Potenzial auf ihrem Arbeitsplatzrechner brach liegt. Wer ein leistungsstarkes Office-Paket ausschließlich nutzt, um mit Word Briefe oder mit Outlook seine Mails zu schreiben, wird nie erfahren, welche Möglichkeiten ihm offen stehen.

„Viel" ist nicht immer „gut"

Der schnellen Entwicklung im Bereich der Hard- und Software in den letzten zwei Jahrzehnten konnten viele PC-Nutzer schlicht nicht folgen. War es 1985 noch unglaublich fortschrittlich, auf einem Commodore C 64 – oder besser noch: einem Amiga 1040 ST – einen Brief zu schreiben und anschließend auf einem 9-Nadeldrucker zu Papier zu bringen, stellt heutzutage ein fertig konfigurierter Discounter-PC von der Palette schon derart viel Software zur Verfügung, dass die meisten Anwender damit nicht mehr zurecht kommen. Von Übersichtlichkeit oder klaren Strukturen kann hier keine Rede mehr sein und man darf dies auch keinem Nicht-Experten zum Vorwurf machen. Es war in der Tat einfacher, mit minimalistischen Anwendungen, die aus heutiger Sicht gerade einmal die Basisfunktionalitäten abbildeten, schnelle Erfolge zu erlangen. So war es schon ein besonderes Abenteuer, seinerzeit mit dem schlichten Datenbankprogramm DBASE unter DOS die Auswertung einer Befragung durchzuführen. Aber auch das war letztendlich funktional. Der Hauptunterschied zu damals liegt heute einfach in der Vielfalt der Möglichkeiten und dem einhergehenden Ballast, was die meisten Anwender ganz einfach überfordert.

Spezialisierte Alleskönner

Überschneidung von Funktionen

Grundsätzlich sind alle Programme des Office-Paketes miteinander kombinierbar und die Funktionalitäten überschneiden sich. So ist beispielsweise richtig, dass auch Word Spaltensummen berechnen kann und dass dazu Excel nicht zwingend erforderlich ist, solange es bei der einfachen Aufgabenstellung bleibt. Die Vermischung und die

Schnittmengen der Funktionen führen dann in der Praxis dazu, dass einfach das Programm genutzt wird, mit dem man sich am besten auskennt und was auf den ersten Blick auch zu einem Ergebnis führt. Für einen „Schnellschuss" oder eine einmalige Aktion mag das ausreichen. Langfristig sind die Grenzen dann jedoch vorbestimmt und eine Weiterentwicklung wird ausgeschlossen. Um diese Irrwege zu vermeiden, erfolgt an dieser Stelle ein kurzer Überblick über die wichtigsten Komponenten des Office-Pakets von Microsoft und ihrer Schwerpunkte. Anwendungs-Pakete anderer Hersteller sind zumeist ähnlich konzipiert und auch die typischen Programme sind – unter anderem Namen – mit analogem Funktionsumfang enthalten, so dass die Beschreibungen nahezu übertragbar sind.

Textverarbeitung (Word)

Neben der reinen Textverarbeitung bietet Word eine Reihe von leistungsstarken Funktionalitäten, die weit über den originären Zweck hinausgehen. Dazu zählen u. a. auch Tabellenfunktionalitäten, die eine gewisse Datenbankfunktionalität suggerieren können. Die komplexe Darstellung des Produkts verfolgt auch Microsoft: „Mehr als Textverarbeitung – Eine der wichtigsten Grundlagen unserer modernen Gesellschaft ist der Informationsaustausch. Damit die Informationen im Team, mit Partnern oder Kunden reibungslos fließen, brauchen Sie moderne Anwendungen, die genau auf diese Bedürfnisse zugeschnitten sind. Die nächste Word-Version ist eine solche Anwendung."[5] Von dieser Eigenwerbung und den realen Potenzialen ausgehend, nutzen die meisten Anwender schätzungsweise gerade einmal knapp 5 % des Funktionsumfangs.

Tabellenkalkulation (Excel)

Personalkostenplanung mit Excel

Ein hervorragendes Tool zur Szenarienrechnung, beispielsweise der Personalkostenplanung. Durch die Möglichkeit, mit Hilfe von berechneten Feldern direkt zur Laufzeit Ergebnisse zu erlangen, bietet sich hier die Nutzung bei jeglichen Aufgabenstellungen an, in die variable Parameter einfließen: An einer Stelle eine Änderung

[5] www.microsoft.com/germany/ms/office2003/applikationen/word/index.htm.

durchführen und eine große Menge von Ergebniswerten wird umgehend aktualisiert. So können von der einfachen Kalkulation bis hin zu komplexen Planungsszenarien eine Vielfalt betrieblicher Aufgabenstellungen erledigt werden. Originalton Microsoft: „Vom reinen Kalkulationsprogramm hat sich Excel zur leistungsfähigen Anwendung gemausert, die Ihnen hilft, Unternehmensdaten unter den verschiedensten Gesichtspunkten zu betrachten. Während Sie über den Analyseansatz nachdenken, holt Excel schon die Daten ... aus verschiedenen Datenbanken auf Ihr Arbeitsblatt. Excel ... ist eine der Grundlagen funktionierender Unternehmensprozesse."[6] Die Zielrichtung der Produktbeschreibung wird deutlich definiert: Mit Excel sollen „Unternehmensdaten" aufbereitet werden – also grundsätzlich ein klassisches Sekundärsystem! Aufgrund der einfach zu erlernenden Bedienung wird Excel oft gegenüber anderen Office-Anwendungen bevorzugt. Viele betriebliche Aufgabenstellungen sind mit Excel lösbar. Allerdings sollten zwei einschränkende Tatsachen beachtet werden:

- die datentechnische Aufbereitung mit Hilfe verschiedener Pivottabellen führt zu einer extremen Vergrößerung der genutzten Datei
- die Tabellengröße eines Arbeitsblatts ist beschränkt auf 256 Spalten und 65.536 Zeilen – für viele Anwendungsfälle ist gerade die beschränkte Zeilenzahl (Anzahl der Datensätze) nicht ausreichend

Präsentation (PowerPoint)

Multimediaeffekte mit Power Point

PowerPoint ist das „Bilderbuch der Manager". Es ist vom gesamten Officepaket bezüglich einer automatisierten Verarbeitung und Berechnung von Daten eigentlich das leistungsschwächste Tool, oft aber das am meisten beeindruckende. Viele berufliche Aufsteiger verdanken ihre Karriere einer vorstandsadäquaten Aufbereitung von Entscheidungsvorlagen und Ergebnispräsentationen. Texte, Tabellen, bunte Bildchen und Videos können vorgeführt bzw. „präsentiert" werden. Dafür steht eine große Animationspalette zur Verfü-

[6] www.microsoft.com/germany/ms/office2003/applikationen/excel.htm.

gung: von schlicht bis nervtötend. Microsoft beschreibt es so: „PowerPoint ist eine der am weitesten verbreiteten Anwendungen zur Präsentation neuer Ideen. ... PowerPoint ... hilft Ihnen, professionelle Präsentationen zu erstellen. Mit Grafiken, Animationen und Multimediaeffekten lassen sich Informationen ansprechend verpacken. So versteht selbst der unbedarfte Zuschauer Ihre Botschaft.“[7] Dieser letzte Satz verpackt recht nett die ironisch-kritischen, einleitenden Worte.

Datenbankprogramm (Access)

Was schreibt Microsoft selbst zu Access? „Access ... ist nicht nur ein leistungsfähiges Werkzeug für Entwickler, auch PC-Neulinge kommen schnell mit der Datenbank zurecht. Im Unternehmen steht Ihnen mit Access eine leistungsfähige Datenbanklösung zur Seite, die perfekt zu Ihren anderen Office-Anwendungen passt. Zu Hause hilft Ihnen Access, den Überblick über Ihre CD- oder DVD-Sammlung zu behalten.“[8] Wie es scheint, hat Microsoft da ein wenig tief gestapelt. Das immer wiederkehrende Beispiel der CD-Sammlung ist nun wirklich nicht geeignet, eine Katze hinter dem Ofen vorzulocken. Wie wäre es alternativ damit: Es gab bisher keine Aufgabenstellung, die die Verfasser mit Access nicht lösen konnten, sofern die benötigten Daten verfügbar waren!

Individuelle Gestaltungsmöglichkeiten mit Access

Access ist mehr als eine einfache Datenbanklösung: Dank der in allen Microsoft-Office-Produkten implementierten Programmiersprache „Visual Basic for Applications“ – kurz „VBA“ lassen sich leistungsstarke Anwendungen – selbst für Mehrbenutzerumgebungen und auch in Kombination mit SQL-Server-Funktionalitäten – realisieren. Access fungiert dabei als Anwendungsoberfläche und auch abseits einer bloßen Datenverarbeitung können so Anwendungen realisiert werden, die sich in der Bedienung und der Leistungsfähigkeit von kommerzieller Software nicht unterscheiden. Der enorme Vorteil liegt jedoch in den individuellen Gestaltungsmöglichkeiten. Access ist daher das prädestinierte Sekundärsystem für Personalcontrolling-Aufgaben. Gerade bei wiederkehrenden

---

7 www.microsoft.com/germany/ms/office2003/applikationen/powerpoint.htm.

8 http://www.microsoft.com/germany/ms/office2003/applikationen/access.

Aufgaben sind durch die Automatisierungs-Optionen einfach und zeitsparend und in konstanter Qualität Regel-Reports auf Mausklick ausführbar. Auch wenn sich mit Access bereits bei geringen Kenntnissen der Anwendung erstaunlich schnell ansehnliche Ergebnisse präsentieren lassen, darf nicht verschwiegen werden, dass technisch-mathematisches Verständnis und eine große DV-Affinität erforderlich sind, um ein Sekundärsystem zu entwickeln und zu pflegen. Dies sind aber Grundvoraussetzungen für einen Personalcontroller, da die systemtechnische Umsetzung nichts anderes ist, als die bekannten Ermittlungs-Algorhythmen statt mit Hand, Bleistift und Taschenrechner automatisiert durchzuführen. Besonders hervorzuheben ist, dass durch die einfach zu bedienenden Datenimport- und Exportfunktionen Daten verschiedener Herkunft kombinierbar sind und daher gerade in größeren Unternehmen ein regelmäßiger, oft symbiotischer Austausch stattfinden kann. Wie bei jeder Systementwicklung gilt, dass die Optimierung im „State-of-the-art"-Bereich regelmäßig zu einer Potenzierung des Programmieraufwands führt.

Fazit

Sekundärsystem auf Basis von Access

Die Anwendungen in einem Office Paket sind nicht mehr scharf von einander abgegrenzt, da sich die Funktionalitäten überschneiden. So ist es der Anwender, der entscheiden muss, welche Anwendung den gewünschten Zweck am besten erfüllt. Die Anwendungen sind untereinander kombinierbar und ein Austausch von Objekten (z. B. OLE-Fähigkeit) und Daten ist in den meisten Fällen problemlos möglich. So kann ein Word-Serienbrief seine Daten aus einer Word-, Excel- oder Access-Datei oder auch aus einer Datei in einem Fremdformat beziehen und verarbeiten. Bezogen auf die Haltung und Verarbeitung von Daten sollte die Wahl idealerweise auf ein Datenbankprogramm fallen, da die datenbankspezifischen Möglichkeiten der anderen Anwendungen sehr schnell Grenzen erreichen. Im Falle des Office-Paketes von Microsoft fällt die Entscheidung für eine Weiterverarbeitung von Daten in einem Sekundärsystem daher zu Gunsten von Access aus – bei Szenarien und grob strukturierten Planungen auch auf Excel. Die Beispiele in diesem Buch zeigen, wie Aufgabenstellungen des Personalcontrollings mit Hilfe von Office-Lösungen bearbeitet werden können.

3.4 Wie kommen die Daten in das System?

Einleitend wurde bereits Bezug genommen auf die notwendige Basisarbeit und den dann folgenden modularen Aufbau von Sekundärsystemen. Zur besseren Orientierung und um Fehlentwicklungen zu vermeiden benötigt man einen roten Faden, einen Zielkorridor. Dem dienen die nachstehenden Prämissen.

Hauptfunktionen

Zunächst sind die grundlegenden Hauptfunktionen eines Sekundärsystems zu betrachten:

- der Datentransfer in das Sekundärsystem (Hauptbetrachtungsgegenstand dieses Kapitels)
- die Aufbereitung und Verarbeitung der Daten
- Ausgabe und Weitergabe von Ergebnissen

Mit überschaubarem Funktionsumfang beginnen

Daraus ergibt sich bereits, dass hier genügend Potenzial besteht, sich in der Konzeption gründlich zu „verzetteln". Es empfiehlt sich, den Funktionsumfang zunächst einzuschränken ohne dabei jedoch die Erweiterungsfähigkeit auf lange Sicht zu beeinträchtigen. Grundsätzlich gilt das auch in obiger Aufstellung erkennbare EVA-Prinzip der Datenverarbeitung:

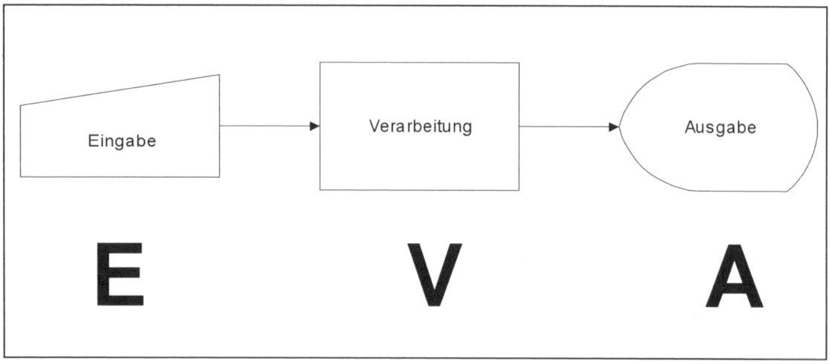

Prämisse: function follows request

Die Realisierung der Aufgaben erfolgt priorisiert nach der nachgefragten Leistung: „Function follows request" – ein Postulat, das an die aus dem Gebrauchsgüter-Design bekannte Regel „form follows function“ angelehnt ist. Entwickelt werden zunächst die Programmfähigkeiten, für die ein realer Bedarf im Unternehmen besteht. Dies bedeutet natürlich nicht, das Pferd von hinten aufzuzäumen: Die in der Einleitung bereits dargestellte „unbeliebte Basisarbeit“ ist in jedem Fall zwingende Voraussetzung. Hier drängt sich der Vergleich zur hierarchischen Bedürfnispyramide nach Maslow (siehe Kapitel 10) geradezu auf: Solange grundlegende Bedürfnisse nicht erfüllt sind, macht es keinen Sinn, höhere anzustreben. Oder einfach formuliert, wer nicht satt ist, für den ist ein Theaterbesuch nicht erstrebenswert. „Sättigung“ im Sinne einer Sekundärsystementwicklung wird durch die Bereitstellung von operablen und verlässlichen Daten erreicht. Um im vergleichenden Bild zu verbleiben, entspricht der Theaterbesuch beispielsweise einer langfristigen Kapazitätsprognose.

Datentransfer

Es ist grundsätzlich möglich, aus jedem eingesetzten Primärsystem Daten als Datei „heraus zu bekommen“, um sie in einem PC-System weiterzuverarbeiten. Vielen Anwendern ist aus der täglichen Arbeit bekannt, dass eine Bildschirmausgabe ausgewählter Daten möglich ist. Je nach eingesetztem System ist es einfach realisierbar, diese Daten in eine Datei auszugeben, also zu exportieren. Dazu wird es manchmal unumgänglich sein, sich mit Kollegen der technischen Systembetreuung zusammenzusetzen und die Möglichkeiten zu besprechen.

Datentransfer und Weiterverarbeitung

Da es i. d. R. keine direkte Verbindung zwischen beiden Systemen gibt, besteht die datentechnische Verarbeitung vom Primär- in das Sekundärsystem aus zwei Phasen. In der ersten Phase werden die Daten aus dem Primärsystem herausgeholt. Dabei werden zunächst nicht oder nur eingeschränkt auswertbare Dateien erzeugt. Gebräuchliche Exportformate sind Text- (ASCII), Excel- oder HTML-Dateien, wobei das HTML-Format im Sinne einer Weiterverarbeitung ungeeignet ist. Textdateien haben durch das Fehlen jeglicher Formatierungsinformationen das beste Inhalts-Größen-Verhältnis und enthalten ausschließlich das Objekt der Controller-Begierde:

Daten. Die zweite Phase beinhaltet die systematische Weiterverarbeitung der bereitgestellten Dateien, also den Import in das Sekundärsystem. Dies kann in jedem beliebigen, vorhandenen Datenbanksystem erfolgen.

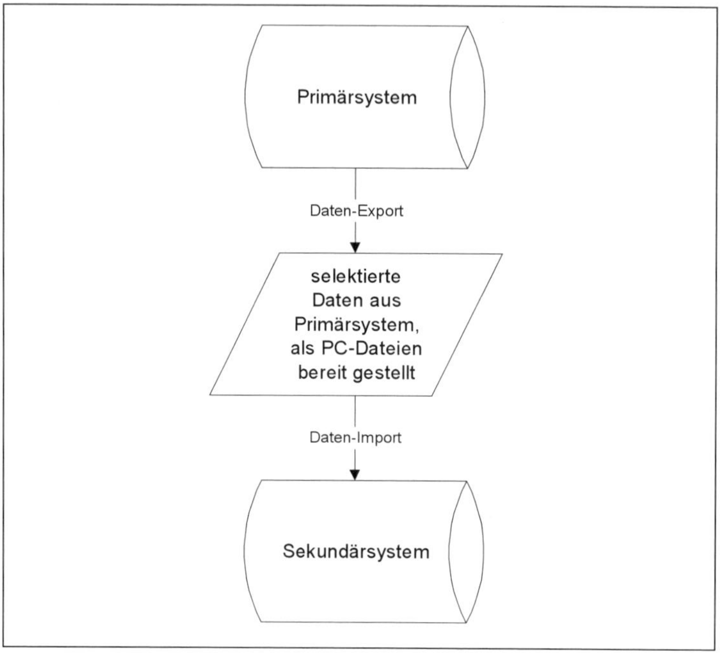

Datentransfer vom Primär- in das Sekundärsystem

Für die Weiterverarbeitung sind Tabellenkalkulationsprogramme weniger geeignet und stoßen hier früher oder später an Grenzen. Im Praxiseinsatz bewährt haben sich hier Microsoft Access aus dem Office-Paket von Microsoft oder vergleichbare Datenbankprogramme anderer Hersteller.

Phase I – Wie kommen die Personaldaten aus dem Primärsystem?

Datenexport

Die genaue Verfahrensweise ist abhängig vom eingesetzten Primärsystem. Deshalb kann an dieser Stelle nur eine exemplarische, Anwendungskenntnisse voraussetzende Darstellung – hier anhand des weit verbreiteten Systems SAP R/3 HR – erfolgen.

Beispiel

Definieren Sie eine Query, die den gewünschten Infotypen berücksichtigt und legen Sie für diese Query eine Variante an. In der Variante können Sie unter „Ausgabeform" bestimmen, in welcher Form das Query-Ergebnis dargestellt werden soll. Wählen Sie hier eine der Optionen „Dateiablage", „Textverarbeitung", „private Ablage" oder „Tabellenkalkulation". Es ist ratsam, diese Optionen zu testen und sich dann für ein Format zu entscheiden. Als besonders geeignet hat sich die „private Ablage" erwiesen. Dort können Sie direkt einen Zielpfad und den gewünschten Dateinamen eingeben.

Viele Systeme machen ein Eingreifen eines Systemadministrators erforderlich, der beispielsweise monatlich einen Stichtags-Datenbestand (siehe Kapitel 5) als Ausgabedatei zur Verfügung stellt.

Datenschutz

Aus Datenschutzgründen ist zu beachten, dass bevorzugt ein Netzlaufwerk als Zielpfad definiert wird, für das die Zugriffsberechtigungen streng reglementiert sind (siehe Kapitel 17.1). Wurde die Entscheidung zu Gunsten einer definierten Ausgabeform getroffen, so sollte ab diesem Zeitpunkt eine Festlegung auf eine konsequente Namenskonvention der ja nun regelmäßig zu erstellenden Dateien erfolgen. Auch die Kombinationen von verschiedenen Export-Dateitypen stellt für den Import kein Problem dar, sofern dieser flexibel konzipiert wurde.

Dateidownload – Namenskonventionen	
beim Export erzeugte Datei	**Import der Datei als Tabelle**
Stammdaten01.txt	tbl_PerData_00100
Stammdaten02.txt	tbl_PerData_00200
Zeitdaten01.xls	tbl_ZeitData_00300
Organisationsdaten01.xls	tbl_OrgData_00100
Zeitarten.xls	tbl_K_Zeitart
Austrittsgrund.txt	tbl_K_Austrittsgrund
Organisationstypen01.xls	tbl_K_OrgTypen

Bei einer unstrukturierten Namensvergabe leiden in der weiteren Entwicklung Übersichtlichkeit und Flexibilität. Es bietet sich an, im Sekundärsystem die Namensvergabe nach Funktion zu differenzieren (datenhaltende Tabellen, Schlüsselzahlentabellen, etc.) und die Namen nach bestimmten Kriterien aufzubauen. Hier gibt es keine verbindlichen Vorschriften, aber Usancen unter Programmieren und fortgeschrittenen Anwendern. Dazu zählt z. B. das einleitenden „tbl" für eine Tabelle oder „qry" für Query (Abfrage) oder auch „rpt" für einen Report (Access-Datenbanken). Es macht ferner Sinn, auf Umlaute und Leerzeichen zu verzichten. Die Groß-Kleinschreibung kann zu Gunsten einer besseren Lesbarkeit beliebig eingesetzt werden.

Schlüsselzahlentabellen in einer Access-Datenbank

Phase II – Wie gelangen die Personaldaten in das Sekundärsystem?

Weiterverarbeitung der Daten

Nun folgt die Verarbeitung der in einem PC-Format bereitstehenden Dateien. Diese Dateien sind im Moment nichts anderes als eine strukturierte Datensammlung. Pro Mitarbeiter wird für einen Stichtagsbestand ein Datensatz erzeugt, der sich in mehrere Datenfelder aufteilt. Vereinfacht gesagt, handelt es sich um eine Zeile in einer Datei, in der mehrere Informationen hintereinander zusammengefügt sind. Hier gibt es bei Textdateien prinzipiell die Untergliederung durch definierte Trennzeichen oder die Bereitstellung der Daten mit einer festen Feldlänge.

Editor

Datei Bearbeiten Format Ansicht ?

```
fldFrom|fldTo|fldPerlD|fldNachname|fldVorname|fldNamenszusatz|fldTitel|fldGeschlecht|fldNational|fldF
01.01.2003||5411988|Leiverkus|Ursula|||w|DE|n|23.02.1935|Twedt|24894|Twedt
01.01.2003||3309927|Golde|Hella|||w|DE|eL|07.01.1938|Südhof 5|24977|Westerholz
01.01.2003||1129412|Schulte|Karin|||w|DE|n|08.01.1940|Melzerring 6|15755|Egsdorf
01.01.2003||7191441|Schneider|Ingrid|||w|DE|n|21.12.1939|An der Libellenlaube 54|15754|Friedersdor
01.01.2003||1366715|Röseler|Renate|||w|DE|n|21.10.1973|Melchiors Allee 146c|15755|Schwerin
01.01.2003||7555928|Jacobi|Sabine|||w|DE|n|22.07.1946|Oxbüll 5|24977|Grundhof
01.01.2003||3852069|Schüßler|Monika|||w|DE|n|14.08.1939|Troplowitzstr. 7|24972|Quern
01.01.2003||7622771|Wiesemann|Gisela|||w|DE|n|28.04.1934|An der Schlei 8|24897|Ulsnis
```

Beispielhafter Aufbau einer Textdatei mit Trennzeichen

Stehen die Daten im Excelformat bereit, so ist die Gliederung schon deutlicher erkennbar. Auch in diesem Beispiel ist der Aufbau identisch:

Microsoft Excel - Organisationseinheiten.xls

	A	B	C	D	E	F	G	H	I	J
1	fldFrom	fldTo	fldOE	fldOEText	fldOE_up	fldHierarchie	fldStrasse	fldPLZ	fldOrt	fldLand
2	01.01.2003		5200	AZ Rad AG		01	Gutenbergstr. 397	24941	Flensburg	DE
3	01.01.2003		1455	Werk Flensburg	5200	0101	Gutenbergstr. 397	24941	Flensburg	DE
4	01.01.2003		1456	Werk Schwerin	5200	0102	Industriestr. 67	15755	Schwerin	DE
5	01.01.2003		1010	Administration	1455	010101	Gutenbergstr. 397	24941	Flensburg	DE
6	01.01.2003		1001	Produktion Mountain Bikes	1455	010102	Gutenbergstr. 397	24941	Flensburg	DE
7	01.01.2003		1003	Produktion Kinderräder	1455	010103	Gutenbergstr. 397	24941	Flensburg	DE
8	01.01.2003		2114	Personal	1010	01010101	Gutenbergstr. 397	24941	Flensburg	DE
9	01.01.2003		2120	Controlling	1010	01010102	Gutenbergstr. 397	24941	Flensburg	DE
10	01.01.2003		2121	Buchhaltung	1010	01010103	Gutenbergstr. 397	24941	Flensburg	DE
11	01.01.2003		2125	Vertrieb	1010	01010104	Gutenbergstr. 397	24941	Flensburg	DE

Beispielhafter Aufbau einer Exceldatei
(Zeilen = Datensätze; Spalten = Datenfelder)

Aufbereitung der Daten

Je nachdem, für welches Sekundärsystem die Entscheidung getroffen wurde, erfolgt nun – im Detail abweichend, aber vom Grundsatz her identisch – zunächst die Aufbereitung der Daten. Die Aktion wird vom aufnehmenden Sekundärsystem aus gestartet und daher als Import bezeichnet. Während das Primärsystem Daten abgegeben hat, holt sich das Sekundärsystem Daten. Nahezu jede moderne Anwendung – nicht nur für Datenbank-Funktionalitäten konzipierte Systeme – verfügen über eine Importfunktion für Fremdformate. So ist es unkompliziert möglich, eine Textdatei in Word zu importierten oder eine Lotus 1-2-3-Tabelle in Excel weiter zu bearbeiten. Etwas anderes passiert in einer Access-Datenbank auch nicht: Das Sekundärsystem importiert Daten, die in einem Fremdformat vorliegen und konvertiert diese in ein eigenes Format. Die Bedienung ist denkbar einfach:

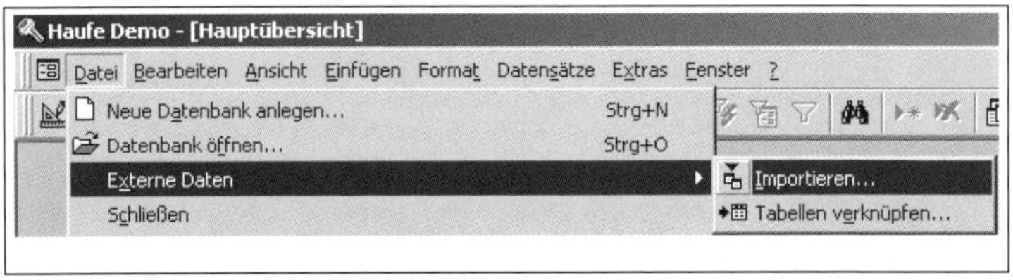

Datenimport in Microsoft Access

Damit ist der Datentransfer abgeschlossen. Alle Daten liegen in Form von Accesstabellen vor. Nun können die Auswertungen erstellt werden, die dann die Basis für Controlling und Reporting darstellen.

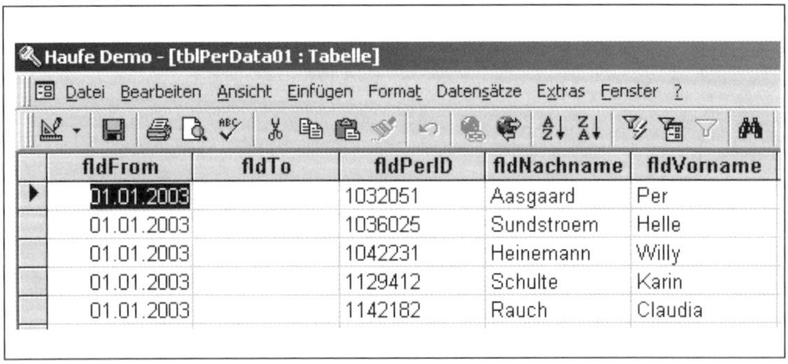

Haufe Demo - [tblPerData01 : Tabelle]

fldFrom	fldTo	fldPerID	fldNachname	fldVorname
01.01.2003		1032051	Aasgaard	Per
01.01.2003		1036025	Sundstroem	Helle
01.01.2003		1042231	Heinemann	Willy
01.01.2003		1129412	Schulte	Karin
01.01.2003		1142182	Rauch	Claudia

Ausschnitt einer Tabelle in Microsoft Access

Fazit

Wer ein wirklich flexibles Sekundärsystem benötigt, das unternehmensindividuell sämtliche Besonderheiten berücksichtigt, wird an einer Eigenentwicklung kaum vorbeikommen. Der Aufwand dafür ist hoch, der Erfolg groß. Durch die modulare Gestaltung eines wachsenden Systems sind die Kapazitäts-Investitionen überschaubar und das Risiko ist daher selbst bei einem Scheitern des Ausbaus einer Teilfunktionalität gering. Warum sollte man es also nicht wagen? Viele Unternehmen nutzen zur Entwicklung das Know-how von Informatikstudenten, die für einen Bruchteil des Kostenaufwands für Beratertage von Primärsystemherstellern oft exzellente Qualität abliefern. Ebenso sind viele freiberufliche Programmierer mit den entsprechenden Kenntnissen am Markt verfügbar. Langfristig besser ist jedoch der eigene Wissenserwerb und die Systementwicklung „von der Pike auf". Außerdem ist neben dem technischen Wissen auch das personalwirtschaftliche gefragt – ein guter Programmierer ist noch lange kein guter Personaler.

4 Hauptaufgabe des Personalcontrollings: Empfängerorientiertes Reporting

Reporting ist die Versorgung von Informationsempfängern mit Daten in einer empfängerorientierten Aufbereitung. Dies beinhaltet neben dem vergangenheits- bis gegenwartsbezogenen Listwerk („klassisches" Reporting) auch Vorausschau- und Prognose-Daten sowie die Kombination und Verarbeitung von bereichs- und unternehmensübergreifenden Daten.

Definition „Reporting"

Mit dieser kurzen Definition als Basis wird in diesem Kapitel eine der Hauptaufgaben des Personalcontrollings unter Prozessgesichtspunkten dargestellt.

4.1 Auftragsannahme: Beratung und Zielfindung

Wenn eine funktionale Sekundärsystemarchitektur bereitsteht, kann die produktive Nutzung umgehend beginnen. All zu leicht unterliegt man in der Startphase der Versuchung, zu zeigen, was alles möglich ist. Prinzipiell ist das zu befürworten, jedoch darf daraus kein „Reporting-Wildwuchs" entstehen. Damit sind uninterpretierte Auswertungen und die Anlage von überflüssigen Datenfriedhöfen gemeint.

Es erleichtert die zukünftige Arbeit, wenn zunächst

- die Verantwortlichkeiten ins Bewusstsein rücken,
- die Art des Auftrages kategorisiert werden kann,
- die Abläufe interner Beratungen strukturiert werden.

Verantwortlichkeiten

Der in der Literatur im Zusammenhang mit dem allgemeinen Controlling genutzte und bereits einleitend kurz vorgestellte Begriff

„Transparenzverantwortung“[9] umfasst üblicherweise drei verschiedene Perspektiven – hier ergänzt um eine vierte:

- Systemverantwortung
- Berichtsverantwortung
- Kommunikationsverantwortung
- Ressourcen- und Inhaltsverantwortung

Anhand dieser Aufteilung lässt sich bereits simplifiziert der interne Beratungsprozess im Unternehmen aufzeigen. Der Personalcontroller

- sorgt für die erforderliche Systemumgebung,
- priorisiert die vereinbarten Aufträge,
- ermittelt auftragsbezogen die benötigten Daten, stellt diese bereit und
- erklärt die Auswertungsergebnisse dem Auftraggeber.

Systemverantwortung

Die wohl wichtigsten Faktoren, die die Systemverantwortung beschreiben, sind, bezogen auf die Systemumgebung

- Verlässlichkeit
- Verfügbarkeit
- bedarfsgerechte Funktionsfähigkeit

sowie hinsichtlich der Daten und Auswertungen

- Qualität und ihre kontinuierliche Optimierung und
- Konsistenz

Eskalations-Planung

Die Systemverantwortung beinhaltet ferner eine Eskalations-Planung für etwaige Systemausfälle (Alternativen, Back-Ups, Rückfallpositionen). Ebenso zählen die Aspekte Datenschutz und Datensicherheit zur Verantwortlichkeit. Der Personalcontroller soll

- Zugriffsmöglichkeiten auf alle personaldatenhaltenden Systeme haben,
- über Schnittstellen-Kompetenz verfügen (welche Daten werden wie weitergegeben).

---

[9] nach: WHU Koblenz, Dr. Utz Schäffer, Lehrstuhl für Betriebswirtschaftslehre, „Kontrollieren Controller? – und wenn ja, sollten Sie es tun?“
Quelle: http://www.whu.edu/control/Forschungspapiere/FP75.pdf.

Checkliste

Das Personalcontrolling ist die Schaltzentrale für den Personaldatenverkehr im Unternehmen und insbesondere auch aus dem Unternehmen heraus. Keine Schnittstelle zu anderen Anwendungen darf ohne Wissen der Personalabteilung auf Personaldaten zugreifen, diese bereitstellen oder weiterverarbeiten. Werden definierte Schnittstellen eingerichtet, so sollten detaillierte und stets aktuelle Informationen über die Nutzung von Personaldaten in anderen Unternehmensbereichen vorliegen. Es bietet sich an, Schnittstellen in einer Datenbank zu dokumentieren und zu administrieren. Ein inhaltliches Beispiel dafür finden Sie auf der CD-ROM zum Buch.

Berichtsverantwortung

Berichtsverantwortung beinhaltet insbesondere

- Zielorientierung
- Überprüfbarkeit
- Reproduzierbarkeit

Die „Zielorientierung" des Berichtswesens ergibt sich aus der Kommunikationsverantwortung und setzt schon bei der Auftragsannahme an. Eine durchgeführte Auswertung sollte grundsätzlich auf Einzeldaten basieren, nie auf kumulierten Beständen. Im Konfliktfall oder zur Fehlersuche („Überprüfbarkeit") ist es so einfach möglich, die Auswertung „aufzuziehen" und beispielsweise auf einzelne Personen bezogen die Qualität der eigenen Auswertungen zu belegen oder – bei fehlerhaften Daten – für eine Korrektur der Basisdaten im liefernden Primärsystem zu sorgen. Beide Fälle werden eintreten und beide Fälle sind gewinnbringend. Sie stärken einerseits das „Standing" der Personalabteilung durch überzeugende, nachweisbare Qualität, andererseits wird die Qualität der Personaldaten im Primär- und somit auch im Sekundärsystem durch ein „Heer unbezahlter Datenprüfer" optimiert (siehe Kapitel 2.5). Die Auswertungen sollten auch zu jedem beliebigen Zeitpunkt nach der erstmaligen Durchführung stichtagsbezogen zum selben Ergebnis führen („Reproduzierbarkeit").

Beispiel

„Ich habe hier den Personalbericht vom 01. Januar letzten Jahres vorliegen. Können Sie mir den noch einmal etwas anders aufbereiten? Ich benötige den Bereich Fertigung noch etwas detaillierter ..." Die Lösung dieser relativ häufig vorkommenden Problemstellung bedingt das Vorhandensein einer operablen und reproduzierbaren Datenmenge, die im Ergebnis nicht von den bis dato zum selben Stichtag gelieferten Auswertungen abweicht.

Objektivität versus Zweckbindung

Die in diesem Zusammenhang häufig genannte „Objektivität" ist weder anzustreben, noch zu erreichen. Dies wird insbesondere auch klar, wenn im Folgenden die verschiedenen Controlling-Arten analysiert werden. Daher ist festzustellen:

Es gibt keine Objektivität von Zahlen und Daten, wenn eine Zweckbindung der Nutzung vorliegt! Wenn keine Zweckbindung vorläge, wäre eine Nutzung nicht sinnvoll!

Kommunikationsverantwortung

Kommentierung der Ergebnisse

Die einfachste Möglichkeit für einen Controller, unternehmerische Fehlentscheidungen zu provozieren, ist die Weitergabe von Auswertungsergebnissen nach dem Prinzip einer Flugabwehrrakete („fire and forget"). Da niemand außer dem Ersteller eines Reports die Besonderheiten der Ermittlung kennt, ist allein aus diesem Grund zumindest eine Minimal-Kommentierung obligat. Wesentliche Fragestellungen sollten in jedem Report standardisiert begleitend beantwortet werden:

- Welche Grundgesamtheit wurde selektiert?
- Auf welchem Datenstand basiert die Auswertung?
- Wer hat die Auswertung erstellt? (Kontaktdaten)
- Wann wurde die Auswertung erstellt?

Erfolgkritischer als die datentechnische Ermittlung ist die Interpretation der Daten. Welcher Informationsempfänger kann schon etwas mit Begriffen wie „Grundgesamtheit", „Methode der kleinsten Quadrate" oder „Signifikanz" anfangen? Die Fragestellung soll keine „mathematische Arroganz" transportieren, sondern lediglich den Hinweis erbringen, dass die Terminologie, die für einen Controller

selbstverständlich zur Tagesarbeit gehört, vom Gesprächspartner oft als „fachchinesisch" empfunden wird.
Weiter ist zu beachten, dass es in der Natur des Menschen liegt, Dinge nach eigenem Gusto so zu sehen, wie man es von seiner voreingestellten Meinung zu einem Sachverhalt gern wünscht. Auch dies erfordert eine kundige Anleitung zum richtigen „Lesen" der Auswertungsergebnisse.

Beispiel

„Unsere Abwesenheitsquote im Bereich Fertigung Mountain-Bikes ist enorm gestiegen. Das habe ich selbst ausgerechnet – da müssen wir etwas tun! Warum haben Sie mir das nicht eher gesagt?" Was ist passiert? Vielleicht hat der Geschäftsführer die Übersicht aller Abwesenheitstage erhalten und diese in Relation gesetzt zu allen Sollarbeitstagen. Danach musste er erst einmal tief Luft holen – kein Wunder: bei „selbst ermittelten Abwesenheitsquoten" von über 10 %. Was er dabei nicht bedacht hatte, war die Tatsache, dass durch einige wenige langzeitkranke Mitarbeiter die Anzahl der Abwesenheitstage natürlich steigt. Ist es aber richtig, jene Mitarbeiter, die aus der Lohnfortzahlung herausfallen, in eine Abwesenheitsquote einzurechnen? Was sagt mir eine Kennzahl? Wie wurde sie ermittelt? Was will ich damit messen und steuern?

Qualität statt Quantität

Beratungsverantwortung des Controllers

Hier setzt die Beratungs- und Kommunikationsverantwortung des Controllers an. Leider zeigt die Praxis all zu oft, dass aus Zeitmangel oder falsch verstandener Mengenorientierung diese wichtige Komponente vernachlässigt wird. Die detaillierte Kommentierung und Interpretation wichtiger Auswertungen hat Vorrang vor der Erstellung neuer Reports. Ein Auftrag wird nicht mit einer „Grafik" abgeschlossen, sondern mit der begleitenden Information an den Empfänger! Kommunikation und Beratung kommen zu Beginn des Reporting-Prozesses, der Auftragsannahme, eine ebenso hohe Bedeutung zu. Nur bei einer sehr hohen Zielverständnis-Kongruenz zwischen Auftraggeber und Auftragnehmer können Sinn gebende Auswertungen erfolgen.

Ressourcen- und Inhaltsverantwortung

Priorisierung von Aufträgen

Da auch ein Personalcontroller nicht über unbegrenzte zeitliche Freiräume verfügt, zählt auch die Entscheidungskompetenz über den Einsatz der Ressourcen zu den wichtigen Verantwortungsbereichen. Dies zum einen bezüglich der Ausführlichkeit der Beratung und Hilfe bei der Dateninterpretation gegenüber einem Auftraggeber als auch hinsichtlich der eingesetzten Systeme und der Auftragsreihenfolge. Die Priorisierungs-Kompetenz liegt beim Auftragnehmer, sofern sie nicht qua Hierarchie vorgegeben ist („Vorstands-Auftrag"). Als Auftragnehmer ist es wichtig, hier mit deutlicher Sicht auf das gesamte Unternehmen die Spreu vom Weizen zu trennen.

- Welche Aufträge sind besonders eilig?
- Welche können warten?
- Welche Aufträge fallen in die Kategorie „nice-to-have"?

Auch die Ressourcenverantwortung bedingt einen aktuellen Überblick über Ereignisse, Projekte und strategische Entwicklungen des gesamten Unternehmens. Nur die enge Zusammenarbeit zwischen Personalcontrolling, Personalleitung und verantwortlichen Vertretern der Geschäftsführung führen zu einer wirklichen Entscheidungskompetenz im Sinne eines wertschöpfungstheoretischen Ansatzes und zu einer effizienten Beurteilung und Priorisierung von Aufträgen. Abgeleitet aus der Ressourcenverantwortung ergibt sich auch die Selektions-Kompetenz: Bei detaillierten Anforderungen ist zu prüfen, ob eine entsprechende Auswertung

- interpretierbare und statistisch zulässige Ergebnisse bringt,
- die Auswertung im Sinne der Zielerreichung erforderlich ist und einen echten Mehrwert bringt oder ob vorhandene, ähnliche Auswertungen ein weiteres Mal verwendet werden können.

Beispiele

- eine zu kleine Grundgesamtheit bei der Clusterung von Altersgruppen innerhalb einer Fluktuations-Analyse
- die fehlende Berücksichtigung von Sondereinflussfaktoren (Outsourcing einer Abteilung hinsichtlich Fluktuation)
- die Durchführung einer Auswertung, obwohl eine mangelnde Datenqualität bekannt ist

Der Auftraggeber darf nicht mit vom Personalcontrolling gelieferten Auswertungen „ins Messer laufen". Dies wäre immer dann der Fall, wenn Auswertungen in irgendeiner Form – in erster Linie inhaltlich und mathematisch-statistisch – angreifbar sind.

Ablehnung von Auswertungen

Hier muss dann ein klares „nein" begründet formuliert werden und anschließend an die Ablehnung eine umfangreiche Beratung erfolgen. Die inhaltsrestriktive Entscheidungskompetenz sieht die Möglichkeit der Ablehnung von Auswertungsanforderungen vor, die technisch zwar machbar und formal mathematisch korrekt, aber inhaltlich irreleitend sind, also der Vergleich von „Äpfel und Birnen". Scheinbare Zwänge und massive Forderungen der Auftraggeber sollten einen Personalcontroller nicht beeindrucken und zur Herausgabe von Auswertungsergebnissen „mit Bauchschmerzen" verleiten. Gerade die oft zu hörende Klage „ich brauche aber unbedingt und ganz schnell Zahlen" beinhaltet wohl mehr die Angst vor Konsequenzen, weil man einer Verpflichtung offenkundig nicht nachgekommen ist, als den Anspruch, zielorientiert und qualitätsbewusst zu arbeiten. Es ist eben einfacher, „irgendetwas zu liefern", als eine begründbare Absage zu vertreten. Hier bewahrheitet sich in der betrieblichen Praxis der Grundsatz, dass sich zukünftiges Verhalten nach den gegenwärtig erfahrenen Belohnungen richtet. Ohne eine weitere Kommentierung dieses Phänomens bleibt festzuhalten, dass die Qualität des Controllings nicht zu Gunsten eines Scheinerfolges eines einzelnen Auftraggebers aufgegeben werden darf.

Controllingarten nach dem Empfängerkreis

Controllingarten

Nachdem die Verantwortlichkeiten des Personalcontrollers definiert und bewusst geworden sind, ist es sinnvoll, das Controlling und somit analog das Reporting zu typisieren und Unterschiede zu erarbeiten. Eine praxistaugliche Einteilung zeigt die nachstehende Übersicht:

- Externes, öffentliches Controlling
- Internes, öffentliches Controlling
- Internes nicht öffentliches Controlling
- Politisches bzw. deklaratorisches („schmückendes") Controlling
- Externes Pflicht-Controlling (Statistische Erhebungen etc.)

Für diese einzelnen Controlling-Arten folgt nun jeweils ein kleiner „Steckbrief" mit gewissen Charakteristika sowie einigen Beispielen.

Externes, öffentliches Controlling

Abstimmung mit bereits veröffentlichten Daten

Bei dieser Controlling-Art werden Publikationen des Managements uneingeschränkt unterstützt. Wichtig: Eine Prüfung auf Konsistenz zu bereits an Medien übermittelte Daten muss unbedingt erfolgen. Aussagen der Personalabteilung müssen nicht in eindeutig messbaren Größen erfolgen. Oft reichen auch pauschalierende Angaben wie „Wir planen eine leichte Kapazitätsreduzierung." oder „Unsere Ausbildungsquote bleibt nahezu konstant.". Wenn doch Detaildaten weitergegeben werden, empfiehlt es sich, diese hinsichtlich Grundgesamtheit, Ermittlungsstichtag etc. an regelmäßige, externe Publikationen, wie beispielsweise einen Geschäftsbericht einer Aktiengesellschaft, anzugleichen. Achtung: Externe Empfänger interpretieren die erhaltenen Daten selbst! Im Normalfall setzt sich kein Personalcontroller mit den Zeitungsredakteuren zusammen, um eine korrekte Deutung und Nutzung des Datenmaterials zu erreichen. Es handelt sich hier um eine der sensibelsten Aufgaben, wenngleich sie oft wenig zielorientiert erscheint.

Beispiel: Externes, öffentliches Controlling

- Geschäftsbericht
- Internetauftritt
- PR-Broschüren
- Anfragen von Medienvertretern (Tageszeitungen, Fachzeitschriften, TV, Radio)

Tipp

Bieten Sie sich dem externen Informationsempfänger persönlich als Ansprechpartner für Rückfragen an! Die Eingangswege für externe Anfragen sind oft vielfältig und sollten bzgl. der personalrelevanten Daten im Personalcontrolling gebündelt werden. Oft werden das nur einige wenige Punkte eines Fragebogens sein, aber die Verantwortlichkeiten sollten schon aufgrund der Tatsache, dass vielleicht zu einem anderen Zeitpunkt weitere Anfragen erfolgen, beim Personalcontrolling zumindest bekannt sein, besser noch beantwortet werden. Selbstverständlich sind alle Aussagen mit der Geschäftsleitung und bei größeren Unternehmen mit der Abteilung für Öffentlichkeitsarbeit abzustimmen.

Internes, öffentliches Controlling

Publikationen innerhalb des Unternehmens

Gibt es ein internes und zugleich nicht öffentliches Controlling? Ein klares „Nein"! Was im Intranet oder am Schwarzen Brett steht, findet seinen Weg auch „nach draußen". Insofern gilt die alte Regel: „intern = extern". Warum erfolgt dann an dieser Stelle eine Differenzierung? Weil der Informationsbedarf der Belegschaft im Allgemeinen größer ist, als der nach außen gerichtete Informationstransfer. Werden weniger brisante Informationen, an denen schlagzeilen- und auflagenorientierte Journalisten kein Interesse zeigen, ausführlich innerhalb des Unternehmens publiziert, so ist dies unproblematisch. Bezogen auf Personal-Reporting bedeutet dies, dass es sich primär um vergangenheitsbezogene Informationen handelt oder eine weitergehende Erläuterung dessen, was auch extern publiziert wird und von der Sache her unkritisch ist. Dazu zählt auch die interne Veröffentlichung von Daten, deren Weitergabe an die Öffentlichkeit nicht vorgesehen ist, aber auch keinen Schaden anrichten würde.

Beispiele: interne Informationswege

- Intranet
- Mitarbeiter-Zeitschrift
- Betriebsversammlungen
- schwarzes Brett
- Mailing-Aktionen

Beispiele: Inhalte eines internen Controlling

- Betriebsvereinbarungen
- personelle Veränderungen (Eintritte: „Wir begrüßen ...", Beförderungen, Wechsel in den Ruhestand, Jubiläen)
- interner Stellenmarkt
- Aufgaben der Fachabteilungen und Ansprechpartner
- Organigramme, internes Telefonbuch

Betriebliche Notwendigkeit oder potenzielle Gefährdung?

Gerade bei den beiden letzten Punkten der Beispielliste wird deutlich, dass es Grauzonen gibt und es nicht immer einfach zu entscheiden ist, ob eine Veröffentlichung Schaden anrichten kann. Es ist grundsätzlich zwischen einer betrieblichen Notwendigkeit und einer potenziellen Gefährdung abzuwägen. In einer Zeit, in der gedruckte, interne Telefonbücher noch nicht durch eine Suchfunktion im Intranet oder im Mailprogramm ersetzt waren, „fielen" solche Listen schon gern einmal einem „Head-Hunter" in die Tasche.

Internes, nicht öffentliches Controlling

Exklusive Daten für den Auftraggeber

Hierbei handelt es sich um Daten, die ausschließlich für Auftraggeber bzw. Entscheider vorbehalten sind und deren Publikation extern und auch intern Schaden anrichten könnte. Die Ermittlung solcher Daten wird einem Personalcontroller regelmäßig begegnen. Insbesondere im Rahmen der strategischen Unternehmensplanung bzw. bei geplanten Veränderungen (Restrukturierungen, Fusionen, Outsourcing), die das gesamte Unternehmen oder erhebliche Unternehmensteile betreffen, sind detaillierte Vorausschau-, Prognose- und Szenariorechnungen unerlässlich.

Beispiel: Internes, nicht öffentliches Controlling

- Sozialplanberechnungen
- Nachfolgeplanungen
- Wanderungsbilanzen
- Entwicklung von Vergütungsmodellen
- Personalkostenplanung
- Kostenvergleichsrechungen (Outsourcing oder Leistungserbringung im Unternehmen)

Diese Controlling-Ergebnisse sind oft selbst innerhalb der Personalabteilung vertraulich zu behandeln und dürfen lediglich einem streng begrenzten Empfängerkreis zur Verfügung stehen. Auch hier wird – durch die Involvierung in strategische und sensible Projekte – wieder die besondere Vertrauensstellung des Personalcontrollers deutlich.

Politisches/deklaratorisches („schmückendes") Controlling

Auftrage dieser Art kommen meist direkt von der Geschäftsführung. Dabei geht es um die Aufbereitung von Daten, die nicht Grundlage einer Entscheidung werden, sondern der Untermauerung einer bereits getroffenen Entscheidung dienen sollen, um diese durchzusetzen oder zu rechtfertigen. Eine gewisse Nähe zum externen, öffentlichen Controlling ist dabei oft gegeben. Die Besonderheit liegt in der Auswahl der präsentierten Auswertungen.

Beispiel: Deklaratorische Informationsinhalte

- meinungstransportierende Grafiken
- Alterspyramiden-Ausschnitt
- selektierte Fluktuationszahlen
- Relative Daten ohne Signifikanz („die Anzahl der Frauen unter den Leitenden Angestellten hat sich verdoppelt" – nicht gesagt wird: „von eins auf zwei")

Diffuser Informationsbedarf

Es handelt sich oft um ein Reporting zur subjektiven Befriedigung eines diffusen Informationsanspruchs mittels tradierter Grafiken und Auswertungen. Die Bandbreite reicht aber bis hin zur konkreten Aufforderung zu einer manipulativen Darstellung. Über den (Un-) Sinn dieser Art des Controllings lässt sich sicher streiten; sie ist auf jeden Fall aber existent und darf daher in einem Praxisratgeber nicht ignoriert werden.

Externes Pflicht-Controlling

Pflichtmeldungen an staatliche Institutionen

Hierbei handelt es sich um Pflichtmeldungen an staatliche Stellen oder Berufsverbände. Staatliche Institutionen nutzen die Unternehmensdaten für statistische Zwecke und sind damit quasi die „Controller der Nation": Auf Basis der gemeldeten Unternehmensdaten werden politische Entscheidungen getroffen. Sie sind somit zwar für ein Unternehmen – aus betriebswirtschaftlicher Sicht – lästig; für die politischen Entscheidungsträger – also volkswirtschaftlich gesehen – jedoch unentbehrlich. Verbandsmeldungen dienen meist lediglich der Beitragsermittlung, seltener einem anderen Zweck. Es lohnt sich, die Definition der geforderten Grundgesamtheit sorgfältig zu studieren, da die gemeldeten Zahlen unmittelbar einen betrieblichen Aufwand generieren. Pflichtmeldungen bestehen meistens aus einigen wenigen kumulierten Daten.

Beispiel: Informationsempfänger eines externen Pflicht-Controllings

- Statistische Landesämter
- Arbeitgeberverbände

Tipp

Oft erreichen Sie umfangreiche Fragebögen von Gesellschaften und Instituten, von denen Sie noch nie etwas gehört haben. Die Anforderungen sind seriös aufgemacht und suggerieren eine Meldepflicht. Lassen sie sich davon nicht beirren! Staatliche Einrichtungen werden Ihnen immer die gesetzliche Grundlage und den entsprechenden Paragrafen einer Pflichterhebung mitteilen (z. B. Landesstatistikgesetz, LStatG). Alles andere basiert auf Freiwilligkeit und Sie müssen daher nicht jeden Fragebogen bearbeiten, der auf Ihrem Schreibtisch landet – zumal dann nicht, wenn Ihnen der Erhebende und die anschließende Verwendung Ihrer Daten nicht bekannt sind.

Auskunftspflicht

Die Auskunftsverpflichtung ergibt sich aus § 12 LohnStatG in Verbindung mit § 15 BStatG. Hiernach sind die Arbeitgeber auskunftspflichtig. Gemäß § 15 Abs. 6 BStatG haben Widerspruch und Anfechtungsklage gegen die Aufforderung zur Auskunftserteilung keine aufschiebende Wirkung.[10]

Welche Art von Controlling liegt vor?

Die Entscheidungskompetenz zur Klassifizierung des Controllings liegt beim Dateneigentümer, also der Personalabteilung. Der Personalcontroller trägt die Verantwortung für die Kategorie-Bestimmung. Andere unternehmensinterne Daten bedürfen eines ähnlich sensiblen Umgangs – für Personaldaten gelten jedoch deutlich weitergehende, gesetzliche Vorschriften, deren Umfang die Auftraggeber oft nicht abschätzen können.

In den genannten Kategorien gibt es aus Sicht des Personalcontrollers einerseits die interessanten und effektiven Controllingarten, andererseits die als „bloßen Ballast“ empfundenen. Es ist wichtig, sich gerade bei vorhandenem Unbehagen die Zielsetzung eines jeden Auftrags zu verdeutlichen. Dies um so mehr, als dass ansonsten andere Aufträge negativ in Mitleidenschaft gezogen werden.

eindeutige Kategorisierung der Aufträge

Eine klare Kategorisierung eines jeden Auftrags vor Beginn der programmtechnischen Datenermittlung hilft dem Auftragnehmer, die Intention des Auftraggebers besser zu treffen. Ebenso ergeben sich etwaige Abstimmungsbedarfe sowie die korrekte Beurteilung der

[10] aus: „Informationen zur Jahresverdiensterhebung“, Statistisches Amt für Hamburg und Schleswig-Holstein, Stand Januar 2004.

Schutzwürdigkeit der Arbeitsergebnisse (vgl. Checkliste Auswertungsdokumentation auf CD-ROM).

Tipp

„Traue keiner Statistik, die Du nicht selbst gefälscht hast." Die Assoziation zu diesem Ausspruch fällt sicher leicht, wenn im Zusammenhang mit „neutralen" Zahlen vorstehend eine „stringente Zielverfolgung" genannt wird und von „Gestaltungsspielraum" die Rede ist. Fakt ist, dass es keine Neutralität der Zahlen und Daten gibt. Das bedeutet aber nicht, dass die Durchführung von Auswertungen nicht mit der geboten Sorgfalt durchzuführen ist. Dennoch sollte jedem Personalcontroller klar sein, dass seine Aufträge immer mit zu erreichenden Zielen verbunden sind. Die zielkonforme Aufbereitung darf nicht synonym zu „Fälschung" gesehen werden.

Reportingarten nach dem Betrachtungszeitpunkt und der Datenverfügbarkeit

Im Normalfall ergibt sich als Ergebnis des Controlling-Prozesses zumeist ein Report. Grundsätzlich lässt sich Reporting analog den bisher aufgezeigten Controllingarten differenzieren. Zusätzlich erfolgt für das Reporting eine Unterscheidung nach dem zeitlichen Aspekt:

- Vergangenheit und Gegenwart (grundsätzlich gesichert)
- Zukunft (grundsätzlich ungesichert)

Streng genommen gibt es keine Gegenwartsdaten – sie bilden immer nur den gerade zum Auswertungszeitpunkt erfassten und bekannten Stand ab. Die Erfassung von eingetretenen Ereignissen erfolgt immer mit einer gewissen Verzögerung. So gibt es also bestenfalls Auswertungen auf die jüngere Vergangenheit.

Die Zukunftsdaten sind unbedingt zu differenzieren, da es sich hier um ungesicherte Aussagen von unterschiedlicher Eintrittswahrscheinlichkeit handelt. Dazu werden an dieser Stelle zwei weitere Arbeitsbegriffe eingeführt, die im Buch fortan genutzt werden:

Vorausschau

bezeichnet ein zukunftsbezogenes Reporting auf Basis von als gesichert geltenden, personenbezogenen Zukunftsdaten mit hoher Eintrittswahrscheinlichkeit, die im Primär-System bereits erfasst sind.

Zukunfts-bezogenes Reporting

Beispiele

- Eintritte
- Austritte
- Versetzungen
- Beginn Ruhestand
- Änderung des Dienstvertrages (Übernahme von Azubis)
- Wechsel Vollzeit in Teilzeit.
- bekannte Azubi-Zahlen (z. T. sehr langfristig bekannt)
- bekannte Umorganisationsmaßnahmen

Prognose

bezeichnet ein zukunftsbezogenes Reporting auf Basis von ungesicherten, oft nicht an bestimmbare Personen gebundenen, personenbasierenden Zukunftsdaten, die nicht im Primär-System erfasst sind. Die dazu erforderlichen Daten kommen als Quoten aus Trends, Hochrechnungen sowie Fortschreibungen; oft auch als „Erfahrungswerte“ qualifiziert geschätzt. Dazu zählt insbesondere die vom Umfang her erwartete, aber nicht konkretisierbare Fluktuation. Ebenso bestimmen externe Parameter die Ergebnisse von Prognosen.

Beispiele

- Mutterschutz
- fristlose Kündigungen
- Tod
- beabsichtigter Personalaufbau
- erwartete Tariferhöhung
- erwartete Veränderungen der Sozialversicherungsgrenzen
- erwartete Wechselkurse
- erwartete Inflationsquote

Die Qualität und Eintrittswahrscheinlichkeit von vorausschauendem Reporting muss nicht viel schlechter sein, als vergangenheits- und gegenwartsbezogene Auswertungen. Wenn die Daten bekannter, zukünftiger Ereignisse zeitnah und gut gepflegt sind, gelten Vorausschauen im Bereich von ein bis drei Monaten als statthaft. An dieser Stelle erklärt sich auch die Forderung an die Kollegen in der Personalabteilung, keine „Stapelverarbeitung" durchzuführen, nach dem Motto: Der neue Mitarbeiter wird erst dann erfasst, wenn auch seine Lohnsteuerkarte vorliegt. Wird so verfahren, ist eine Vorausschau nicht mehr durchführbar und jegliche Planung wird unmöglich.

Erforschung von Trends

Prognosen erfordern eine weitaus größere Vorbereitung, um verwertbare Ergebnisse zu erreichen. Eine grundlegende Arbeitsweise ist die Fortschreibung bzw. Ermittlung von Trends, da sich das Verhalten von Menschen (ceteris paribus) normalerweise nur sehr langsam – wenn überhaupt – verändert. Doch die mathematische Trendermittlung allein reicht nicht, wie das nachstehende Beispiel belegt.

Beispiel

Sie haben auf Basis der letzten drei Jahre für eine Abteilung eine kontinuierliche Fluktuationsquote durch Mutterschutz- und Elternurlaub von 1,5 % p. a. ermittelt. Es liegt also nahe, dass sich die Zukunft ähnlich entwickelt und ein Ersatzbedarf in genannter Höhe ergeben wird. Mathematisch ist das in Ordnung – als aufmerksamer Personaler ist Ihnen jedoch nicht entgangen, dass sich die Geschlechter- und Altersstruktur im letzten Jahr erheblich verändert hat. Nun kommt die Erfahrungskomponente ins Spiel: Die Quote muss also den neuen Gegebenheiten angepasst werden – mathematisch nachvollziehbar und sachlich begründbar.

Es gibt kein „System", welches alle potenziellen Einflussgrößen berücksichtigen kann. Systemen fehlt die Intelligenz und sie sind nur immer so gut, wie ihr Bediener dies zulässt. Das einzige „System", das übergreifend externe Faktoren berücksichtigen kann, ist der Mensch. Nur er kann seine Erfahrungen intellektuell verarbeiten und gewinnbringend einsetzen.

Erstellung von Prognosen

Insgesamt ist die Erstellung von Prognosen also ein deutlich komplexerer Prozess, als eine Auswertung auf Basis von Vorausschaudaten, obwohl bei beiden die zeitliche Ausrichtung identisch ist.

Prognosedaten können für Zeiträume über mehrere Jahre gute Ergebnisse liefern, in anderen Fällen aber schon nach einem halben Jahr durch die Realität eingeholt worden sein. Idealtypisch sind Zeiträume von wenigen Monaten bis zu einem, maximal drei Jahren. Eine Überschneidung der Zeiträume mit bekannten Vorausschaudaten erschwert zunächst die Ergebnisermittlung – gerade in den Zeiträumen von wenigen Monaten. Hier müssen die bekannten Vorausschaudaten von den auf Basis der Prognosequoten ermittelten absoluten Zahlenwerten abgesetzt werden.

Beispiel

Sie wollen eine Prognose erstellen, wie sich in den nächsten zwölf Monaten der Mitarbeiterbestand durch arbeitnehmerseitige Kündigungen entwickelt. Neben den aus Fortschreibungen ermittelten, erwarteten Abgängen sind Ihnen jedoch für die nächsten Monate schon drei Kündigungen konkret bekannt und im Primärsystem hinterlegt. Diese Vorausschau darf nicht zu einer Doppelzählung führen, sondern die Zahlen sind voneinander abzusetzen, also gegen zu rechnen. Hat Ihre Prognose ergeben, dass in den nächsten 12 Monaten voraussichtlich zehn Mitarbeiter das Unternehmen verlassen werden, ist mathematisch mit sieben weiteren - noch unbekannten - Abgängen zu rechnen.

Somit ergibt sich folgende Gleichung:

Brutto-Prognose abzüglich Vorausschau = Netto-Prognose

Dass natürlich diverse andere Einflussgrößen verändernd wirken können, muss berücksichtigt und im Gespräch mit dem Auftraggeber der Prognose deutlich gemacht werden.

Vorausschau und Prognose unterscheiden sich nicht zwingend hinsichtlich des zeitlichen Korridors. So gibt es Prognose-Parameter, die in unmittelbarer Zukunft schon veränderungswirksam werden können (Wechselkurse). Andererseits sind einige Vorausschaudaten auf Jahre hinaus in guter Qualität verfügbar (Anzahl auslernender Azubis in ein, zwei oder drei Jahren). Aus den Definitionen – und verdeutlicht durch die Beispiele – ergeben sich unterschiedliche Vorgehensweisen: Während für die Vorausschau eine stringente Datensammlung und Aufbereitung ausreicht, müssen für eine Prognose sämtliche vom Status Quo eventuell abweichenden Rahmenbedingungen untersucht und parametriert werden. Wenn alle Parameter bedacht sind, kann mit der Zuordnung von Datums-Beziehungen begonnen werden: Welche Parameter sind in welchen Planungs-Bereichen wirksam? Eine Tariferhöhung betrifft so nahezu alle gehaltsrelevanten Bestandteile – nicht aber die Schwerbehinderten-Ausgleichsabgabe. Prognoseparameter müssen nach verschiedenen Kriterien klassifiziert werden, die sich in einem differenzierten Formel-Algorhythmus niederschlagen:

Klassifizierung von Prognoseparametern

- fremd bestimmt (Vorgabe, Restriktions-Parameter)/ selbst bestimmt (angestrebt, Ziel-Parameter)
- unmittelbar (direkt) wirksam/mittelbar (indirekt) wirksam
- sofort wirksam/verzögert wirksam (time-lag)

Tipp

Für die Be- und Verarbeitung dieser Daten eignet sich eine abgestimmte Kombination aus Datenbank- und Tabellenkalkulations-Programm: In der Datenbank können Ist- und Vorausschau-Daten als Basis für Szenarien fortgeschrieben werden, die Ergebnisdarstellung erfolgt dann auf höherer Kumulationsstufe in einer Tabellenkalkulation. Das Resultat muss in jedem Fall eine konsistente Anwendung sein, in der alle Parameter einfach und ausschließlich an einer Stelle veränderbar sind und die Ergebnisse sofort vorliegen. In den meisten Fällen wird es sich als zu komplex erweisen, alle theoretischen Merkmalskombinationen auszutesten. Es reicht in der Regel aber auch völlig aus, je einen „Best-case", einen „Worst-case" und einen nach persönlicher Beurteilung anzunehmenden Fall zu ermitteln. Diese Methode beinhaltet also auch die Erfahrung und den Kenntnisstand des Anwenders. Subjektive Einflüsse sind hier nicht zu vermeiden und sollten auch nicht negativ beurteilt werden. Die Sammlung der Parameter und die Kombination der Ursache-Wirkungs-Beziehungen sind ebenfalls Ergebnisse subjektiver Verfahren. Eine „objektive Planung" ist ein Paradoxon!

Reportingarten nach Anzahl der Wiederholungen

Hier erfolgt eine einfache und klare Einteilung:

- standardisiertes, periodisch regelmäßig durchgeführtes Reporting (Zeitreihenvergleiche, stichtagsgenau)
- unregelmäßiges Reporting auf Anforderung
- einmalige Auswertungen

Automatisierung von Einmal-Auswertungen

Den verhältnismäßig höchsten Arbeitsaufwand generieren Einmal-Auswertungen; den niedrigsten standardisierte Reports. Grundsätzlich ist es möglich, Einmal-Auswertungen in ein standardisiertes Reporting zu überführen. Dazu sollte ein modernes Sekundärsystem in der Lage sein. Jede Einmal-Auswertung ist daher so zu konzipieren, dass sie grundsätzlich automatisiert replizierbar und wiederholt ausführbar ist. Das bedeutet, dass keine manuelle, nicht nachvollziehbare Manipulation der Daten stattfinden darf. Das ist nicht immer einfach einzuhalten, da es manchmal wesentlich schneller zum Ergebnis führt, wenn einige wenige Daten „'mal eben mit der Hand" korrigiert werden. Bei der ersten Wiederholung – und das ist erfahrungsgemäß bei deutlich über der Hälfte aller Auswertungen der Fall – hat sich eine saubere Programmierung aber bereits amortisiert.

Beispiel

Es werden auf Basis einer Überleitungstabelle Mitarbeiter von einer alten in eine neue Unternehmensstruktur überführt. Nachträglich werden noch einige wenige Änderungen der aktuellen Mitarbeiterzuordnung bekannt. Diese dürfen nicht – undokumentiert und mit der Hand – in der „neuen Welt" vorgenommen werden, auch wenn dies am schnellsten ein aktuelles Szenario produziert. Die Veränderungen sind in der ursprünglichen Überleitungstabelle vorzunehmen und alle weiteren Verarbeitungsschritte werden daraufhin erneut durchgeführt. Ausschließlich auf diese Weise ist die Replizierbarkeit und logische Nachvollziehbarkeit gewährleistet.

Der Beratungsprozess

„Ich brauche ganz schnell die Personalzahl!" Dieser diffusen Anforderung kann ausschließlich durch das gedankliche Abarbeiten einer kleinen Checkliste begegnet werden:

- Was bzw. welche Information will der Auftraggeber wirklich haben?
- Was will er mit den Informationen anfangen? Oder: Welche Entscheidungen sollen auf Basis der Daten getroffen werden?
- Gibt es alternative, bessere Möglichkeiten der Unterstützung?

Anforderungen sorgfältig hinterfragen

Auch scheinbar plausible Gründe für die Anforderung von Personaldaten-Auswertungen können eine „Kommunikationsstörung" bedingen. Die einleitende Frage beinhaltet schon den meist vorhandenen Gestaltungsspielraum, wenn eine Anforderung nicht detailliert hinterfragt wird. Dies wird an folgendem Beispiel deutlich:

Beispiel

„Ich muss wissen, wie viele Auszubildende wir im Verhältnis zur Stammbelegschaft haben!"

Auch diese – auf den ersten Blick detaillierte – Anforderung ist noch nicht präzise genug, um die „Produktion" zu starten. Geht es wirklich nur um den Anteil der Auszubildenden an der Stammbelegschaft oder soll eine „echte" Ausbildungsquote ermittelt werden? Dann stellt sich im Anschluss die Frage des endgültigen Informationsempfängers und der unternehmerischen Zielsetzung bzgl. der Aussageabsicht der zu ermittelnden Ergebnisse. Soll eine hohe Quote ausgewiesen werden, um öffentlichkeitswirksam für das Unternehmen zu werben? Sollen die realen Ausbildungskapazitäten überprüft werden, um Engpässe festzustellen und eine Planung der zukünftigen Auszubildendenzahl zu ermöglichen? Bei Kennziffern oder auch Kennzahlen (siehe Kapitel 8) gibt es in den meisten Fällen keine verbindlichen Vorschriften, wie diese zu ermitteln sind! Nach dem Motto: „was nicht verboten ist, ist erlaubt" kann jedes Unternehmen seine eigenen – selbstverständlich begründbaren – Definitionen entwickeln. Folgende Fragen beeinflussen die Berechnung der Ausbildungsquote aus obigem Beispiel:

Be

Beispiel

- Zähle ich Köpfe oder Kapazitäten?
- Bilden langfristig beschäftigte Aushilfen auch mit aus?
- Zählt für die Ausbildung von Bürokaufleuten auch die Stammbelegschaft der Produktion mit?
- Wähle ich einen Stichtags- oder Durchschnittsbestand?
- Zähle ich gar im Extremfall nur Mitarbeiter der Stammbelegschaft mit einem Ausbildereignungsnachweis?
- Schließe ich Berufschulzeiten von der Berechnung aus?

Dies sind einfache Fragen, die jeweils nur zwei Antwortalternativen bieten. Die Aufstellung der Fragen ist nur exemplarisch und nicht abschließend. Zu Bedenken ist aber, dass selbst schon bei den vorliegenden sechs Fragen aufgrund ihrer mathematisch-theoretischen Kombinationsmöglichkeiten 64 verschiedene Ergebnisse ermittelt werden können ($2^6 = 2$ „hoch" Anzahl der Ja-Nein-Fragen).
Auch wenn die Grundgesamtheit und die Anforderungen an die Ermittlung von Kennziffern detailliert beschrieben sind, werden immer noch offene Fragen bleiben, die unternehmensindividuell entschieden werden müssen. Eine unternehmensübergreifende Vergleichbarkeit ist – wenn überhaupt – nur unter Vorbehalt zulässig. Ausschließlich eine stringente Zielorientierung ermöglicht eine korrekte Definition einer Auswertung.

Eigenmarketing

Die aktive Rolle des Personal-controllings

Der Umgang mit Daten sowie die Aufbereitung derselben ist eine komplexe Materie und es ist nicht zu erwarten, dass die Auftraggeber des Personalcontrollings ausgewiesene Fachleute in diesem Metier sind. Umso wichtiger ist es, potenziellen Auftraggebern über das eigene Leistungsvermögen, aber auch über die Grenzen der Möglichkeiten zu informieren. Die Auftraggeber des Personalcontrollings sollten nicht nur die technische Leistungsfähigkeit kennen, sondern auch die Beratung zu Beginn eines Auftrages annehmen. Ein Personalcontroller sollte sich daher nicht verstecken und warten, bis ihn zufällig ein Auftrag erreicht. Ein aktives Anbieten und das bekannt machen der eigenen Leistungsfähigkeit unterstützen die unternehmerischen Prozesse:

- „Fordern Sie meine Beratung schon im Entscheidungsfindungsprozess ein!"
- „Nehmen Sie bitte rechtzeitig Kontakt zu mir auf – ich helfe Ihnen bei der Zielfindung und berate Sie hinsichtlich der Eignung von Daten als Indikatoren in Bezug auf Ihre Problemstellung und der vorhandenen Realisierungsmöglichkeiten von analytischen Auswertungen."
- „Ich bin in viele Projekte involviert und führe für diese Auswertungen durch. Wir können eventuell interne Synergien heben, wenn wir koordiniert vorgehen."

Im letzten Punkt wird eine weitere Funktion – positiv – angesprochen, die sicher erst zum tragen kommt, wenn das Personalcontrolling im Unternehmen fest etabliert ist: Der Personalcontroller ist die Clearing-Stelle für Personaldaten und Personalplanungsvorgänge. Nicht alle Projekte werden in der betrieblichen Praxis durch eine Zentralstelle koordiniert. Ist zu erkennen, dass Projektentwicklungen und Personalplanungen diametral verlaufen, muss das Personalcontrolling darauf aufmerksam machen und die Beteiligten zur Zusammenarbeit anhalten. Dies ist nur möglich, wenn das Personalcontrolling von Beginn an die verschiedenen Projekte begleitet und so immer aktuell informiert ist. Passivität und eine reaktive Verhaltensweise sind also fehl am Platz; das aktive Einbringen seiner Person und das bekannt machen der Fähigkeiten und Möglichkeiten machen den Personalcontroller zu einem akzeptierten Geschäftspartner im Unternehmen.

Das allgemein bekannte Bonmot: „Wenn Siemens wüsste, was Siemens weiß ...“ beschreibt den Hintergrund des Postulats zur aktiven Vorgehensweise sehr gut. Fähigkeiten müssen allgemein bekannt sein, zugänglich gemacht und genutzt werden können. Mit dieser Herausforderung befasst sich auch seit einiger Zeit das so genannte Wissensmanagement.

Vorteile des Eigenmarketings

Diese Form eines aktiven Eigenmarketings hat diverse Vorteile:

- Das Personalcontrolling bestimmt den Ablauf eines Auftrages.
- Die Einbeziehung des Personalcontrollings bei Problemstellungen wird – zumindest auf lange Sicht – zukünftig rechtzeitig erfolgen.
- Die kurzfristigen, von „operativer Hektik“ geprägten Anforderungen von Auswertungen als Feigenblatt für einen verkorksten Projektverlauf werden zurückgehen.

Offenheit und Vertrauen

Basis für eine effiziente Zusammenarbeit ist eine gewachsene Vertrauensbasis zwischen Auftraggeber und Personalcontrolling – nur eine weitestgehende Offenheit ermöglicht eine zielorientierte Datenermittlung. Wird um den heißen Brei geredet, weil der Auftraggeber einer Auswertung seine konkreten Absichten nicht preisgeben möchte, führen die Ergebnisse nur selten zum anvisierten Ziel.

Gerade in zeitlich meist eng geplanten Projekten wird die gebotene Schnelligkeit der Ergebnisaufbereitung nur möglich durch eine offene, direkte und klare Zieldefinition bei der Auftragsannahme. Idealtypisch wird ein Personalcontroller von Beginn an in die strategische Unternehmensplanung miteinbezogen und befindet sich in einem ständigen Austausch mit dem Management, denn Offenheit erzeugt Schnelligkeit und Vertrauen erzeugt Qualität.

Keine Auswertung ohne konkreten Verwendungszweck

Tipp

In seltenen Fällen wird Ihnen in der Praxis auf Ihre Frage nach einem konkreten Verwendungszweck angeforderter Auswertungen eine mehr oder weniger freundliche Aussage begegnen, dass Sie das nicht zu interessieren habe. Machen Sie diesen Gesprächspartnern freundlich, aber unmissverständlich klar, dass

- Sie die Verantwortung für die Zielrelevanz tragen,
- keine Auswertungen ohne konkretisierten Verwendungszweck erstellt und weitergegeben werden,
- Sie im Sinne des Unternehmens den besten Beitrag leisten wollen.

Bedenken Sie: Als Personalcontroller sind Sie die einzige, verlässliche Quelle für personaldatenbezogene Auswertungen!

Fazit

Als Personalcontroller muss man sich seiner Verantwortung bewusst werden und zunächst mit einer gewissen Distanz die Kategorisierung der Aufträge durchführen.

Dabei hilft eine kleine „Checkliste" zur Zielkonvergenz-Erreichung:

- Wie lautet die Problem-/Aufgabenstellung?
- Welche Controllingart liegt vor?
- Wer ist Auftraggeber?
- Wer ist Empfänger?
- Welche Entscheidungen sollen auf Basis der Daten getroffen werden?
- Wie soll die Aufbereitung erfolgen?
- Wie kann ich den Informationsempfänger noch besser unterstützen?

4.2 Produktion: technische Umsetzung

Produktionsprozess

Die Durchführung eines Controllingauftrages ergibt sich bei einer sauber definierten, gemeinsam erarbeiteten Anforderung nahezu von selbst. Zur Produktion zählen aber auch die Qualitätskontrolle und die im weiteren Verlauf beschriebene Dokumentation, die unmittelbar nach der technischen Umsetzung den direkten Weg zum Informationsempfänger „unterbrechen".

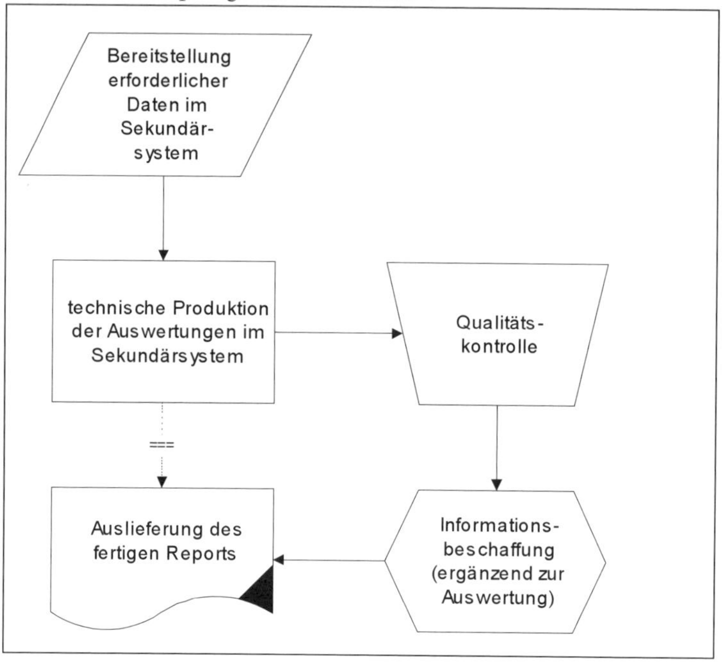

Produktionsprozess

Eine Qualitätskontrolle erfolgt in der Anfangszeit auch schon einmal durch Prüfung der Ergebnisse bis hinunter auf die Mitarbeiterebene. Auf Basis von Erfahrungen sind später punktuelle Kontrollen zulässig. Ansonsten bietet sich auch die zahlenmäßige Überprüfung der Gegen-Grundgesamtheit an, der Differenz aller vorhandenen Personaldatensätze abzüglich der definierten Grundgesamtheit. Stimmen die Einzelzahlen nicht mit der Gesamtsumme überein, wurden wahrscheinlich aufgrund einer mangelhaften Datenqualität einige Datensätze nicht berücksichtigt. Hier bietet es sich an, die Datenfelder, in denen Selektionen vorgenommen wurden, intensiv zu prüfen. Diese Option gibt es ausschließlich in Sekundärsystemen mit offener Systemarchitektur. In Primärsystemen werden diese Sätze dann einfach „geskippt", wie es beispielsweise bei SAP heißt. Die maschinelle Prüfung von Gesamtbeständen (100%ige Qualitätskontrolle) ist – wann immer möglich – der manuellen Stichprobenkontrolle einer Teilmenge vorzuziehen.

Beispiel

Selektiert wurden alle Mitarbeiter mit einer aktuellen Dienstvertragsart „Praktikum". Ihre Ergebnismenge ist aber deutlich geringer als erwartet. Nun bietet es sich an, das Feld Dienstvertragsart hinsichtlich aller vorkommenden Merkmalsausprägungen zu gruppieren und die Anzahl der vorkommenden Sätze anzuzeigen. Dabei stellen Sie fest, das es zwei neue Ausprägungen gibt: „studentisches Praktikum" und „Schülerpraktikum". Diese nehmen Sie in die Selektion Ihrer Auswertung mit auf und die Datenermittlung verläuft korrekt.

Plausibilitätsprüfungen

Auch verschiedene Plausibilitätsprüfungen helfen, die Auswertungsergebnisse zu evaluieren. Wird festgestellt, dass bestimmte Fehler immer wieder auftreten, so werden die diesbezüglichen Plausibilitätsprüfungen fester Bestandteil des Sekundärsystems. Automatisierte Datenoptimierung durch Sekundärsysteme – ein weiterer Vorteil!

Interne Leistungsverrechnung

Die „Produktion" im engeren Sinne ist das Handwerk des Controllers. Es liegt also nahe, für diese erbrachte Leistung einen Lohn zu erhalten. Immer wieder werden interne Verrechnungsmodelle diskutiert. Aber ist das für ein Unternehmen – immer aus der Gesamtsicht des Controllers – wirklich erstrebenswert? Das „Pricing" – also die Wertzuweisung für Prozesse und Tätigkeiten als Basis für eine interne Kostenverrechnung – bietet auf den ersten Blick auch Vorteile wie beispielsweise die Transparenz. Sie sind jedoch in jedem Fall aufwändig und es erfolgt de facto nur eine Umsortierung nach dem Motto „linke Tasche – rechte Tasche". Handelt es sich bei einer internen Leistungsverrechnung um eine echte, unternehmerische

Wertschöpfung? Nein, im Gegenteil: Die erheblichen administrativen und Einführungs-Aufwendungen müssen zunächst einmal wieder „eingespielt" werden. Erwartete Vorteile, wie zum Beispiel die Identifizierung unrentabler Stabsabteilungen, sollten auch auf eine andere Art möglich sein – ohne dass die gesamte Mitarbeiterschaft eines Unternehmen von Formalismen und Belegen dominiert wird.

Übertriebene Kostenfokussierung

Ebenso lauert bei der internen Leistungsverrechnung eine große Gefahr: Das Qualitätsbewusstsein wird durch Kostenbewusstsein dominiert und der Vorteil interner Kommunikation und schneller Entscheidungswege wird durch Kostenvoranschläge und Aufwandsschätzungen zunichte gemacht! Ein aus „Kostengründen" erfolgter Verzicht auf eine Auswertung kann das Unternehmen im Wortsinn teuer zu stehen kommen. Kurzsichtige „Milchmädchenrechnungen" sind vielfach die Folge übertriebener Kostenfokussierung. Personalcontrolling-Sicht ist eben Unternehmenssicht und keine klein karierte Kostenstellenorientierung!

Reporting on demand

Ergänzend zur klassischen Aufgabe als Berater des Managements und Informationsversorger von Personal- und Controlling-Abteilungen werden personaldatenbasierte Informationen zunehmend aus allen Bereichen eines Unternehmens angefordert. Eine anlassorientierte Abwicklung von spezifischen Anforderungen der Informationsempfänger flexibel und schnell umzusetzen, ist die Aufgabe des „Reporting on demand". Es handelt sich hier in erster Linie um einfache Strukturdatenauswertungen oder unterstützende Datenlieferungen für diverse Empfänger im Unternehmen.

Beispiele: „Reporting on demand"-Output

- E-Mail-Verteiler
- Serienbriefsteuerdateien
- Selektion von Mitarbeitergruppen
- Mengengerüste
- einfache Plan-Ist-Vergleiche
- Standard-Listwerk (evtl. Self-Service)
- Bestandsdaten
- Plausibilitätsprüfungen auf Basis angelieferter Daten

Diese Anforderungen zählen sicher mehr zur Pflicht als zur Kür des Personalcontrollings. Aber wer könnte diese Informationen sonst bereitstellen? Beratung ist für solche Fälle nur bedingt erforderlich. Datenschutzaspekte bei personenbezogenen Daten sind in Bezug auf die Nutzung und eine eventuell geplante Weitergabe jedoch in jedem Fall anzusprechen. „Reporting on demand“ kann grob in die Bereiche „Ad-hoc-Versorgung“ und „Systementwicklung“ aufgeteilt werden.

Ad-hoc-Versorgung

Der interne Kunde erhält seine Informationen aus einem für diesen Zweck bestehenden Datenportfolio, und zwar:

- schnell
- in nahezu jedem gewünschten Ausgabeformat
- ohne Aufwand reproduzierbar
- stichtagsaktuell

Feuerwehrfunktion des Personalcontrollings

Ein Auftrag für einen E-Mail-Verteiler oder eine Serienbriefsteuerdatei sollte innerhalb weniger Minuten abgewickelt sein. Es handelt sich oft um eilige Aufträge – gerade bei E-Mail-Verteilern. Das Personalcontrolling übernimmt somit – ergänzend zum klassischen Reporting – eine Feuerwehrfunktion. Der Wert dieser Tätigkeit ist nicht auf den ersten Blick offenkundig und diese Art der Datenversorgung wird schnell als anspruchslos abgetan. Die Vorteile für das Unternehmen sind eindeutig:

- Beschleunigung der Geschäftsprozesse durch unkomplizierte, zeitnahe Bereitstellung von erforderlichen Daten
- Selektive Bereitstellung von Informationen an spezifizierte Empfängerkreise (kein internes „Informations-Spamming“)

System-Entwicklung

Bei komplexeren Aufgabenstellungen, die vom Management forciert werden und für das Unternehmen von großer Bedeutung sind, kann aus einem einfachen Auftrag die Konzeption und Entwicklung von weiteren Komponenten der Sekundärsystemumgebung (Module) zur Bereitstellung der gewünschten Informationen werden (siehe Kapitel 3.4), z. B.:

- systemtechnische Begleitung von Reorganisationsprojekten

- Durchführung von Mitarbeiterbefragungen
- Planungsszenarien Fertigungssteuerung

Kann der Informationsbedarf durch die vorhandenen Systeme nachhaltig nicht gedeckt werden, müssen die entsprechenden Anwendungskomponenten dafür entwickelt werden. So wird die vorhandene Systemumgebung erweitert. Diese Vorgehensweise entspricht dem Postulat des modularen Aufbaus von Sekundärsystemumgebungen. Dies beinhaltet, auch für entgegen gesetzte Entwicklungen offen zu bleiben und nicht aus emotionalen Gründen an einem selbst entwickelten Sekundärsystem-Modul „kleben" zu bleiben, obwohl die Aufgaben durch eine Weiterentwicklung oder einen Systemwechsel des Primärsystems durch dieses inzwischen deutlich besser abgewickelt werden könnten. Allerdings sollten abgelöste Sekundärsysteme nicht sofort physikalisch gelöscht werden. Zumindest eine Sicherungskopie für den „Fall der Fälle" ist zu archivieren. Auch eine Verwendung als Vorlage für ähnlich gelagerte Aufgabenstellungen wird so möglich.

Dokumentation und Systempflege

Es gibt zwei grundlegende, für ein Sekundärsystem relevante Arten der Dokumentation:

- die Dokumentation des genutzten Systems und
- die Dokumentation der einzelnen Reports/Auswertungen

Eine Systemdokumentation ist grundsätzlich so zu gestalten, dass ein kundiger Dritter die Funktionalitäten nachvollziehen und in angemessener Zeit die Systemverantwortung übernehmen kann. Das klingt einfach – ist in der Praxis aber eine zeitraubende und anspruchsvolle Aufgabe. Für die Form der Dokumentation gibt es in vielen Unternehmen verbindliche Richtlinien. Die Systemdokumentation wird daher nicht Bestandteil dieses Buches.

Dokumentiert werden sollten aber insbesondere die durchgeführten Auswertungen. Im Laufe der Zeit wird sich ein umfangreiches Portfolio an Auswertungen und Reports ansammeln. Dabei sind keine voluminösen Handbücher wie bei einer Systemdokumentation zu erstellen; es genügen vielmehr oft Stichworte zu einigen wenigen Kriterien:

Checkliste

Auswertungsdokumentation

Inhalt	Beispiel
eindeutige Identifikationsnummer	387
Auswertungsname	Personalkapazitäten F & E
Anforderungsdatum	03.11.2003
Ausführungs-Intervall	monatlich
Ausführungs-Stichtag	Monatserster
Auftraggeber: Name, Bereich	Rudi Ritzel, Leiter Fertigung
Empfänger: Name, Bereich	dito, zusätzlich Ottmar Horn, Vorstand
Zweck der Auswertung	Soll-Ist-Vergleich der Personalkapazitäten inkl. Mitarbeiterebene
Kurzbeschreibung	ergänzend zu den Personendaten werden die Sollkapazitäten des Organisationsmanagements genutzt, um unterjährige Abweichungen zu dokumentieren
Grundgesamtheit	alle aktiven, fest angestellten Mitarbeiter der Bereiche Fertigung sowie Forschung und Entwicklung
ausgegebene Felder	Personendaten: Personalnummer, Namensdaten, organisatorische Zugehörigkeit, Dienstvertragsart, Funktion, vertragliche Ist-Kapazität Organisationsdaten: Organisationseinheit, Sollkapazität
Ausgabeformat	Excel-Datei für Bereichsleiter, Vorstands-Report als PDF-Datei
Versandart	Bereichsleiter per E-Mail Vorstand per E-Mail über Sekretariat
letzte Prüfung	05.11.2004

Auch diese Auflistung ist nicht abschließend und wird sich in der betrieblichen Praxis immer wieder den jeweiligen Anforderungen anpassen. Die meisten dieser Daten sollte der Informationsempfänger bereits bei Anforderung bereitstellen. Bei umfangreicheren oder schwierigeren Aufgabenstellungen werden sie im gemeinsamen Gespräch entwickelt. Grundsätzlich sollten Auswertungen immer schriftlich – idealerweise per E-Mail – angefordert werden. Das ist kein willkürlicher Formalismus: Wird der Anforderungsprozess von Auswertungen systematisiert und standardisiert, hat dies mehrere Vorteile. So genannte „nice-to-have"-Auswertungen entfallen zu einem großen Prozentsatz, da es unbequemer ist, eine Anforderung sauber zu definieren, als einen kurzen Anruf zu tätigen. Informationsempfänger, die einen konkreten Anlass haben, einen Auftrag zu erteilen, werden Verständnis für eine Mindestform der Anforderung haben. Eine vom Personalcontrolling vorgegebene Struktur hilft und unterstützt und ist auch schon ein Teil der Beratung. Sie dient somit gleichermaßen dem Auftraggeber wie dem Personalcontroller. Dieser kann die Angaben unverändert für seine Dokumentation nutzen und im Idealfall direkt aus der Mail in sein Sekundärsystem kopieren.

Logbuch

Neben der allgemeinen Dokumentation empfiehlt es sich, jede Ausführung einer Auswertung zu dokumentieren. Dies kann in einer Art elektronischem Logbuch erfolgen. So ist immer nachvollziehbar,

- wer,
- wann und auf welchen Auswertestichtag bezogen,
- welche

Auswertung erhalten hat. Ein Logbucheintrag kann in der Praxis als einfache Zeile einer Tabelle erfolgen und sollte automatisiert – bei Ausführung einer Funktion oder beim Versand – erfolgen. Der erforderliche „Timestamp" (Datum und Uhrzeit) wird maschinell vergeben (Systemzeit). Die durch diese Form der stringenten Ausführungs- und Empfänger-Dokumentation erzielte Transparenz ist ein wesentliches Argument für die Etablierung eines Sekundärsystems gegenüber einem Datenschutzbeauftragten und auch gegenüber Arbeitnehmervertretern, da eine Nutzung von Systemen, in denen Personaldaten verarbeitet werden, grundsätzlich mitbestimmungspflichtig ist.

Hauptuntersuchung

Werden zunächst einzelfallbezogene Auswertungen in das Regelreporting einbezogen, so wird auch eine Art „Report-TÜV" unumgänglich. Es ist daher in vom Anwender festzulegenden Zeitabständen zu prüfen,

- ob die Eindeutigkeit und Vollständigkeit der Selektionskriterien noch gegeben ist,
- ob die Programmsyntax der Anforderung noch gerecht wird und
- der Empfänger die Auswertung in der bestehenden Form noch benötigt.

Mindesthaltbarkeitsdatum

Es macht daher Sinn, einer Auswertung bei der Ersterstellung ein „Mindesthaltbarkeitsdatum" zu verpassen. So kann in regelmäßigen Intervallen einfach – quasi en passant – die Validierung der Datenermittlung erfolgen.

Beispiel

Im Laufe der Zeit wurde die Schlüsseltabelle der Dienstvertragstypen ergänzt - darunter auch einige neue in der Gruppe „Aushilfen". Eine monatliche Standardauswertung ist die „Aushilfenliste". Werden in der Programmsyntax nicht die neuen Schlüssel explizit berücksichtigt, so sind die Auswertungsergebnisse unvollständig und für den Empfänger wertlos.

4.3 Auslieferung: Bereitstellung und Interpretation der Ergebnisse

Formale Aufbereitung

Einige wenige formale Grundsätze sollten bei der Konzeption von Reports berucksichtigt werden. So führen ein einheitliches Design und ein standardisierter Aufbau nicht nur zu einer besseren „Lesbarkeit" derselben. Ein hoher Wiedererkennungswert garantiert schon optisch die Zuordnung des Reports zu ihrer Quelle (siehe Kapitel 5). Dieser Faktor ist nicht zu unterschätzen; entwickelt sich so quasi von allein doch eine Art „Markenzeichen" des Personalcontrollings. Hierbei ist nicht der kreative Formatierungskünstler gefragt, der in schillernden Farben jede noch so kleine Aussage von „kursiv-türkis bis fett-violett" hervorhebt, sondern zunächst die Schaffung eines einheitlichen Erscheinungsbilds.

Inhaltlich sollten ausgewählte Angaben obligat sein, die zum Teil bereits unter dem Aspekt der Report-Dokumentation erhoben wurden. Dazu zählen insbesondere:

- eindeutige Identifikationsnummer des Reports
- Bezeichnung der Reports
- Datenstand
- Ausführungsdatum
- Ersteller nebst Kontaktdaten (Einheit, E-Mail, Telefon)

So ist es auch später möglich, telefonisch Fragen des Empfängers zu beantworten und dabei über denselben Report zu sprechen. Ergänzend können folgende Angaben – z. B. als Anlage – den Empfänger unterstützen:

- Grundgesamtheit
- ergänzende Datenquellen
- Besonderheiten bei der Datenverarbeitung
- gesetzliche Grundlagen (z. B. bei Wählerlisten zu Betriebsratswahlen)

Erleichtert wird das Zusammenspiel von Auftraggeber und Personalcontroller durch die Definition von Standard-Grundgesamtheiten, die eine schnelle Entscheidung über die zu Grunde liegende Datenbasis ermöglichen und auch sukzessive in das Verständnis der Anforderer übergehen. Somit lassen sich zukünftige Report-Wünsche schneller und detaillierter definieren.
Die formale Standardisierung des Reportings und der begleitenden Prozesse erleichtert auch die Reproduzierbarkeit oder erneute Durchführung von Reportings zu einem anderen Stichtag.

Beispiel ohne formale Standardisierung

„Ich habe da einmal so eine Liste von Ihnen bekommen, mit Personaldaten drauf, wissen Sie? Die war so ungefähr 15 Seiten lang und im Querformat gedruckt – auf Ökopapier, wenn Ihnen das weiterhilft. Die bräuchte ich noch einmal mit aktuellen Daten."

Beispiel mit formaler Standardisierung

„Ich benötige eine aktualisierte Version der Auswertung 395, Frühfluktuation."

Ideal wäre unter Beachtung der vorstehend genannten Kriterien eine Checkliste „Auswertungsauftrag für das standardisierte Geschäft". Diese kann sich inhaltlich an der Beispielliste des Absatzes „Dokumentation und Systempflege" orientieren.

Interpretation und Bewertung

Die Darstellung einer ermittelten Tatsache beeinflusst den Informationsempfänger in jedem Fall. Am Beispiel eines Linien oder Balkendiagramms wird sehr schnell klar, dass die unterschiedliche Skalierung und Beschriftung der Achsen (Ausschnitt vs. Gesamtskala) die von den Zahlen her identische Aussage manipulativ beeinflussen kann.

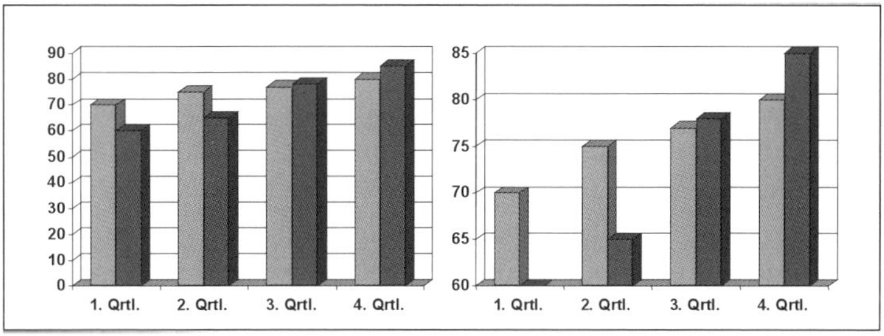

Gleiche Werte – unterschiedliche Skalierung: die manipulative Kraft der optischen Aufbereitung

Es muss daher das Ziel des Personalcontrollings sein, eine dem Verwendungszweck angemessene Aufbereitung der Daten zu finden. Hier können keine Richtlinien angeboten werden. Es handelt sich schlicht um Erfahrungswerte. Bei jedem einzelnen Report hat daher eine individuelle Abwägung der Darstellung zu erfolgen. Neben Grafiken sind bloße Zahlenwerte davon nicht ausgenommen – auch hier sind durch Fettdruck oder farbige Hinterlegung Interpretationen provozierbar.

Informationsanreicherung

Hilfestellung bei der Interpretation der Auswertungen

Ist ein Informationsempfänger nicht wirklich mit der Materie vertraut, ist eine Hilfestellung bei der Interpretation und Bewertung unerlässlich: „Ist das nun ein guter oder schlechter Wert?" (Beispiel: Fehlzeiten, Fluktuation). Dies beinhaltet die eingehende Beschäftigung des Personalcontrollers mit den von ihm ermittelten Werten, um einerseits aktiv eine Interpretation anstoßen und andererseits qualifiziert bei einer gemeinsamen Urteilsfindung mitwirken zu können. Gerade bei allgemein üblichen Kennziffern ist eine proaktive Informationsbeschaffung außerhalb des eigenen Unternehmens und intern im Zeitablauf dringend zu empfehlen. Nur so werden Aussagen ermöglicht wie: „Da sind wir konstant besser als der Branchenschnitt – kein Handlungsbedarf." In dieser einfachen Aussage versteckt sich eine Menge Aufwand und Vorbereitung: Sie setzt voraus, dass der Personalcontroller die zeitliche Entwicklung der Kennzahl im Unternehmen, aber auch extern im Branchenschnitt detailliert kennt! Eine solche Bewertung hilft dem Informationsempfänger und es wäre fatal, wenn das Personalcontrolling nicht vorbereitet wäre und – um bei der Beispielaussage zu bleiben – eine Frage nach der Entwicklung der Kennziffer im Zeitablauf nicht beantworten könnte. Selbst die Produktion des Reportings endet also nicht in einem schön anzusehenden Zahlenwerk oder ein paar Grafiken! Die Hauptarbeit rankt sich um den Report herum und wird vom Informationsempfänger im Normalfall als solche nicht bewusst wahrgenommen – es sei denn, sie wurde nicht ordnungsgemäß durchgeführt ...

Fazit

Ein ziel- und empfängerorientierter Einsatz der Kombination aus Primär- und Sekundär-Systemen sollte zu einer Verstärkung des individuellen Reportings unter gleichzeitiger Reduzierung des „Standard-Reportings" führen und somit zu einer höheren, weil zielgerichteten, Reporting-Qualität (Klasse statt Masse). Die system- und methodenübergreifende Nutzung von Daten als „Werkstoff des Controllers" ist Voraussetzung für eine am Informationsempfänger orientierte Arbeitsweise. Ein „System" und die ihm eigenen Grenzen dürfen die Erfüllbarkeit von Kundenwünschen nicht einschränken; die aus ihnen resultierenden Defizite sind durch ergänzende Reporting-Tools zu kompensieren („function follows request"). Meist ist mit einfachen Mitteln sehr viel mehr möglich, als man zunächst denkt. Zugeben: ein wenig „um die Ecke denken" muss man dabei manchmal schon. Das aber ist der Unterschied zu anderen „Jobs", der das Personalcontrolling so interessant macht.

5 Wie ermitteln Sie die Mitarbeiterzahl richtig?

5.1 AZ Rad: Die Geschäftsführung bekommt einen Personalbericht

Nachdem das Unternehmen im Laufe der Jahre eine Größe erreicht hat, in der Führungskräfte und Geschäftsleitung nicht mehr die relevanten Daten der Mitarbeiter kennen können und das Volumen der anfallenden Personalkosten so hoch ist, dass auf eine laufende Beobachtung der zu Grunde liegenden Personalkapazität nicht mehr verzichtet werden kann, wird seitens der Geschäftleitung eine monatliche Übersicht über den Personalstand gewünscht. Lange Zeit meinten alle Verantwortlichen, dass so etwas entbehrlich sei; schließlich würde man alle Mitarbeiter noch mit Namen kennen. Irgendwann wurde einmal die Frage aufgeworfen, wie viele Mitarbeiterinnen eigentlich in der Elternzeit wären und wann mit deren Rückkehr zu rechnen sei. Nachdem nicht einmal mehr die genaue Zahl – geschweige denn die Rückkehrdaten – kurzfristig zur Verfügung standen, erkannte die Geschäftsleitung die Notwendigkeit, ein regelmäßiges Personalreporting einzuführen. Das Personalcontrolling wird beauftragt, einen Vorschlag zu unterbreiten, wie ein monatlicher Personalbericht aussehen könnte, der alle wichtigen Informationen über die Belegschaftsstärke enthält.

Was wird wem berichtet?

Was beinhaltet ein Personalbericht? Wer erhält welche Informationen? Der inhaltliche Aufbau eines monatlichen Personalberichts unterscheidet sich in den meisten Unternehmen nicht oder nur marginal. Es werden Ist- und Planwerte gegenübergestellt und die Abweichungen als Zahlenwert (absolut) und/oder als Prozentsatz (relativ) angegeben.

Kapazitäts angaben statt Kopfzählungen

Ein interner Personalbericht darf nicht mit publizierten – ebenfalls oft „Personalbericht“ benannten – Kopfzählungen verwechselt werden. Während es bei den externen Veröffentlichungen meist darum geht, die Größe und Leistungsstärke eines Unternehmens zu unterstreichen – und dafür bietet sich eine reine Zählung der Mitarbeiter an –, sollen interne Personalberichte steuerungsrelevante Daten beinhalten. Gerade in Unternehmen mit einer hohen Teilzeitquote oder einem relativ kleinen Beschäftigungsfaktor, also der durchschnittlichen individuellen Arbeitszeit im Vergleich zu einem Vollzeitmitarbeiter, werden die Mitarbeiter nicht einfach gezählt, sondern mit dem Anteil Ihrer individuellen Arbeitszeit im Vergleich zu einem Vollzeitbeschäftigten angerechnet (Kapazität). So entspricht die rechnerische Kapazität von zwei Halbtagskräften genau der eines Vollzeitmitarbeiters. Für die Personalplanung und auch die Fertigungssteuerung ist primär nicht die Anzahl der Mitarbeiter entscheidend, sondern das vorhandene Arbeitszeitvolumen. Aus der Unternehmensplanung abgeleitet sind die so genannten Plankapazitäten. Analog den definierten Zielen wird der tätigkeitsbezogene Kapazitätsbedarf bestimmt (siehe Kapitel 9 und 10 – Personalplanung). So ergibt sich auch auf der Plan- oder Soll-Seite ein kapazitätsorientierter Ansatz. Ebenso können sich weniger sachbasierte Einflüsse in der Planzahl niederschlagen. Gibt es in einem Unternehmen keine detaillierte Personalplanung, so erfolgt die Festlegung der Plankapazitäten durch die Unternehmensleitung oft „aus dem Bauch heraus“ und gerade in schwierigeren Seiten nach der „Rasenmähermethode“. Es entfällt dann die individuelle Überprüfung der Bedarfe; stattdessen werden oft nur pauschale Kürzungen oder die Genehmigung von höheren Kapazitäten nach Gutsherrenart bestimmt. Ob inhaltlich fundiert oder willkürlich festgesetzt: In den meisten Unternehmen erfolgt eine Festlegung von Kapazitätszielwerten. Enthalten sind in einem Personalbericht daher grundsätzlich die folgenden, kapazitätsbasierten Angaben:

- Plan-Kapazitäten pro Organisationseinheit
- Ist-Kapazitäten pro Organisationseinheit
- Abweichung Ist vom Plan absolut
- Abweichung Ist vom Plan relativ

Einen beispielhaften Ausschnitt einer solchen Darstellung zeigt die nachstehende, tabellarische Abbildung:

Org.-Einheit	Soll (FTE)	Ist FTE	Abw. absolut	Abw. relativ
Geschäfts-leitung	2,00	2,00	0,00	0,00 %
Forschung & Ent wicklung	18,50	17,00	- 1,50	- 5,40 %
Produktion	44,00	48,72	4,72	10,73 %
Personal ...	6,50	5,50	- 1,00	- 15,38 %

Für die auf einen Vollzeit-Arbeitnehmer umgerechnete Mitarbeiter-Kapazität werden verschiedene unternehmensindividuelle Abkürzungen genutzt. Gebräuchliche Kürzel sind

- FTE (international: full-time-equivalent)
- PE (Personal-Einheiten)
- VZE (Vollzeit-Einheiten)

In einem Personalbericht werden Organisations- und Planstellendaten (Plan) mit Mitarbeiterdaten (Ist) kombiniert. Es handelt sich um kumulierte Daten, die einerseits absolute Werte, andererseits absolute und relative Abweichungen der Ist- von den Planwerten aufzeigen. Der Detaillierungsgrad kann dabei durchaus unterschiedlich sein: Während die Geschäftleitung meist mit einem hochkumulierten Bericht zufrieden ist und gar keine weiteren Details kennen will, ist es für die nachgeordneten Manager wichtig, wie in ihren Verantwortungsbereichen die Detaildaten aussehen. Hiermit wurde schon vorweggenommen, dass neben der Geschäftleitung im Unternehmen noch weitere Zielgruppen existieren, die an einem Monatsbericht interessiert sind. Dazu zählen insbesondere alle ergebnisverantwortlichen Leiter von Organisationseinheiten, aber auch das Finanzcontrolling.

Ergänzend zu den wesentlichen Basisdaten werden im Monatsbericht meist noch weitere Spalten als Zusatzdaten angedruckt. Dies sind beispielsweise Kapazitätsangaben pro Organisationseinheit zu:

- Aushilfen
- Praktikanten
- Auszubildenden
- Mitarbeitern in Altersteilzeit
- Inaktiven Mitarbeitern (Elternzeit, dauerkrank, Wehr-/Zivildienst)

Beispiel (Ausschnitt):

Organisations-Einheit	Aush.	Prak.	Azub.	ATZ	Inak.
Geschäftsleitung	0,00	0,50	0,00	0,50	0,00
Forschung & Entwicklung	2,20	0,00	4,00	2,50	2,00
Produktion	5,80	0,00	6,00	3,50	3,00
Personal ...	0,65	2,00	0,00	1,00	0,50

In einer ergänzenden, kopfbasierten Ist-Zählung nach gleicher Struktur können weitere Daten absolut und relativ berichtet werden:

- Istwerte pro Organisationseinheit
- Anteil Männer/Frauen
- Anteil Vollzeit-/Teilzeitmitarbeiter
- Anteil Angestellte/Gewerbliche
- Anteil tariflich/außertariflich vergüteter Mitarbeiter

Beispiel (Ausschnitt):

Org.-Einheit	IST	TZ-Quote	Angest. Quote	Tarifl. Mitarb.
Geschäfts-leitung	2	0,00 %	100,00 %	0,00 %
Forschung & Entwicklung	18	11,11 %	88,89 %	27,78 %
Produktion	51	9,80 %	23,53 %	90,20 %
Personal ...	6	16,70 %	100,00 %	50,00 %

Diese Daten werden nicht mit Planwerten verglichen, sondern zeigen die strukturellen Zusammensetzungen der Mitarbeiterschaft auf. Die bereits unter der kapazitätsbasierten Zählung genannten Zusatzdaten können sich auch hier wiederfinden.

Erstellung von Zusatzinformationen

Sehr fortschrittliche Personalberichte ergänzen den Personalbericht um weitere Daten aus anderen Systemen oder kombinieren die Bestandsdaten mit Prognosedaten:

- Leiharbeitnehmer – umgerechnet in Kapazitäten mit einem durchschnittlichen Personalkostensatz
- Eintritte innerhalb der folgenden drei Monate
- Austritte innerhalb der folgenden drei Monate
- Wanderungen zwischen Unternehmensbereichen bzw. Organisationseinheiten innerhalb der folgenden drei Monate

Der Aufwand der Erstellung bei diesen Zusatzinformationen ist hoch, die Aussagekraft dafür aber ebenso. Auch solche komplexeren und anspruchsvollen Auswertungen werden im Rahmen dieses Buches regelmäßig angesprochen. Sie sind sicher nicht sofort mit Einführung einer regelmäßigen Personalberichtserstellung zu erreichen, jedoch in der zukünftigen Entwicklung als Ziele und Ideen einzubringen.

Konzeption

Da ein monatlicher Personalbericht die Grundlage für alle folgenden Personaldatenauswertungen bildet, sind bei der Konzeption einige elementare Entscheidungen zu treffen, die zum Teil banal erscheinen, für das Personalcontrolling im weiteren Verlauf jedoch von hoher Wichtigkeit sind. Eine Frage, die zu Beginn beantwortet werden sollte, ist die Bestimmung des regelmäßigen Berichtsstichtages. Traditionell – weil im Finanzcontrolling und Rechnungswesen so üblich – bietet sich zunächst das Ultimoreporting – also das Berichten zum jeweiligen Monatsletzten – an. Da Grundlage des neuen Berichtswesens jedoch Personal- und keine Bestandsdaten sind, sollte diese scheinbare Selbstverständlichkeit auf jeden Fall in Frage gestellt werden.

15 Tage oder 44 Tage - wie alt dürfen die Personaldaten im Durchschnitt sein?

Die Ultimozählung

Auch in der Personalwirtschaft gibt es tradierte Stichtage, beispielsweise für Eintritte, Austritte und innerbetriebliche Versetzungen. So hat der Mitarbeiter bei Austritten und Versetzungen üblicherweise am Monatsultimo seinen letzten Arbeitstag im Unternehmen bzw. seinen letzten Arbeitstag in der alten Organisationseinheit. Bei Eintritten und Versetzungen gilt, dass der erste Arbeitstag auf den Monatsersten fällt. So beträgt der Unterschied zwischen „alter Welt" und „neuer Welt" genau einen Tag: Vom Monatsultimo auf den folgenden Monatsersten.

Beispiel: Eintritte/Austritte

Austritte zum 31.05. und Eintritte zum 01.06. werden in einem Ultimo-Berichtswesen erst in der Auswertung per 30.06. berücksichtigt. Bei einem Berichtswesen zum Monatsersten sind beide Vorgänge bereits zum 01.06. enthalten.

Die Differenz, zu welchem Berichtsstichtag die genannten Vorgänge berücksichtigt und damit für Management-Entscheidungen verfügbar werden, beträgt also ausschließlich durch die Wahl des Stichtags zum Monatsultimo oder Monatsersten fast einen Monat.

Ein personalwirtschaftliches, monatliches Berichtswesen zum Monatsersten ist um 29 Tage aktueller, als ein Berichtswesen zum Monatsultimo.

Da Monatsberichte ihrem Namen entsprechend in ungefähr 30tägigen Intervallen erstellt werden, ergibt sich allein aus diesem

Zeitraum ein durchschnittliches Alter der genutzten Daten am Zeitpunkt ihrer Aufbereitung und Veröffentlichung von 15 Tagen. Unter Berücksichtigung der beschriebenen Besonderheiten der Ultimozählung sind monatliche Personaldaten durchschnittlich entweder 15 oder 44 (15 + 29) Tage alt. Die Frage des richtigen Stichtags für ein personalwirtschaftliches Berichtswesen für die operative Personalarbeit dürfte damit geklärt sein.
Nicht zu vergessen sind jedoch die – wiederum durch das Finanzcontrolling dominierten – Berichtsstichtage des externen Reportings. Dazu zählen der Jahresabschluss (Bilanz und Gewinn- und Verlustrechnung) und je nach Unternehmensform auch unterjährige Berichte (Quartalsberichte einer Aktiengesellschaft). Hier kann die Personalabteilung sich natürlich nicht sperren, Ultimodaten zu ermitteln. Für eine echte Personalarbeit sind diese Daten jedoch weniger wertvoll; sie fallen daher eher unter die Kategorie des „deklaratorischen Controllings“ (siehe Kapitel 4), also des (positiv) darstellenden Berichtswesens für externe Empfänger.

Historisierte Daten

Deutlich wird aber eines: Das Personalcontrolling sollte in der Lage sein, zu jedem beliebigen Stichtag die üblichen Reports nach den immer selben Kriterien erstellen zu können. Idealerweise werden dazu Daten historiensicher – also Sätze mit einem Ab- und einem Bis-Datum – in Sekundärsystemen vorgehalten (siehe Kapitel 2). Historisierte Daten bilden im Gegensatz zu Stichtagsdaten den kompletten Zeitablauf eines Datenfelds ab. Während Zeitraumdaten einen Zeitstrahl darstellen, sind Stichtagsdaten ein winziger Ausschnitt aus den Zeiträumen der vorliegenden Daten – gerade so, als ob mit einer Nadel an einer definierten Stelle der zu diesem Tag des jeweiligen Datenfelds gültige Inhalt „aufgespießt“ wird.

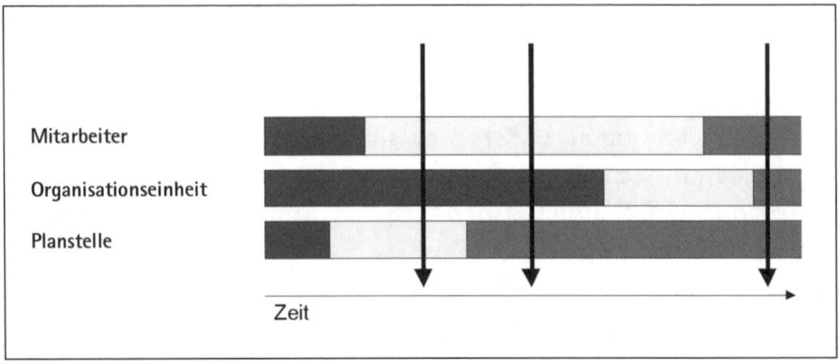

Zeitstrahl und Stichtage

Ein (Stich-) Tag ist also die kleinste Einheit eines betrachteten datentechnischen Zeitraums in der Personalwirtschaft, da untertägige Änderungen nicht üblich sind: eine Versetzung erfolgt nicht von einer Stunde zur anderen, sondern von einem Tag auf den anderen. Bei der Eigenentwicklung von Systemen ist die Methode der historisierten Datenhaltung für den Einstieg jedoch zu komplex und sollte erst nach und nach – mit zunehmender Erfahrung und Sicherheit der Personalcontroller – ergänzt werden. Den Rahmen diese Buches und auch der Beispiele auf CD-ROM würde ein solches Vorgehen sprengen. Es genügt zu Beginn, sich taggenaue Bestände in das Sekundärsystem zu laden und auf dieser Basis die Auswertungen durchzuführen. Dabei erweist es sich als großer Vorteil, dass pro Mitarbeiter genau ein Satz mit den entsprechenden Daten existiert und somit eine gewisse Übersichtlichkeit und Eindeutigkeit die Durchführung des Reportings erleichtern. Bei der späteren Nutzung historisierter Datenbestände gibt es zwei praktikable Möglichkeiten der Verarbeitung:

- die Datensätze aller vorhandenen Datentabellen sind auf den jeweils definierten Berichtsstichtag zu filtern (MS Access: Auswahlabfragen)
- es werden zur weiteren Verarbeitung temporäre Tabellen erstellt, die nur die zum Berichtsstichtag gültigen Datensätze enthalten (MS Access: Tabellenerstellungsabfragen)

In der Praxis kommen beide Optionen zum Einsatz – oft auch kombiniert. Sie reduzieren letztlich die vorhandenen Daten auf einen einzigen Stichtagsbestand, der Basis für alle Reports und Listen wird. Der Vorteil historisierter Daten liegt dabei in der Verfügbarkeit von Zeitraumdaten, so dass mit dem vorhandenen Downloadbestand für verschiedene Stichtage Auswertungen durchgeführt werden können, ohne dass ein erneuter Datentransfer stattfinden muss. Der „Nadelstich" in den Zeitstrahl kann also beliebig an verschiedenen Positionen gesetzt werden; selbst in die nahe Zukunft gerichtet. Des Weiteren werden vergleichende Auswertungen zwischen zwei Stichtagen sowie Zeitraumauswertungen möglich (Wanderungsbilanzen). In der im Vorwort genannten Access-Datenbank sind für das Kostencontrolling und die Fehlzeiten-Analyse historisierte Datenbestände enthalten. Wer bereits über gute Vorkenntnisse in der Datenverarbeitung verfügt, sollte sich von Beginn an für eine historisierte Datenhaltung entscheiden.

5.2 Auswertungen aus dem Personaldatenbestand

Die menschliche Komponente

Werden neue Controlling-Instrumente eingeführt, müssen sie meist zunächst ihre Glaubwürdigkeit nachweisen, da sie vielfach und oft grundlos in Frage gestellt werden. Die vorhandene Skepsis von Beteiligten und Betroffenen, die sich in ihrem Handeln überwacht fühlen oder zu viel Transparenz scheuen, führt schnell zu despektierlichen Aussagen über die Qualität der Auswertungen. Dem muss – die gute Qualität des Berichts vorausgesetzt – zügig und qualifiziert entgegengetreten werden. Im Falle des Personalberichts ist dies einfach möglich und sollte in nachstehend beschriebener Form auch „in der Hinterhand" bereitgehalten werden, um Kritikern schnell entgegentreten zu können. Bei einem Personalbericht handelt es sich um kumulierte Daten (Summen von Einzeldaten) in verschiedenen

Darstellungsebenen (Aggregationsstufen), die je nach Verwendungszweck und Zielgruppe – selektiv oder kombiniert – gewählt werden:

- gesamtes Unternehmen (Geschäftsleitung, oft auch „Vorblatt“ für Detailberichte)
- oberste Hierarchieebene (Führungskräfte, z. B. nach Standort, Unternehmensbereich, Fachabteilung – denkbar auch Betriebsratsstruktur)
- detailgenau auf Ebene der einzelnen Organisationseinheiten (Planungs- und Steuerungsbasis)
- verschiedene Zwischenstufen (Einzelanforderungen und Spezialauswertungen, 2., 3., 4. Ebene etc.)

Der Personalbericht muss so konzipiert und erstellt werden, dass es unkompliziert möglich ist, sämtliche Kumulierungen auszublenden und auf Ebene des einzelnen Mitarbeiters zumindest die Ist-Werte pro Organisationseinheit detailliert anzugeben. Die Überprüfbarkeit der berichteten Daten auf Personenebene ist auch das Hauptargument gegen die durch das Bundesdatenschutzgesetz formulierte Forderung nach einer – wann immer möglichen – Anonymisierung personenbezogener Daten. Im Rahmen der Personalarbeit sind personenbezogene Daten nun einmal die Basis für alle Auswertungen und die optionale, namentliche Überprüfbarkeit ist wichtig, um eine hohe Qualität von Entscheidungsgrundlagen zu erlangen. Dies ist auch im Interesse der betroffenen Mitarbeiter, deren Daten verarbeitet werden! Mit Hilfe eines Personalberichts auf Mitarbeiterebene, der nicht veröffentlicht wird, sondern nur der Klärung von Ungereimtheiten dient, können im Dissensfall mit verantwortlichen Führungskräften die zu Grunde liegenden Mitarbeiter pro Organisationseinheit namentlich und nach angerechneter Kapazität „ausgehakt“ werden. Dies ist zwar im Rahmen eines EDV-basierten Controllings eine eher anachronistisch anmutende Methode, sie ist aber – ein- oder zweimal durchgeführt – sehr Erfolg versprechend. Ursächlich für unterschiedliche „Meinungen“ zum Mitarbeiterbestand können zwei Tatsachen sein:

- Der Berichtsempfänger (z. B. verantwortliche Führungskraft) unterliegt einem Irrtum

- Daten im primären Personalsystem sind falsch erfasst (z. B. Aushilfe als festangestellter Mitarbeiter, Versetzung nicht oder zu spät eingegeben, Teilzeit unberücksichtigt)

In jedem dieser beiden Fälle führt der Abgleich zu einem positiven Ergebnis:
- Die Qualität des Personalreportings wird nachgewiesen und Zweifler werden überzeugt
- Die Datenqualität wird verbessert (siehe Kapitel 2.5 und „Regelkreis der Datenqualität" auf CD-ROM)

Fehlertoleranz

Datenerfassungsfehler zuzugeben schwächt das Personalcontrolling und die Personalabteilung als Ganzes in ihrem „Standing" im Unternehmen nicht. Alles, was manuell durchgeführt wird – wie die Dateneingabe im Primärsystem –, unterliegt gewissen Fehlertoleranzen. Die Zuständigkeiten innerhalb der Personalabteilung sind meistens nach Erfassung der Daten und der Auswertung derselben getrennt. Insofern kann es zu der unerwarteten Situation kommen, dass der Personalbericht aufgrund seiner datenüberprüfenden Funktionalität innerhalb der Personalabteilung zu Beginn mehr Animositäten erzeugt, als bei den Empfängern. Dies ist abhängig von der Datenqualität der Daten im Primärsystem. Grundsätzlich bedeutet die Einführung von jeder neuen, personalwirtschaftlichen Auswertung eine weitere Kontrolle und Plausibilisierung der zu Grunde liegenden Daten. Es bietet sich daher an, alle Beteiligten innerhalb der Personalabteilung auf den auf sie zu kommenden Datenpflege-Prozess vorzubereiten, um jede „persönliche" Komponente von Beginn an auszuschalten. Es geht nicht darum, Kolleginnen und Kollegen bloß zu stellen und aufzuzeigen, wie „schlecht" sie Daten erfasst haben. Die Erfassung ist oft auch nur eine Konsequenz eines fehlerhaften Auftrags oder das Resultat verbesserungswürdiger Abläufe.

Gemeinsam optimieren

Verbesserung der Datenqualität

Die Verbesserung der Datenqualität muss im allgemeinen, personalwirtschaftlichen Interesse liegen und daher auch von allen Beteiligten und Verantwortlichen getragen werden. Insofern sollte die Funktion der Datenprüfung als „positives Abfallprodukt“ des Reportings dargestellt und verstanden werden. Es darf jedoch nicht verschwiegen werden, dass – je nach Unternehmensgröße und Ausprägung des Reportings – ein z. T. mehrere Jahre andauernder Prozess der Optimierung der Datenqualität initiiert wird. Sind die Anlaufschwierigkeiten erst einmal überwunden, so wird auch die Identifikation der datenpflegenden Kollegen mit „ihren“ Daten wachsen. Ein erreichter Qualitätsstandard wird dann auch nicht mehr freiwillig aufgegeben und der „Biss“ und die gewonnene Akribie der mit der Datenpflege betrauten Kollegen überraschen dann selbst den Personalcontroller positiv. Von daher hat das Personalcontrolling mit Einführung eines Personalberichts an zwei Fronten zu kämpfen: Es gibt einerseits die Empfänger, die den Neuerungen mit Misstrauen begegnen, andererseits die Kollegen in unmittelbarer Nähe, die sich mit der Verbesserung der Datenqualität zu befassen haben. Beide sind „ins Boot zu holen“ – eine nicht immer einfache Aufgabe.

Die technische Komponente

Für einen Personalbericht werden verschiedene Datenarten zusammengeführt und gegenübergestellt:

- Organisationsdaten
- Planstellendaten
- Personendaten

Planstellendaten

Das Bindeglied zwischen den Organisations- und den Personendaten sind meist die Planstellendaten. Ein Mitarbeiter wird einer Planstelle zugeordnet. Aus der Zuordnung der Planstelle zu einer Organisationseinheit ergibt sich so indirekt auch die Zuordnung eines Mitarbeiters zu einer Organisationseinheit. Werden in einem Unternehmen keine Planstellendaten gepflegt, so erfolgt die Zuordnung der Personendaten zu den Organisationsdaten direkt. Aus verschiedenen Gründen ist es jedoch zu empfehlen, eine Planstellendatenbank aufzubauen, wie in Kapitel 6 beschrieben.

Soll-Kapazitäten werden üblicherweise Planstellen zugeordnet. So ergibt sich die Soll-Kapazität einer Organisationseinheit aus der Summe der Soll-Kapazitäten der ihr zugeordneten Planstellen. Damit ist die Soll- oder Planseite des Personalberichts schon definiert. Nun werden die Ist-Kapazitäten der Mitarbeiter, die den Planstellen einer Organisationseinheit zugeordnet sind, summiert. Somit ist die Ist-Seite fertig gestellt. Aus Gründen der Nachvollziehbarkeit sollte die Zuordnung immer auf Basis von einzelnen, nicht anonymisierten Planstellen und Personen erfolgen – nur so können die oben genannten Zweifelsfälle eindeutig aufgeklärt werden. Eine Kumulierung erfolgt erst im Berichtswesen selbst oder vorgeschaltet in einer verdichtenden Abfrage (MS Access: Query).

Daten verknüpfen

Relationale Verknüpfung von Daten

Idealerweise werden Organisationseinheiten, Planstellen und Personendaten relational verknüpft. Das bedeutet, dass verschiedene Datentabellen anhand von Beziehungen (Relationen) miteinander kombiniert werden, um durch die dann entstandenen Verknüpfungen über einen erweiterten, eindeutigen Datenbestand verfügen zu können. So ist es üblich, dass beim Mitarbeiter die Planstelle (Schlüsselzahl!), der er gerade zugeordnet ist, gepflegt wird. Weitere Informationen über die Planstelle sollten nicht beim Mitarbeiter hinterlegt sein, da aufgrund der sonst entstehenden Redundanzen (Mehrfachdatenhaltung identischer Informationen) eine kontinuierliche und konsistente Datenpflege kaum darstellbar wäre. Die Vertextung der Planstelle findet sich daher bei den Planstellendaten – als Eigenschaft der Planstelle. Das gemeinsame Beziehungsfeld „Planstelle" findet sich sowohl bei den Mitarbeiter- als auch bei den Planstellendaten und wird daher zur Verknüpfung genutzt. Eine relationale Verknüpfung kann über mehrere Tabellen erfolgen, was in der Praxis meist der Fall ist. So findet sich in der Planstellentabelle das Datenfeld „Organisationseinheit", welches angibt, zu welcher Organisationseinheit die Planstelle aktuell gehört. In der Organisationseinheitentabelle liegen weitere Informationen vor (Vertextung, Adressdaten etc.). Eine solche Verknüpfung stellt das nachstehende Schaubild dar. Ausgehend von den Personaldaten erfolgt eine erste relationale Verknüpfung auf die Planstellendaten und von dort eine zweite auf die Organisationsdaten.

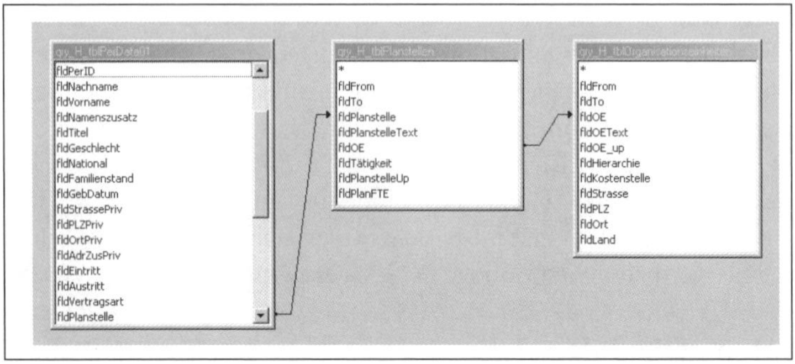

Relationale Verknüpfung (Query in einer Access-Datenbank)
Links: Personendaten
Mitte: Planstellendaten
Rechts: Organisationsdaten

Unter Ausblendung der Planstellen, die im kumulierten Personalbericht nicht von Belang sind, können so Plan- und Ist-Kapazitäten pro Organisationseinheit gegenübergestellt werden. Dazu sind die Einzeldaten auf Ebene der Organisationseinheit zu gruppieren und zu summieren.

Darstellung analog des Organigramms

Kumulierungen werden möglich, wenn die hierarchische Gliederung der Organisationseinheiten datentechnisch abgebildet wurde – also die Umsetzung des „gemalten" Organigramms erfolgt ist. Es bietet sich an, einen gemeinsamen Hierarchie- und Reihenfolgenschlüssel zu definieren, falls dieser nicht bereits im Organisationsmanagement gepflegt wird. Dieser Schlüssel wird also für einen doppelten Nutzen aufgebaut. Bei einem üblichen Aufbau enthält dieser Schlüssel folgende Informationen:

- die Länge des Schlüssels zeigt indirekt die Hierarchieebene an
- die Nummerierung bestimmt die Reihenfolge der Darstellung

Wie sieht ein solcher Schlüssel in der Praxis aus? Er ist prinzipiell vergleichbar mit der Gliederung einer Diplomarbeit. Dabei erfolgt die Trennung der Ebenen meist durch Punkte:

1. Einleitung
2. Kapitel 1
2.1 1. Unterkapitel zu Kapitel 1
2.1.1 Teilkapitel zum ersten Unterkapitel zu Kapitel 1
2.1.2 …

Hierarchie- und Reihenfolgenschlüssel

Datentechnisch ist die Darstellung mit „Punkten“ unvorteilhaft, da sonst beispielsweise für die Ermittlung der Hierarchieebene „gezählt“ werden müsste, wie viele Punkte vorhanden sind. Einfacher in der Handhabung ist die Festlegung von Reihenfolgegruppen ohne trennende Sonderzeichen. Auch für größere Unternehmen hat sich die Darstellung in Zweiergruppen bewährt, d. h.: die Bereitstellung von genau 2 Ziffern („characters“) pro Hierarchieebene. Die „Länge“ des Schlüssels (Anzahl der Ziffern) – geteilt durch 2 – ergibt so schon direkt die Hierarchieebene. Für jede Position jeder Hierarchieebene werden so, wenn mit „01“ begonnen wird, 99 verschiedene Sortier-Ausprägungen ermöglicht.
Ein Hierarchie- und Reihenfolgenschlüssel kaskadiert also „nach unten“ – in die Tiefe des Organigramms. Es ist – bei sehr großen Unternehmen – theoretisch möglich, die Gruppengröße auch zu variieren. Dreiergruppen ermöglichen bis zu 999 und Vierergruppen gar bis zu 9.999 Ausprägungen. Dies ist lediglich eine Sache der vereinbarten Definition – eine einmal eingeführte Systematik sollte jedoch dauerhaft Bestand haben. Die Zweiergruppe, die in der nachstehenden Abbildung dargestellt wird, reicht für 99 Einheiten auf einer Ebene aus – im Normalfall mehr als genug.

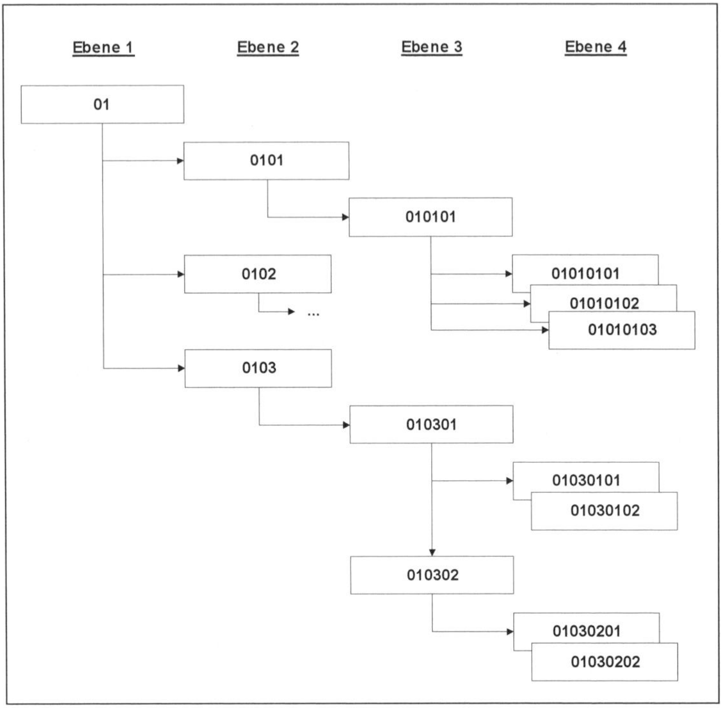

Prinzip des Hierarchie- und Reihenfolgenschlüssels

PDF-Datei

Die obige Darstellung zeigt die Anwendung des Hierarchie- und Reihenfolgenschlüssels. Dreht man gedanklich die Abbildung um 90° nach rechts, so ergibt sich die bekannte Organigrammform. Ein komplexeres Beispiel dazu befindet sich auf der CD-ROM. Es ist in jedem Fall zu beachten, dass ein Hierarchie- und Reihenfolgenschlüssel nicht dauerhaft stellvertretend für eine bestimmte Organisationseinheit steht. Die Zuordnung kann sich jederzeit verändern und eine Organisationseinheit wird durch diesen Schlüssel nicht identifizierbar. Dennoch muss der Hierarchie- und Reihenfolgenschlüssel eindeutig sein (keine Duplikate). Eine bestimmte Position im Organigramm entspricht genau einer Organisationseinheit (1:1-Verknüpfung).

Nachdem der organisatorisch-strukturelle Aufbau des Personalberichts geklärt ist, können aus der Länge des Sortierschlüssels der Organisationseinheiten, also der Anzahl der „Stellen“ oder „Ziffern“, verschiedene Kumulierungsebenen bestimmt werden:

01	Länge = 2	geteilt durch 2	→	1. Ebene
0103	Länge = 4	geteilt durch 2	→	2. Ebene
010302	Länge = 6	geteilt durch 2	→	3. Ebene

Programmtechnisch werden bei einer Beschränkung auf die 2. Berichtsebene alle nachgeordneten Organisationseinheiten der jeweils übergeordneten zugeschlagen. Die Organisationseinheit mit dem Sortierschlüssel „010302“ wird unter der Organisationseinheit mit dem Sortierschlüssel „0103“ additiv ausgewiesen.
In der Praxis bietet die Arbeit mit einem Datenbankprogramm (z. B. Access) oder einer tabellenorientierten Anwendung (z. B. Excel) die Möglichkeit, Ebenen ein- oder auszublenden. So kann für mehrere Kumulierungsebenen grundsätzlich ein und derselbe Bericht genutzt werden, in dem – je nach Zielgruppe und Verwendungszweck – eine mehr oder weniger detaillierte Auflistung erfolgt.
Der Sortierschlüssel ist flexibel und kann jederzeit den aktuellen Erfordernissen – resultierend aus der Unternehmensstruktur – angepasst werden. Für das monatliche Reporting ist ein aktuell gepflegter Bestand jedoch ausreichend. Eine Historisierung ist für die datentechnische Begleitung von Reorganisationsmaßnahmen oder prognostizierten Szenarien dringend anzuraten. Nur so lassen sich die Unterschiede von Ist- und Zielwelt datumsgenau abbilden.

Die richtige Grundgesamtheit

Definition der Grundgesamtheit

Letztlich stellt sich die kardinale Frage der richtigen Grundgesamtheit. Sind im Datenbestand mehrere Firmen enthalten, von denen nur einige berücksichtigt werden sollen? Welche Organisationseinheiten werden berücksichtigt – welche werden ausgeblendet? Welche Mitarbeiter werden gezählt und auf den Plan angerechnet? Die Definition der Grundgesamtheit der Organisationseinheiten muss nicht zwangsläufig erfolgen, da sich vieles bereits über die Mitarbeitergrundgesamtheit ergibt. So kann aber zum Beispiel eine Organisationseinheit „Betriebsrentner" aus der Gesamtheit von Beginn an ausgeschlossen werden. Die Grundgesamtheit der Mitarbeiter ist eindeutig der Schwerpunkt der Betrachtung. Hier bietet sich eine Definition der Grundgesamtheit anhand der Vertragsart an, die mit dem Auftraggeber abzustimmen ist. So kann sehr komfortabel in einer Basistabelle aller im Unternehmen vorkommenden Vertragsarten ein Filter bestimmt werden:

fldVertragsart	fldVertragsartText	fldFTECount
PRAKTI	Praktikant	☐
AUSH	Aushilfe	☐
AZUBI	Auszubildender	☐
TARIF	Tarifangestellter	☑
AT	AT-Angestellter	☑
ATZ	Altersteilzeit	☑
VR	Vorruhestand	☐
RENTNER	Betriebsrentner	☐
GF	Geschäftsführung	☑

Schlüsseltabelle: Vertragsarten
(Tabelle in einer Access-Datenbank)
fldFTECount: für Zählung relevante Vertragsarten

Über diesen Filter können ausschließlich die für eine Anrechnung auf den Plan in Frage kommenden Mitarbeiter-Kapazitäten selektiert werden. Selbstverständlich kommen unternehmensspezifisch auch andere Felder in Frage, um die Grundgesamtheit zu bestimmen. Außerdem ist es ergänzend erforderlich, die Mitarbeiter auszusteuern, die zum Stichtag nicht produktiv bzw. nicht kostenrelevant tätig sind (Elternzeit, langzeiterkrankte Mitarbeiter). Dazu eignen sich u. a. die Daten aus der Zeitwirtschaft. Die Definition der Grundgesamtheit vollzieht sich also auf mehreren Ebenen. Als bildhafter Vergleich bietet sich eine Kombination von hintereinander geschalteten Sandsieben an.

Kapazitäts- oder kostenorientiert?

Welche Personengruppen sollen gezählt werden?

Eine weitere sich ergebende Fragestellung zum Personalbericht lautet: Soll das Reporting kapazitäts- oder kostenorientiert erfolgen? Sollen also die Mitarbeiter gezählt werden, die dem Produktionsprozess „körperlich" zur Verfügung stehen oder diejenigen, die durch die Zahlung von Lohn oder Gehalt einen Personalaufwand erzeugen („Pay-Roll"). Betroffene Personengruppen einer Differenzierung sind hier beispielsweise Mitarbeiterinnen im Mutterschutz, Mitarbeiter in der Altersteilzeit oder auch freigestellte Mitarbeiter. Kapazitätsorientiert dürfen Mitarbeiterinnen im Mutterschutz und freigestellte Mitarbeiter nicht zum aktiven Personal gezählt werden. Mitarbeiter in Alterteilzeit dürfen nur mit der Kapazität gezählt werden, mit der sie dem Unternehmen aktuell auch tatsächlich zur Verfügung stehen. Kostenorientiert sähe dies in den genannten Fällen anders aus. Im ersten Schritt der Einführung eines monatlichen Berichtssystems ist es sinnvoll, eine ausschließlich kapazitätsorientierte Zählung zu vereinbaren. Gerade nachgeordnete Führungskräfte und das mittlere Management sind primär nicht so sehr daran interessiert, wer bezahlt wird, sondern wer real zur Verfügung steht. Mischformen sind zu vermeiden und sollten nur dann akzeptiert werden, wenn aufgrund der Einheitlichkeit der Zählung innerhalb eines Konzerns oder einer Branche verbindliche Richtlinien zur Zählung vereinbart und allgemein anerkannt sind. In jedem Fall ist es empfehlenswert, diese besonderen Personengruppen als „Davon-Spalte" oder ergänzend als Zusatzinformation mit in den Personalbericht aufzunehmen, wodurch Transparenz und Klarheit geschaffen werden. Die genaue Definition der Grundgesamtheit sollte den Informationsempfängern bei Bedarf zur Verfügung gestellt werden können, wenngleich viele Empfänger derartiger Berichte damit überfordert scheinen und schon beim Begriff „Grundgesamtheit" abwinken. Idealerweise wird bei komplexeren Auswertungen ein Zusatz-Blatt als Anlage mitgeliefert, in dem das Vorgehen und die konkrete Datenselektion beschrieben wird.

Eine ausschließlich kapazitätsorientierte Zählung ist auch eine gute Basis für eine spätere Personalplanung zur Fertigungssteuerung. Die saubere, datentechnische Vorbereitung eines monatlichen Personalberichts eröffnet also eine Vielzahl an weiteren Auswertungsmöglichkeiten, die im folgenden Kapitel näher beschrieben werden. Der Aufwand reduziert sich mit jedem weiteren Report, da immer wieder auf bereits definierte Grundgesamtheiten und Programmierungen zurückgegriffen werden kann.

Gegengrundgesamtheit

Für die Überprüfung der eigenen Arbeit sollte sich der Personalcontroller die Möglichkeit der „Gegengrundgesamtheit" schaffen. In diese fallen alle Mitarbeiter, die im Personalbericht oder einer anderen Auswertung nicht berücksichtigt wurden. In der Summe der Datensätze sollen Grundgesamtheit und Gegengrundgesamtheit der Gesamtheit aller Datensätze entsprechen. Dies ist aber nicht immer der Fall. Die Ursache liegt dann meist in fehlerhaften Rohdaten und einer unvollständigen oder widersprüchlichen Datenerfassung.

Für die Ermittlung der Gegengrundgesamtheit ist eine formal hochwertige Aufbereitung in den meisten Fällen nicht erforderlich. Es reicht aus, eine Liste auf Personenebene mit Anzeige der Ursachen der Nicht-Berücksichtigung (Aussteuerung) zu erstellen. So werden Prüfungen erleichtert.

fldPerID	fldNameGesamt02	fldCheck01
1032051	Aasgaard, Per	Vertragsart nicht in Grundgesamtheit: Betriebsrentner
5088432	Adams, Frieda	Vertragsart nicht in Grundgesamtheit: Betriebsrentner
4676715	Behrenberg, Cornelia	Vertragsart nicht in Grundgesamtheit: Betriebsrentner
1821855	Biedebach, Silke	Vertragsart nicht in Grundgesamtheit: Betriebsrentner
8249156	Brögelman, Dirk	Vertragsart nicht in Grundgesamtheit: Betriebsrentner
5035626	Chugg, Louise	Vertragsart nicht in Grundgesamtheit: Betriebsrentner
5919902	Deisemann, Irmgard	Vertragsart nicht in Grundgesamtheit: Betriebsrentner
4408364	Erickson, Hans-Jürgen	Vertragsart nicht in Grundgesamtheit: Vorruhestand
3493165	Esicar, Herbert	Vertragsart nicht in Grundgesamtheit: Betriebsrentner

Gegengrundgesamtheit eines Personalberichts
(Query in einer Access-Datenbank)

Bei größeren Unternehmen kann zusätzlich eine Gruppierung nach den Ursachen der Aussteuerung vorgenommen werden. So wird es möglich, etwaige Problemfelder zu erkennen und im Zweifel die Daten von Personengruppen oder einzelne Personen auf Basis der nicht gruppierten Auswertung detailliert zu analysieren.

fldCheck01	fldCount
Vertragsart nicht in Grundgesamtheit: Betriebsrentner	35
Vertragsart nicht in Grundgesamtheit: Vorruhestand	5

Gruppierte Gegengrundgesamtheit eines Personalberichts (Query in einer Access-Datenbank)

Wie kann nun ein abgeschlossener Monatsbericht aussehen? Ein einfaches Beispiel dafür zeigt die folgende Abbildung:

PDF-Datei

Personalcontrolling: Kapazitäten - Plan-Ist-Vergleich - Organisationseinheiten
Abweichungsanalyse: Überschreitung der genehmigten Planwerte

AZRad

Organisatorische Zuordnung:	Plan-Wert in FTE:	IST-Wert in FTE:	Abweichung absolut in FTE:	Abweichung relativ in Prozent:	Aushilfen in FTE:	Aushilfen rel. zum Plan in Prozent:	abwesend in FTE:
AZ Rad AG							
Summen	**1,80**	**2,00**	**0,20**	**11,11%**	**0,00**	**0,00%**	**0,00**
Werk Flensburg							
Administration	27,00	22,00	-5,00	-18,52%	2,00	7,41%	1,00
Produktion Mountain Bikes	41,00	37,80	-3,20	-7,80%	3,20	7,80%	1,00
Produktion Kinderräder	51,00	41,80	-9,20	-18,04%	3,70	7,25%	3,00
Summen	**119,00**	**101,60**	**-17,40**	**-14,62%**	**8,90**	**7,48%**	**5,00**
Werk Schwerin							
Forschung & Entwicklung	16,00	16,00	0,00	0,00%	0,00	0,00%	0,00
Produktion Rennräder	30,00	25,90	-4,10	-13,67%	4,00	13,33%	2,00
Summen	**48,00**	**41,90**	**-6,10**	**-12,71%**	**4,00**	**8,33%**	**2,00**
Summe AZ-Rad AG	168,80	145,50	-23,30	-13,80%	12,90	7,64%	7,00

Personalbericht – hochkumuliert auf einer Seite dargestellt (Report in einer Access-Datenbank)

Detaillierte Informationen zur formalen Ausgestaltung eines Berichts finden Sie im Kapitel 4. Wichtig sind in jedem Fall nachstehende formale Kriterien, die in einem Bericht neben den eigentlichen Inhalten zu beachten sind:

- Sprechende Überschrift (empfängerorientiert)
- systemischer Berichtsname zur Identifikation
- Datenquelle (System, Herkunft)
- Ersteller (Bereich und Person mit Kontaktdaten)
- Datenstand
- Erstellungsdatum
- Seite

Das folgende Beispiel einer Fußzeile eines Berichts beinhaltet alle wesentlichen Begleitinformationen.

Report-Name: rpt_R_00200_01 - Quelle: Personalcontrolling-Systeme	Datenstand:	01.11.2
AZ-Rad AG - Werk Flensburg - Administration - Personal	erstellt:	22.07.2
Rudi W. Ritzel - phone: 0461 XXXX 4650 - mail: rudi.ritzel@azrad.de		16:25:5

Fußzeile eines Personalberichts (Report in einer Access-Datenbank)

5.3 Interpretation der ausgewerteten Daten

Der Personalbericht als neutrale Gesprächsgrundlage

Bezüglich der Interpretation der Daten des monatliches Personalberichts sollte dieser eigentlich ein so genannter „Selbstgänger" sein, da der Personalbericht als ein zentraler Report eine große Verbreitung finden wird. Von daher dürfen auch nur eindeutige Daten im Sinne einer Stichtagszählung enthalten sein. Der Empfänger sieht, in welchen Bereichen relativ zum Plan Überkapazitäten ausgewiesen werden, in welchen Abteilungen relativ zum Plan Engpässe vorherrschen und welche Organisationseinheiten mit besonders vielen Aushilfen arbeiten. Weitergehende Interpretationen sind jedoch nicht ohne weiteres zulässig. So wäre es denkbar, dass Bereiche mit ausgewiesenen Überkapazitäten in der Realität aufgrund unerwarteter Auftragseingänge am Rande ihrer Möglichkeiten operieren und Mehrarbeit an der Tagesordnung ist. Die Ursachen der Abweichung können sowohl im „Ist" als auch im „Plan" begründet sein. Der Personalbericht ist nicht mehr als eine neutrale Zählung, die aber als Gesprächsgrundlage – beispielsweise für die Personalplanung – wertvolle und wesentliche Informationen enthält. Es liegt am Management, diese Potenziale zu nutzen und nicht willkürliche Interpretationen vorzunehmen (siehe Kapitel 8).

Unkontrollierte Nutzung der Daten?

Dem Personalcontroller muss klar sein, dass unerlaubte Interpretationen immer erfolgen werden. In gravierenden Fällen, die ihm bekannt werden, muss er korrigierend eingreifen. Es ist jedoch keine Besonderheit des Personalberichts, dass Tatsachen den eigenen Intentionen entsprechend „angepasst“ und dementsprechend unbewusst oder auch bewusst fehlinterpretiert werden. In einem Unternehmen denkt eben nicht jeder Entscheider im Sinne des Gesamtunternehmens. Oft gibt es Abteilungs-Scheuklappen und Egoismen, die durch die spezifische Belohnungskultur im Unternehmen häufig noch verstärkt werden. Jede Information, jeder Bericht und jede noch so einfache Auswertung, die den Ersteller verlässt und bei einem Empfänger ankommt, beinhaltet das Risiko der Fehlinterpretation – bewusst oder unbewusst – mit potenziellen Konsequenzen und Risiken für das Unternehmen. Bedeutet das im Umkehrschluss, lieber erst gar nicht zu berichten? Nein, sicher nicht, denn Steuerungsdaten sind für eine moderne Unternehmensführung unentbehrlich.

Der sorgfältige Umgang mit Informationen und Daten ist ein Lernprozess, den die jeweiligen Dateneigentümer beratend und hilfreich begleiten sollten. So dürfen dem Management auf keinen Fall Informationen vorenthalten werden. Das wäre anmaßend und schädlich – führte es doch zu einer unternehmensinternen „Kleinstaaterei der Informationen“ und seitens der Unternehmensleitung zu einem orientierungs- und planlosen Reagieren statt Agieren. Das Unternehmen würde von Zufällen bestimmt in die Zukunft treiben und nicht bewusst gesteuert werden. Probleme würden mit Sicherheit entstehen und lediglich die gröbsten könnten reaktiv bearbeitet werden – alles in allem ein so sicher nicht gewolltes „Management by shit happens“. Auch hier gilt der Grundsatz, lieber einmal einen – interpretationsinduzierten – Fehler zu machen, als gar nichts zu tun. Daten aus einem Personalbericht dürfen nicht isoliert betrachtet werden, sondern sollten in einen unternehmerischen Gesamtkontext integriert werden. Erst wenn die Informationen verschiedener Sparten auf Probleme hinweisen oder Handlungsbedarf anzeigen, werden nach einer Plausibilisierung Entscheidungen gefällt und schließlich Maßnahmen und Aktionen eingeleitet.

5.4 Positive Rückmeldung durch die Unternehmensleitung

Der Personalbericht als Türöffner für weitere Aktivitäten

Das vorgelegte Konzept eines monatlichen Berichts wird durch die Unternehmensleitung der AZ Rad abgesegnet. Dies bedeutet für die Etablierung des Personalcontrollings im Unternehmen viel und stellt einen wichtigen und erfolgreichen Schritt dar: Der Auftrag wurde durch die Geschäftsleitung erteilt und das Ergebnis akzeptiert und für gut befunden. Das bedeutet „volle Rückendeckung“ von oberster Stelle – eine äußerst gute Basis für weitere Aufgaben; insbesondere für die Erlangung der „Lufthoheit“ über die Personalzahlen. Für den Personalcontroller ist es wichtig, zu wissen, dass ein monatlicher Personalbericht der Türöffner für weitere Aktivitäten sein kann. Umgekehrt kann eine negative Reaktion auf den Personalbericht auch die Akzeptanz für zukünftige Projekte des Personalcontrollings im Unternehmen erschweren. Von daher sollte der Bericht inhaltlich leicht verständlich, übersichtlich und formal perfekt aufbereitet die Empfänger erreichen. Zeitnähe und Regelmäßigkeit sind weitere Qualitätskriterien.

Marke „Personalcontrolling“?

Branding

Im Idealfall wird eine eigene „Marke“ kreiert, die sich am Corporate Design des Unternehmens orientiert, aber in puncto Qualität und Aufbereitung im zulässigen Rahmen neue Maßstäbe setzt. Wenn eine Auswertung des Personalcontrollings zukünftig auf den ersten Blick als solche erkannt wird und zweifelsfrei dem Personalcontrolling zugeordnet wird, wurde das Ziel des „brandings“ erreicht. Beispiele für ein einheitliches Design mit hohem Wiedererkennungswert finden Sie im nächsten Kapitel. Der Wiedererkennungseffekt soll dabei weniger dem Ego des Controllers schmeicheln, sondern den Empfängern die Orientierung in neuen Auswertungen erleichtern. Bekanntes nimmt Ängste und erleichtert die inhaltliche Auseinandersetzung mit dem Bericht, da eine formale nicht mehr stattfinden muss. Wer sich zurechtfindet, hat den Kopf frei für die Inhalte!

Es wäre jedoch illusorisch zu glauben, mit einem Personalbericht die Spitze des Personalcontrollings erreicht zu haben. Ein monatlicher Personalbericht ist ein simpler, wenngleich äußerst wichtiger Einstieg in die Produktion von personalwirtschaftlichen Auswertungen. Datentechnisch handelt es sich um eine Zusammenfügung von einfachen, unbearbeiteten Bestandsdaten. Für das Personalcontrolling ist er die „Initialzündung". Für eine echte Unternehmenssteuerung ist eine lediglich stichtagsbezogene Auswertung nicht in jedem Fall ausreichend – ein Personalbericht stellt dafür jedoch eine gute Basis zur Verfügung.

Fazit

Die Geschäftsleitung der AZ Rad weiß nun genau, wie viele Mitarbeiter in welchen Abteilungen beschäftigt sind und wie viele davon dem Produktionsprozess zur Verfügung stehen. Das klingt profan? Viele Unternehmen wären froh, ein funktionale Datenbasis zur Verfügung zu haben, die ohne manuell geführte – im Sinne gesetzlicher Bestimmungen ohnehin angreifbarer – Listen (Nebenbuchhaltung/Nebenakte) auskommt. Ein weiterer Vorteil ist die vereinbarte Regelmäßigkeit in identischer Ausführung. Die von nun an erfolgende monatliche Beschäftigung mit den Kapazitäten sensibilisiert die Geschäftsleitung der AZ Rad für weitere Problemstellungen der Personalwirtschaft.

6 Welche Informationen stellen Sie regelmäßig bereit?

6.1 AZ Rad: Informationsbedarf in jeder Abteilung

Prioritäten setzen!

Der monatliche Personalbericht ist auf eine gute Resonanz gestoßen und es hat sich im Unternehmen herumgesprochen, dass das Personalcontrolling nun zielorientiert aufbereitete Informationen liefern kann. Das positive Feedback hat aber auch einen kleinen Haken: So richtig auf den Geschmack gekommen, läuft nun eine Anforderung nach der anderen in der Personalabteilung auf – und das nicht nur von der Geschäftsleitung. Es ist nun die Aufgabe des Personalcontrollings, die Aufträge zu priorisieren und anschließend zu realisieren. Die Wichtigkeit einer Auswertung für den Empfänger stimmt nicht in allen Fällen mit der Bewertung durch das Personalcontrolling überein. So scheint beispielsweise die Geburtstagsliste oft die begehrteste Liste in einem Unternehmen zu sein! Nachdem der Personalcontroller der AZ Rad nun eine Zeit lang die Aufträge gesammelt und geordnet hat, ergibt sich folgendes Bild:

Priorität 1

- Übersicht der Organisationseinheiten
- Lohn- und Gehaltsliste
- Geburtstagsliste

Priorität 2

- Schwerbehindertenliste
- Jubiläumsliste
- Stellenbesetzungsplan
- Eintritte – auch zukünftige
- Austritte – auch zukünftige

- Aushilfenliste
- Auszubildendenliste

Zudem wurden die Empfänger notiert, ebenso die gewünschten Ausgabeformate (Ausdruck oder verschiedene Dateiformate). Da niemand einen solchen Ansturm erwartet hatte, wurden die Aufträge ohne ein System einfach gesammelt. Um Ordnung in das Anforderungs-Chaos zu bringen, sollte zunächst die Dokumentation der Auswertungen vorbereitet werden.

Systematik der Auswertungsdokumentation

Büroorganisation

Die Erfahrung zeigt, dass zu Auswertungsaufträgen regelmäßig diverser Schriftverkehr aus verschiedenen Quellen existiert. Oftmals werden handschriftlich Notizen während eines Gesprächs gefertigt. Daher bietet sich – ergänzend zu einer eventuellen Kurz-Dokumentation innerhalb einer Datenbankanwendung – die Aufbewahrung der kompletten Auswertungsdokumentation in Papierform an. Dazu genügt ein üblicher DIN-A4-Ordner mit Drittel-Trennpappen (Beschriftung: Auswertungs-ID). So ist sichergestellt, dass alle relevanten Informationen an zentraler Stelle vorliegen und bei Bedarf zur Verfügung stehen. Dies ist insbesondere in Bezug auf die Wahrung der Mitbestimmungsrechte – auch auf Basis einer Betriebsvereinbarung zu Personaldatenverarbeitung – von Bedeutung. Zunächst erscheint eine solche Systematik bürokratisch, überzogen oder gar überflüssig; im Laufe der Zeit erweist sie sich als unbedingt erforderlich. Wenn im Personalcontrolling erst einmal einige hundert Aufträge administriert werden – diese Zahl wird in der Praxis nach zwei bis drei Jahren erreicht – werden durch den Personalcontroller individuell sicher noch einige Datenfelder ergänzt, die die Dokumentation weiter perfektionieren.

ID-Nummer

Jede Auswertung – der Singular steht hier für einen Auftrag, der aus mehreren technischen Auswertungen bestehen kann – erhält eine Identifikationsnummer (ID). Anhand dieser Nummer erfolgt eine Zuordnung jeglichen Inputs und Outputs. Es hat sich in der Praxis bewährt, mit vierstelligen, numerischen IDs zu operieren. Dabei sollte die ID als Textfeld definiert werden, so dass bei ID-Nummern unter 1.000 mit führenden Nullen gearbeitet wird („0356“ oder

„0680"). Die damit theoretisch mögliche Auswertungsanzahl von 10.000 Stück wird in einem „Personalcontrollerleben" wohl kaum erreicht werden, während die Tausendergrenze schon nach ein paar Jahren überschritten werden kann. Werden größere ID (sechs- oder achtstellig) gewählt, leidet die Lesbarkeit und es kann zu Übertrags- und Übermittlungsfehlern kommen – gerade auch in der Kommunikation mit Auswertungsempfängern (Auswertung „00000067" → besser: „0067"). Die rechtzeitige und stringente Festlegung der Regeln, nach denen die IDs gebildet werden, führt zu einer erheblichen Erleichterung und verbesserten Übersichtlichkeit in allen Folgeprozessen der Umsetzung. Wer nach strikten Namenskonventionen Datei- und Objektnamen bildet, wird sich in seinen Strukturen immer zurechtfinden. In Konsequenz sollte für jede Auswertungs-ID ein eigener Dateiordner (Netzwerk, nicht lokal) existieren.

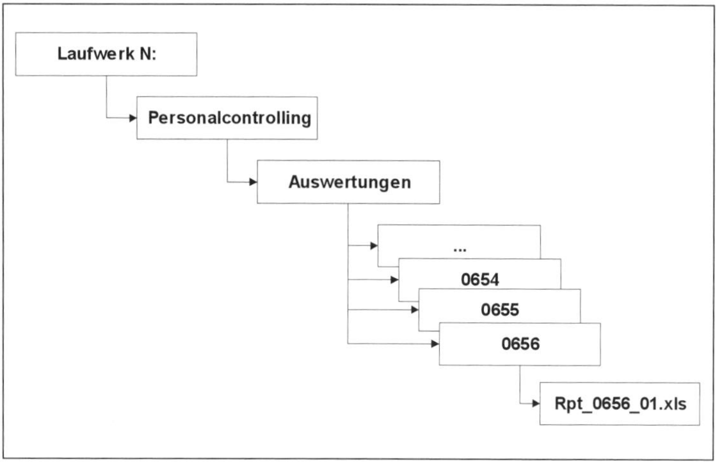

Beispiel für eine Ordnerstruktur und Namenskonventionen

Nachdem die formalen Aspekte determiniert sind, erfolgt eine Festlegung der inhaltlichen Dokumentation. Dazu finden Sie auf der CD-ROM je eine Checkliste „Auswertungsdokumentation" und „Bestimmung der Grundgesamtheit".

Checkliste

Die wichtigsten Inhalte der Dokumentation sind:

- ID
- Kurzbeschreibung/Titel
- gültig ab (erstmalige Ausführung)
- gültig bis (letztmalige Ausführung)
- Ausführungsstichtag
- Ausführungsintervall
- Grundgesamtheit
- Nutzung (Verwendungszweck)
- Controlling-Art
- Dateninhalte
- angefordert durch
- Empfänger
- Ausgabe-Format
- Versandart
- Anlagen
- erstellt durch/Datum
- Bemerkungen
- überprüft durch/Datum
- Datenschutzhinweis

Die Auswertungsdokumentation sollte sowohl für regelmäßige Auswertungen als auch für einmalige Aktionen genutzt werden. Die Erfahrung zeigt, dass einmalige Anforderungen sehr oft in ein Regelreporting übergehen. Außerdem besteht in der Sache kein Unterschied zwischen einer ein- oder mehrmaligen Ausführung.

6.2 Auswertungen aus dem Personaldatenbestand

Im Unternehmen werden zukünftig viele Informationslisten und Auswertungen mit Personaldaten existieren. Diese werden an verschiedene Empfänger herausgegeben; die weitere Verwendung unterliegt somit nicht mehr der direkten Kontrolle des Personalcontrollings. Da aber die Datenempfänger nicht in jedem Fall wissen, wer zu welchen Zwecken diese Daten noch nutzen darf, muss potenziellen Verstößen gegen den Datenschutz vorgebeugt werden, die beispielsweise durch eine unberechtigte Weitergabe oder interne Publikation entstehen können.

Sensibilisierung der Empfänger

Bundesdatenschutzgesetz

Auch wenn viele Mitarbeiter der Nutzung ihrer Daten eher unkritisch gegenüberstehen, sind die engen Grenzen des Bundesdatenschutzgesetzes (siehe Kapitel 17) zu beachten; es gibt nahezu keine interpretierbaren Freiräume. Um einen sorglosen Umgang mit Daten auch bei den Empfängern zu vermeiden, sollte zunächst hinterfragt werden, ob ein Empfänger ein berechtigtes Interesse an der Nutzung von Personaldaten hat. Zur Beantwortung kann der Empfänger – neben der Einschätzung durch die Personalabteilung – beitragen, indem er den detaillierten und eingeschränkten Verwendungszweck aufgibt, der dann auch durch das Personalcontrolling dokumentiert wird. Nachdem das berechtigte Interesse eindeutig geklärt wurde, sollte für jede Auswertung eine interne Klassifizierung analog der Controllingarten (siehe Kapitel 4.1) vorgenommen werden. Bei besonders sensiblen Daten (z. B. Sozialplan, Reorganisationsszenarien, Nachfolgeplanung) ist dem Empfänger die eingeschränkte Nutzung in besonderem Maße – also persönlich oder zumindest telefonisch – deutlich zu machen.

Wie kann potenziellen Verstößen gegen den Datenschutz vorgebeugt werden?

Standardisierter Datenschutzhinweis

Grundsätzlich sollte bei jeder Datenlieferung, die personenbezogene Daten enthält, ein Hinweis an den Empfänger erfolgen, welches die rechtlichen Rahmenbedingungen zur Nutzung der erhaltenen Daten sind (siehe Kapitel 17). Dazu bieten sich standardisierte Begleittexte an, die auf Basis der im Rahmen der Auswertungsdokumentation (siehe CD-ROM) erhobenen Daten um den Verwendungszweck ergänzt werden. Idealerweise wird dem Auftraggeber bzw. Empfänger eine Kopie der Auswertungsdokumentation überlassen. Ein solches Verfahren ist kein Freibrief für das Personalcontrolling – ergänzend ist zumindest beim ersten Bezug einer Auswertung im persönlichen Gespräch mit den Informationsempfängern auf die rechtlichen Richtlinien und auf Gesetze eindringlich hinzuweisen.

Identifikation des Mitarbeiters

Als Richtlinie kann gelten, dass alle Auswertungen, in denen weder direkt noch indirekt einzelne Mitarbeiter identifiziert werden können, unkritisch sind. Eine indirekte Identifikation kann beispielsweise dann gegeben sein, wenn einer Kostenstelle zeitweise nur ein Mitarbeiter zugeordnet ist und Personalkosten oder andere Daten auf Kostenstellenebene ausgewertet werden. Sobald ein Bericht auf Personenebene realisiert wird (Personal-ID, Namensdaten etc.), ist immer eine besondere Umsicht geboten, da selbst vermeintlich unproblematische Daten schützenwert sein können.

Einwilligung jedes Einzelnen

Beispiel:
Datenschutzprobleme durch eine Geburtstagliste?

Geburtstags- und auch Jubiläumslisten werden normalerweise als Informationen für Führungskräfte bereitgestellt, die ein berechtigtes Interesse daran haben, über diese Daten informiert zu sein. In diesen Listen sind meist auch das Lebensalter oder die Anzahl der Jahre der Betriebszugehörigkeit direkt enthalten. Eine solche Liste – gutmeinend durch das Sekretariat der Führungskraft am schwarzen Brett ausgehängt – publiziert in unerlaubter Weise schützenswerte, personenbezogene Daten – in diesem Fall das Geburtsdatum. Die Veröffentlichung einer Geburtstagsliste ohne die Einwilligung aller Betroffenen, die in der Praxis kaum erfolgen wird, stellt einen Verstoß gegen die gesetzlichen Datenschutzbestimmungen dar.

Neben den Dateninhalten gilt es auch, den Zweck einer Auswertung kritisch zu hinterfragen und auf Zulässigkeit zu prüfen.

Beispiel: programmtechnische Ermittlung von Fahrgemeinschaften

Ein Mitarbeiter hat die Idee entwickelt, mögliche Fahrgemeinschaften von Kollegen von zu Hause zum Arbeitsplatz anhand der Postleitzahl datentechnisch zu ermitteln. Er erklärt sich bereit, eine Anwenderlösung unentgeltlich zu realisieren. Dazu benötigte er nur eine Excel-Datei aller Mitarbeiter mit deren privater Anschrift.

Was auf den ersten Blick vernünftig klingt und wahrscheinlich für viele Mitarbeiter Vorteile brächte, darf in der Form nicht realisiert werden. Die Privatadresse gehört zu den schützenswerten, personenbezogenen Daten und darf daher nicht ohne ein berechtigtes Interesse und schon gar nicht ohne Einwilligung jedes Einzelnen weitergegeben werden. Hinzu kommt, dass ein Mitarbeiter außerhalb des Personalwesens Einsicht in diese Personaldaten hätte. Da aber kein betrieblicher Zweck (berechtigtes Interesse) vorliegt, darf die Durchführung dieser Datenverarbeitung selbst durch das Personalcontrolling nicht erfolgen.

Alternativ bietet sich hier die Möglichkeit an, im Rahmen eines intranetbasierten Self-Service-Systems den Mitarbeitern die Plattform für einen freiwilligen Eintrag zur Verfügung zu stellen. Wichtig ist dabei, dass die Initiative vom Mitarbeiter ausgeht und seine Teilnahme freiwillig – unter etwaigem Verlust der Anonymität – erfolgt. Im Umkehrschluss dürfen nicht teilnehmende Mitarbeiter nicht diskriminiert oder gar publiziert werden. Auch eine Positiv-Publikation der Teilnehmer wäre eine indirekte Identifikation der nicht teilnehmenden Mitarbeiter. Niemand darf an einen „Daten-Pranger" gestellt werden.

Grundsätzlich gilt, dass Empfänger, die auf andere zulässige Art und Weise Einsicht in die angeforderten Daten nehmen könnten, ein berechtigtes Interesse an diesen Daten haben. Führungskräfte können Einblick in die Personalakten ihrer Mitarbeiter nehmen. Sie sind daher auch zum Empfang einer Geburtstagsliste berechtigt. Es gehört zur Führungsaufgabe, über solche Daten informiert zu sein. Eine Weitergabe oder gar Publikation darf hingegen nicht erfolgen.

Sensibilisierung der Informationsempfänger

Die Sensibilisierung der Informationsempfänger bedeutet auch, ihnen klar zu machen, dass die Inhalte von Personaldatenauswertungen entscheidend sind und nicht die Form ihrer Aufbereitung. Während eine einseitige Geburtstagsliste schnell kopiert und ausgehängt ist, umgibt eine Personalakte ein besonderer Nimbus und kaum eine Führungskraft käme auf die Idee, Personalakten in seiner Abteilung allgemein verfügbar zu machen. Das Geburtsdatum ist in beiden Datenträgern – Akte und Liste – vorhanden und gleichermaßen schützenswert. Kommen betrieblicher Zweck und berechtigtes Interesse zusammen, so können Daten intern weitergegeben werden. Dazu zählt beispielsweise eine interne Urlaubsübersicht einer Abteilung, die auch eine Vertretungsregelung beinhaltet.

Beispiel: die Urlaubsliste am schwarzen Brett

Auch eine vermeintlich harmlose Urlaubsliste sollte nicht öffentlich ausgehängt werden, so dass betriebsfremde, externe Besucher Einblick nehmen können. Wer könnte diese Daten wozu missbrauchen? Es gehört sicher etwas kriminelle Energie dazu, Fälle dieser Art zu konstruieren:

Ein Personalberater („Head-Hunter") könnte die Abwesenheiten von Mitarbeitern mit einem „hohen Marktwert" nutzen, um ungestört zu akquirieren und während der Urlaubstage Gesprächstermine zu vereinbaren. Niemand im Betrieb würde davon etwas mitbekommen. Noch weniger wohlmeinende Zeitgenossen könnten diese Daten nutzen, um die Wohnungen der eventuell verreisten Mitarbeiter ungestört leer zu räumen. Wer würde dafür haften? Sicherlich auch für das Unternehmen keine angenehme Situation, zumal eine gewisse Fahrlässigkeit und daher Mitschuld nicht von der Hand zu weisen wäre.

Es bleibt festzuhalten, dass im Umgang mit und insbesondere bei der Weitergabe von Personaldaten auf Personenebene eine äußerst hohe Verantwortung auf der Personalabteilung lastet. Es handelt sich um intime Informationen über Mitarbeiter des Unternehmens, zu denen nicht nur auf Basis eines Dienstvertrags ein besonderes Vertrauensverhältnis besteht. Auch wenn heutzutage viele Menschen im Internet freiwillig, aber wahrscheinlich unbewusst, viele Daten von sich preisgeben, so bedeutet dies im Umkehrschluss nicht, dass dies auch seitens des Arbeitgebers legitim ist.

Standardlisten

Der monatliche Personalbericht wird zunächst der Maßstab für alle folgenden Reports. Dies nicht nur formal, sondern vor allem auch bezüglich der Grundgesamtheit, falls nicht ausdrücklich eine abweichende benötigt oder gewünscht wird. Bevor Empfänger gelieferte Informationen akzeptieren und diese nutzen, prüfen sie – soweit es ihnen möglich ist – die Konsistenz und die Qualität der Daten. Das bedeutet, dass kleinste Abweichungen, die beispielsweise durch Rundungen an den „falschen Stellen" entstehen können, das Reporting „angreifbar" machen und plötzlich niemand mehr über die Inhalte, sondern nur noch über die Fehler spricht. Für den Personalcontroller steht also zunächst eine etwas undankbare Aufgabe an:

Sorgfältige Datenprüfung

Er muss sich „hin und her und kreuz und quer" durch Daten und die von ihm generierten Auswertungen bewegen und alles prüfen, was mathematisch-inhaltlich sinnvoll ist – insbesondere die Konsistenz verschiedener Auswertungen mit identischer Grundgesamtheit. Diese Tätigkeit ist wichtig und sollte in regelmäßigen Abständen wiederholt werden. Dazu enthält die Checkliste Auswertungsdokumentation den Eintrag „überprüft (Name, Datum)". Gerade in der Anfangszeit des individuellen Reportings sollte den Empfängern deutlich gemacht werden, dass eine Überprüfung bei vermeintlichen Abweichungen nur dann möglich ist, wenn die Auswertungen klar bestimmt werden. Dazu sind nur wenige Informationen nötig:

- Auswertungs-ID (auch Datei- oder Reportname)
- Auswertungsstichtag

Beispiel: Sprechen wir über dieselben Dinge?

Oft beginnt ein Telefonat mit einem Informationsempfänger mit folgender Aussage: „Ich habe da neulich von Ihnen zwei Listen erhalten – die stimmen aber nicht." Mit dieser Information kann niemand etwas anfangen. Es liegt nun am Personalcontrolling, konkrete Auskünfte abzufragen: „Welche Auswertungen meinen Sie? Sie haben kürzlich die Auswertung 0678, den Führungskräfteverteiler, erhalten zum Stichtag 01.11.2004. Außerdem habe ich Sie im Verteiler für den Personalbericht – Auswertung 0154 – der letzte Versand erfolgte auch zum Stichtag 01.11.2004. Sie finden die Auswertungs-ID und den ausgewerteten Stichtag jeweils in der Fußzeile."

Konsequent angewandt, werden irgendwann Anrufe erfolgen, wie der nachstehende: „Können Sie mir bitte die 0678 noch einmal auf den 01.11.2004 laufen lassen? – Ich habe die Mail versehentlich gelöscht..."

Nachdem der Empfänger seine Angaben konkretisiert hat, sollte der Personalcontroller in der Lage sein, die jeweiligen Fragen zu beantworten oder bestehende Auswertungen wunschgemäß und stichtagsgenau auszuführen. Dies bedeutet, dass alle Informationen – sei es als Datei oder als Ausdruck – entweder reproduzierbar sind oder archiviert werden. Die Reproduzierbarkeit setzt eine besondere Form der historiensicheren Datenhaltung voraus und übersteigt zu Beginn meist die Möglichkeiten. Von daher sollte eine Archivierung erfolgen. Auch hier erlauben die strikten Namenskonventionen und der korrekte Aufbau der Pfad-Architektur eine unkomplizierte Verfahrensweise. Es müssen lediglich die Auswertungs-Pfade mit weiteren Unterpfaden versehen werden.

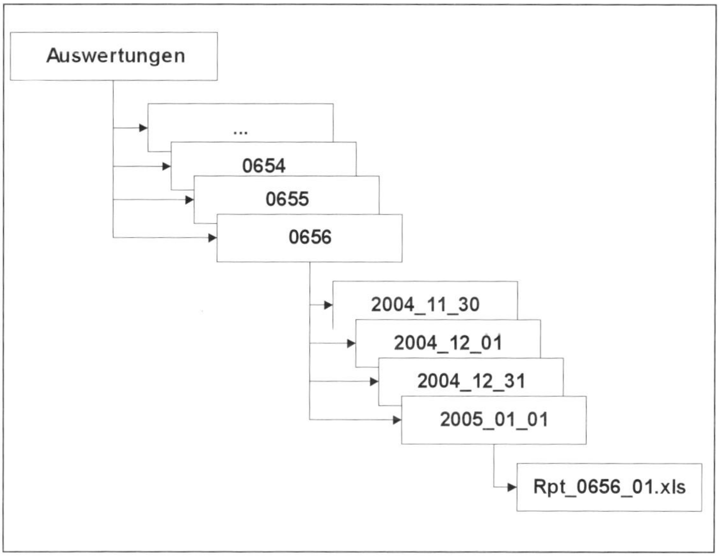

Archivierung auf CD-ROM

Alternativ bietet sich die Anlage von Archiv-Ordnern an anderer Stelle an, so dass im Bestand der Hauptstruktur immer die gerade aktuellen Daten vorhanden sind. Speicherplatz ist kein Kostentreiber mehr und es besteht auch die Möglichkeit, z. B. jährlich Archive auf CD-ROM zu brennen und diese sicher einzulagern. So wird es auch nach einigen Jahren noch möglich sein, rückwirkend Daten „punktgenau“ auszuwerten bzw. nachzuvollziehen. Neben der Archivierung des „Outputs“ empfiehlt sich auch die Archivierung der Basisdaten, die den Auswertungen zu Grunde liegen. Die eigentliche

Erstellung von monatlichen Standardlisten ist keine Zauberei, wenn die Basisdaten vorliegen. Es erfolgt lediglich eine Aufbereitung der Rohdaten durch filtern, gruppieren und kumulieren. Dies erfordert – je nach eingesetztem Sekundärsystem – mehr oder weniger Aufwand und kann aufgrund der unterschiedlichen Verfahren in diesem Buch nicht abschließend dargestellt werden. Daher liegen einige Beispiele im PDF-Format der CD-ROM zum Buch bei.

Beispiele

Eine Besonderheit der Sekundärsysteme stellt die Option der Hervorhebung von Daten oder die Ergänzung von Zusatzinformationen bei einzelnen Personen dar. Hierzu seien exemplarisch die Lohn- und Gehaltsliste und der Personalbericht (siehe CD-ROM) genannt.

Beispiel: dv-technische Umsetzung von Problemstellungen

Mit der Geschäftsleitung wurde vereinbart, in Abhängigkeit definierter Abweichungsprozentsätze im Personalbericht eine Ampel darzustellen bzw. besondere Abweichungen farblich hervorzuheben.

Lösungsansatz Excel:

Eine einfache „Ampel" ist technisch nichts anderes als ein farblich veränderbarer Hintergrund einer Zelle.

- Zelle markieren
- Menüauswahl „Format" \ „Bedingte Formatierung"
- Bedingungen einfügen (z. B. „Zellwert ist zwischen 0 und =E41")
- Format für erfüllte Bedingung auswählen

Lösungsansatz Access:

„Beim Formatieren" eines Reports können beliebige Bedingungen überprüft und entsprechend verarbeitet werden. Nachstehend ein einfacher VBA-Code, der den Wert des Felds „fldDeltaRel01" überprüft und entsprechend die Hintergrundfarbe dieses Feldes zur Laufzeit verändert.

```
Select Case Me![fldDeltaRel01]
Case 0.1 To 0.1999999
   Me![fldDeltaRel01].BackColor = vbYellow
Case Is >= 0.2
   Me![fldDeltaRel01].BackColor = vbRed
Case Else
   Me![fldDeltaRel01].BackColor = 14803425
End Select
```

Auch wenn auf den ersten Blick die Nutzung des VBA-Codes komplizierter erscheint, so sind die Möglichkeiten deutlich größer und vor allem flexibler handhabbar. Die Option der VBA-Programmierung bieten alle MS Office-Produkte.

Dazu ein weiteres Beispiel: Das Personalcontrolling erhält den Auftrag, neue Planstellen einzurichten. Im Projektteam werden folgende Vorgaben bestimmt:

Organisationseinheit	Tätigkeit	Soll-Kapazität
Fertigung	Schweißer	4,50 FTE
Fertigung	Assistenz	1,00 FTE
Entwicklung	Ingenieur	3,50 FTE
Entwicklung	CAD	5,50 FTE

Wie viele einzelne Planstellen sind jeweils mindestens anzulegen, wenn einzelne Planstellen ausschließlich 0,00 oder 0,50 oder 1,00 FTE Soll-Kapazität haben sollen? Die Beantwortung ergibt sich – dem gesunden Menschenverstand folgend – schnell. Es sind 5, 1, 4 und 6 Planstellen. Bei einer so geringen Anzahl kein Problem – die Liste könnte bei einem größeren Unternehmen im Rahmen einer Restrukturierung jedoch auch mehrere hundert Organisationseinheiten und Tätigkeiten sowie mehrere tausend FTE umfassen. Wie wäre der mathematische, datentechnische Ansatz, die jeweilige Anzahl korrekt zu bestimmen, um die Erstellung der Planstellen anschließend programmtechnisch vorzubereiten? Lösungstipp: Die Funktion „Integer" bzw. in Excel „Ganzzahl" hilft. Finden Sie eine Lösung?

Musterlösung

Es gibt nicht die eine Lösung – jeder mathematisch richtige Weg ist in Ordnung. Eine komplexe und in der Vorgehensweise detailliert beschriebene Musterlösung inklusive VBA-Quellcode finden Sie auf der CD-ROM.

Nach diesen technisch dominierten Beispielen sollte eines klar sein: Die mathematisch-logische Kreativität bestimmt die besondere Qualität der Lösungen, die mit Sekundärsystemen erstellt werden können. Es sind oft nur Kleinigkeiten, die eine Liste mit einem „Added-value" für den Empfänger versehen. So können z. B. „runde" Geburtstage fett formatiert werden oder – etwas komplexer in der Realisierung – doppelt oder mehrfach besetzte Planstellen mit bekannten, zukünftigen Veränderungen automatisiert kommentiert werden (z. B. „Vorruhestand ab 01.01.2005" oder „Aushilfe – Austritt 30.11.2004" oder „Mutterschutz ab 16.01.2005"). Das Personalcontrolling kann also bloße Bestandslisten durch steuerungsrelevante Informationen anreichern. Diese Option kann nach und nach – mit wachsender Erfahrung und Sicherheit – wahrgenommen und eingeführt werden. So werden standardisierte Listen und Auswertungen einer internen Evolution unterworfen. Entweder werden sie inhaltlich immer besser und behaupten sich im Unternehmen oder die enthaltenen Informationen reichen den Empfängern nicht aus und die Erstellung der Liste kann eingestellt werden. Bis auf wenige Ausnahmen unterliegen die meisten Auswertungen im Zeitablauf Veränderungen. Oft ist es lediglich die Kombination von bisher zwei Reports zu zukünftig einem, weil die Informationen gerade in der Kombination relevant sind. Flexibilität und schnelle Umsetzung werden so zum Markenzeichen des Personalcontrollings.

Exkurs: Von der Pflicht zur Kür – Reporting für die Mitarbeitervertretungen

Der gläserne Mitarbeiter?

Die Parole des „gläsernen Mitarbeiters" – vor Jahrzehnten von Gewerkschaftsvertretern propagiert – gehört immer noch zu den häufigsten Argumenten von Betriebsräten gegen die Etablierung eines personalwirtschaftlichen Sekundärsystems für Controllingzwecke. Inhaltlich ist das Argument zunächst kaum stichhaltig, da in einem Sekundärsystem quantitativ nicht mehr Mitarbeiterdaten vorgehalten werden sollen als im Primärsystem; lediglich der Auswertungskomfort steigt. Interessant ist, dass dieses Argument historisch und auch gegenwärtig durchaus seine gewisse Berechtigung bzw. seine Hintergründe hat: So nutzt man in der Argumentation implizit die mangelnde Fähigkeit vieler Primärsysteme, Daten „vernünftig" aufzubereiten und auszugeben. Aber genau das wäre mit einem Sekundärsystem wohl zu erwarten. Bedeutet dies im Umkehrschluss, dass seitens der Mitarbeitervertretungen viele Primärsysteme nur deshalb akzeptiert werden, weil sie eben keine komfortablen Auswertemöglichkeiten bereitstellen? Die Beantwortung dieser Frage ist für die Praxis glücklicherweise nicht relevant – aber:

Benötigen Personal- und Betriebsräte nicht auch Informationen? Ist ihnen nicht auch an einer qualitativ und formal hochwertigen Aufbereitung gelegen? Es gibt viele Informationen, auf die die Mitarbeitervertretungen einen Anspruch haben. Warum soll das Personalcontrolling nicht dieselbe Mühe darauf verwenden, wie auf den Personalbericht? Beispiele für vielfältige Reports (im Sinne von zielgerichtet aufbereiteten Daten) an die Mitarbeitervertretung sind:

Auswertungen für die Mitarbeitervertretung

- Wählerlisten:
  - Betriebsrat
  - Sprecherausschuss der Leitenden Angestellten
  - JAV
  - Schwerbehinderten-Vertrauensleute
- Eintritte
- Austritte
- erfolgte Versetzungen
- Mitarbeiter(innen) in Elternzeit

Betriebsräte als Kunden des Personalcontrollings

Arbeiten Betriebsrat und Arbeitgeber wirklich vertrauensvoll zusammen, werden sie zu den jeweils relevanten Themen gemeinsam Lösungen suchen. Wenn dies der Fall ist, sollte den Betriebsräten mehr als nur die ihnen gesetzlich zustehenden Informationen gegeben werden. Nur ein umfassend informierter Betriebsrat kann konstruktiv mitarbeiten und auch gefordert werden. Erlebt ein Betriebsrat die Notwendigkeit und die Vorteile gut aufbereiteter Personaldateninformationen, wird er sich künftigen Weiterentwicklungen – rechtzeitige und umfassende (am besten auch informelle) Information vorausgesetzt – kaum in den Weg stellen. Betriebsräte werden selbst zu Kunden des Personalcontrollings, in vielen Unternehmen ein zunächst ungewohnter, aber meist sehr erfolgreicher Weg.

6.3 Interpretation der ausgewerteten Daten

Unspektakulär und einfach nutzbar

Das so genannte Standard-Listwerk enthält in erster Linie einfache Bestandsdaten, so dass eine Fehlinterpretation nur in seltenen Fällen auftritt. Es wird für viele Bereiche im Unternehmen erstellt und erlangt relativ schnell eine große Verbreitung. Formal gut aufbereitet findet es schnell die erforderliche Akzeptanz und kann durch die Empfänger direkt für ihre jeweiligen Ziele genutzt werden. Eine Besonderheit ergibt sich manchmal, wenn sich durch interne Versetzungen oder Nachfolgeregelungen der Empfängerkreis personell ändert, wie der nachstehende Abschnitt zeigt.

„Informations-Überflutung" – zuviel des Guten?

Einige wenige Informationsempfänger, die traditionell, aufgrund betrieblicher Position oder als Nachfolger eines bisherigen Empfängers verschiedene Berichte erhalten, legen in seltenen Fällen völlig sinnfrei das erhaltene Listwerk nebeneinander und haken es gegeneinander aus oder bilden Summen, nur weil Zahlenwerte in einer Spalte untereinander angedruckt werden. Wenn sie ihrer Meinung nach Unstimmigkeiten entdeckt haben, melden sie sich triumphierend beim Personalcontrolling und monieren die vermeintlich falschen Auswertungen. Wie ist ein solches Verhalten zu erklären? Diese Informationsempfänger konnten die erhaltenen Informationen nicht in einen sinnvollen Kontext bringen und sind sich über den Zweck jeder einzelnen Auswertung nicht im Geringsten bewusst. Da aber mit den Listen „irgendetwas gemacht" werden muss, haken sie diese zumindest gegeneinander aus. Dieses völlig abstruse Verhalten tritt – zur großen Frustration eines jeden Controllers, welche auch diese deutlich kritischen Formulierungen erklärt – leider immer wieder einmal auf. Nicht nur, dass die unterstützende Funktion der personalwirtschaftlichen Auswertungen hinsichtlich bestimmter Aufgaben, die sich aus der Funktion des Informationsempfängers ergeben, nicht erkannt wurde; man wendet sich von diesen originären Aufgaben ab, „beschäftigt" sich irgendwie mit den

Listen und verhält sich gegenüber dem Personalcontrolling als Zeitdieb, indem unsinnige Fehlermeldungen zur Klärung aufgegeben werden. Hier ist im Gespräch zu ermitteln, ob die Auswertungen in der vorliegenden Form noch weiter zur Verfügung gestellt werden sollen. Insbesondere bei innerbetrieblichen Wechseln (Versetzungen) dürfen die Informationen nicht automatisch an den neuen Empfänger weiterlaufen. Jede einzelne Auswertung sollte besprochen und im Zweifel erst einmal ausgesetzt werden. Eine weitaus drastischere Variante ist das kommentarlose Einstellen des Versands der Lieferungen. Die Auswertungen werden zwar noch weiterhin erstellt, aber dem Empfänger nicht zugestellt. Meldet sich der Informationsempfänger nach zwei bis drei Monaten nicht, so kann er von der Empfängerliste gestrichen werden. Manchmal scheint das Ausbleiben der Informationen für den bisherigen Empfänger eine Erlösung zu sein.

Fazit

Zusammenfassend ist festzustellen, dass das Personalcontrolling die Erstellung von Informationen gut vorzubereiten hat. Eine Auswertungsdokumentation ist aus verschiedenen Gründen unerlässlich. Auch wenn sie zu den eher administrativen Aufgaben zählt, darf sie gerade in Zeiten knapper personeller Ressourcen nicht vernachlässigt werden, und sie gehört zu einer guten Arbeitsorganisation des Personalcontrollings. Eine fehlende Dokumentation wird – das zeigt die Erfahrung – später kaum nacherstellt werden. Einerseits gehen viele Informationen verloren, andererseits fehlt merkwürdigerweise irgendwie immer die Zeit.

Die technische Umsetzung der Standardlisten ist nicht weiter schwierig, wenn die vorhandenen Datenbestände operabel sind und die geeigneten Systeme entwickelt oder angeschafft wurden. Gerade aber in der Anfangszeit sollte der Grundsatz „Klasse statt Masse" gelten.

Die sorgfältige inhaltliche und mathematische Prüfung ist in dieser Phase unerlässlich und es bietet sich an, kundige Kollegen oder auch studentische Praktikanten einmal „drüberschauen" zu lassen – selbstverständlich unter Berücksichtigung des Datenschutzes. Eine gewisse „Betriebsblindheit" stellt sich sehr schnell ein und da ist ein Fremdbild bezüglich der eigenen Arbeitsergebnisse oft hilfreich.

7 Wie können Sie externe Meldungen rationell durchführen?

7.1 AZ Rad: Von den Ämtern zur Auskunft verpflichtet

In regelmäßigen Abständen werden Betriebe ausgelost, die als Mitglieder einer Stichprobe aufgrund gesetzlicher Verpflichtung Daten für verschiedene statistische Erhebungen zu liefern haben. Das ist grundsätzlich sinnvoll, wenn es auch zunächst durch das einzelne Unternehmen als lästig und überflüssig empfunden wird. Auch Bund und Länder sind – wie ein Großunternehmen – auf detaillierte Steuerungsdaten und Informationen angewiesen. Dem einzelnen Unternehmen steht für den Ermittlungsaufwand zunächst kein direkter Nutzen gegenüber.

Erhebung der Durchschnittsverdienste

Die bekannteste Befragung dürfte wohl die Erhebung der Durchschnittsverdienste sein, die viermal jährlich für jeweils drei Monate und einmal für das gesamte Jahr stattfindet. Aufgrund der Auswahl der Unternehmen durch das Losverfahren waren viele Unternehmen bisher noch nicht betroffen. Es ist aber wahrscheinlich, dass irgendwann eine entsprechende Ankündigung zur Teilnahme an einer entsprechenden Erhebung jedes Unternehmen erreicht. Woran kann man erkennen, ob eine gesetzliche Meldepflicht besteht?

Die Spreu vom Weizen trennen

Gesetzliche Meldepflicht?

Bei der Vielfalt an Erhebungs- und Fragebögen sowie thematisch spezifizierten An- und Umfragen, die ein Unternehmen erreichen, ist zunächst die Seriosität des Absenders zu prüfen. Handelt es sich wirklich um eine „offizielle Stelle"? Besteht tatsächlich eine gesetzliche Verpflichtung, die angefragten Daten zu melden? Oder versucht hier nur ein Beratungsunternehmen, kostengünstig eine Studie durchzuführen? Es genügt meist schon, das Anschreiben etwas genauer unter die Lupe zu nehmen. Oft „bittet" ein nach eigenen Angaben „seriöses, internationales Institut" mit „anerkannten Experten" nicht für sich selbst, sondern „im Interesse Ihres Unternehmens" um Daten. Manchmal ist nicht einmal klar erkennbar, wer sich wirklich dahinter verbirgt und angegebene Internet-Präsenzen sind hin und wieder gar nicht vorhanden oder es handelt sich um inhaltslose und veraltete Internetseiten. Auch eine sehr kurze Fristsetzung zur Abgabe der Zahlen wird gern eingesetzt, um die befragten Unternehmen zu überrumpeln. Manchmal finden sich auch subtile Druckmittel wie „1. Erinnerung", obwohl es vorher nie ein anderes Schreiben gegeben hat. Dieses Vorgehen verspricht besonders bei größeren Unternehmen Erfolg, insbesondere wenn die Zuständigkeit für die Beantwortung derartiger Anfragen nicht eindeutig festgelegt ist. Winken gar Gewinne für eine Teilnahme? Vorsicht! Im Zweifel gilt: Lieber einmal zu wenig melden, als einmal zu viel.

Gesetzliche Grundlage der Erhebung

Behördliche Informationsempfänger nennen immer die gesetzliche Grundlage einer Erhebung, welche meist auf einem beigefügten Extrablatt im Wortlaut abgedruckt und teilweise noch näher erläutert wird. Bei besonders auswerteintensiven Befragungen wie z. B. der Gehalts- und Lohnstrukturerhebung (GLS) erfolgt – sehr fair – eine langfristige Vorankündigung durch die erhebenden Ämter. Alles andere, was das Unternehmen erreicht, kann und darf im Papierkorb landen. Es sollte intensiv geprüft werden, ob einer – freiwilligen – Teilnahmeaufforderung nachgekommen werden soll und welche Vorteile sich das Unternehmen davon verspricht. In jedem Fall muss das Bundesdatenschutzgesetz beachtet werden, welches dezidierte Rahmenbedingungen für die Weitergabe von internen Daten an externe Empfänger bereithält.

Selbstverursachte Meldepflicht

Ergänzend zu Ämtern gibt es noch andere Daten-Interessenten: Viele Verbände, Branchenorganisationen und Arbeitsgemeinschaften, in denen ein Unternehmen oder Teilbetrieb freiwillig Mitglied ist, berechnen die Mitgliedsbeiträge anhand der „Bruttolohn- und Gehaltssumme". Hier wird davon ausgegangen, dass diese Beträge ohnehin aufgrund gesetzlicher Meldeverpflichtungen im Unternehmen ermittelt werden und so eine einfache Zweitverwertung stattfinden kann. Da Verbände oft regional agieren, ist es – schon aus finanziellem Interesse – wichtig, die Grundgesamtheit sauber zu definieren und eine korrekte anteilige Anrechnung vorzunehmen. Gerade bei Unternehmen mit Filialstruktur (Handelsketten, Banken) sind bei einer restriktiven und analytisch korrekten Durchführung dieser Meldungen schnell einige Tausend Euro p. a. – und das dauerhaft – einzusparen.

Wie erfolgt eine Meldung rationell?

Mehrfachbearbeitungen vermeiden

Etwas spöttisch formuliert, erkennt man behördliche Stellen auch an der Vielfalt und dem bürokratischen Aufbau ihrer Bögen. So schafften es die verschiedenen Landesämter für Statistik bis heute nicht, einen einheitlichen Erhebungsbogen für die Quartalsmeldungen (Verdienste) zu entwerfen und sich auf die gemeinsame Nutzung zu einigen. Die Inhalte sind bei allen identisch, der optische und formale Aufbau ist teilweise jedoch so unterschiedlich, dass ein überregionales Unternehmen, welches Meldungen für mehrere Bundesländer auszufüllen hat und diese auch noch an verschiedene Adressen übersandt bekommt, sie nicht auf den ersten Blick als identische Befragung zuordnen und zusammenführen kann. So werden Mehrfachbearbeitungen in unterschiedlicher Qualität erzeugt. Das Personalcontrolling muss hier eine koordinierende Funktion übernehmen. Es gilt der Grundsatz, dass keine Personaldatenauswertung ohne Kenntnis des Personalcontrollings das Unternehmen verlässt. Dieses Postulat muss aber auch im Unternehmen bekannt sein und akzeptiert werden. Als Multiplikatoren eignen sich in erster Linie die Führungskräfte, da sie es in der Praxis sind, die „vor Ort" die zweite Unterschrift bei jeglichem externen Schriftverkehr leisten.

Die herrschenden Vorurteile über „Amtstuben" werden in letzter Zeit jedoch erfreulich oft durch die Praxis widerlegt. So war es vor etwas zehn Jahren noch ein fast unverschämtes Ansinnen, bei einer Behörde nachzufragen, ob die geforderten Daten auch als Datei auf Diskette – einem seinerzeit durchaus üblichen Datenträger – angeliefert werden könnten. Meldungen waren grundsätzlich beleggebunden und wurden in Papierform abgegeben.

Übersendung der Daten per E-Mail

In nur wenigen Jahren erfolgte in den Behörden ein in technisch-organisatorischer Hinsicht erheblicher Umbau, wie der nachstehende Brief-Ausschnitt belegt:

Gehalts- und Lohnstrukturerhebung (GLS) 2001

Anlagen **Erhebungsvordruck für die Hauptbefragung** (Original- und Aktenexemplar), Erläuterung

Sehr geehrte Damen und Herren,

bezugnehmend auf die Ihnen zur Vorbefragung übermittelten Informationen zur GLS 2001 übersende ich Ihnen die Erhebungsvordrucke für Ihren Betrieb zur Hauptbefragung. Weitere Informationen über Auskunftspflicht, Rechtsgrundlagen und Geheimhaltung finden Sie auf der Rückseite des o.g. Erhebungsvordrucks.

Neben dem "traditionellen" Weg der Datenübermittlung in Papierform werden folgende Möglichkeiten angeboten:

Übersendung der Erhebungsdaten per E-Mail in Form einer Excel-Datei oder in Form einer Access-Datenbank.

Falls Sie eine der o.g. Möglichkeiten nutzen wollen, werden Ihnen die entsprechende Excel-Datei bzw. Access-Datenbank zur Verfügung gestellt .Melden Sie sich bitte dann bei meinen Mitarbeitern:

Niedersächsisches Landesamt für Statistik, Februar 2002

Medienbrüche vermeiden

Besonders erfreulich ist die Tatsache, dass das hier exemplarisch genannte Niedersächsische Landesamt auf verbreitete und funktionale Dateitypen wie Excel und Access setzt. Leider sind aber nicht alle Unternehmen in der Lage, mit einem vorhandenen oder aber auch mangels eines vorhandenen Sekundärsystem(s) flexibel auf diese Anforderung reagieren zu können. Gerade am Beispiel der statistischen Meldungen wird deutlich, dass bei einer großen Vielfalt der Primärsysteme eine gemeinsame mediale Plattform gefunden werden muss. In der Vergangenheit war dieser kleinste gemeinsame Nenner ein Stück Papier und ist es in der Praxis leider auch heute noch zu oft. Es ist dennoch begrüßenswert, dass Lösungen ohne Medienbruch angeboten werden. Ein zweimaliger manueller Übertrag von Daten ist immer eine potenzielle Fehlerquelle. Im meldenden Unternehmen werden die Daten – meist direkt im Primärsystem – ermittelt, ausgedruckt und in die Formulare übertragen.

Beim Statistik-Amt erfolgt die manuelle Datenverarbeitung dann umgekehrt: Die angelieferten Meldebögen werden wieder in ein Computersystem übertragen und dazu manuell erfasst. Das Anliefern einer Datei kann demnach zwei Medienbrüche verhindern und verbessert die Datenqualität deutlich. Der für das Personalcontrolling viel wichtigere Effekt ist aber, dass die Anpassung des Sekundärsystems, welches die Datenbank oder die Excel-Tabelle befüllt, einen einmaligen Aufwand darstellt. Werden im Laufe der Zeit die externen Meldungen automatisiert und wiederholt nach denselben Programm-Algorhythmen durchgeführt, so spart dies nicht nur Zeit, sondern garantiert auch die Kontinuität und Qualität der Datenermittlung. Programmtechnisch sauber angelegt, gilt dann der Grundsatz: Einmal richtig – immer richtig. Leider stellt auch die negative Version dieser Aussage eine Gleichung dar: Einmal falsch – immer falsch. Um diesen Fall von vorneherein auszuschließen, bietet sich – wie grundsätzlich bei allen neuen Datenselektionen, die eine manuelle Bearbeitung ablösen – die parallele Durchführung von alter und neuer Ermittlungsmethode für zwei oder drei Meldestichtage an. Stimmen die Ergebnisse überein, so kann davon ausgegangen werden, dass die „Handarbeit“ nach alter Methode endgültig beendet ist.

Einfach „online“ melden?

Eine weitere – zunächst sinnvoll erscheinende – Alternative wird mit der Online-Erfassung angeboten, die zumindest eine der beiden manuellen Erfassungen eliminieren soll. Seitens des Amtes liegen die durch das meldende Unternehmen via Internet erfassten Daten bereits in programmtechnisch verarbeitbarer Form vor. Für das meldepflichtige Unternehmen bedeutet dies jedoch keinen unmittelbaren Vorteil im Vergleich zum Meldebogen! Der Eintrag erfolgt manuell und stellt de facto einen Medienbruch dar. Es macht keinen Unterschied, ob ermittelte Daten mit dem Kugelschreiber zu Papier gebracht oder in ein Online-Formular eingetragen werden. Es ist davon auszugehen, dass die Online-Meldung beim meldenden Unternehmen sogar noch zeitaufwändiger und fehleranfälliger ist, da immer wieder überprüft wird, ob die Daten richtig eingetragen wurden, bevor die „Senden“-Schaltfläche angeklickt wird. In der Praxis sieht es dann oft so aus, dass – um Fehler zu vermeiden – das (Online-) Meldeformular ausgedruckt und in Ruhe mit der Hand ausgefüllt wird, bevor die endgültige Online-Erfassung durchgeführt wird. Dies bedeutet, dass aus den betriebsinternen Auswertungs-Unterlagen ein manueller Eintrag in ein temporäres Formular erfolgt und von dort schließlich der endgültige Eintrag in das Bildschirmformular. In Konsequenz wieder zwei Medienbrüche mit allen damit verbundenen Fehlermöglichkeiten. Wenn eine Weitergabe der Daten als Datei angeboten wird, sollte diese Option in jedem Fall genutzt werden!

Standardisierte Papierausgabe

Eine Alternative stellt die Anlieferung der Daten nach einem – von allen Ämtern (zumindest für die Erhebung der Durchschnittsverdienste) akzeptierten – einheitlichen EDV-Output in Papierform dar. Die formalen Kriterien und der Aufbau dieses Meldebogens können bei den Ämtern angefragt werden. So wird es möglich, trotz uneinheitlicher Erhebungsbögen einen einheitlichen Ausdruck zu generieren und dem Erhebungsbogen beizulegen. In Konsequenz wäre zumindest die interne Aufbereitung standardisiert und frei von manuellen Übertragungen!

7.2 Auswertungen aus dem Personaldatenbestand

Eindeutige Festlegung der Grundgesamtheit

Zunächst ist die Definition der regionalen und sachlichen Grundgesamtheit festzulegen; in Zweifelsfällen in Absprache und gemeinsam mit den Landesämtern. Meist ergibt sich der Betrieb, für den eine Meldung erfolgen soll, aus der Postanschrift. Oftmals scheint es den Ämtern nicht wichtig zu sein, wie der Betrieb seitens des meldenden Unternehmens im Einzelnen als Grundgesamtheit abgegrenzt wird. Da es sich bei den Meldungen um viele Stichproben handelt, ist es grundsätzlich auch unerheblich, ob in eine Meldung 50 oder 60 Mitarbeiter eingehen. Intern sollte die Grundgesamtheits-Definition jedoch eindeutig erfolgen. Nur so sind Rückfragen, die seitens der Ämter tatsächlich auch erfolgen, überhaupt zu beantworten. Wenn Verdienste abgefragt werden, bietet es sich an, als Grundlage der Auswertung den einzelnen Mitarbeiter zu bestimmen (selektierte Lohnarten pro Mitarbeiter). Kumulierte Daten – beispielsweise auf Ebene der Organisationseinheit – sind nachträglich kaum überprüfbar. Eine Eigenschaft einer Organisationseinheit oder einer Planstelle – je nach Struktur im Unternehmen – ist die externe Adresse. So erfolgt die Zuordnung der regionalen Grundgesamtheit zum Mitarbeiter über die bekannten Verknüpfungen.

Kein einziger Mitarbeiter! – Wie kann das sein?

Kappungsgrenze beachten

Die Ermittlung der Daten ist seitens der Ämter oft an eine Vielzahl von Nebenbedingungen geknüpft, die dazu führen können, dass am Ende für die Meldung zu einer Lohnstatistik (bzw. Betriebs-Nummer) kein Mitarbeiter mehr übrig bleibt. Das kann im Extremfall vorkommen, wenn umfangreiche Reorganisationsmaßnahmen ein Unternehmen durcheinander gewirbelt haben und so eine große interne Fluktuation zu erheblichen Veränderungen geführt hat. Eine häufig vorkommende Bedingung für die Selektion eines Mitarbeiters ist die Zugehörigkeit zum „Betrieb“ über einen definierten, längeren Zeitraum. Insbesondere bei Jahresmeldungen schrumpfen so die Grundgesamtheiten zahlenmäßig im Vergleich zu Meldungen kürzerer Intervalle. Aber auch die sonstigen Nebenbedingungen sind zu beachten. Oft gibt es Kappungsgrenzen, die Extremwerte eliminieren sollen. Intern sind also vor Berechnung der Durchschnittsverdienste zunächst Fiktiv-Beträge einzustellen, falls einzelne Mitarbeiter diese Kappungsgrenzen überschreiten.

Arbeitszeit einplanen

Die größte Schwierigkeit der Datenermittlung liegt in der großen Anzahl der – oft verklausuliert formulierten – unterschiedlichen Einschränkungen der Grundgesamtheit und Erhebungsmethodik. Daher sollten für die Vorbereitung und Programmierung dieser Meldungen die einzuplanenden Zeiträume nicht zu knapp bemessen werden. Durch die Vorankündigungen der Ämter stellt dies üblicherweise kein Problem dar.

Das kann das Primärsystem doch standardmäßig!

Primärsysteme sind häufig zu unflexibel

Vorsicht bei vorbereiteten und „versandfertigen" Meldungen aus Primärsystemen! Die Praxis zeigt, dass diese vermeintlich bequeme Lösung leider nicht immer zu befriedigenden Ergebnissen führt und teilweise belegbar falsche Meldungen erstellt werden. Die Verantwortung für die Richtigkeit der abgegebenen Erhebungsdaten liegt aber immer noch beim Unternehmen und nicht beim Hersteller des eingesetzten Primärsystems. Oft werden als Ergebnisse auch nur die endgültigen Meldewerte geliefert, so dass eine einzelfallbezogene Überprüfung verhindert wird. Ebenso führt die mangelnde Flexibilität einiger Primärsysteme zu manuellen Nacharbeiten, was nicht im Sinne einer guten Datenqualität sein kann. Insofern sollte das Primärsystem nur dann für die Meldungen eingesetzt werden, wenn im Detail die zu Grunde liegenden Daten ausgegeben werden können. Insgesamt handelt es sich hier aber um ein schönes Beispiel, welches aufzeigt, dass Systemgläubigkeit der falsche Ansatz einer jeglichen Controlling-Aufgabenstellung ist. Der Fokus sollte auf den Daten liegen. Systeme sind nach Leistungsvermögen und erfolgter Einzelfallprüfung als Werkzeuge auszuwählen. Man benötigt nicht immer eine Kneifzange, sondern manchmal eben auch einen Hammer oder eine Pinzette.

Exkurs: So nutzen Sie externe Quellen für Ihr Personalcontrolling

Absolute Vergleiche sind irreführend

Warum vergleichen Unternehmensleitungen gern Kennzahlen? Wieso sind die oberen Plätze in Best-Practise-Wettbewerben so begehrt? Der Wunsch, Sieger oder Bester seiner Branche zu sein und dies auch noch schriftlich bestätigt zu bekommen, ist hier der Treiber. Marktanteile und anhaltender Erfolg sind Ziele einer jeden unternehmerischen Tätigkeit. Externe Daten jedoch ermöglichen in den seltensten Fällen einen direkten Vergleich mit dem eigenen

Unternehmen. Dies betrifft sowohl die im Rahmen einer gesetzlichen Erhebung gesammelten Daten als auch die Ergebnisse eines freiwilligen Vergleichs mit vermeintlich gleichen Startbedingungen. Wie in den ersten vier Grundlagenkapiteln bereits beschrieben, ist die Datenermittlung ein Spezifikum eines jeden einzelnen Unternehmens. Absolute Vergleiche sind daher mit äußerster Vorsicht zu genießen und die Platzierungen bei Best-Practise-Erhebungen manchmal auch von anderen Faktoren (z. B. die Interessenlage des Auftraggebers) abhängig.

Wann ist der Vergleich sinnvoll?

Entwicklungen und Tendenzen können auch ohne übereinstimmende Erhebungsmethoden und Grundgesamtheit gegenübergestellt werden. Unabhängig von der individuell gewählten Erhebungsmethodik zeigen sie Trends auf, die als Relation in Bezug auf die spezifische Grundgesamtheit valide und in der großen Masse signifikant sind. Diese Daten mit eigenen Daten zu vergleichen macht Sinn, da so beispielsweise die jeweiligen Größen der Veränderungen Aufschluss über die Stärken und Schwächen des eigenen Unternehmens geben können.

Statistikportale im Internet

Kostenfrei werden ausgewählte Daten auf den verschiedenen Internetpräsenzen der Landesämter für Statistik angeboten. Gute Einstiegsseiten sind die Domains „www.destatis.de" des Statistischen Bundesamtes und „www.statistikportal.de" (Bay. Landesamt für Statistik und Datenverarbeitung). Von dort gelangt man auch zu allen anderen Präsenzen der verschiedenen Landesämter, die zum Teil kryptische Domainnamen ausgewählt haben, welche sich jeder kreativen Direkteingabe widersetzen. Ebenso wie bei den Erhebungsbögen gibt es also auch hier keine Einheitlichkeit.

Verfügbarkeit von Daten

Welche Daten sind direkt verfügbar? Es gibt eine große Bandbreite und jedem Interessierten sei empfohlen, einmal im Online-Angebot zu stöbern. Darüber hinaus bieten die Landesämter und das Bundesamt umfangreiche Datensammlungen und Auswertungen kommerziell an. Um nicht die Katze im Sack kaufen zu müssen, gibt es eine kostenfreie Demo-CD, die selektiv, aber strukturell identisch die angebotenen Informationen – allerdings beschränkt auf ältere Jahrgänge – enthält. Die Anforderung ist via Internet möglich – der Versand erfolgt innerhalb kürzester Zeit.

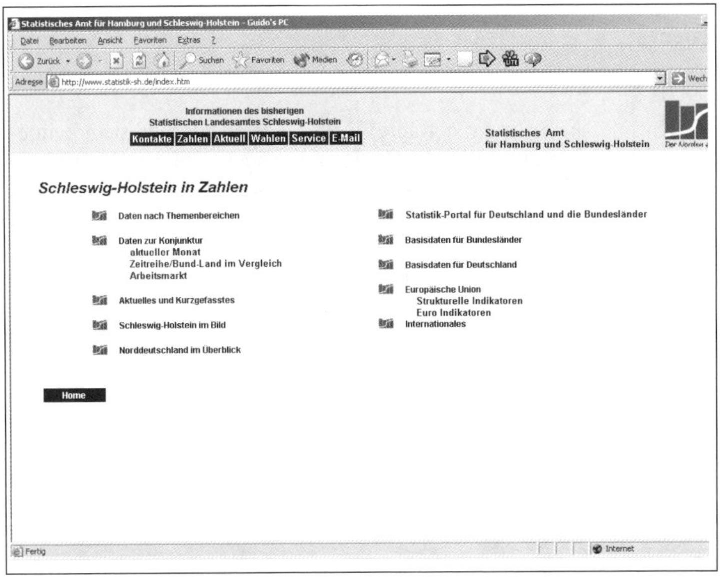

Beispiel einer Internetpräsenz

Ein Vergleich der Daten, für die selbst eine Lieferung erbracht wurde, ist aufgrund der bereits definierten Ermittlungskriterien und der im Unternehmen bereits vorliegenden Daten einfach möglich, wenngleich stets zu hinterfragen ist, welche Schlüsse daraus zu ziehen sind. Eine bloße Gegenüberstellung zählt lediglich zum deklaratorischen Controlling und enthält keinerlei Steuerungsinformationen.

Nutzen der Statistikdaten

Sinnvoll eingesetzt werden können die Statistikdaten – über die Aufgaben des Personalcontrollings hinaus – beispielsweise bei Expansionsvorhaben. So liegen detaillierte Bevölkerungsstrukturdaten und Kaufkraftdaten regional spezifiziert vor und können direkt in die Entscheidungsfindung einfließen. Eine zielgruppenspezifische Standortsuche erfährt so eine qualitativ hochwertige Absicherung. Es ist ein Unterschied, ob für ein Möbelgeschäft mit hochwertigen Stilmöbeln oder eine Discounter-Möbel-Filiale ein einträglicher Standort gesucht wird. Hier helfen die statistischen Daten.

Fazit

Daten sind einerseits ein gefragtes Gut – andererseits sind sie arbeitgeberseitig auf Grund gesetzlicher Bestimmungen und des besonderen Vertrauensverhältnisses auf Basis des Dienstvertrages gut zu schützen. Jedes externe Begehren sollte daher gut überprüft werden, bevor Daten und Informationen in irgendeiner Form das Unternehmen verlassen. Pflichtmeldungen an Ämter sind relativ leicht zu identifizieren, da meist mehrere – im Normalfall alle – der nachstehenden Kriterien zusammenkommen:

- Vorankündigung
- Nennung der gesetzlichen Grundlage der Erhebung
- Lieferung des Gesetzestextes (Auszug)
- offizielles Anschreiben (Briefkopf) mit nachvollziehbaren und überprüfbaren Kontaktdaten (Internetpräsenzen, E-Mail-Adressen, Telefonnummern ...)

Für alle anderen externen Anfragen gilt zunächst das Postulat der Datenvermeidung: „Weniger ist mehr!"

Daten nicht zu melden, hat zunächst keine Konsequenzen; haben sie jedoch das Haus verlassen, gibt es keine Kontrolle mehr, wer mit den Daten was anstellt und an wen sie noch gelangen.

8 Welche Kennzahlen werden wirklich benötigt?

8.1 AZ Rad: Die „Piloten" wollen ein Management-Cockpit

Die Geschäftsleitung der AZ Rad hat sich mit einem neuen Auftrag an den Personalleiter gewandt: Neben dem Personalbericht (siehe Kapitel 5), der nun seit einiger Zeit monatlich erscheint, wollen die Geschäftsführer ergänzend und vor allem umfassend informiert werden. Sie hätten da einmal etwas von einem „Management-Cockpit" gehört, das übersichtlich über Personalkennzahlen informiert und so eine optimale Steuerung ermöglicht. Der Personalleiter vereinbart nach Rücksprache mit seinem Personalcontroller ein Treffen, um dann gemeinsam die Anforderungen zu konkretisieren. Was gilt es zu bedenken? Welche Daten eignen sich für dieses Vorhaben? Was will die Geschäftleitung steuern?

Alle wollen Kennzahlen? Alle wollen Informationen!

Der Begriff „Kennzahl" mit allen darauf basierenden Konzepten (z. B. Balanced Scorecard) scheint eine magische Wirkung auszuüben. Der Ruf nach einem „Kennzahlensystem" steht jedoch oft stellvertretend für einen subjektiv empfundenen, diffusen Informationsmangel. Strukturiert und systematisch aufbereitete Informationen werden erwartet, aber nur in den seltensten Fällen erfolgt auch eine inhaltliche Konkretisierung dieses Anspruchs. Leistungsvereinbarungen zwischen Management und Controlling sind die Ausnahme. Die „Verständnis-Schere" zwischen der akribischen Arbeitsweise des Controllings und dem Anspruch des Managements nach schnellen Informationen, die dafür gern einmal „quick and dirty" erhoben werden dürfen, öffnet sich immer weiter. Wie schön wäre es doch, unternehmerische Entscheidungen anhand von wenigen kumulierten Ergebniswerten fest machen zu können!

Komplexe Strukturen verlangen übersichtliche Darstellungen

Es drängt sich der Eindruck auf, dass die komplexen Strukturen heutiger Konzerne und Unternehmen sowie die schnellen Veränderungen und kaum überschaubaren Abläufe den Wunsch nach Einfachheit, Übersichtlichkeit und Verstehen enorm verstärken. Die Ursache dafür liegt einerseits in externen Faktoren, die auf die Unternehmen wirken, andererseits in Veränderungen im Controlling selbst. Zu den externen Faktoren zählen gestiegene rechtliche Anforderungen (z. B. Jahresabschluss), die zunehmende Internationalisierung sowie gestiegene Kundenbedürfnisse. Neue Controllinginstrumente und die sich kontinuierlich verbessernden IT-Möglichkeiten unterstützen die Controller auf ihrem Weg zur Perfektion[11]. Während Prof. Dr. Jürgen Weber im Editorial des Buches *Controlling einfach gestalten* eine „Entfeinerung des Instrumentariums“ und einen „Weg zu mehr Einfachheit und Verständlichkeit des Controllings“ postuliert, findet sich in einem Beitrag von Prof. Dr. Günter Cisek die indirekte Forderung an die Manager im Unternehmen, intellektuell mit der Entwicklung ihrer Bezüge mitzuhalten. Er habe es schon in den sechziger Jahren nicht verstanden, warum Top-Manager im Vertrauen auf das seinerzeit in Mode kommende „einseitige so genannte Chefdatenblatt ... mit dreister Schlichtheit daran glaubten, die Problemsituation wichtiger Vorstandsentscheidungen sei auf einer Seite darzustellen“.[12]

---

[11] nach „Controlling einfach gestalten“, Prof. Dr. Jürgen Weber, Reihe: Advanced Controlling, 7. Jahrgang, Band 37, 2004.

[12] „HR-Balanced Scorecard – Albernheit, Zwangsjacke oder Management-Tool?“, Prof. Dr. Günter Cisek, Fachartikel in der Zeitschrift „Personal“, Heft 03/2003.

Einfach geht einfach nicht

Anforderungs-orientierte Informations-versorgung

Wer hat Recht? Ein unlösbarer Konflikt zwischen Controlling und Unternehmensleitung? „Alle Perfektion im Backoffice der Controller ist lediglich eine ‚Blindleistung', wenn sie nicht hilft, die Managerperformance zu steigern."[13] Diese Aussage trifft den Kern der Problemstellung: Es gilt, zwischen den vorhandenen Potenzialen der Experten und den Anforderungen des Managements eine möglichst große Kongruenz zu erzeugen. Aus Controllersicht ist dabei festzustellen, dass eine mangelnde IT-Affinität des Managements zu einer regelmäßig falschen Einschätzung von Aufwand und Machbarkeit im Rahmen der Informationsversorgung führt. Einerseits erzeugt es großes Erstaunen, wenn – aus einem langfristig entwickelten Informationssystem heraus – innerhalb kürzester Zeit angeforderte Steuerungsinformationen bereitgestellt werden können, andererseits ist bei komplexen Planungsszenarien die Erwartungshaltung auf den berühmten „Knopfdruck" und die Ergebniserstellung innerhalb von Sekunden reduziert. Die mangelnde Urteilsfähigkeit führt im Wechsel zu Über- und Unterschätzung des datentechnisch Machbaren. Deswegen sind eine Kommunikation der Leistungspalette und die enge Abstimmung zwischen den Experten und den Entscheidern erforderlich. Manchmal hat es aber auch den Anschein, dass eine bewusste Ignoranz des inhaltlich-konzeptionellen Basisaufwands als Beschleuniger wirken soll („Sie sind doch sonst immer so schnell – quasi auf Knopfdruck!").

Managemententscheidungen auf der Grundlage von aufbereitetem Expertenwissen

Unternehmerische Entscheidungen basieren auf der passgenauen Selektion von Expertenwissen verschiedener Fachrichtungen im Unternehmen, die im Rahmen einer dezentral erfolgenden Informationsaufbereitung dem Management als Entscheidungshilfen zur Verfügung gestellt werden. Unternehmerische Visionen wurden zuvor in einer Strategie konkretisiert und in Zielen operational definiert. Aufgaben der Experten sind in der Planungsphase die Evaluation der Zielerreichbarkeit (Szenarien) und in der Umsetzungsphase die Überprüfung der Zielerreichung in allen zeitlichen Dimensionen (Vergangenheit, Gegenwart und Zukunft). Allein auf Basis dieser

[13] a.a.O. Weber, Jürgen, Kapitel „Das Problem", S. 7.

groben Aufgabenbeschreibung ist nicht anzunehmen, dass komplexe Vorgänge über einfache Kennzahlen-Modelle handhabbar sind. Der ernsthafte Wunsch nach einem Kennzahlen-System kann also nur ein der Komplexität gerecht werdendes Planungs- und Zielverfolgungssystem sein, welches qualitativ hochwertige Ergebnisse liefert und nicht unzulässig simplifiziert. Zunehmend finden sich in gesetzlichen Anforderungen und in der internationalen Standardisierung konkrete Hinweise und Handlungsanweisungen, um diesen Aufgabenstellungen gerecht zu werden.

Qualitätsmanagement und gesetzliche Rahmenbedingungen

Neben verbindlichen gesetzlichen Vorgaben wie KonTraG, in welchem das Personalcontrolling eine seiner wenigen gesetzlichen Existenzberechtigungen findet (Personalrisiken), und Basel II (insbesondere für die Kreditwirtschaft relevant), gibt es eine recht komprimierte, aber inhaltlich dennoch interessante Beschreibung der Informationsversorgung in der ISO 9000:2000[14]. Das eigentlich selbstverständliche Postulat, dass unternehmerische Entscheidungen auf Basis einer sachlichen Analyse von Daten und Informationen erfolgen sollen, wurde hier im Rahmen der acht Grundsätze des Qualitätsmanagements („Quality management principles") manifestiert.

Originaltext

Da jede Übersetzung Feinheiten der ursprünglichen Sprache verändert, finden Sie den Originaltext auf CD-ROM. Nachstehend eine sinngemäße Übersetzung der Autoren.

[14] Quelle: http://www.iso.ch/iso/en/iso9000-14000/iso9000/qmp.html.

Sachliche Vorbereitung der Entscheidungsfindung
Wirksame Entscheidungen basieren auf einer Analyse von Daten und Informationen

Hauptnutzen:

- Informierte Entscheidungen.
- Eine verbesserte Fähigkeit, die Wirksamkeit der vergangenen Entscheidungen durch Bezug auf Aufzeichnungen, die auf Tatsachen beruhen, aufzuzeigen.
- Verbesserte Fähigkeit, Meinungen und Entscheidungen zu überprüfen, in Frage zu stellen und zu ändern.

Das Anwenden der Grundregel der sachlichen Vorbereitung der Entscheidungsfindung führt zu:

- Sicherstellung, dass Daten und Informationen genau genug und verlässlich sind.
- Daten werden denen zugänglich gemacht, die sie benötigen.
- Daten und Informationen werden mit Hilfe valider Methoden analysiert.

Das Treffen von Entscheidungen und das Ergreifen von Maßnahmen erfolgt auf Basis einer auf Tatsachen beruhenden Analyse im ausgewogenen Verhältnis zu Erfahrungen und Intuition.

Aufbereitung von Daten und Informationen

Hier ist auffällig, dass nicht „Kennzahlen" als Mittel zur Steuerung herangezogen werden, sondern allgemein „Daten und Informationen". Diese sind zu „analysieren", d. h. im Sinne einer Entscheidungsfindung zu selektieren, zu überprüfen und empfängeradäquat aufzubereiten. Dazu zählen auch die Darstellungsform und die Kommentierung durch den Analysten (Controller). Diese Informationen sollen geeignet sein, eine Meinungsbildung und Entscheidungsfindung zu ermöglichen. Hier wird – auch wenn dies nicht auf den ersten Blick erkennbar ist – ein entscheidender Kompromiss für die Diskrepanz zwischen Management und Controlling angeregt.

Empfängerorientierung der Controlling-Experten

Für den Controller gilt:

Er soll datentechnisch alles können, aber ausschließlich die jeweils entscheidenden und erwünschten Daten bearbeiten. Eine selbstverliebte Perfektionierung darf sich gern auf seine IT-Systeme beziehen, da hier der Qualitätsanspruch von 100 % angemessen ist und jede Verbesserung der Leistungsfähigkeit zukünftig dem Unternehmen dienlich sein kann. Die Weitergabe von Informationen ist jedoch streng nach den Intentionen der Empfänger zu filtern.

Für das Management gilt:

Informationsversorgung ist eine Holschuld des Managements

Die Informationsversorgung ist eine Holschuld im Sinne einer Konkretisierung und klaren Auftragsvergabe. Daten und Informationen liefern nicht immer eindeutige Aussagen, die als Ampeln auf einem „Management-Sheet“ dargestellt werden können. In diesem Fall wäre das Management entbehrlich und die Unternehmenssteuerung könnte ein gut programmierter Personalcomputer übernehmen. Es gilt also, die durch die Experten vorselektierten und analysierten Informationen im unternehmerischen Gesamtkontext zu bewerten und so zu einer Entscheidungsfindung zu gelangen.

Der Terminus „Kennzahl“ wird sehr unterschiedlich definiert. Im Weiteren erfolgt daher eine Zusammenstellung und Prüfung gebräuchlicher Charakterisierungen sowie der damit verbundenen Erwartungen.

Kennzahlen – Wunderwaffe oder überbewerteter Dreisatz? Zwischen Mystik und Mathematik

„Wir leben in einer Zeit der Perfektion der Mittel
und der Konfusion der Ziele."

„Das Problem zu erkennen ist wichtiger, als die Lösung zu erkennen,
denn die genaue Darstellung des Problems führt zur Lösung."

(beide Zitate: Albert Einstein, 1879 – 1955)

Neben der einleitend geschilderten Zielkongruenz sind die Bemessung des praktischen Wertes von Kennzahlen und deren willkürliche Nutzung weitere Punkte, die kritisch zu hinterfragen sind.

Zielorientierung und Problemrelevanz von Kennzahlen

Zielorientierung und Problemrelevanz – auf die die einleitenden Zitate hinweisen – sind insbesondere beim Thema „Kennzahlen“ die entscheidenden Kriterien. Viele so genannte Kennzahlensysteme generieren ausschließlich vergangenheitsorientierte Ergebniswerte. Und aufgrund der wenig selektiven Auswahl, der ungenügenden

Zieldefinition sowie der fehlenden Interpretation entsteht der Eindruck, dass es sich hierbei um die wohlwollende Beantwortung der archetypisch-männlichen „Wie war ich?"-Frage des Managements handelt.

Stellt man im Kreis von Personalverantwortlichen die Frage, welche Themen für eine Diskussionsrunde oder Fachkonferenz zum Thema Personalcontrolling von Interesse wären, so wird regelmäßig die Kennzahlen-Thematik genannt. Fordert man einen Personaler dann auf, schnell einige bekannte personalwirtschaftliche Kennzahlen zu nennen, lautet die Antwort merkwürdigerweise fast immer „Fluktuation und Fehlzeitenquote"; darüber hinaus scheint es nicht viel zu geben, was sich im Bewusstsein manifestiert, so dass es spontan abrufbar wird.

Fehler beim Aufbau eines Kennzahlensystems

Ein Kennzahlensystem ist ein oft geäußerter Wunsch der Geschäftsleitung; suggeriert der Begriff doch die Option, an Hand von einfach zu ermittelnden Daten und einer farbenfrohen Ampeldarstellung („viel grün!") das Unternehmen „systematisch" steuern zu können. Aufgrund der mangelnden Konkretisierung dieses Wunsches erfolgt die Zusammenstellung eines Kennzahlen-„Systems" vielfach nach der „Jäger- und Sammler-Methode". Was an Kennzahlen ermittelt werden kann, wird auch zusammengetragen und unkommentiert, unbewertet und nicht zielgebunden ausgeliefert. Dieser Ansatz ist selbstverständlich falsch, weil er einerseits von falschen Erwartungen und einer verbreiteten Überschätzung der Aussagekraft von Kennzahlen provoziert wurde und andererseits mehrdimensionale Ursache-Wirkungsbeziehungen völlig ignoriert.

Vermeintliche Vorteile des Kennzahlensystems

Ein zielvergessenes Kennzahlen-Konglomerat hat aber auch vermeintliche Vorteile für den Empfänger: Als „Feigenblatt des Managements" können Interpretationen beliebig vorgenommen werden. Je nach Situation sollen gute Zahlen die Verdienste des aktuellen Managements belegen, während für schlechte Zahlen die Vorgänger (dann auf einmal: Vergangenheitsbezug der Kennzahlen) und die allgemeine Wirtschaftlage verantwortlich gemacht werden. Oder es lag einfach an der Auswahl und Aufbereitung der Kennzahlen, wenn die Resultate den Erwartungen widersprechen.

Symbolkraft des Kennzahlensystems

Außerdem hat ein Kennzahlensystem („Management-Sheet") die Symbolkraft eines Zepters der im Unternehmen Herrschenden: Wer Berichte erhält, der ist wichtig. Er kann die verantwortlichen, untergeordneten Führungskräfte regelmäßig zum Rapport bestellen und vermeintlich konkrete Aufgaben verteilen: „Sehen Sie zu, dass Sie wieder in den grünen Bereich kommen." Letztendlich ist so ein Stück Papier also auch eine ideale Rückversicherung und für die Entscheidungsfindung ein Freibrief: „Ich hatte das alles schriftlich – alles auf grün. Dann waren wohl die Informationen falsch, die ich erhalten habe!" Im Sinne eines „deklaratorischen" Personalcontrollings gerade noch akzeptabel (siehe Kapitel 4.1), kann die Möglichkeit einer vernünftigen Unternehmens-Steuerung auf Basis unsortierter Zahlensammlungen ausgeschlossen werden.

Von toten Datensammlungen zum anspruchsvollen Kennzahlensystem

Am Anfang steht die nüchterne Analyse: Kennzahlen sind meist das Ergebnis unkomplizierter mathematischer Funktionen – oft nur Quotienten – und somit zunächst totes Datenmaterial. Diese einfachen Verhältniszahlen basieren auf spezifizierten, kumulierten Daten. Es ist also keine besondere Kunst, Datensammlungen zu ermitteln, zusammenzustellen und als „System" anzupreisen. Werden diese auf einem einfachen Dreisatz basierenden Werte tatsächlich die wichtigste Basis für unternehmerische Entscheidungen? Die inflationäre Verwendung des Begriffs „Kennzahl" für einfache Bestands- und Vergleichsdaten (Ist-Daten minus Plan-Daten → „Kennzahl Plan-Ist-Vergleich") führt zu einer inhaltlichen Entwertung des Kennzahlenbegriffs, erklärt aber, weshalb in der Literatur vielfach die Aussage getroffen wird, Kennzahlen seien unverzichtbar. Diese Aussage wird bei der Verwendung einer solch weiten Definition des Begriffs „Kennzahl" unwiderlegbar. Die oft ergänzende und einschränkende Definition, nach der ausschließlich quantifizierte Informationen mit besonderer Aussagekraft und Relevanz für eine Zielerreichung als „Kennzahlen" zu bezeichnen sind, schließt im allgemeinen Sprachgebrauch aber als Kennzahlen bezeichnete Größen dann aus, wenn die konkrete Ziel-Beziehung fehlt.

Beispiel: unkritische Fehlzeiten – Kennzahl oder nicht?

Wenn sich in einem Unternehmen die Fehlzeiten seit langer Zeit auf einem stabilen und niedrigen Niveau befinden, ist mit der Ermittlung der Fehlzeitenquote keine relevante Zielerreichung verbunden. In diesem spezifischen Fall wäre die ermittelte Größe nach der eng gefassten Definition keine Kennzahl. Dies widerspräche dem üblichen Verständnis von Kennzahlen – die Einschränkung auf die „Relevanz zur Zielerreichung" ist daher als Hinweis dienlich, jedoch als Definition untauglich.

Aussagekraft von quantifizierten Werten

Die synonym verwendeten Begriffe „Kennzahl" und „Kennziffer" zeugen von einer Beschränkung auf ausschließlich quantitative Größen. Daraus folgt die Notwendigkeit, qualitative Größen quantitativ zu bewerten, um diese als „Kennzahl" darstellen zu können. Ein Beispiel dafür ist die Nutzung der zumeist fünf- oder siebenstufigen Likert-Skala (siehe Kapitel 2 und 14) bei Befragungen. Ergebnisse, die nach dieser Methode erzielt worden sind, geben Tendenzen wieder. Wenn in einer Gesamtauswertung dann Durchschnittswerte mit mehreren Dezimalstellen angegeben werden, ist das unseriös und mathematisch bedenklich. Es suggeriert Perfektion, die nicht gegeben ist. Oft entscheidet sich ein Befragter (eben tendenziell) für eine Alternative nur deshalb, weil ihm weitere Abstufungen fehlen. Ebenso werden die Verteilung (Streuung) und eine etwaige Polarisierung (Extrema) ignoriert. Eine bloße Quantifizierung führt eben nicht in jedem Fall zu einer qualifizierten Aussage mit Steuerungspotenzial. Neben den genannten bewerteten Ergebnissen qualitativer Werte sind auch direkt quantifizierende Datensammlungen auf ihre Aussagekraft zu überprüfen, bevor sie unreflektiert als Publikations-Ballast enden (so genannte „Datenfriedhöfe").

Beispiel: Quantitative Kennzahlen – immer eine qualifizierte Aussage mit Steuerungspotenzial?

Die durchschnittliche Anzahl von Verbesserungsvorschlägen pro Mitarbeiter sagt sicher nichts über die Wertschöpfungspotenziale der vorgeschlagenen Maßnahmen aus. Der Vorschlag, die Kantinentische in einer kommunikativeren Systematik aufzustellen oder die Sprechstunden des Betriebsarztes zu erweitern, mögen ihren sinnvollen Hintergrund haben, sind aber für das Unternehmen nicht unbedingt so bedeutsam wie Vorschläge zur effektiveren Nutzung von Rohstoffen bei Massenproduktionen, der Verbesserung der Qualitätskontrolle oder der Optimierung von Abläufen und Prozessen. Die Feststellung hingegen, dass insbesondere Mitarbeiter der Fertigung sich intensiv, konstruktiv und im Sinne der unternehmerischen Wertschöpfung effizient mit ihrem Arbeitsumfeld beschäftigen, hat ihre eigene Aussagekraft, obwohl sie nicht direkt „zählbar" dargestellt wird. So fordert sie geradezu dazu auf, Kausalitäten zu ermitteln: Ist es das besonders gute Betriebsklima? Motiviert es die Mitarbeiter, dass ihre Vorschläge realisiert werden? Oder sind die Abläufe gegenwärtig einfach so schlecht, dass eigentlich jedem das ungeheure Verbesserungspotenzial auffallen müsste?

An dieser Stelle wird deutlich, warum in der ISO 9000:2000 „Daten und Informationen" statt „Kennzahlen" genannt werden. Die Konzentration auf wesentliche Daten und das Weglassen von Ballast ist eine der primären Leistungen der Experten eines Unternehmens. Dies bedingt jedoch auch das Vertrauen der Entscheider, dass die Selektion der priorisierten Informationen angemessen erfolgt.

Der Begriff „Indikator"

In diesem Beispiel wurde eine Auffälligkeit erkannt, also ein Anzeiger oder Indikator ermittelt. So gesehen ist die international übliche Bezeichnung „Index" treffender als „Kennzahl". Es bietet sich daher an, als Arbeitsbegriffe allgemein „Indikator" und „Indikatordatum" für quantifizierbare Werte mit Zielrelevanz und Steuerungspotenzial zu nutzen. Es ist müßig, die Diskussion um Begrifflichkeiten und Definitionen auf die Spitze zu treiben. Inhaltlich handelt es sich bei allen Kennzahlen oder Indikatoren um mehr oder minder bewertete Analyseergebnisse, für die eine Zielerreichungsrelevanz in Bezug auf ihren Einsatz zu Steuerungszwecken vorliegen sollte – sei es die einfache Subtraktion im Plan-Ist-Vergleich oder eine komplexe Untersuchung durch Befragungen oder Interviews. Auch eine Projektgruppe, die ein klar definiertes Ziel verfolgt, erhebt in der Planungsphase alle potenziellen Einflussgrößen, um in der Zielrealisierungsphase Fehler zu vermeiden. Die Abhängigkeiten von Einflussgrößen und Teilzielen werden ermittelt und es entsteht die Basis für ein temporäres Kennzahlensystem.

Kennzahlen und Objektivität

Der im Zusammenhang mit der Kennzahlen-Definition hin und wieder genutzte Begriff der Objektivität sollte besonders kritisch hinterfragt werden. Schon bei der Ermittlung der Grundgesamtheit und der Art und Weise der Ermittlung von quantifizierenden Größen werden subjektive, weil hoffentlich auch schon zielorientierte, Entscheidungen getroffen. Ein weiteres Indiz für eine Überbewertung von Kennzahlen findet sich in der isolierten Adaption der jeweiligen Kennzahl als Vertreter für die eigentliche, ursächliche Problemstellung. So erklären sich nachstehende, beispielhafte Äußerungen:

Beispiel: Aussagen auf der Basis von Kennzahlen

„Wir müssen die Fluktuationsquote wieder zurückführen!"

„Wir müssen den Krankenstand in den Griff bekommen!"

Erkennen Sie den Fehler? Die Fluktuationsquote und der Krankenstand sind nicht die Probleme! Die Ursachen für die festgestellte Fluktuation und den erhöhten Krankenstand müssen ermittelt werden. Demnach kann die primäre Fragestellung nur lauten: „Woran liegt es, dass diese beiden Werte auffällig abweichen? Auf welche Probleme ist dies zurückzuführen?"

Unter Beachtung der Indikatorfunktion von Kennzahlen bietet sich folgende problemorientierte Formulierung an:

„Die Mitarbeiterzufriedenheit war in den letzten beiden Jahren nach diversen Personalabbaumaßnahmen extrem schlecht, darauf weisen u. a. die erhöhte Fluktuation und der deutlich über den Vorjahren liegende Krankenstand hin."

Unausgesprochene Annahmen des Controllers

Der Unterschied besteht im Denkansatz. Den ersten beiden Aussagen des Beispiels liegt die Annahme zu Grunde: „Ich sammle viele Kennzahlen, dann finde ich die Probleme, die ich damit lösen kann." Dem oben genannten Begriff der Objektivität liegt dieselbe irreführende Annahme zu Grunde: Eine Kennzahl wird – aus dem Umfeld völlig losgelöst – isoliert ermittelt und gibt sofort wichtige Hinweise auf Problemstellungen. Warum nutzt dann nicht jedes Unternehmen diese „neutralen und allwissenden" Kennzahlen? Wenn sie objektiv wären, müssten sie dann nicht auch allgemeingültig sein?

Besser ist jedoch diese Vorgehensweise: „Ich habe einige Probleme erkannt oder vermute noch einige weitere Problemstellen. Mit welchen datentechnischen Ansätzen kann ich unterstützend die Problemstellung detailliert erkennen und verfolgen oder meine Vermutungen evaluieren?" Als Personalcontroller sollte man sich davor hüten, das Pferd – wie in der ersten Alternative – von hinten aufzuzäumen! Denn dies hatte streng genommen die Konsequenz, dass alle erkannten Probleme Zufallstreffer wären – abhängig davon, ob die entscheidende, den Hinweis gebende Kennzahl gerade Gegenstand der aktuellen Betrachtung ist. Ließen sich demnach alle Probleme lösen, wenn auch alle Kennzahlen ermittelt worden sind?

Ist dies vielleicht der Grund, weshalb sich so viele Manager ein möglichst umfangreiches Kennzahlensystem wünschen? Die Problemerkennung ist noch nicht die Problemlösung, aber – wie es im einleitenden Zitat von Albert Einstein heißt – der Schlüssel dazu. Nur: Gewährleisten allgemein übliche Kennzahlen auch eine zeitlich akzeptable Problemerkennung, die eine Lösung ermöglicht? Oft zeigen Kennzahlen lediglich an, dass in der Vergangenheit Fehler gemacht wurden. Als Hilfsmittel für eine zukunftsbezogene Steuerung sind sie wertlos.

8.2 Die richtige Kennzahl

Kennzahlenarten

Entwicklung der richtigen Kennzahlen

Nach dieser kritisch angelegten Auseinandersetzung mit dem Thema Kennzahlen wird jetzt eine Differenzierung von Kennzahlen nach verschiedenen Kriterien vorgenommen. Dabei soll der hier vorgestellte kritische Denkansatz gewährleisten, dass für eine zu untersuchende Problemstellung die richtigen Kennzahlen als Indikatoren selektiert bzw. entwickelt werden können.

Komplexität/mathematischer Anspruch

- gering (Differenzen, Quotienten, Prozentsätze, Durchschnitte)
- hoch (Methode der kleinsten Quadrate, statistische Funktionen wie Varianz oder Standardabweichung, Delta-Analysen)

Art

- absolute Zahlen (Summen, Differenzen, Durchschnitte)
- Verhältniszahlen (vergleichend, Prozentsätze)
- Gliederungszahlen
  (Zähler und Nenner identische Einheit)
- Beziehungszahlen (unterschiedliche Einheit)
- Indexzahlen (Bezug auf Basiszeitraum oder -stichtag)

Zeitraum

- statisch (Stichtagsaufnahme) Teilzeitquote
- dynamisch (Zeitraumbetrachtung, Ereignisse während eines definierten Intervalls, typisch: Anzahl pro Zeiteinheit) Fluktuation

Zeithorizont
- Vergangenheit
- Gegenwart
- Zukunft (Vorausschau, Prognose)

Zeit-Intervall zwischen Ursache und Wirkung
- sofort wirksam (Krankenstand)
- verzögert wirksam
- stark verzögert wirksam (Fluktuation)

Darstellungsform
- einfacher Zahlenwert (Quotient, Prozentsatz) Teilzeitquote
- Zahlenreihe im Zeitvergleich (Durchschnittsalter-Entwicklung)
- Zahlenwerte im Branchenvergleich (Fehlzeiten)
- grafische Darstellung von Zeitreihen (Fluktuation)
- Ermittlung von Trends
- Ampelmodelle
- Delta-Analysen
- besondere Aufbereitungsformen (Pivot)

Wie finde ich die richtigen Indikatoren? Kausalität und Zeitraumkongruenz

Sehr frei nach Wilhelm Busch gilt: Kennzahlen zu ermitteln ist nicht schwer, die richtigen zu finden dagegen sehr. Grundsätzlich sind bei der Untersuchung von Kausalzusammenhängen die Kennzahlen zu bevorzugen, die von möglichst wenigen externen Faktoren beeinflusst werden. Ein ungewolltes Einwirken weiterer Größen kann aber nie ganz ausgeschlossen werden. Neben der sachlichen Beziehung sind nach der Differenzierung der Kennzahlenarten insbesondere auch die Zeiträume von Problemstellung und Indikator hinsichtlich ihrer Übereinstimmung zu überprüfen.

Die Kennzahl „Fluktuation" als Indikator für eine Problemstellung

Dieser Zusammenhang wird besonders deutlich, wenn für eine problematische Mitarbeiterzufriedenheit die allseits bekannte und immer wieder gern als Indikator gewählte Kennzahl „Fluktuation" einmal etwas genauer unter die Lupe genommen wird. Das nachstehende Beispiel geht davon aus, dass eine bereinigte Fluktuationsquote vorliegt: Es sind keine Sonderfälle (z. B. Outsourcing, Stilllegung eines Teilbetriebs) enthalten; die Altersfluktuation wurde bereits herausgerechnet. Untersuchungsgegenstand ist die Fluktuation außertariflich beschäftigter Mitarbeiter. Ziel ist es, mit Hilfe dieser Kennzahl eine Abwanderung wertvoller Arbeitskräfte zu verhindern.

Beispiel: Die richtige Kennzahl?

Die Fluktuationsquote ist eine retrospektive Kennzahl, die für einen definierten Zeitraum ermittelt wird. Die als Fluktuation bezeichneten, mitarbeiterveranlassten Abgänge stehen am Ende eines langen Prozesses. Es bietet sich an, diesen Prozess zur Bestimmung des Ursachen-Wirkungs-Zeitraumes rückwärtig zu betrachten. Weil das Austrittsdatum ja bekannt ist, lässt sich der ungefähre Zeitraum der Entstehung des Austrittswunsches ermitteln. Die Quote wird oft nur einmal jährlich ermittelt. Somit ist das Datenmaterial im Durchschnitt **sechs Monate** alt. Dabei ist die zeitliche Verzögerung vom Ermittlungszeitraum bis zur Veröffentlichung noch nicht mitberechnet, sondern lediglich die Hälfte des zeitlichen Erhebungsintervalls berücksichtigt. Einem mitarbeiterinduzierten Austritt geht eine Kündigung voraus. Bei Kündigungsfristen von beispielsweise drei Monaten zum Halbjahresende macht dies im Schnitt gut **sechs Monate** aus. Vor einer Kündigung liegt die intensive Zeit der beruflichen Neuorientierung: Es werden Bewerbungen geschrieben, Gesprächstermine wahrgenommen und letztendlich erfolgt ein vertraglicher Abschluss. Geschätzter Zeitbedarf: mindestens **drei Monate**. Zuvor fiel die Entscheidung, sich beruflich zu verändern – ein längerer Weg von der ersten Idee bis zur ersten Realisierung, der Zusammenstellung der Bewerbungsunterlagen und dem ersten Durchstöbern von Arbeitsmarktangeboten im Internet und in Zeitungen. Ansatz: **sechs Monate**. Davor liegt manchmal eine zum Teil Jahre dauernde Phase der Unzufriedenheit – Ansatz in diesem Beispiel: **sechs Monate**. Dies bedeutet, dass von der Ursache bis zum Wirksamwerden über zwei Jahre vergangen sind. Ist sich dessen jeder bewusst, der die Fluktuationsquote eines Jahres vorgelegt bekommt? Bedenkt dies jeder, der die Kennzahl Fluktuation als Indikator für eine Problemstellung auswählt? Unter Berücksichtigung der zeitlichen Zusammenhänge kann die Fluktuationsquote ein Indiz für die Mitarbeiterzufriedenheit der Vergangenheit sein. Als abschließende Beurteilung kann nur auf die mangelhafte Eignung der Fluktuation als steuerungsunterstützendes Datum hingewiesen werden. Das Ziel, motivationsbedingte Austritte zu vermeiden, kann auf diese Weise nicht verfolgt werden.

Zeitgewinn durch fallspezifische Entwicklung von Kennzahlen

Bieten sich Alternativen? Sicher gibt es diverse geeignete personalwirtschaftliche Instrumente, um die Mitarbeiterzufriedenheit zu messen und zu beeinflussen. Soll – aus welchen Gründen auch immer – dennoch eine Kennzahl als mathematische Größe im Zeitablauf verfolgt werden, um diese dann auch als Steuerungsinformation zu nutzen, so muss an einem zeitlich deutlich früheren Zeitpunkt angesetzt werden. Da es sich um eine messbare Größe handeln soll, bieten sich also nur zählbare Dinge an. In vielen Ratgebern und auch auf Fachkonferenzen heißt es an dieser Stelle dann nebulös, es wären „unternehmensindividuelle Kennzahlen" zu ermitteln. Beispiele? Fehlanzeige! Das muss in einem Praxisratgeber jedoch konkretisiert werden: Wie wäre es daher, den Eingang von Kündigungsschreiben auszuwerten – ersatzweise die sofortige systemtechnische Erfassung derselben (z. B. SAP: „Änderungsdatum") – und nicht erst das Wirksamwerden bis zum Austrittstag abzuwarten? Analog zum obigen Beispiel wäre das ein Zeitgewinn von entscheidenden **sechs Monaten** durch die zeitliche Nutzung der Kündigungsfrist! Ein weiterer Gewinn wäre es, die Zahlen monatlich in rollierenden Sechs-Monats-Zeiträumen zu kumulieren. So wären Trends erkennbar und die konstante Berücksichtigung der durch Kündigungsfristen erzwungenen Eingangsspitzen zu typischen Austrittsmonaten (z. B.: 30.06.) gewährleistet. Ein zusätzlicher Zeitgewinn von **sechs Monaten** im Vergleich zu einer jährlichen Ermittlung! Man wäre also der traditionellen Methode gegenüber um **zwölf Monate** im Vorteil. Und dies primär durch die Nutzung des Eingangsdatums einer Kündigung statt des zukünftigen Austrittsdatums. Es handelt sich ausschließlich um ein anderes Datenfeld eines personalwirtschaftlich identischen Vorgangs. Darauf muss man erst einmal kommen? Genau das ist das Geheimnis erfolgreicher Kennzahlen! Es gibt keine guten Kennzahlen „von der Stange". Kennzahlen müssen fallsensitiv entwickelt werden: „Probleme kann man niemals mit derselben Denkweise lösen, durch die sie entstanden sind" (Albert Einstein).

Wenn die Fluktuationsquote urplötzlich steigt, könnte es z. B. auch daran liegen, dass ein neuer Mitbewerber in regionaler Nähe über den Preis die Mitarbeiter „abzieht" oder besser „abgezogen hat". Das hat dann nichts mehr mit einem internen Motivationsproblem zu tun. In der Zeit der boomenden Börse und des Internet-Hype wurden unter Banken manchmal ganze Abteilungen von zehn und mehr Aktienhändlern von der Konkurrenz übernommen. Wahrscheinlich waren die unfreiwillig abgebenden Institute so sehr mit ihren alten und bis dato hervorragend kleinen Fluktuationsquoten beschäftigt, dass sie erst gar nichts gemerkt haben – oder eben erst ein bis zwei Jahre später, als die Quote dann nach oben schoss.

Als ein wesentlicher zeitlicher Bestandteil des Fluktuation erzeugenden Prozesses wurde bereits die Kündigungsfrist genannt. So haben Tarifmitarbeiter oder gewerblich Beschäftigte oft deutlich kürzere Fristen. Ist eine Ermittlung einer gemeinsamen Quote für alle Mitarbeitergruppen unter diesem Aspekt eigentlich zulässig? Ein klares „nein", da ansonsten die Quote keine zu Analysezwecken taugliche Kennzahl wäre, sondern lediglich eine andere Darstellungsform der Zählung der Austritte eines Zeitraums.

Dieser letzte Absatz belegt, dass neue Denkansätze sich quasi von selbst ergeben, wenn ein Sachverhalt intensiv hinterfragt wird: Ist die Fluktuationsquote geeignet, motivationsbedingte Abgänge zu verhindern? Wie sieht der mitarbeiterbezogene Ablauf eines motivationsbedingten Austritts aus? Die Herleitung der Zeitraumbetrachtung erfolgte dann an einer Weißwandtafel, in dem im kontroversen Zweiergespräch versucht wurde, sich in die Rolle eines Mitarbeiters zu versetzen, der sich im Unternehmen nicht mehr wohl fühlt. Aus dieser Ausgangssituation wurde dann die Restverbleibzeit im Unternehmen entwickelt und durch die verschiedenen Phasen belegt.

„Gesundheits quote"

Ein besonders schönes Beispiel für einen kreativen Umgang mit Kennzahlen findet sich im Personalbericht der Holsten-Brauerei[15], der im Internet frei zum Download zur Verfügung steht. Dort wird statt der Fehlzeitenquote eine „Gesundheitsquote" ausgewiesen! Eine nette Idee unter Berücksichtigung des Mitarbeiterbilds im Rahmen der Unternehmenskultur und im Sinne eines positiven Feedback-Prozesses sicher wirksamer, als der drohende Zeigefinger der Fehlzeiten. Der Effekt würde verpuffen, wenn alle Unternehmen diese Darstellungsform nutzten; sie tun es aber nicht!

---

[15] http://www.holsten.de, „Personal", „Personalbericht".

Validität der Grundgesamtheit

Neben der Kausalität und dem zeitlichen Bezug wurde hier en passant ein drittes Kriterium für die Selektion einer Indikator-Kennzahl dargestellt. Die Validität der Grundgesamtheit ist ein weiterer wesentlicher Faktor bei der Ermittlung von Kennzahlen. Dies wird auch in einer weiteren beliebten Kennzahl deutlich. Eine hohe Teilzeitquote wird von vielen Unternehmen gern als Prestige-Datum veröffentlicht, da es Flexibilität, Mitarbeiterorientierung und Modernität transportiert. War vorstehend schon einmal von einer „bereinigten" Quote die Rede, so kommt dieser Aufgabe bei der Teilzeitquote ein besonderes Augenmerk zu: Sind in der Quote Mitarbeiter in Altersteilzeit enthalten? Werden Mitarbeiterinnen, die während der Elternzeit teilzeitbeschäftigt im Rahmen eines Aushilfsvertrags arbeiten, in der Quote berücksichtigt? Welche Mitarbeitergruppen bilden die Grundgesamtheit der Vergleichsgruppe?

Wechsel der Erhebungsmethodik

Neben der inhaltlichen Validität ist es wichtig, im Zeitablauf möglichst wenige Veränderungen der Ermittlungsverfahren vorzunehmen. Ist dies dennoch der Fall, so sollten die Vergangenheitswerte nach der neuen Methode überrechnet werden. Die Daten stehen prinzipiell zur Verfügung und es sollte ein modernes Controlling-System nicht vor größere Schwierigkeiten stellen. Auf keinen Fall dürfen Wechsel der Ermittlungsmethodik unkommentiert „durch die Hintertür" eingeführt werden. Zeitreihenvergleiche wären so hinfällig und gerade die aus Veränderungen ermittelbaren Trends würden Fehlinterpretationen und somit falsche Entscheidungen provozieren.

Methodenwechsel

Es gibt nur einen richtigen Weg: Die Informationsempfänger sind über den Methodenwechsel zu informieren; gleichzeitig sind ihnen die Gründe dafür mitzuteilen. Idealerweise werden zum Wechseltermin zeitgleich überarbeitete Zeitreihen zur Verfügung gestellt. Wird ein Methodenwechsel nur zu dem Zweck vorgenommen, Kennzahlen positiver erscheinen zu lassen, handelt es sich um eine unseriöse Manipulation.

Wie finde ich die richtigen Standard- oder Zielwerte?

Festlegung eines Zielwerts

Nachdem die Beziehungsrelevanz von Problem und Indikator festgestellt wurde, gilt es, die Ziel- oder Zielkorridorwerte für den zukünftigen Untersuchungszeitraum zu definieren. Zu differenzieren sind hier verschiedene Arten der Zielrichtung und Zielerreichung. Es gibt Werte, bei denen Wert und Bewertung monodirektional – also ausschließlich in eine Richtung – verlaufen. Dazu zählen Gewinn- und Rentabilitätswerte ebenso wie eine Fehlzeitenquote. Gemein ist diesen Größen, dass die Zielerreichung nur durch einen Wert determiniert werden muss. Andere Zielwerte gruppieren sich links und rechts um einen Mittelwert, der als Ziel festgelegt wird. Bei derartigen Größen ist die Definition von bidirektionalen (in beide Richtungen verlaufenden) Zielkorridoren erforderlich. Werden Zielerreichungs-Korridore festgelegt, so geschieht dies durch parametrierbare Abweichungs-Prozentsätze und nicht durch absolute Zahlenwerte. Der Vorteil liegt auf der Hand: Wenn alle Zielwerte im grünen Bereich liegen, kann durch ein vorsichtiges „Nachjustieren" (Einengen der „Ranges" = Bereiche) unkompliziert eine kritischere Betrachtung erreicht werden. Typischerweise sind dies oftmals quantifizierte Soft-Facts, bei denen man sich ohnehin schwer tut, einen Richtwert zu bestimmen. Sind die ominösen, in der Literatur immer wieder aufgenommenen 85 % Mitarbeiterzufriedenheit wirklich der optimale Richtwert? Sind 90 % genau so gut oder schlecht wie 80 %? Sollte sich die Fluktuationsquote bei einem Richtwert von 4 % besser nach oben oder nach unten entwickeln? Hier bietet sich ergänzend ein weiteres Verfahren an, das im Folgenden noch detailliert beschrieben wird, die Delta-Analyse. Ein weiterer Bereich der Ziel-Korridor-Betrachtung sind beispielsweise Personalkosten. Es wäre unverantwortlich, bei einer Unterschreitung der Planvorgaben die Ampel immer auf „grün" zu stellen. Auch eine Unterschreitung kann kritische Ursachen haben, die zu verfolgen sind.

Orientierung an unternehmenseigenen Vergangenheitswerten

Wie gelingt es, sich erste, vernünftige Richtwerte zu geben? Dass die Zielwerte einer ständigen Überprüfung unterliegen werden, ist unbestritten. Nur: Wie wird der allererste Richtwert ermittelt? Grundsätzlich besser als alle externen Vergleichsdaten sind die unternehmenseigenen Werte der „unbelasteten" Vergangenheit. Dafür werden insbesondere die Zeiträume analysiert, in denen das dem Indikator zu Grunde liegende Problem noch nicht oder nicht in der aktuellen Ausprägung bestand und der Einfluss anderer Faktoren grundsätzlich ausgeschlossen werden kann. Es ist hilfreich, die ermittelten Vergangenheitswerte grafisch im Zeitablauf darzustellen und die Zeiträume mit konstantem Verlauf zu selektieren, was schon rein „optisch" gelingt. Der ermittelte Durchschnittswert dieser Zeiträume gibt einen meist sinnvollen und validen Norm- bzw. Zielwert wieder. Der Vorteil dieser Methode liegt darin, dass der Zielwert für das spezifische untersuchte Unternehmen garantiert auch erreichbar ist (es gab ihn schließlich schon einmal) und er keinem Wunschdenken oder einer nicht fachlich fundierten Utopie entsprungen ist. Ergänzend können dann Vergleichswerte anderer Unternehmen hinzugezogen werden, um dann den selbst ermittelten Zielwert grob zu evaluieren. Die unternehmensspezifischen Normalwerte sind in jedem Fall ausgewogen und behutsam zu definieren. Es hat keinen Sinn, um jeden Preis und durch „kernige" Aktionen („klotzen, nicht kleckern") eine überzogene Zielerreichung durchzusetzen, die für das Unternehmen in Konsequenz potenziell schädlich wäre. Es bestünde dabei die Gefahr, die eigentliche Problemstellung zu Gunsten einer Kennzahlfixierung aus den Augen zu verlieren. Je komplexer organisatorische Gebilde aufgebaut sind, desto eher gelten Aussprüche wie: „Lege ich hier einen Schalter um, geht im Stockwerk unter mir das Licht aus." oder „Never touch a running system." Insofern ist gerade bei der Definition von Normwerten das „balanced" ungleich wichtiger als bei der ebenso bezeichneten „Scorecard". Ein störungsfreies und grundsätzlich stabiles System findet sein ureigenes Gleichgewicht; ähnlich einem Glas Wasser, das schon kurze Zeit nach dem Einschenken zur Ruhe kommt und eine glatte Oberfläche aufweist. Das gelingt nicht, in dem das Glas bei jeder Zielwertfestlegung einmal kräftig geschüttelt wird.

Sind meine Kenngrößen mit anderen vergleichbar?

Der Vergleich mit anderen ist nur in Ausnahmefällen zulässig

Allgemein ist eine Vergleichbarkeit mit anderen Unternehmen nicht gegeben. Die unterschiedlichen Strukturen und die in keinen Standards vorgegebenen Grundgesamtheiten erlauben prinzipiell keine validen Aussagen. In Ausnahmefällen sind zulässig vergleichende Daten vorhanden; etwa dann, wenn Daten extern unter detaillierter Beschreibung des Vorgangs erhoben wurden (siehe Kapitel 7). Allerdings kann man sich dabei auch nicht sicher sein, da nicht überprüfbar ist, mit welcher Sorgfalt die Erhebung in den anderen Unternehmen durchgeführt wurde. Aber nach dem Motto „in einer großen Stichprobe egalisieren sich die Fehler zu einem vernünftigen Mittelwert" sind z. B. die Branchen-Durchschnittsgehälter als Vergleichsdaten anwendbar. Besser ist es, mit Personalcontrollern befreundeter Unternehmen gemeinsam Erhebungsdefinitionen festzulegen und dann die Ergebnisse zu vergleichen – bitte aber nicht ohne Kenntnis der Geschäftsleitung!

Für jede Kennzahl ein Ziel?

Das wäre erneut die falsche Richtung, der falsche Ansatz. Richtig müsste es heißen: Für jedes Ziel eine oder mehrere Kennzahlen! Ansonsten kommen dabei so merkwürdige – in der Praxis tatsächlich vorkommende – Zielquoten heraus wie „mindestens 20 % Ingenieure". Was leistet diese Quote? Der Bedarf an Ingenieuren ergibt sich aus der Strategie und den Unternehmenszielen und wird in der Struktur der Organisation und der Planstellen manifestiert. Ein solches Ziel ist personalwirtschaftlich irrelevant und störend, da bei einer realen Zielverfolgung andere Ziele vernachlässigt würden.

Die Delta-Analyse

Excelrechner

Eine besondere Form der Kennzahlen-Ermittlung ist neben der Betrachtung der absoluten Werte als Zeitreihe die Fortschreibung der Veränderungsprozentsätze (Delta) zum jeweils vorherigen Ermittlungsstichtag und gegebenenfalls ihre Extrapolation in die Zukunft – vergleichbar mit der 1. Ableitung einer mathematischen Funktion, die nicht den absoluten Funktionswert, sondern ihre jeweilige Steigung angibt. So wird es möglich, selbst marginale Veränderungen schnell zu erkennen und in einer relativ einfachen Weise mathematisch die zukünftig zu erwartende Tendenz, einen Trend, zu bestimmen. Selbst wenn vorbestimmte Zielkorridore noch eingehalten werden, gibt die Größe der Veränderung zum vorherigen Betrachtungszeitraum schon wichtige Hinweise. Der mathematische „Betrag“ (Wert ohne Vorzeichen) der relativen Veränderung zum Vormonat (Prozentsatz) zeigt die Konstanz oder Größe der Veränderung einer Wertereihe an. Niedrige Werte bedeuten Konstanz, hohe Werte eine rasche Veränderung oder Volatilität im Zeitablauf. In Kombination mit Zielkorridoren und einem Ampelmodell handelt es sich bei der Delta-Analyse um eine gute Möglichkeit der Visualisierung (s. CD-ROM).

In Kurzform: die Balanced Scorecard (BSC)

Eine der häufigsten Ansätze, ein Kennzahlensystem relativ schnell zu etablieren, ist der Versuch, eine Balanced Scorecard im Unternehmen einzuführen. Die flüchtige Beschäftigung mit diesem Thema verspricht eine zentrale Unternehmenssteuerung auf Basis von Kennzahlen. Dies entspricht jedoch nicht der ursprünglichen Intention:

> **„The Balanced Scorecard is not a controlling system.
> It is a communication, informing and learning system“[16]**

Interessant ist in dem Zusammenhang auch, dass die Durchsetzung der Idee eine recht lange Zeit benötigt hat, basiert die BSC doch auf einer fachlichen Veröffentlichung von Kaplan und Norton im Jahre 1992 („The Balanced Scorecard – Measures that Drive Performance“, Harvard Business Review). Für einen größeren Leserkreis wurde dann 1996 das Buch „The Balanced Scorecard: Translating Strategy into Action“ publiziert, welches sich zum Bestseller entwickelte. Zur Balanced Scorecard gibt es reichlich gute Literatur, so dass im Rahmen dieses Buches keine weitere ausführliche Beschreibung erfolgt.

---

[16] http://balancedscorecard.com/what.htm.

Es wird in entsprechenden Publikationen festgestellt, dass die BSC nicht mit allgemeingültigen oder gar objektiven Kennziffern operiert: „Das Balanced Scorecard-Kennzahlensystem ist ein unternehmensspezifisches, aus der Vision und Strategie entwickeltes Kennzahlensystem – ein Unikat!“[17] Die Balanced Scorecard selbst sei jedoch als Prozess, weniger als System zu betrachten: „Durch ein Balanced Scorecard-Projekt erhält das Management die Möglichkeit, einen strategischen Lernprozess zu initiieren. ... Es geht zunächst nicht primär darum, ein neues weiteres Kennzahlensystem zu entwickeln, sondern einen neuen Prozess einzuführen. Dieser Prozess ist wichtiger als formalisierte »Kennzahlentechnokratie«.“[18]

Warum gibt es aber überhaupt so wenige Veröffentlichungen, die detailliert aufzeigen, welche Kennzahlen mit welcher Zielbeziehung wie ermittelt werden? Dazu stellt Frederic Fredersdorf fest: „So dürften Informationen über kausale Zusammenhänge sowie die konkret verwendeten Kennzahlen eines Unternehmens aus Wettbewerbsgründen ein Betriebsgeheimnis bleiben.“[19]

Kennzahlen als „geronnene Realität“

Kennzahlen der BSC – Fredersdorf benutzt in dem Zusammenhang den bildhaften Terminus „geronnene Realität“ – sollen die Verantwortlichen anstoßen, sich intensiv mit der Umsetzung strategischer Ziele zu befassen und sich der komplexen Ursachen-Wirkungs-Beziehungen bewusst zu sein. Dies müssen aber alle Beteiligten verinnerlichen, da sonst sowohl eine erfolgreiche Einführung als auch die Umsetzung der BSC nicht möglich sind. Der grundlegende Ansatz der BSC, der auf Basis der Einteilung in fachbereichsübergreifende Perspektiven eine gesamtunternehmerische Sichtweise fördert, ist zu begrüßen und beinhaltet hervorragende Handlungsanleitungen. Es fällt jedoch schwer, bei der allgemein geäußerten und gerechtfertigten Kritik an Kennzahlen die wiederum oft ge-

---

17 „Report Balanced Scorecard, Strategien umsetzen - Prozesse steuern – Kennzahlensysteme entwickeln”, Hrsg.: M.G. Bernhard; S. Hoffschröer, Symposion Publishing GmbH, Leseprobe unter http://www.symposion.de/bsc/bsc_03.htm.

18 Bernhard , a.a.O.

19 „Kennzahlen im Personalwesen – Sind menschliche Qualitäten messbar?“, Frederic Fredersdorf, Symposion Publishing GmbH, Leseprobe unter http://www.symposion.de/bsc/bsc_15.htm.

nannte Wichtigkeit als Problemindikator zu akzeptieren. Wenn Kennzahlen das Ziel verfolgen, Prozessbeteiligten den Weg zu weisen, dann bedeutet dies auch, dass vorher jemand das Ziel klar erkannt und die entsprechenden Indikatoren ermittelt hat. Wenn mit Hilfe einer in einer Reihe ausgelegten Kette von Maiskörnern pickende Hühner in den Stall geleitet werden sollen, muss zunächst jemand die Lage des Stalls und den Standort der Hühner bestimmt haben, um diesen Trick erfolgreich anwenden zu können. Die Ursache für dieses Verfahren kann eigentlich nur darin begründet sein, dass Ziele und Strategien zu abstrakt formuliert sind, als dass eine gradlinige und praktische Verfolgung möglich wäre. Das bedeutet, dass den Experten im Unternehmen eine schwierige Aufgabe zuteil wird: Sie sind nicht nur die „Trüffelschweine der Kennzahlen", sondern gemeinsam mit Prozessentscheidern vorab auch die Übersetzer der Strategien in operationale, also „griffige" Ziele.
Ein weiterer Kritikpunkt am Kennzahlen-Einsatz im Rahmen der BSC bezieht sich ergänzend auf den im vorherigen Absatz genannten Prozess: Aus einem Ziel oder einer Problemstellung werden kreativ und oft mühevoll Kennzahlen abgeleitet. Diese Kennzahlen vereinfachen einen Sachverhalt und leiten dann in der Anwendung der BSC wieder zu ihm hin. Warum müssen alle Meinungen und Einstellungen von Experten durch Quantifizierung evaluiert werden? Wenn beispielsweise als Kennzahl vorgeschlagen wird, festzustellen, „bei wie vielen relevanten Prozessen oder Entscheidungen Personalabteilung und Betriebsrat konstruktiv zusammenarbeiten"[20], so handelt es sich hier doch nur um den retrospektiven und partiellen Ansatz einer Quantifizierung des Bauchgefühls der Beteiligten über die Qualität ihrer Zusammenarbeit. Reicht nicht eine einfache Feststellung? „Die bisherige Zusammenarbeit war nicht immer konstruktiv und zum Teil problembehaftet." Auch hier trifft wieder die bereits allgemein geäußerte Kritik an Kennzahlen zu: Angenommen, die Konflikte zwischen Personalabteilung und Arbeitnehmervertretung lagen in zwei Personen begründet und die Neuwahlen der Betriebsräte führten zu einer völlig neuen Konstellation – welchen Wert hat dann noch die soeben ermittelte Kennzahl?

---

[20] Fredersdorf, a.a.O.

Für den Personalbereich fällt es schwer, alle Perspektiven der BSC sinnvoll mit Leben zu füllen. Viele Ansätze erwecken berechtigterweise den Eindruck, dass sie an den Haaren herbeigezogen wurden. Insofern ist darauf zu achten, dass die Qualität von Kennzahlen hoch ist und die Ermittlungs-Methodik von den Beteiligten akzeptiert wird. Finden sich auch nur einige wenige Kennzahlen, die von den Prozessbeteiligten mit einem gequälten Lächeln als konstruiert empfunden werden, wird die Glaubwürdigkeit des gesamten Systems BSC als „Kaspertheater" in Frage gestellt.

Zeitfaktor bei der Einführung eines BSC

Ein weiterer Aspekt, der die Installation aufwändiger Zielverfolgungssysteme in Frage stellt, sind die vorhandenen zeitlichen und personellen Ressourcen. So sind genau die Prozessbeteiligten, die beispielsweise einen Reorganisationsprozess realisieren, in die Durchführung so stark eingebunden, dass sich selten die Zeitreserven finden, ein komplexes Modell à la BSC einzuführen, zu pflegen und zu leben. Die immer kürzer werdenden Zyklen unternehmerischer Veränderungen, die von immer weniger Prozessbeteiligten umzusetzen sind, erfordern eine Konzentration auf das Wesentliche – den Umsetzungsprozess. Dafür steht – in Anlehnung an eine bekannte marxistische Formulierung – keine „unternehmerische Reservearmee" zur Verfügung. Insofern ist auch das oben genannte Hin und Her vom Problem bzw. Ziel zur Kennzahl und wieder zurück aus Sicht vieler erfahrener „Umsetzer" eher ein Hemmschuh als eine Bereicherung. Das Modell der Balanced Scorecard beinhaltet dennoch viele interessante Denkanstöße und führt zu strukturiertem Vorgehen. Deswegen sollte sich jeder Controller einmal mit ihr beschäftigen. Ein weiterer Grund für die inhaltliche Auseinandersetzung mit der BSC ist der erforderliche Informationsvorsprung, falls im Unternehmen die Idee geboren wird, eine BSC einzuführen. Dann wird es wichtig, dass ein Experte darauf hinweisen kann, wie aufwändig die Einführung einer Balanced Scorecard ist, welchen Nutzen sie hat und wo die Grenzen sind. Auch die viel zitierte Kennzahlen-Ampel der BSC ermöglicht nicht die einfache Umsetzung der gesamten Unternehmensstrategie – sie unterstützt dabei lediglich. Insofern kann die BSC auch als ein Kompromiss zwischen der erforderlichen Detailarbeit der Experten und der geforderten Übersichtlichkeit für das Management verstanden werden.

Kommentierte Abweichungen

Oft sind Abweichungen von Zielwerten mit wenigen Worten sachlich begründbar. Eine Rückführung in die Zielwelt kann dann über einen vereinbarten Zeitraum erfolgen. Um auch bei solchen Kennzahlen den Blick wieder auf wesentliche Daten zu fokussieren, sollten bei einer Ampel-Darstellung bereits kommentierte und von der Geschäftsleitung akzeptierte Abweichungen gekennzeichnet werden. Dies kann durch ein ergänzendes Symbol erfolgen („Häkchen"). Es ändert grundsätzlich nichts an der Ampelfarbe, ermöglicht jedoch auf einen Blick das gedankliche „Abhaken". Für den Controller bedeutet dies, die Höhe der akzeptierten Abweichung während des Rückführungszeitraums anzurechnen. Dazu gibt es zwei rechnerische Möglichkeiten: Das „Mitführen" des gesamten Differenzwertes bis zum Ende des vereinbarten Zeitraums oder die lineare Rückführung. Die letzte Methode bietet sich insbesondere beim Kostencontrolling an. Übersteigt die beobachtete Kennzahl nun die Addition von Zielwert und kommentierter Abweichung, so muss das „Häkchen" wieder wegfallen und der Fokus erneut auf die Kennzahl gerichtet werden. Die datentechnische Umsetzung von Kommentierungs-Budgets in Sekundärsystemen ist nicht sehr aufwändig – es handelt sich dabei um einfache mathematische Funktionen, die zwei Werte im Zeitablauf verknüpfen. Für den Informationsempfänger bedeutet dies jedoch einen Gewinn an Sicherheit und eine effiziente Bearbeitung von Problemfeldern.

Beispiel

Die Kostenart „Fremdarbeitskräfte" läuft aus dem Ruder und liegt 25 % über dem zeitanteiligen Plan. Eine kurze Rücksprache mit der verursachenden Abteilung hat ergeben, dass damit über einen Zeitraum von drei Monaten die Fertigungsspitzen eines ungeplanten und kurzfristig umzusetzenden Sonderauftrages abgefangen werden. Der Abteilungsleiter rechnet damit, dass die kumulierten Planwerte innerhalb eines halben Jahres wieder erreicht werden. Die Geschäftsleitung ist damit einverstanden, für sechs Monate ein „kommentiertes Budget" zu genehmigen, welches linear auf den Planwert zurückführt. In den Folgemonaten erscheint demnach die Ampel als „rot" mit einem kleinen „Häkchen" daneben und der Bemerkung „Kapazitätsspitzen durch Sonderauftrag – lineare Rückführung auf Planbasis bis zum (Datum) vereinbart".

Blick in die Zukunft

Retrospektive, isolierte Kennzahlen sind aus Steuerungssicht grundsätzlich wenig von Nutzen und dienen meist nur der Illustration von Präsentationen und „Success-Stories" (auch „Happiness-Sheets" genannt). Ausnahmen sind Kennzahlenreihen, die menschliches Verhalten abbilden. Interessant sind Vorausschau- und Prognosedaten, die einen Abgleich mit den aus den Unternehmenszielen abgeleiteten Planungsdaten ermöglichen. Plandaten sollten grundsätzlich in einer historiensicheren Form vorgehalten werden; d. h. jeder einzelne Datensatz hat ein Beginn- und ein Endedatum. Der Begriff „historiensicher" beinhaltet dabei nicht nur die Vergangenheit, was der Begriff zunächst suggeriert, sondern alle Zeiträume – auch Gegenwart und Zukunft. Betroffen in der Planung sind insbesondere das Organisations-Management sowie – falls im Unternehmen vorhanden – die Planstellendaten. Wie im Abschnitt Personalplanung (siehe Kapitel 9 und 10) näher erläutert wird, spielt sich Planung auf zwei Ebenen ab. Aus den Plandaten wird zunächst der Bruttobedarf ermittelt. Dem wird das prognostizierte „Ist" zukünftig vorhandener Kapazitäten gegenübergestellt und es ergibt sich der Nettobedarf. Die Personalplanung ist insbesondere auf Kennzahlen angewiesen, da beispielsweise die erwarteten Abgänge in der Prognose auf Basis bekannter Zeitreihendaten als modifizierter Trend ermittelt werden (erwartete Elternzeiten, Austritte etc.). Modifiziert bedeutet in dem Zusammenhang, dass die Quoten nicht blind errechnet übernommen, sondern durch die Erfahrung des Controllers plausibel gemacht und gegebenenfalls angepasst werden.

Das Cockpit nimmt Gestalt an

Als Quintessenz dieses Kapitels bleibt festzustellen, dass ein Kennzahlen-System mit einer allgemeinen Indikatorfunktion intern im Controlling durchaus sinnvoll ist. Vorausgesetzt ist, dass die Ermittlung von Kennzahlen regelmäßig und automatisiert erfolgt, so dass es keinen zusätzlichen (unnötigen) Aufwand generiert, Kennzahlen zu ermitteln, auch wenn sie aktuell nicht gebraucht werden. Im Idealfall können alle denkbaren Kennzahlen historiengenau zu jedem Stichtag oder Zeitraum ermittelt werden. Publiziert werden sollten lediglich ausgewählte und vor allem vereinbarte Kennzahlen, die der Zielverfolgung dienlich und auf eine Steuerung ausgelegt sind. Dafür bieten sich insbesondere rollierende Trends in Kombination mit einem definierten Zielkorridor an, welche dann auch durch Hervorhebungen (farblich, Formatierung) die entscheidenden Kennzahlen fokussieren.

Standardisiertes Reporting im Management-Cockpit

Im Zentrum sollte jedoch ein standardisiertes Reporting stehen, welches Bestände und Bestandsentwicklungen im Vergleich zur Planung aufzeigt. Hier schließt sich der Kreis zum Piloten-Cockpit. Auch im Cockpit liegen ständig diverse Informationen unterschiedlicher Wichtigkeit vor. Sie werden nicht erst bei einem konkreten Bedarf ermittelt. Der Fokus liegt dabei jedoch auf den jeweils zentralen Parametern. Dies sind zum einen Ist-Wert-Anzeigen wie Höhe, Geschwindigkeit, Motorleistung und Position, aber auch auf die nähere oder längere Zukunft ausgerichtete dynamische Anzeigen wie Steig- und Sinkgeschwindigkeit (Variometer) oder die maximale Restflugdauer durch berechnete Kraftstoffreserven. Die Kombination aus validen Gegenwartsdaten, detaillierten Vorausschau- und langfristigen Prognosedaten ermöglicht ein rechtzeitiges Eingreifen, wenn das Unternehmen in Bezug auf seine Ziele vom Kurs abzukommen droht. Auch in einem Cockpit ist es nicht relevant, wie die Höhe oder die Standort-Koordinaten vor einigen Minuten waren. Vielmehr ist gerade hier ein vorausschauendes Denken und Handeln erforderlich: Die aktuelle Sinkgeschwindigkeit (Variometer) zeigt so eine Veränderungstendenz an und lässt auf die erreichte Höhe in einer Minute Rückschlüsse zu (Sinken mit 200 ft/min). Analogie im Management-Cockpit: bekannte Ein- und Austritte, die den Ist-Bestand zukünftig steigen oder sinken lassen. Auch vergleichende Daten lassen Schlussfolgerungen zu. Ist die angezeigte Geschwindigkeit relativ zur Umgebung (IAS = indicated airspeed) geringer als die Geschwindigkeit über Grund, herrscht Rückenwind. Ist ein Personalabbau zu früh initiiert worden, folgen zeitlich und dem Betrag nach detailliert vorausschaubare Kapazitätsengpässe (Vergleich von Plan bzw. Bedarf und errechnetem Ist) – der Kapazitätsabbau erfolgt in dem Fall zu schnell.

Kein Autopilot im Management-Cockpit

Einige besondere „Features" bleiben jedoch den echten Piloten vorbehalten – beispielsweise der Autopilot. In einem direkten Feedback-Prozess werden hier bekannte und vor allem der Zahl nach begrenzte Parameter hochgerechnet, mit Sollwerten verglichen und das Flugverhalten des Flugzeuges wird umgehend korrigiert. Ein Unternehmen ist da deutlich komplexer, auch wenn die Balanced Scorecard prinzipiell diesen Parameter-Ansatz verfolgt. Das Feedback, also die Bewertung der Ergebnisse und die Einleitung von Korrekturmaßnahmen sind jedoch manuell durch die Prozessbeteiligten durchzuführen. Ein Anti-Kollisionssystem rechnet verschiedene Flugparameter hoch, nutzt die Rechendaten anderer Systeme, kombiniert diese und kann so vor gefährlichen Annäherungen warnen. Leider sind personalwirtschaftlich solche Rückkopplungen nicht so einfach und vor allem monokausal darstellbar, gerade wenn die so genannten weichen Faktoren betroffen sind. Dennoch beinhaltet der Vergleich mit einem Flugzeug wertvolle Analogien, die entsprechend umgesetzt werden können; im Beispiel des Anti-Kollisions-Systems den Datenaustausch mit anderen Systemen. Ist es eigentlich allgemein bekannt, an welchen Stellen im Unternehmen Daten vorgehalten werden, die personalwirtschaftlich relevant sein können? (siehe Kapitel 2) Eine weitere Vergleichbarkeit ist die Konzentration auf die wichtigsten Daten bzw. Kennzahlen: So lernt schon der Flug-Schüler, dass der Blick ständig zu rotieren hat und die Haupt-Parameter ständig und aktiv zu beobachten sind: Luftraumbeobachtung, Geschwindigkeit, Höhe, Steigen und Sinken, Luftraumbeobachtung ...

Der Vergleich mit dem Cockpit hinkt leider ein wenig bei der hochgradigen Standardisierung der Fliegerei, was im unternehmerischen Personalcontrolling so nie der Fall sein wird. Die Definition von Standard- und Notfall-Prozeduren macht Sinn, wenn klare „Wenn-Dann-Kausalitäten" ausschließlich eine gültige bzw. präferierte Handlungsalternative zulassen, die unter erheblichem Zeitdruck umzusetzen ist. Glücklicherweise sind aber unternehmerische Entscheidungen nicht innerhalb weniger Sekunden zu treffen. In manchen Unternehmen scheint man davon allerdings nicht weit entfernt zu sein.

Der Personalcontroller als Co-Pilot

Die Rolle des Personalcontrollers liegt somit mehr in der Rolle des Co-Piloten: Während der verantwortlich und aktiv fliegende Pilot die Entscheidungen trifft, kann der Co-Pilot im Sinne einer Aufgabenteilung wertvolle Informationen beisteuern, die der Sicherheit und der optimalen Flugdurchführung dienlich sind. Das richtige Zusammenspiel der beiden als Cockpit-Team wurde in der allgemeinen Luftfahrt bereits vor längerer Zeit erkannt und wird durch diverse Trainingsmaßnahmen gefördert. Unternehmerisch scheint diese Teamarbeit oft noch beeinträchtigt. Der Personalcontroller soll relevante Informationen liefern. Die enge, kontinuierliche und offene Abstimmung über den Kurs des Unternehmens ist dafür von elementarer Wichtigkeit.

Wie sieht denn nun das ideale Personalcontrolling-Cockpit aus? Die Beantwortung dieser Frage ist abhängig von der Aufgabenstellung und wird durch die Kombination weniger Standards und der Implemetierung von speziellen Anzeigeinstrumenten erreicht.
Ein kardinaler Unterschied besteht zwischen einem Flug und einer unternehmerischen Planung: Ein Flug hat ein Beginn und ein Ende. Nach der Landung ist die potenziell gefährliche Situation des Fluges vorbei. Das unternehmerische Controlling muss flexibel und kontinuierlich die Anzeigeinstrumente verschieben, austauschen, justieren und ergänzen. Ansonsten findet auch ein unternehmerischer (Höhen-) Flug einmal ein jähes Ende. Verschiedene Aufgabenstellungen sind in diesem Buch als Praxiskapitel dargestellt. So ist es ein Unterschied, ob ein Unternehmen expandiert (beschleunigt und durchstartet) oder einen Schrumpfungsprozess zur Konzentration auf Kernaktivitäten durchlebt (Anflug und Landung).
Die besondere Schwierigkeit ist die zeitliche Verzögerung, mit der personalwirtschaftliche Aktivitäten wirksam werden: Maßnahmen, die gegenwärtig veranlasst und durchgeführt werden, sind nahezu ausschließlich zukunftswirksam. So ist es die Aufgabe der Personalabteilung, quantitativ und qualitativ die erforderlichen Kapazitäten bereitzustellen. Dabei ist eine Glättung der Bedarfskurve unumgänglich. Defizite in den Zeiträumen mangelnder Kongruenz zwischen Plan und Ist sind daher durch ergänzende Maßnahmen abzufedern (Mehrarbeit, Aushilfen oder Kurzarbeit und die Aufforde-

rung, Zeitguthaben abzubauen). Die flexible Arbeitszeit mit großzügig bemessenen Kontenrahmen ist hierbei eine große Unterstützung. So lassen sich insbesondere in Produktionsunternehmen kurzfristige Engpässe auffangen und Leerlaufzeiten vermeiden, wenn nicht andere Restriktionen vorliegen (z. B. Maschinenlaufzeiten). Somit ergibt sich als wichtige Kennzahl für die Produktionsplanung der Bestand und die Entwicklung der Zeitguthaben!

Das Bild des Cockpits

Warum übt der Begriff „Cockpit" einen so großen Reiz aus – einmal abgesehen von einem gegebenenfalls persönlichen Interesse an der Luftfahrt? Hier scheinen verschiedene Aspekte zusammenzukommen:

- Alle erforderlichen Informationen liegen komprimiert vor.
- Sämtliche Technik funktioniert perfekt.
- Die Piloten steuern im Wortsinn und haben alles im Griff.
- Jeder Start und jede Landung sind ein Erfolg.
- Verfahren und Abläufe sind hochstandardisiert: Für nahezu jedes potenzielle Problem gibt es eine vordefinierte Lösung.
- Ein Flug verläuft üblicherweise ohne Komplikationen.
- Piloten sind die unbestrittenen Chefs an Bord (zudem ist ihr öffentliches Ansehen als Berufsgruppe hoch).
- die Identifikation mit einem Piloten fällt als Folge eines kindlichen, unerfüllt gebliebenen Berufswunsches leicht.
- Ein Flugzeug ist ein perfekt zu steuerndes Gebilde.

Es handelt sich insgesamt also um eine idealisierende Vorstellung – getragen vom Wunsch nach souveräner Perfektion und Optimierung der Unternehmenssteuerung.

8.3 Auswertungen aus dem Personaldatenbestand

Eine umfangreiche Übersicht der bekanntesten Kennzahlen im Personalwesen sowie einen Excelrechner finden Sie auf der CD-ROM. Weitere praktische Beispiele sind in einem Excelrechner ebenfalls auf der CD-ROM zusammengestellt. Idealerweise ist jedoch ein Datenbanksystem einzusetzen, welches in der Konzeption und Erstellung sicher einen erhöhten Aufwand fordert, in der regelmäßigen Benutzung jedoch deutlich flexibler, schneller und bedienerfreundlicher ist. Detaillierte Informationen zur Ergebnis-Darstellung bietet das Kapitel 4 .

Checkliste und Excelrechner

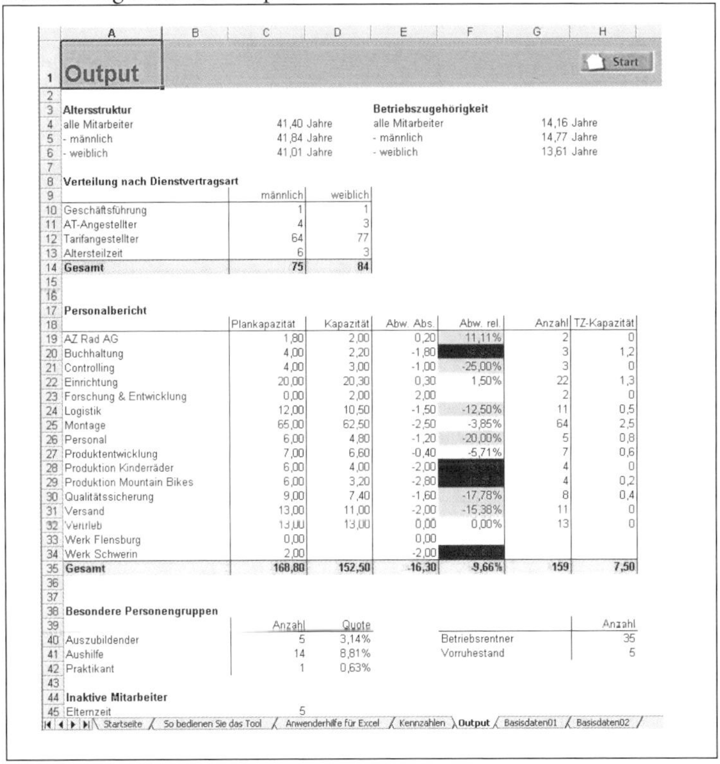

Output (Start)

Altersstruktur

alle Mitarbeiter	41,40 Jahre
- männlich	41,84 Jahre
- weiblich	41,01 Jahre

Betriebszugehörigkeit

alle Mitarbeiter	14,16 Jahre
- männlich	14,77 Jahre
- weiblich	13,61 Jahre

Verteilung nach Dienstvertragsart

	männlich	weiblich
Geschäftsführung	1	1
AT-Angestellter	4	3
Tarifangestellter	64	77
Altersteilzeit	6	3
Gesamt	**75**	**84**

Personalbericht

	Plankapazität	Kapazität	Abw. Abs.	Abw. rel.	Anzahl	TZ-Kapazität
AZ Rad AG	1,80	2,00	0,20	11,11%	2	0
Buchhaltung	4,00	2,20	-1,80	[illegible]	3	1,2
Controlling	4,00	3,00	-1,00	-25,00%	3	0
Einrichtung	20,00	20,30	0,30	1,50%	22	1,3
Forschung & Entwicklung	0,00	2,00	2,00		2	0
Logistik	12,00	10,50	-1,50	-12,50%	11	0,5
Montage	65,00	62,50	-2,50	-3,85%	64	2,5
Personal	6,00	4,80	-1,20	-20,00%	5	0,8
Produktentwicklung	7,00	6,60	-0,40	-5,71%	7	0,6
Produktion Kinderräder	6,00	4,00	-2,00	[illegible]	4	0
Produktion Mountain Bikes	6,00	3,20	-2,80	[illegible]	4	0,2
Qualitätssicherung	9,00	7,40	-1,60	-17,78%	8	0,4
Versand	13,00	11,00	-2,00	-15,38%	11	0
Vertrieb	13,00	13,00	0,00	0,00%	13	0
Werk Flensburg	0,00		0,00			
Werk Schwerin	2,00		-2,00	[illegible]		
Gesamt	**168,80**	**152,50**	**-16,30**	**-9,66%**	**159**	**7,50**

Besondere Personengruppen

	Anzahl	Quote
Auszubildender	5	3,14%
Aushilfe	14	8,81%
Praktikant	1	0,63%

	Anzahl
Betriebsrentner	35
Vorruhestand	5

Inaktive Mitarbeiter

Elternzeit	5

Startseite / So bedienen Sie das Tool / Anwenderhilfe für Excel / Kennzahlen / **Output** / Basisdaten01 / Basisdaten02

Excelrechner Kennzahlen

8.4 Interpretation der ausgewerteten Daten

Kommentierung der Zahlenkolonnen

Besser als die ausschließliche Lieferung von Zahlenkolonnen und Grafiken sind ergänzende Anmerkungen und Hinweise des Personalcontrollings. Diese werden in der Praxis jedoch nicht für jede Auswertung, jede Kennzahl oder jeden Bericht erstellt. Der Aufwand wäre einfach zu hoch.

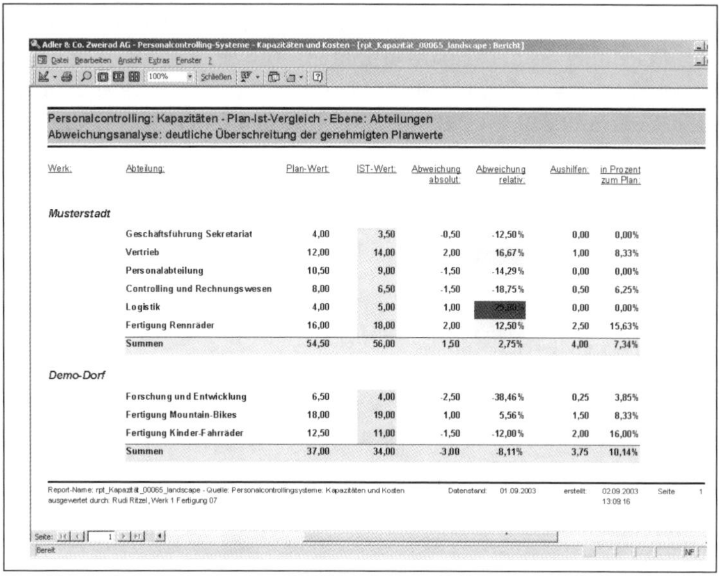

Adler & Co. Zweirad AG - Personalcontrolling-Systeme - Kapazitäten und Kosten - [rpt_Kapazität_00065_landscape : Bericht]

Datei Bearbeiten Ansicht Extras Fenster ?

100% Schließen

Personalcontrolling: Kapazitäten - Plan-Ist-Vergleich - Ebene: Abteilungen
Abweichungsanalyse: deutliche Überschreitung der genehmigten Planwerte

Werk:	Abteilung:	Plan-Wert:	IST-Wert:	Abweichung absolut:	Abweichung relativ:	Aushilfen:	in Prozent zum Plan:
Musterstadt							
	Geschäftsführung Sekretariat	4,00	3,50	-0,50	-12,50%	0,00	0,00%
	Vertrieb	12,00	14,00	2,00	16,67%	1,00	8,33%
	Personalabteilung	10,50	9,00	-1,50	-14,29%	0,00	0,00%
	Controlling und Rechnungswesen	8,00	6,50	-1,50	-18,75%	0,50	6,25%
	Logistik	4,00	5,00	1,00	25,00%	0,00	0,00%
	Fertigung Rennräder	16,00	18,00	2,00	12,50%	2,50	15,63%
	Summen	54,50	56,00	1,50	2,75%	4,00	7,34%
Demo-Dorf							
	Forschung und Entwicklung	6,50	4,00	-2,50	-38,46%	0,25	3,85%
	Fertigung Mountain-Bikes	18,00	19,00	1,00	5,56%	1,50	8,33%
	Fertigung Kinder-Fahrräder	12,50	11,00	-1,50	-12,00%	2,00	16,00%
	Summen	37,00	34,00	-3,00	-8,11%	3,75	10,14%

Report-Name: rpt_Kapazität_00065_landscape - Quelle: Personalcontrollingsysteme: Kapazitäten und Kosten Datenstand: 01.09.2003 erstellt: 02.09.2003 13:09:16 Seite 1
ausgewertet durch: Rudi Ritzel, Werk 1 Fertigung 07

Seite: 1

Bereit NF

Berichts-Screenshot aus einer Access-Datenbank

Dieser Screenshot eines Berichts zeigt eine Kombination aus originärer Kennzahl (relative Abweichung) und automatisierter Bewertung mit Hilfe von Zielkorridoren (Grenzbetrag des Abweichungswertes, im Original „gelb" oder „rot" hinterlegt). Dies ist eine sinnvolle Alternative zu einem gänzlich unkommentierten Zahlenwerk. Es erleichtert auch dem Controller Plausibilitätskontrollen und gibt dem Empfänger direkte, visuelle Hinweise auf potenzielle Problemfelder.

Bei Informationen hoher Priorität sollte aber immer das persönliche Gespräch gesucht werden, um die Besonderheiten der Datenermittlung und die Interpretationsmöglichkeiten und Grenzen detailliert darzulegen. In der Praxis hat sich auch die Methode bewährt, unmittelbar nach dem Versand der Ergebnisse per Mail ein kurzes Telefonat zu führen. Wichtig ist dabei die zeitliche Nähe, um irreführende Interpretationen des Empfängers auszuschließen: Beschäftigt sich ein Empfänger zunächst allein mit den erhaltenen Informationen, so wird die daraus resultierende eigene Sichtweise und Einstellung zum Sachverhalt durch spätere Hinweise des Controllers kaum oder nur begrenzt revidierbar sein.

Persönliche und zeitnahe Kommentierung bei wichtigen Informationen

Kennzahlen sind kein Allheilmittel

Fazit

Der Themenkomplex „Kennzahlen" ist hier bewusst kritisch und pointiert aufbereitet worden. Dafür gab es zwei Beweggründe: Einerseits sollte die Kennzahl entmystifiziert werden, denn für komplizierte Abläufe gibt es keine einfachen Allheilmittel. Andererseits wurde inhaltlich neben der rein fachlichen Bewertung auch das Spannungsfeld zwischen Controlling und Informationsempfänger beleuchtet. Dies betrifft zwar grundsätzlich alle Bereiche des Personalcontrollings, es wird aber in der Praxis am Beispiel der Kennzahlen regelmäßig auffällig.

Welche Lösung bietet sich an? Die relevanten Stichworte heißen „Kommunikation" und „Konzentration"! Der vereinbarte Blick auf wesentliche Daten und Informationen ermöglicht eine fokussierte Verfolgung der unternehmerischen Ziele. Das Weglassen überflüssiger Zahlenkolonnen unterstützt dies nachhaltig. Diese Form des „Reporting on demand" hilft auch dem Empfänger, die kommentierten Informationen im Wortsinn „verwerten" zu können. Er sieht sich nicht genötigt, hinter jeder willkürlich publizierten Kennzahl – sei sie auch noch so banal – ein Problem zu vermuten. Von Seiten des Auftraggebers muss eine große Offenheit den Controlling-Experten gegenüber vorherrschen. Wird hinsichtlich der wahren Unternehmensziele gemauert, kann keine fachkundige Beratung erfolgen. Eine „Kultur der Geheimniskrämer" erzeugt Fehlinformation!

9 Wie planen Sie den Personalbedarf bei expansivem Geschäft?

9.1 AZ Rad: Ein Großauftrag trifft ein

Unerwartet für die Geschäftsführung der AZ Rad tritt eine bekannte Supermarktkette mit einer überraschenden Anfrage an sie heran. Es geht um die Lieferung einer großen Stückzahl moderner „All-Terrain-Bikes" („ATBs") für Damen und Herren sowie einer Position Kinderfahrräder. Die Anfrage umfasst ein Volumen, welches rund 30 % einer Jahresproduktion entspricht. Das Angebot ist attraktiv, obwohl die Produktionsanlagen aktuell zu fast 100 % ausgelastet sind. Es besteht zudem die Option von Folgeaufträgen in den nächsten Jahren. Die Geschäftsführung zögert noch ein wenig, da eine Expansion gerade für einen mittelständischen Betrieb beträchtliche Risiken beinhaltet. Die Personalabteilung hat den Auftrag erhalten, einen Vorschlag für die personelle Ausstattung eines Betriebes an einem bestehenden oder neuen Standort zu erarbeiten. Zur Diskussion steht an erster Stelle die Erweiterung des Flensburger Werkes. Es besteht alternativ die Möglichkeit, einen französischen Familienbetrieb zu übernehmen, der aufgrund einer fehlenden Nachfolgeregelung seit geraumer Zeit zum Verkauf angeboten wird. Je nach Szenario ergeben sich gemeinsame und auch durchaus unterschiedliche Fragestellungen: Welcher Personalbedarf besteht? Welche Positionen im neuen Betrieb wären mit erfahrenen Mitarbeitern zu besetzen? Für welche Positionen stünden die lokalen Mitarbeiter zur Verfügung? Können temporäre Abgänge erfahrener Kollegen in ein neues Werk kompensiert werden? Wie steht es um die Mobilität? Gibt es interne Nachfolgeplanungen oder zumindest

identifizierbare Kandidaten? Sind jetzt schon Problemfelder durch zukünftige Austritte oder Abgänge durch Vorruhestand oder Erreichen der Altersgrenze erkennbar? Wie sieht der regionale Arbeitsmarkt aus?
Mit diesen und anderen Fragen betritt das Personalcontrolling Neuland: Reichte es bisher, sich mit Vergangenheits- und Gegenwartsdaten auseinanderzusetzen, wird nun eine dezidierte Planung – der Blick in die Zukunft – erwartet.

Das Projektteam

Festlegung der höchsten Vertraulickeitsstufe

Bevor die erste Auswertung erfolgt und Ergebnisse ermittelt werden, muss bei allen Beteiligten das gemeinsame Verständnis vorherrschen, dass für dieses Projekt die höchste Vertraulichkeitsstufe gilt. Sollten Informationen vor Abschluss der Entscheidungsfindung an einen Mitbewerber gelangen, könnte dies das gesamte Vorhaben gefährden. Die Controlling-Art muss deshalb in diesem Fall eindeutig als „intern-vertraulich" klassifiziert werden. Daher wurde bewusst ein sehr kleines Projektteam zusammengestellt. Neben dem Leiter der Fertigung wurden Vertreter des Finanzcontrollings und der Personalabteilung hinzugezogen sowie erstmalig in einem solchen Prozess auch explizit das Personalcontrolling.

Szenarien

Die Geschäftsleitung beauftragt die Projektgruppe mit der Erarbeitung von zwei Szenarien.

Szenario A

Erweiterung der Produktionsanlagen im Werk Flensburg.

Szenario B

Kauf des Betriebs am Standort Frankreich unter Einbeziehung der vorhandenen lokalen Kapazitäten.

Die Erarbeitung der Planungsdaten für die erste Alternative genießt bei der Geschäftsleitung die oberste Priorität und wird daher zuerst durchgeführt. Bevor innerbetriebliche Planungen beginnen, erfolgt zunächst eine standortbezogene Bestandsaufnahme.

Umfeldanalyse

Das Unternehmen verfügt aufgrund seiner langjährigen Ansiedlung in Flensburg (Produktionsstandort) über detaillierte Kenntnisse der Region. Für die erweiterte Umfeldanalyse und die Verifizierung der im Unternehmen geäußerten Annahmen zum Szenario A liegen mittlerweile verlässliche Daten vor. Wichtige Rahmendaten und aussagekräftige Informationen wurden zusammengetragen, analysiert und für das Projektteam zusammengestellt – dazu in Kurzform einige Beispiele:

Aussagekräftige Informationen zum Produktionsstandort

- Die Arbeitslosenquote in Flensburg beträgt 15,6 % (Stand Juli 2004) und liegt somit deutlich über dem Schnitt des Landes Schleswig-Holstein.
- Aufgrund der wirtschaftlichen Struktur der Region (u. a. Schiffs- und Maschinenbau) ist zu erwarten, dass sowohl gut ausgebildete Fachkräfte als auch Arbeitnehmer mit einschlägigen Erfahrungen oder verwandten Berufsbildern verfügbar sind.
- Standortschließungen der Bundeswehr haben auch hier ihre Spuren hinterlassen: Viele kleine und mittelständische Unternehmen, die bisher von der Präsenz der Bundeswehr profitierten, haben große Schwierigkeiten, neue Auftraggeber zu finden und befinden sich in einem Stagnations- oder Schrumpfungsprozess.
- Einer räumlichen Erweiterung stehen keine Hindernisse entgegen. Das Flensburger Grundstück lässt den Anbau einer Produktionshalle zu und die administrativen Hürden werden voraussichtlich aufgrund des großen Interesses der Stadt an der Schaffung weiterer Arbeitsplätze rasch überwunden sein.

Human Resources

Die terminologische Redeweise der „Verfügbarkeit von Fachkräften“ liefert schon einen Hinweis darauf, dass die Personalplanung zunächst eine der abstraktesten Aufgaben des Personalcontrollings ist. So ist zu Beginn weniger von Menschen die Rede als vielmehr von Kapazitäten, Bedarf und Beschaffung. Der Begriff „Human Resources“ findet hier seinen festen Platz, da die Personalplanung sich im Rahmen der betrieblichen Planung zunächst ausschließlich mit quantitativen Größen (Ressourcen) zu beschäftigen hat. Vorab gesagt, handelt es sich gemeinsam mit dem thematisch eng verwandten

Personalrisikocontrolling (siehe Kapitel 13) um die komplexesten Aufgabenstellungen des Personalcontrollings. Der Zusammenhang zwischen beiden Bereichen ist einfach hergestellt: Eine gute Personalplanung minimiert verschiedene – wenngleich nicht alle – Personalrisiken.

Zeitgemäßes Personalcontrolling

Zeitgemäßes Personalcontrolling bildet den Brückenschlag zwischen dem traditionellen und eher „menschlich" ausgerichteten Personalwesen und dem ausschließlich mathematisch-analytischen Controlling. Es ist daher aufgefordert, sich unter Verbindung beider Aspekte in den Personalplanungsprozess effizient einzubringen. Der Planungsprozess vollzieht dabei eine „Bewegung" vom reinen Zahlenwerk (Bedarfsplanung) hin zu den Mitarbeitern mit ihren individuellen Kenntnissen und Fähigkeiten, was im Folgenden deutlich wird. Der Einsatz von leistungsstarken DV-Systemen ist – unabhängig von der Unternehmensgröße – unerlässlich.[21]

9.2 Der Personalplanungsprozess

Warum Personalplanung?

Der entscheidende Faktor „Personal"

Nicht nur erwartete Veränderungen im Personalbedarf bedingen eine detaillierte Personalplanung. Die betrieblichen Planungsprozesse und Entscheidungen sind ohne Berücksichtigung des Faktors „Personal" nicht denkbar. Obwohl der Anteil des Personaleinsatzes im Vergleich zu den anderen Produktionsfaktoren branchenspezifisch durchaus unterschiedlich ist, spielen Personalkosten, Mitarbeiterkapazitäten, arbeitsrechtliche Aufgabenstellungen und soziale Gesichtspunkte bei jeder Reorganisation, Expansion oder Diversifikation sowie bei der Anpassung an Marktgegebenheiten immer eine gewichtige Rolle. Auch ohne anvisierte Reorganisationen verändert sich im Laufe der Zeit die soziodemographische Struktur der Belegschaft und eine bisher vielleicht entbehrliche

[21] vgl.: Fachartikel „Personalbedarfsplanung mit Personalinformationssystemen" Fred Schübbe/Guido Lisges, veröffentlicht in: „Organisation", Rolf Bühner (Hrsg.), Verlag mi-Loseblatt (Verlagsgruppe moderne industrie).

Nachfolgeplanung entwickelt sich in einer neuerlichen Planungsperiode zum erfolgskritischen Faktor.

Was bedeutet Planung?

Definition „Planung"

Planung versucht Zufälligkeiten und Überraschungen auf ein unternehmerisch erträgliches Maß zu reduzieren und Ereignisse – so gut wie möglich – zu antizipieren.
Ergänzend findet sich ein weiterer Definitionsversuch im Handkommentar zum Betriebsverfassungsgesetz: „Planung besteht im systematischen Suchen und Festlegen von Zielen sowie im Vorbereiten von Aufgaben, deren Durchführung zum Erreichen der Ziele erforderlich ist. Der Plan ist das Ergebnis der Planung."[22]
Der Verzicht auf fundierte Daten und nachvollziehbare Szenarien wird derzeit in der Personalplanung traditionell noch eher akzeptiert, als in anderen Unternehmensbereichen, da mangels bisheriger Durchführung eine solche auch nicht zwingend erwartet wird. Unabhängig von der Unternehmensgröße wird man zukünftig aber nicht darauf verzichten können, auch im Personalbereich Planungsprozesse zu instrumentalisieren und zu etablieren und mit Hilfe der Datenverarbeitung effektiv zu unterstützen. Zunehmende Kostenzwänge, schnellere Innovationszyklen und die Internationalisierung der Märkte ebenso wie die Erkenntnis, dass auch das Personal keine unbewegliche Masse darstellt, erfordern und fördern eine Personalplanung. Vorausschauendes Handeln wird die Basis für eine erfolgreiche und effektive Personalarbeit.

Hindernisse in der betrieblichen Umsetzung

Systematische Personalplanung setzt eine solide Datenbasis voraus

Sofern die Personalplanung bisher vernachlässigt oder unterlassen wurde, ist der Hauptgrund an der Basis des Controllings zu finden: So liegen die für eine Planung erforderlichen Daten nicht oder nur in einer unzureichenden Qualität und Validität oder datentechnisch nicht verarbeitbar („Zettelwirtschaft") vor. Ferner fehlen DV-Systeme, die eine systematische Planung ermöglichen. Gerade der im Rahmen der Unternehmensplanung erforderliche Feedback-

[22] Fitter: Betriebsverfassungsgesetz; Handkommentar, 18.Aufl., S. 1488.

Prozess bedingt eine beliebig replizierbare, mit veränderbaren Parametern durchführbare Berechnung von Bedarfen. Standardisierte Planungstools werden schnell an ihre Grenzen stoßen, denn es gibt keine allgemein anwendbaren Verfahren, die man sich bei anderen Unternehmen abschauen kann oder die der Fachliteratur zu entnehmen sind. Die Personalplanung ist letztlich auch aufgrund ihrer Komplexität stets ein unternehmensindividueller Vorgang.

Hindernisse in der Zusammenarbeit

Offensive Personalplanung als Teil der Unternehmensplanung

Wenn Personalplanung nicht im erforderlichen Maße stattfindet, kann dies auch soziale, hierarchische und emotionale Ursachen haben. Wird Personal primär als Kostenfaktor betrachtet, hindert dies die Planungsbeteiligten, sich offensiv damit zu befassen, da sie selbst als Kostentreiber gelten könnten. Wird Personal als wertvolles Gut im Unternehmen angesehen, erhöht dies die Bereitschaft, sich mit Planung auch unter Investitionsgesichtspunkten zu beschäftigen.

Existiert offiziell oder auch nur implizit ein Entscheidungsmonopol der vertriebs- und fertigungsnahen Abteilungen („Wir entscheiden, weil wir das Geld für das Unternehmen verdienen!"), hat es der Personalbereich schwer, seine Kompetenz in die Planungsprozesse einzubringen.

Zu bedenken ist ferner, dass personalwirtschaftliche Entscheidungen nicht zuletzt aufgrund bestehender Gesetze zum Arbeitnehmerschutz eine gewisse Vorlaufzeit benötigen und schon allein deshalb kein „reaktives Anhängsel" der Unternehmensplanung sein dürfen.

Die Personalbedarfsplanung im Kontext der betrieblichen Planung

Die Personalbedarfsplanung ist eng mit den Unternehmenszielen verwoben. Aus dem Zielbündel der Unternehmensstrategie ergibt sich ein Bedarf an Ressourcen (Produktionsfaktoren) verschiedenster Art. Idealerweise findet der funktionsbezogene Human-Kapazitätsbedarf seinen Niederschlag im Soll-Gerüst des Unternehmens. Bei der Konzeption zukünftiger Abläufe werden zunächst Organisationsstrukturen festgelegt, angepasst oder bestätigt.

Anschließend erfolgt die Verfeinerung bis auf die Ebene der einzelnen Funktionsbereiche. Nicht jede Planungsrunde beinhaltet derart tief greifende Veränderungen. Oft genügt es, den funktionsbezogenen Kapazitätsbedarf pro Organisationseinheit zu überprüfen und geringfügig anzupassen. Das Planungsverfahren ist jedoch in jedem Fall identisch und sollte nicht aus Bequemlichkeitsgründen vernachlässigt werden („bleibt alles beim Alten ...").

Der gesamte Personalplanungsprozess ist im Schaubild auf der folgenden Seite dargestellt. Die Abfolge und die einzelnen Einflussfaktoren sowie die internen Entscheidungswege erheben keinen Anspruch auf Vollständigkeit oder Allgemeingültigkeit. Es handelt sich bei der Personalplanung um einen sehr individuellen und komplexen Prozess, bei dem wesentliche Punkte und Grundsätze jedoch immer zu berücksichtigen sind. Darauf konzentrieren sich die weiteren Ausführungen dieses Kapitels.

Alle Schaubilder zur „Personalplanung" finden Sie auch auf der CD-ROM.

Schaubilder zur Personalplanung

Die folgende Abbildung zeigt die Beziehungen der verschiedenen Planungsarten untereinander und deren zeitlichen Ablauf. Eingebettet in die Unternehmensplanung erfolgt zunächst die Ermittlung des Bruttopersonalbedarfs. Dabei werden Zieldefinitionen und Strategie der Personalwirtschaft zu Grunde gelegt.

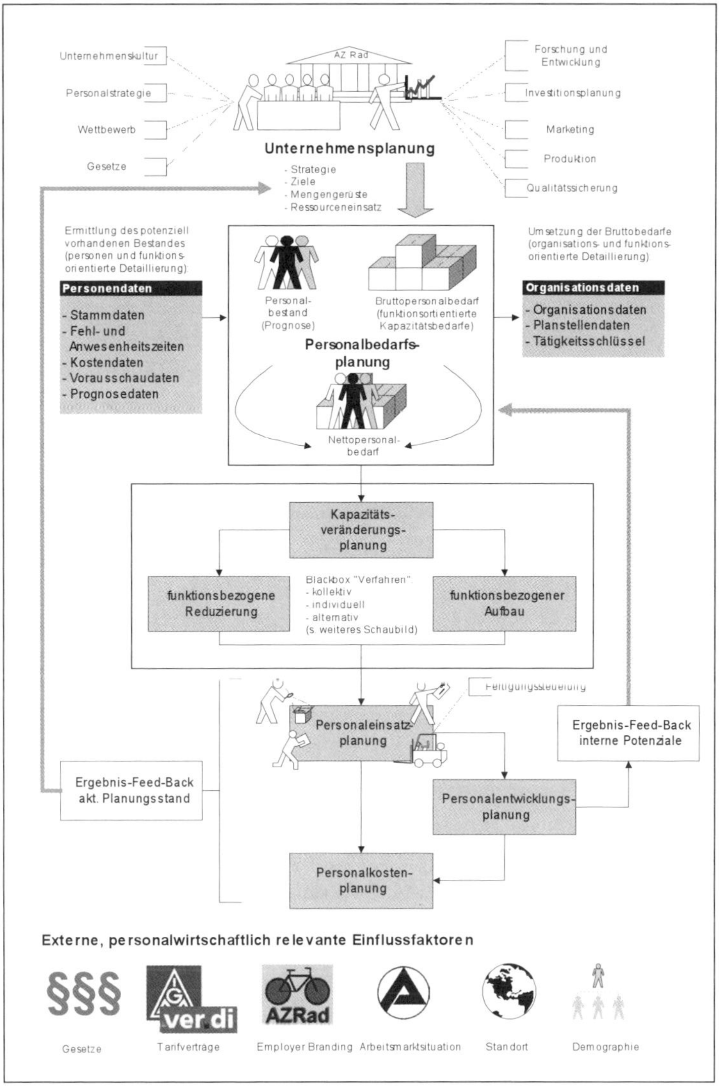

Schaubild: Personalplanung – Gesamtprozess

Bruttopersonalbedarf

Die Summe der Kapazitätsbedarfe aller Funktionen ergibt den Bruttopersonalbedarf. Zu diesem Zeitpunkt besteht noch kein Zusammenhang zum vorhandenen Personalbestand. Es handelt sich vielmehr um ein theoretisches Mengengerüst, das alle zu erbringenden Unternehmensleistungen berücksichtigt. Die Belegschaft ist hier nicht Gegenstand der Betrachtung.
Der in den meisten Fällen fehlende lineare Zusammenhang zwischen Personalbedarf und Ausbringungsmenge erschwert die Durchführung der Planung. Viele Funktionen stehen in keinem direkt messbaren Zusammenhang oder entziehen sich durch produktionsfremde Aufgaben einer mengenorientierten Planung. Grundsätzlich gilt für alle Funktionen, die Gegenstand der Planung werden, folgende Aussage:

„Je höher standardisiert, desto besser planbar!"

Voraussetzung für die erfolgreiche Bruttobedarfsplanung ist also, dass die pro Personaleinheit erwarteten, funktional spezifizierten Leistungsbeiträge bekannt sind. Ist eine direkt berechenbare Abhängigkeit nicht gegeben, so sind Hilfsmethoden zur Quantifizierung der Kapazitätsbedarfe anzuwenden. Dazu zählen Erfahrungswerte oder vergleichende Berechnungen. Mathematisch ausgedrückt muss zunächst eine Variable (Summe der Unternehmensleistungen) bestimmt werden, um die Unbekannte (kapazitärer, funktionsbezogener Ressourcenbedarf) berechnen zu können. Ein umgekehrter Ansatz („Was können wir mit den vorhandenen Ressourcen leisten?") wäre unternehmerisch ausschließlich dann akzeptabel, wenn – bezogen auf die Personalplanung – ein deutlicher Arbeitskräftemangel vorherrschen würde. Immer, wenn kein Knappheitsproblem vorliegt, bestimmt die geplante Unternehmensleistung den Einsatz der Ressourcen aktiv. Als Knappheit gilt in diesem Zusammenhang auch eine begrenzte Absatzmöglichkeit.

Beispiel: Personal-Ressourcen-Knappheit

Restriktionen durch Ressourcenknappheit sind innerhalb der nächsten Jahre in Deutschland im Bereich des Ingenieurswesens zu erwarten. Viele Unternehmen wissen dies und akquirieren bereits heute massiv an Hochschulen, um die zukünftig erwarteten Bedarfe grob decken zu können. Dies erfolgt, um aktiv die quantitative Unternehmensleistung bestimmen zu können und nicht reaktiv „mit dem, was man halt hat" eine Mangelwirtschaft zu betreiben. Eine Planung, die Engpassrisiken ohne Zwang in Kauf nimmt, ist nicht akzeptabel.

Umfeldparameter

Die Quantifizierung von Bedarfen ist dann relativ valide durchführbar, wenn die Planung der zukünftigen Aktivitäten auf einer grundsätzlich bekannten und stabilen Basis aufsetzt. Dazu zählen folgende Umfeldparameter:

- Aufbauorganisation
- Abläufe
- Fertigungstechnologien
- Qualifikationsniveau der Belegschaft
- Standort

Stehen in irgendeiner dieser bisher konstanten Umfeldeigenschaften Veränderungen an, ist eine besondere Sorgfalt in der Bemessung von einzusetzenden Ressourcen zu üben. Ein erwarteter Produktivitätszuwachs – beispielsweise durch neue Technologien, Maschinen oder verbesserte Abläufe – wird sich kaum unmittelbar einstellen. Auch wenn Veränderungsbereitschaft heutzutage in jedem Mitarbeitergespräch postuliert wird, zeigt die Erfahrung, dass allzu optimistische Erwartungen mit Vorsicht zu genießen sind und oft durch die Reibungsverluste in der Umsetzung – zumindest im Jahr der Veränderung – die Vorteile egalisiert bzw. sogar negative Effekte ausgelöst werden. Ein durch den Leiter der Fertigung freudig verkündeter, zukünftig möglicher Personalabbau aufgrund des Einsatzes neuer Verarbeitungstechniken ist sorgfältig zu prüfen und von Beginn an in Frage zu stellen. Oft werden Investitions-Entscheidungen und Zusagen an die Einsparung anderer Ressourcen gekoppelt. Hier ist feinfühlig die Interessenlage der Planungsbeteiligten zu hinterfragen und in die eigenen Überlegungen und Handlungsweisen mit aufzunehmen.

Unter Inkaufnahme der verschiedenen Schwierigkeiten der Ermittlung von Personal-Kapazitäts-Größen sind letztendlich als Abschluss der Bruttobedarfsplanung funktionsbezogene Plandaten zu ermitteln und quantifiziert festzulegen.

Beispiel

Ein strukturelles Beispiel zur Aufstellung von Organisationseinheit, Tätigkeit und Plankapazität befindet sich – gleichzeitig als ergänzendes Programmierbeispiel zum Kapitel 5 – auf der CD-ROM.

Wie wird die korrekte Bemessung der Plandaten vorgenommen? Liegen keine Daten aus der Fertigungssteuerung vor, was gerade bei kleineren Betrieben zu erwarten ist, können Erfahrungswerte der Vergangenheit genutzt werden, um die erforderlichen Plankapazitäten zu berechnen oder zu schätzen. Dazu eignet sich die jeweils gewichtete Ausbringungsmenge der vergangenen Perioden. Je nach effektivem Auslastungsgrad wird die eingesetzte Kapazität auf eine 100 %-Basis umgerechnet. So können im Beispiel der AZ Rad Minutensätze der verschiedenen Tätigkeiten definiert werden – jeweils bezogen auf ein einzelnes, fertiges Produkt.

Herstellung eines Mountain-Bikes	
Verrichtung	**Zeiteinsatz in Minuten**
schweißen	25
lackieren	10
Montage	15
Qualitätskontrolle	3
Lager/Versand	8

Alles weitere sind dann zwar mathematisch unkomplizierte Dreisatz-Rechnungen, aber es ergibt sich ein nahezu unüberschaubares Berechnungsgeflecht. Alternativ und vielfach in den Ergebnissen besser, sind vergleichende Methoden, die zunächst – ceteris paribus – schlicht die prozentuale Veränderung von Ausbringungsmengen zu Grunde legen. Gerade auch bei quantifizierbaren Größen, wie z. B. einer Fertigung am Fließband, wird hier der Blick durch die „Brille des Personalers“ erforderlich: Wie war die Auslastung der Mitarbeiter? Gab es Sonderfaktoren, die die Produktivität beeinflusst haben? Wie hoch lag der Krankenstand? Gab es Veränderungen im Betrieb, die sich in einer veränderten Motivation niederschlagen? Mit anderen Worten: Bleibt die Ausbringungsmenge pro Mitarbeiter konstant? Ergebnisse vergleichender Methoden sind im positiven Sinne zu manipulieren; d. h. mit Erfahrungswerten und logischen Schlüssen aus nicht direkt quantifizierbarem Wissen zu verändern. Nicht alle Tätigkeiten sind in Minuten und Sekunden abzubilden oder auf Basis eines Vergleichs von Ausbringungsmengen planbar. So werden etwa die Leistungen der Forschung und Entwicklung oder des Marketings nicht in Menge pro Zeiteinheit darstellbar sein. Trotzdem sind sie wichtige Bestandteile der unternehmerischen Wertschöpfung. Hier bedient man sich für die Bedarfsplanung relativer Größen, die oft schon in Aussagen der Strategiekonferenzen erkennbar sind:

Aussagen der Strategiekonferenzen

- „Wir verstärken unsere Marketing-Aktivitäten erheblich."
  Die Aussage kann bedeuteten: Kapazität + ca. 25 %
- „Wir verfolgen das Ziel der Marktführerschaft im Hochpreissegment. Dazu verdoppeln wir unsere Anstrengungen in Forschung und Entwicklung hinsichtlich innovativer Leichtmetall-Rahmen-Konstruktionen."
  Die Aussage kann bedeuteten: Kapazität + 100 %

Die Quantifizierung solch pauschaler Aussagen gehört mit zum originären Planungsprozess und ist durch die Planungsgruppe zu bestätigen. Am Ende der Bruttopersonalbedarfsplanung sind in jedem Fall folgende Größen festzulegen:

- Funktion
- Kapazität
- Organisationseinheit (somit auch Standort!)

Ergänzend sind für Veränderungen zum aktuellen IST die Zeiträume der Kapazitätsbedarfe anzugeben:

- Aufbau Schweißer Werk Flensburg um 15,00 FTE – muss bis zum Beginn des III. Quartals abgeschlossen sein
- Abbau Lackierer im Werk Schwerin ab Ende des II. Quartals linear bis zum Jahresende um 7,00 FTE

Prognostizierter Personalbestand

Nachdem der Bruttokapazitätsbedarf aus der Unternehmensplanung abgeleitet wurde, ist diesem nun der für den Planungszeitraum als Vorausschau und Prognose ermittelte, erwartete Personalbestand gegenüberzustellen. Er ergibt sich aus

- der Fortschreibung des derzeitigen Personalbestandes (differenzierte Betrachtung nach Kapazität, Standort, Funktion, Qualifikation etc.),
- um auf Personenebene bekannten Veränderungen, wie z. B. erfolgte Kündigungen oder beschlossene Versetzungen, Vorruhestandsvereinbarungen oder altersbedingte Austritte (Vorausschau) und
- nicht gesicherten, aber wahrscheinlich eintretenden Veränderungen wie z. B. Fluktuation durch Arbeitnehmer-Kündigungen, Abgänge durch Mutterschutz und Elternzeit oder langfristige Erkrankungen (Prognose).

Veränderungen im Zeitablauf

Auch für den prognostizierten Personalbestand sind die Veränderungen im Zeitablauf zu berücksichtigen. Werden Bestände und Bedarfe nur auf einen Stichtag hin ermittelt und verglichen, kann die Entwicklung dahin und danach durchaus diametral verlaufen und somit in der Zeit vor und nach dem Stichtag zu erheblichen Über- oder Unterdeckungen führen. Die Personalplanung ist eine Zeitraum-, keine Stichtagsplanung!

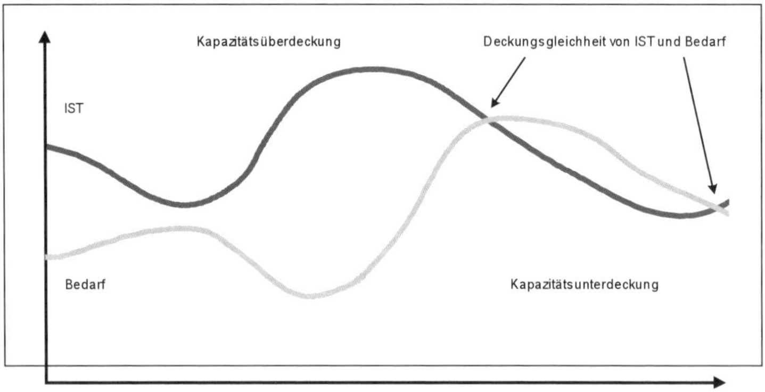

Schaubild: Kapazitätsverläufe

Nettopersonalbedarf

Aus der Gegenüberstellung des Bruttopersonalbedarfs und dem erwarteten (prognostizierten) Personalbestand ergibt sich als Delta ein positiver oder negativer Nettopersonalbedarf. Ein positiver Nettopersonalbedarf löst quantitativ betrachtet Beschaffungs- bzw. kapazitäre Aufbauvorgänge aus, ein negativer Freisetzungs- bzw. kapazitäre Reduktionsvorgänge. Beide Varianten führen außerdem zu qualitativen Anpassungsvorgängen, die durch Personalentwicklungsmaßnahmen (interne Beschaffung) zu begleiten sind. Von daher ist der Begriff „Kapazitätsveränderungsbedarf" treffender, da er auch die Option der Anpassung der Qualifikationen an den Bedarf durch Personalentwicklungs-Maßnahmen beinhaltet. Der Ermittlung des Nettopersonalbedarfs folgen die konkreten Maßnahmenvorschläge zur bedarfsgerechten „Versorgung" des Unternehmens mit den erforderlichen Kapazitäten. Dieser Vorgang wird im folgenden Schaubild dargestellt, welches das erste Bild (Gesamtübersicht) im Detail ergänzt.

Die gekreuzten Beziehungen bringen zum Ausdruck, dass der funktionsbezogene Veränderungsbedarf nicht zwingend zu einer monodirektionalen Entweder-Oder-Entscheidung führt, sondern sowohl die Kombination von Freisetzung und Beschaffung als auch die Veränderungen auf Basis der Personalentwicklungsmaßnahmen beinhalten kann.

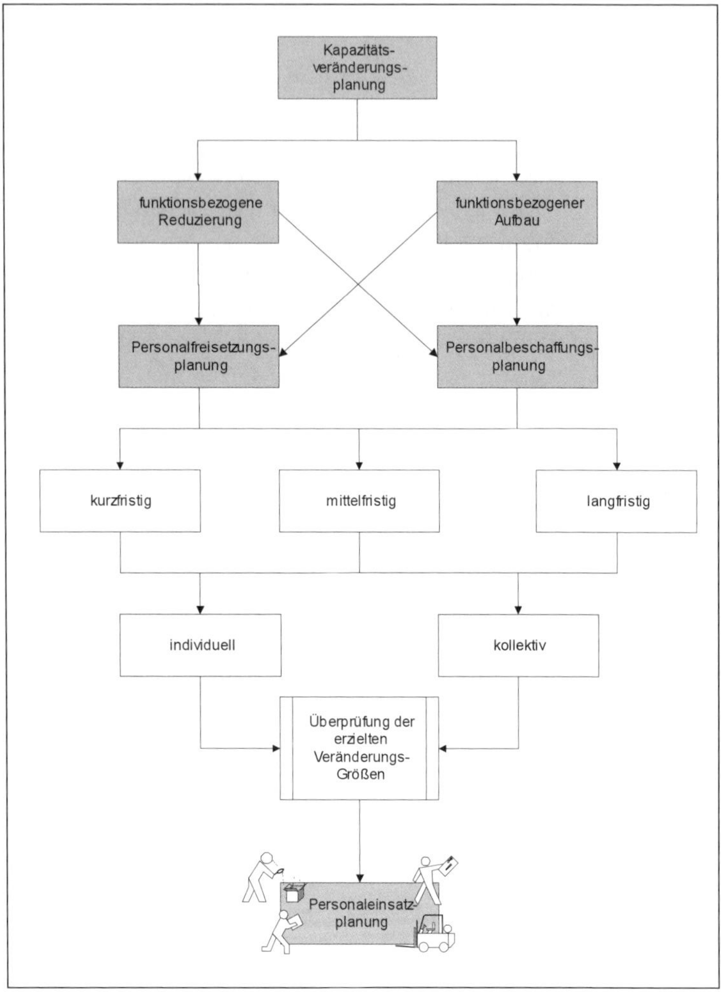

Schaubild Personalplanung – Kapazitätsveränderungen

Kollektive versus Individualmaßnahmen

Die Kapazität verändernde Maßnahmenarten können sowohl nach der Fristigkeit als auch inhaltlich nach folgenden Kriterien differenziert werden:

- individuell, personenbezogen
- kollektivrechtlich
- Produktivität verändernd
- sonstige

Der Wirkungszeitraum ist aber die entscheidende Größe. Oft gilt es, Produktionsspitzen abzufangen oder „Beschäftigungs-Täler" sinnvoll zu überwinden (siehe Kapitel 9.4). Ergänzend zu individuellen Optionen sollten weitere Möglichkeiten überprüft werden, die das Risiko der langfristigen Wirksamkeit einer Neueinstellung oder Kündigung abmildern oder gar verhindern können. Ist also der Zeitraum des erhöhten Kapazitätsbedarfes definiert, kommen verschiedene Alternativen in Betracht. In der folgenden Liste sind Maßnahmen zusammengetragen, die sich hinsichtlich der zeitlichen Wirkung teilweise überschneiden.

Maßnahmen zur Kapazitätsveränderung

- Einstellungen von Aushilfen, befristete Verträge, extern wie auch intern, z. B. Mitarbeiter/innen in der Elternzeit, aushilfsweise Beschäftigung von Betriebsrentnern (kurzfristig in geringem Umfang – hohe, bekannte Qualität und kostenmäßig gut planbar, hoch motivierte Mitarbeiter)
- Aktives Anbieten von Sabbaticals, unbezahlte Urlaube
- Einstellung von Werkstudenten (kurzfristig, z. T. ehemalige Mitarbeiter, motiviert und kostengünstig, evtl. sogar Know-how-Transfer Hochschule/Betrieb)
- Zeitarbeitskräfte (Tage bis Monate; z. T. Jahre – sehr kostenintensiv, aber keine langfristige Bindung und kurzfristig zu beenden)
- Freelancer/Subunternehmer (keine langfristige Bindung, kostenintensiv)
- Flexibilisierung der Arbeitszeit (in jedem Fall zu empfehlen, als „As im Ärmel" bei verschiedenen Gelegenheiten sinnvoll einsetzbar)
- Qualifizierung aus internen Ressourcen („Umverteilung", bindet Mitarbeiter, erhöht das Qualifikationsniveau)

- Verlängerung der individuellen Lebensarbeitszeit (kurz- bis mittelfristige Alternative – basiert auf Freiwilligkeit der Arbeitnehmer, hohe, bekannte Qualität und kostenmäßig gut planbar)
- befristete Mehrarbeit (kostenintensiv, aber risikolos im Gegensatz zum Personalaufbau)
- befristete Kurzarbeit (einschneidende Maßnahme, da Reduzierung der Einkommen der Belegschaft)
- befristete Erhöhung der individuellen Wochenarbeitszeit von Teilzeitmitarbeitern (basiert auf Freiwilligkeit, arbeitgeberseitig risikolos und vorteilhaft, da Mitarbeiter und Qualifikationen bekannt)
- vorgezogener Ruhestand (Vorruhestand, Altersteilzeit, Standardmaßnahmen, meist sehr kostenintensiv und für kleinere Unternehmen ungeeignet)
- Erhöhung/Reduzierung der wöchentlichen Sollarbeitszeit (komplexer Vorgang, da nur über Tarifpartner möglich)
- Erhöhung von Vorgaberichtwerten (nur bedingt einsetzbar, kaum wiederholbar, Qualitätsrisiken)
- betriebsbedingte Kündigungen (Sozialplan, komplex nur in Extremfällen anzuwenden)
- Gründung von Zeitarbeitsunternehmen (aufwändig, nur für Großunternehmen)
- Gründung von Beschäftigungsgesellschaften (aufwändig, nur für Großunternehmen)
- Outsourcing (Vergabe bestimmter Tätigkeiten an Fremdleister, Nutzung des verbleibenden Personals für andere Aufgaben)
- Subunternehmertätigkeiten („Verleih" von Fachkräften – längerfristige Bindung, Verlust der Autonomie über den Ressourceneinsatz)
- Förderung des internen Wechsels (Versetzungen, Job-Enrichment, Mitarbeiterbindung, interne Flexibilität durch breite Ausbildungsbasis der Stammbelegschaft)
- Förderungsprogramme der Bundesagentur für Arbeit, verschiedene Modelle je nach Gesetzeslage (termingenaue Verfügbarkeit und Qualität nicht unbedingt gegeben – kostengünstig durch eventuelle Zuschüsse, langfristig)

Unakzeptable Methoden der Personalfreisetzung

Nicht zu vergessen sind die verbreiteten, aber nicht akzeptablen Methoden der Personalfreisetzung, die aus diesem Grund nicht in die Liste aufgenommen wurden. Dazu zählt insbesondere das in seinem Umfang nicht zu unterschätzende und teils bewusst eingesetzte Mobbing; eine subtile Methode, Mitarbeiter vermeintlich kostenneutral aus dem Unternehmen zu drängen.

Des Weiteren ist zwischen interner und externer Beschaffung zu unterscheiden. Die vorangegangene Auflistung zeigt jedoch, dass die Beseitigung von Engpässen anscheinend unkomplizierter möglich ist, als der Abbau von Überkapazitäten. Das trifft aber nur für Tätigkeiten mit einem einfachen Anforderungsprofil zu. Auf der anderen Seite gilt es, bewährte Fachkräfte mit unternehmensspezifischem Know-how zu binden, da es trotz aller Beschaffungsoptionen oft schwierig ist, einen adäquaten Ersatz zu finden. Personalplanung hat also auch die Aufgabe, diejenigen Mitarbeiter zu identifizieren, die für das Unternehmen wichtig sind – auch hier besteht eine enge Verknüpfung zum Personalrisikomanagement (siehe Kapitel 13).

Veränderung der Zielproduktivität

Neben den in der Auflistung dargestellten Formen individueller und kollektiver Maßnahmen stellt die Veränderung der Zielproduktivität eine Besonderheit dar, die – insbesondere unter Qualitäts- und Motivationsgesichtspunkten – nur begrenzt anwendbar ist. Auch die Berechnung der intendierten Veränderung sollte sorgfältig durchgeführt werden – also Vorsicht, nicht in Rechen-Fallen tappen!

Beispiel: Veränderung der Vorgaberichtzeiten

Die Produktivität der Verrichtung „Schweißen von Fahrradrahmen" soll um 20 % erhöht werden. Der Werkmeister hält eine Reduktion der Vorgaberichtzeiten für möglich, ohne dass mit deutlichen Qualitätsverlusten zu rechnen wäre. Wurden für einen Schweißvorgang an einem hochwertigen Fahrradrahmens bisher 25 min zu Grunde gelegt, schlägt der Werkmeister eine Reduzierung auf 20 min vor – mathematisch also eine Verkürzung von 20 %. Wurde damit das Ziel erreicht? Nein, denn die Ausbringungsmenge müsste theoretisch nun sogar um 25 % steigen. Warum 25 % Steigerung und nicht 20 %? Das ist eine Frage der jeweiligen Bezugsbasis von 100 %, welche sich mathematisch einfach durch ein Beispiel überprüfen lässt: In 100 Minuten wurde bisher vier Rahmen geschweißt. Nach der neuen Richtzeit wären es fünf – also eine Steigerung um 25 %. Für eine 20%ige Steigerung dürfte die Richtzeit lediglich auf 20 min und 50 sec verändert werden.

Die beste Maßnahme

Die Wahl der „richtigen" Maßnahme wird durch viele Einflussgrößen bestimmt. Neben der unternehmensindividuellen Situation sind gesetzliche Rahmenbedingungen entscheidend. Da sich diese regelmäßig und mit wachsender Geschwindigkeit ändern, sind gegebenenfalls Arbeitsrechtsexperten in die Entscheidungen einzubinden. Der dabei entstehende Aufwand sollte als Investition in die Absicherung der Maßnahmenfindung verstanden werden.

Personalentwicklungsplanung

Bedarfsdeckung durch interne Qualifikationsmaßnahmen

Die Unternehmensplanung und die Planung des Personalbedarfs nahmen noch keine Rücksicht darauf, ob die möglicherweise nicht vorhandenen und daher noch zu beschaffenden Personalkapazitäten überhaupt verfügbar sein werden. Ergebnisse hierüber können erst aus den nachgelagerten Planungen, der Kapazitätsveränderungsplanung und der Personalentwicklungsplanung erwartet werden. Hier werden erstmals die Menschen im Betrieb zum Gegenstand der Betrachtung. Die Personalentwicklungsplanung hat dabei die Aufgabe, Bedarfe durch interne Qualifikationsmaßnahmen anforderungsgerecht und möglichst weit reichend zu decken. Die weitergehende Qualifizierung der eigenen Belegschaft – sofern die Potenziale vorhanden sind – ist grundsätzlich einer externen Beschaffung vorzuziehen. Negativ können sich dabei die Faktoren auswirken, die allgemein als „Betriebsblindheit" und „Stallgeruch" bezeichnet werden – also die mangelnde Innovationsfähigkeit von innen. Hier muss nach der Qualifikations-Hierarchie differenziert werden: Je höher das Anforderungsprofil, desto wichtiger wird eine externe Besetzung, um einen intellektuell „frischen Wind" ins Unternehmen zu holen. Aufgaben hingegen, die eine große Routine und Vertrautheit mit Verfahren, Techniken und Abläufen erfordern und von standardisierten Wiederholungen geprägt sind, benötigen keine Auffrischung dieser Art. Eine Stabilität der Strukturen und die Bildung interner sozialer Beziehungen sind durchaus positive Effekte, die gerade im Bereich von Tätigkeiten mit geringen Qualifikationsansprüchen für die Mitarbeiterzufriedenheit und das oft zitierte „gute Betriebsklima" ausschlaggebend sind.

Personaleinsatzplanung

Optimale Bereitstellung von Kapazitäten

Die Personaleinsatzplanung ist eine zeitraumbezogene Kapazitätsverteilungsplanung, in der eine optimale und gleichmäßige Bereitstellung von Kapazitäten anzustreben ist. Neben dem funktionalen Kriterium sind standortbezogene Festlegungen erforderlich. Hauptansprechpartner für die Personalabteilung sollte in diesem Planungsabschnitt bei Produktionsunternehmen der Leiter der Fertigungssteuerung sein. Aufgrund ihrer zwingenden Notwendigkeit wird sie in nahezu jedem Unternehmen in einem unterschiedlichen Ausprägungs- und Detaillierungsgrad praktiziert. Dazu werden oft meterlange Wandtafeln mit Lego-Klötzen oder Magnetschildern genutzt. In der Praxis ist das oft anschaulicher, als das Vorhalten der Daten in Systemen, zumal sich daraus auch recht einfach Schicht- und Dienstpläne als Verfeinerung der Einsatzplanung ableiten lassen. Im Zusammenwirken mit modernen Fertigungssteuerungssystemen wird es jedoch erforderlich, eine systemtechnische Einsatzplan-Datenhaltung – zunächst als Ableitung aus dem Planungstool und später als selbstständiges System – zu konzipieren, um über Datenaustausch einen optimalen Abgleich erlangen zu können. Eine Anforderung an alle Planungssysteme ist die „Kommunikationsfähigkeit“ mit anderen Systemen im Unternehmen. Dies kann über Online-Verbindungen, regelmäßige Datentransfers über Schnittstellen oder durch fallbezogene Datenimporte oder Exporte erfolgen.

Personalkostenplanung

Kapitalorientierte Personalkostenplanung

Im Normalfall ist die Personalkostenplanung (siehe Kapitel 12) eine Folge der Personalplanung, d. h., der erwartete Aufwand errechnet sich aus den Kapazitätsvorgaben. Manchmal muss jedoch aufgrund unternehmensinterner Entscheidungen eine regressive Planung durchgeführt werden. Bestimmende Determinante des Planungsprozesses wird dann ein Budget, nach dem sich alle Unternehmensaktivitäten auszurichten haben. Der zulässige Kostenaufwand bestimmt die einsetzbaren Kapazitäten und diese wiederum lassen nur die Produktion einer beschränkten Ausbringungsmenge zu. Eine solche Planung ist nicht marktorientiert, sondern restriktiv an der knappen Ressource Kapital orientiert. Gerade in konjunkturell schwierigen Zeiten werden immer wieder solche einschränkenden Entscheidungen getroffen. Gibt es sachliche Gründe – wie zum Beispiel eine mangelnde Liquidität – ist das zu akzeptieren. Ansonsten kann die Sparmentalität zur vermeintlichen Risikominimierung nicht besser kommentiert werden, als mit folgendem Zitat:

> „Wenn mir in schwierigen Zeiten nichts anderes einfällt, als Kosten zu senken, dann bin ich kein Unternehmer, sondern ein Unterlasser."
>
> (Helmut Maucher, ehem. Nestlé-Chef)

Wenn nun – aus welchen Gründen auch immer – eine kostenorientierte Entscheidung getroffen wurde, muss diese Teilumkehr des Planungsprozesses in jedem Fall auch durch das eingesetzte Planungstool darstellbar sein. Eine solche „Richtungsänderung“ des Planungsvorgangs („Rückwärts-Rechnen“) erfordert eine hohe Flexibilität des eingesetzten Systems. Der Aufwand einer entsprechenden Programmierung ist hoch.

Feedback im Planungsprozess

Wichtig ist, dass die Ergebnisse aus allen nachgelagerten Personalplanungsvorgängen als sofortige Rückmeldung dezidiert in den eigentlichen unternehmerischen Planungsprozess zurückfließen. Das betrifft insbesondere die Verfügbarkeit von funktional differenzierten Ressourcen sowie den geschätzten Kostenaufwand. Gerade letzterer stellt als Ausgabeparameter der Personalplanung eine Eingabevariable der produktbezogenen Kalkulation dar.

Umgang mit schlechten Nachrichten

Die aus der realen Umsetzung der Personalplanung resultierenden Puffer und Engpässe sind in Review-Verfahren mit allen anderen Beteiligten abzustimmen. Es ist für die gesamte Unternehmensplanung wichtig, zu wissen, zu welchen Zeiten kapazitär „noch Luft ist“ und wann die „Hütte brennt“. Das Vorenthalten von Informationen über „Baustellen“ und ungelöste Probleme („das kriegen wir schon irgendwie hin ...“) entspricht eher dem Verhalten in einer Planwirtschaft als in einer offen kommunizierenden Entscheider-Runde. Die „Kritikkultur“ als Teil der Unternehmenskultur bestimmt, wie mit der Kommunikation von „schlechten“ Nachrichten umgegangen wird. Sie beeinflusst maßgeblich den Planungserfolg.

Externe Einflussgrößen

Ungefragte Einflussnehmer

Neben internen sind die verschiedenen externen Parameter in ihrer Bedeutung für den Planungsprozess nicht zu unterschätzen. Im Schaubild „Personalplanung – Gesamtprozess“ auf der Seite 203 wurden exemplarisch sechs verschiedene „ungefragte Einflussnehmer“ dargestellt. Es fällt schwer, diese isoliert voneinander zu betrachten, da zwischen ihnen dichte Abhängigkeiten existieren. So bestimmen gesetzliche Rahmenbedingungen oft die Wirtschaftskraft von Regionen. Transferzahlungen und Steuervorteile erzeugen künstliche Verhältnisse, deren Wegfall gravierende Veränderungen nach sich zögen. Der legitimierte staatliche Eingriff, als „soziale“ Marktwirtschaft bezeichnet, beeinflusst – getrieben durch einen Umverteilungsgedanken und die Zielsetzung der Schaffung gleichwertiger Bedingungen für alle Bürger – massiv die unternehmerischen Entscheidungen. Das ist auch das erklärte Ziel. Gewerkschaften und Arbeitgeber-Interessenverbände schaffen es dann gemeinsam, die verbliebenen Freiräume mit weiteren Regelungen auszufüllen. Die Freiheit der unternehmerischen Entscheidung gerät zur Utopie.
Für die externen Faktoren lässt sich – trotz ihrer Vernetzung – eine grobe Einteilung vornehmen.

- Gesetze und Bestimmungen (Gesetze, Verordnungen, Tarifverträge, Transferzahlungen, Subventionen, Steuervorteile)
- Standort und Wirtschaftskraft (Infrastruktur, spezifische Arbeitsmarktsituation)
- Kultur und Gesellschaft (Demographie, Kulturkreis, Mentalität, Einstellungen)
- Außenwirkung des Unternehmens (Bekanntheit und Ansehen der Marke, Beliebtheit als Arbeitgeber)

Vorteile ausländischer Standorte

Gerade bei international operierenden Unternehmen sind Anpassungen an ausländischen Standorten oft deutlich einfacher durchzuführen als in Deutschland. Nicht nur die – arbeitgeberseitig immer häufiger als Druckmittel genutzte – Kostenfrage kann Entscheidungen zu Gunsten eines Standortes oder gegen ihn beeinflussen, sondern auch die Flexibilität der Ressourcen – speziell der personalwirtschaftlichen. Kündigungsfristen und Gesetze zum Schutz von Arbeitnehmern differieren erheblich. Hinzu kommen Mentalitätsunterschiede: In vielen Ländern empfinden es Arbeitnehmer als völlig normal, im Laufe ihres Berufslebens für verschiedene Arbeitgeber tätig zu werden, während in Deutschland vielfach noch eine „von-der-Wiege-bis-zur-Bahre"-Mentalität dominiert. Auch die Einstellung zur Teilzeitbeschäftigung ist oft schon innerhalb der EU absolut unterschiedlich, wie ein Besuch bei unseren Nachbarn in den Niederlanden mit einer 32,8%igen Teilzeitquote schnell zeigen würde[23]. Die Personalplanung ist also nicht nur abhängig von den selbst gesetzten Zielen einer Unternehmung. Gerade die zu initiierenden Umsetzungsmaßnahmen unterscheiden sich – je nach den vorhandenen externen Umfeldbedingungen – erheblich.

Besondere gesetzliche Rahmenbedingungen

Im Rahmen der Personalplanung sind verschiedene rechtliche Restriktionen zu beachten. Im Vordergrund stehen jedoch zwei Bestimmungen:

Betriebsverfassungsgesetz

Recht auf Unterrichtung des Betriebsrats

Der § 92 des Betriebsverfassungsgesetzes räumt den Mitarbeitervertretungen ein „rechtzeitiges und umfassendes Recht" auf Unterrichtung zur „Personalplanung" ein. Eine umfassende Erläuterung dieses Paragrafen findet sich in Kapitel 17 „Rechtliche Grundlagen".

Steuern statt regeln

In der betrieblichen Praxis gibt es viele Ansätze, das Informationsrecht zusätzlich in Form von Betriebsvereinbarungen zu regeln und zu standardisieren. Das ist zu Gunsten einer vertrauensvollen und vor allem flexiblen Zusammenarbeit meist jedoch entbehrlich. „Steuern statt regeln" ist die grundsätzlich bessere Alternative, weil

---

[23] Die höchste Teilzeitquote in der EU wurde im Jahr 2003 in den Niederlanden (32,8%) beobachtet, gefolgt vom Vereinigten Königreich (17,4%) und Schweden (16,0%), die niedrigsten Teilzeitquoten insgesamt wurden in der Slowakei, Ungarn, Griechenland und der Tschechischen Republik mit Werten unter 3% gemessen. Die höchste Quote der weiblichen Teilzeitbeschäftigten verzeichneten ebenfalls die Niederlande, wo jede zweite Frau eine Teilzeittätigkeit ausübte. In sechs weiteren Mitgliedstaaten (Belgien, Dänemark, Deutschland, Österreich, Schweden und Vereinigtes Königreich) lagen die Teilzeitquoten für Frauen zwischen 20% und 30%. Quelle: Arbeitskräfteerhebung – 2003 der Europäischen Union, www.europa.eu.int.

ansonsten eine Fixierung auf die selbst auferlegten Standardisierungen zu befürchten ist.

Aktiengesetz (KonTraG)

Einrichtung von Überwachungssystemen

Die Notwendigkeit einer Personalplanung wurde im Rahmen der Einführung des „Gesetzes zur Kontrolle und Transparenz im Unternehmensbereich" (KonTraG, 1998) und die dadurch bedingten Änderungen im Aktiengesetz (AktG) erstmals rechtlich festgeschrieben. Transparenz und eine Risikofrüherkennung waren die Treiber für den Gesetzgeber. Im seinerzeit eingefügten Abs. 2 des § 91 AktG wird der Vorstand verpflichtet, „insbesondere ein Überwachungssystem einzurichten, damit den Fortbestand der Gesellschaft gefährdende Entwicklungen früh erkannt werden." Komplementär verpflichtet § 90 Abs. 1 den Vorstand, dem Aufsichtsrat über „die Personalplanung" zu berichten. Die Kombination dieser beiden Paragrafen zeigt, dass auch seitens des Gesetzgebers die inhaltliche Verzahnung von Personalrisiken und Personalplanung erkannt wurde. Vorstände größerer Aktiengesellschaften werden nunmehr gesetzlich verpflichtet, gegenüber dem Aufsichtrat auch kritische personalwirtschaftliche Positionen deutlich anzusprechen und nicht nur die allseits bekannten „Happiness-Sheets" zu präsentieren.

Validität der Daten

Die Ergebnisse des Planungssystems sind kontinuierlich zu überprüfen und das eingesetzte System selbst muss ebenfalls einer ständigen Überprüfung und Verbesserung unterliegen.

„Nehmen wir lieber die vorhandenen Plandaten, die uns das System gibt, als überhaupt keine." Dieser Ansatz birgt erhebliche Gefahren, denn mit Plandaten verhält es sich wie mit Gerüchten: Sind Sie erst einmal in der Welt, interessiert es niemanden mehr, woher sie kommen und wie es um ihren Wahrheitsgehalt bestellt ist. Sie werden kritiklos genutzt – ist man doch froh, endlich über diese begehrten Informationen verfügen zu können. Fehlentscheidungen sind somit vorbestimmt. Bei einer ungesicherten Validität sollte auf eine Herausgabe von Plan- und Szenario-Daten verzichtet werden. Die Entscheider sind auf die zweifelhafte Eintrittswahrscheinlichkeit hinzuweisen.

Kontinuierliche Systemrevision

Überprüfung des Planungsprozesses

Wie ist es möglich, die Systemqualität des Planungstools zu überprüfen? Der Vergleich von ehemaligen Prognosedaten mit den dann real eingetretenen Ist-Werten ermöglicht eine zunächst nur grobe Orientierung. So können unvorhergesehene Ereignisse, die zum Planungszeitpunkt noch nicht bekannt waren, das Ergebnis beeinflusst haben. Ein direkter Rückschluss auf die Planungsqualität ist daher unzulässig und die Einleitung von Optimierungs-Maßnahmen wird erschwert.

Tipp: Nutzung eines Planungstools auch in Frage stellen

Der Einsatz eines komplexen Planungstools sollte immer dann in Frage gestellt werden, wenn selbst langfristig – also über mehrere Planungsperioden – eine größere Ungenauigkeit nicht eliminiert werden kann. Eine Überprüfung des Ablaufs des Planungsprozesses an sich kann alternative Ansätze für einen lediglich die Planung unterstützenden Systemeinsatz aufzeigen.

Das grundsätzliche Verfahren der System-Evaluation zeigt das folgende Schaubild:

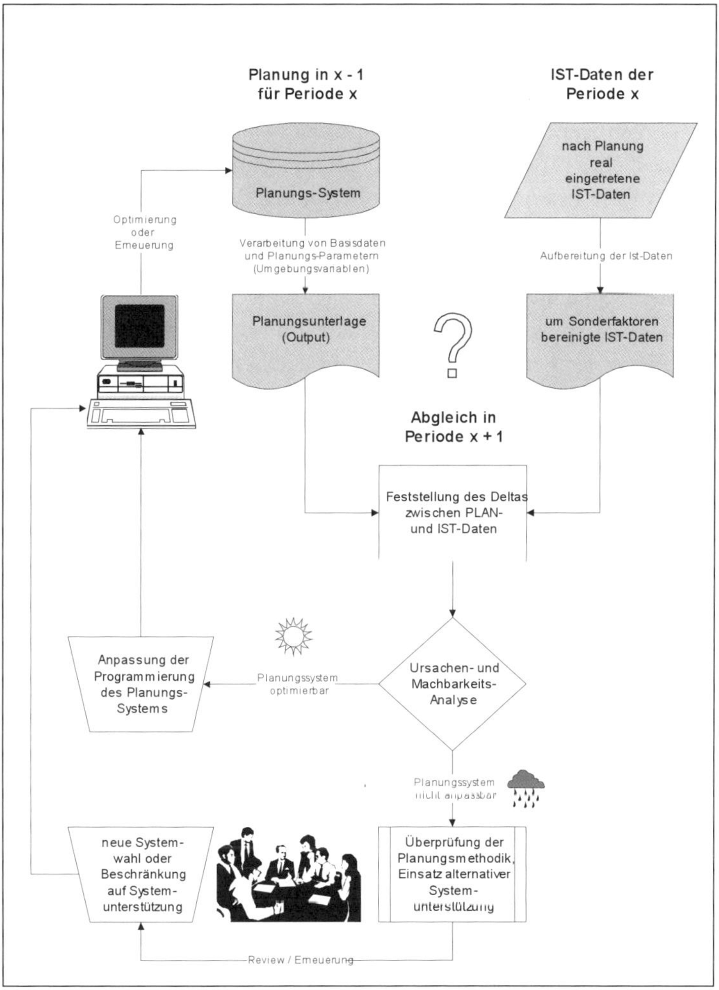

Schaubild: Revision Personalplanungssystem

9.3 Die Bedeutung der Personalplanung für die Personalabteilung

Die Personalplanung bestimmt die Ausrichtung der Personalarbeit

Die Ergebnisse eines personalwirtschaftlichen Planungsprozesses haben nicht nur Auswirkungen auf die Personalkosten und den zukünftigen Personalbestand in Fertigung, Vertrieb und anderen produktions- und kundennahen Bereichen, sondern auch auf die Schwerpunktsetzung der Personalarbeit selbst. Sie determinieren, in welchen Segmenten das Personalwesen seine Aktivitäten verstärken oder einschränken muss und welche Anforderungsprofile für die Mitarbeiter im Personalbereich gelten. Sie bestimmen also die Ausrichtung und den Ressourceneinsatz der operativen Personalarbeit und somit auch die jeweiligen Plankapazitäten der einzelnen Funktionsbereiche. Die Entscheidungen der Bedarfsplanung führen zu unterschiedlichen Maßnahmen zur Kapazitätsveränderung, die im Rahmen einer standardisierten Bearbeitung durch die Personalabteilung nicht erfolgreich bewältigt werden können. Insofern ist eine Abkehr von einer unbeweglich-administrativen Einstellung zu forcieren.

Ausrichtung der Personalarbeit an unternehmerischen Bedürfnissen

Beispiel: „Beweglichkeit" der Personalabteilung

Die Ergebnisse der Personalplanung haben auch direkte Auswirkungen auf die Personalarbeit und bestimmen ihre zukünftigen Schwerpunkte. Wird dies verkannt, wissen möglicherweise einige Funktionsbereiche der Personalabteilung vor Überlastung nicht mehr, was zuerst bearbeitet werden soll, während andere Mitarbeiter in der Zeit zwischen 08.00 Uhr und 17.00 Uhr unausgelastet die Langweile bekämpfen. Personalarbeit hat sich nach den konkreten, unternehmerischen Bedürfnissen auszurichten und darf daher strukturell und kapazitär nicht „in Beton gegossen" sein. Aber Hand aufs Herz: In welchem Unternehmen erfolgt eine solche regelmäßige Anpassung?

Wenn es den Mitarbeitern der Personalabteilung, die in Zeiten der Veränderungen die Bereitschaft dazu von allen Beschäftigten erwarten, nicht gelingt, ihrerseits die erforderlichen internen Veränderungen und Innovationen voranzutreiben, leistet dies den bestehenden Vorurteilen gegenüber den so genannten Stabsabteilungen („unproduktiver Wasserkopf„) Vorschub. Denn: Um strukturell unverändert über längere Zeit einigermaßen reaktionsfähig zu bleiben, müssen in allen funktionalen Bereichen Überkapazitäten vorgehalten werden. Das betrifft nicht nur die Personalabteilungen. Doch auch hier hat in den letzten Jahren der Kostendruck zu Kapazitätsreduzierungen geführt, so dass bei konstanter „Immobilität" und unüberlegt gleichmäßigen Kapazitätsabbaumaßnahmen die eingangs geschilderten Belastungs-Extrema auftreten können.

Tipp

Beobachten Sie die Veränderungen innerhalb eines Unternehmens! Welche Abteilungen unterliegen einem stetigen Wandel – welche verändern sich auch über lange Perioden nicht?

Beurteilen Sie, wie sich in Ihrer Personalabteilung notwendige Spezialisierung und flexibel einsetzbares Generalistenwissen die Waage halten.

Können vorhandene Kapazitäten über Funktionsgrenzen hinweg bedarfsorientiert „verschoben" werden? Erfolgt eine derartige interne, funktionale Kapazitätsanpassung?

Die besonderen Aufgaben des Personalcontrollings im Rahmen der Planung

Der personalwirtschaftliche Planungsprozess bindet alle funktionalen Abteilungen des Personalwesens ein. Das gesamte fachliche Know-how wird benötigt, um die diversen Facetten der Personalplanung ausreichend beleuchten zu können. Es handelt sich auch aus diesem Grund um eine der anspruchsvollsten Aufgaben im Personalbereich, denn gerade eine bereichsbezogene „interdisziplinäre" Zusammenarbeit will erlernt sein und funktioniert nicht in jedem Fall sofort optimal. Dem Personalcontrolling kommen in diesem Prozess drei besonders wichtige Aufgaben zu:

- die Schnittstellenfunktion – meist gemeinsam mit der Leitung der Personalabteilung – zum Projektteam der Unternehmensplanung
- eine Koordinations-Funktion in der Informationssammlung, Verarbeitung und Bereitstellung innerhalb der Personalabteilung

- die Systemverantwortung für das eingesetzte Personalplanungstool

Diese Aufgaben der Prozessoptimierung und -koordination (siehe Kapitel 16) sind nicht zu unterschätzen – neben den fachlichen Qualifikationen und der erforderlichen Portion Sozialkompetenz in Bezug auf die Zusammenarbeit mit den Entscheidungsträgern ist der zeitliche Bedarf enorm groß. Auch der Erwerb des Vertrauens aller Beteiligten in und außerhalb der Personalabteilung vollzieht sich nicht von heute auf morgen.

9.4 Personalplanung in der Umsetzung

Kontinuität versus Veränderung – ein unlösbarer Konflikt?

Sanfte Planung von Anpassungsmaßnahmen

Soll jede marginale Veränderung, die als Ergebnis einer Planung ermittelt wird, sofort zu Anpassungsmaßnahmen führen? Hektischer und blinder Umsetzungsaktionismus darf die die Personalarbeit niemals dominieren. Das Personalcontrolling hat in der Maßnahmenfindung als Ergebnis des Planungsprozesses eine Doppelfunktion zu erfüllen. Einerseits sind beständig aktuelle Informationen einzufordern und zu verarbeiten, um auf veränderte Rahmenbedingungen rechtzeitig reagieren zu können; andererseits sind alle Umsetzungsmaßnahmen „sanft“ zu planen – quasi als Planungsspitzen ausgleichender Effekt der Personalarbeit. Die Personalabteilung ist also gleichsam Antreiber und Bremser – im positiven Wortsinn: Im Gegensatz zur Produktion oder auch zu Werbekampagnen ist es in der personalwirtschaftlichen Kapazitätssteuerung erforderlich, eine mittel- bis langfristige Glättung der durch die Unternehmens- und Personaleinsatzplanung sowie durch die Fertigungssteuerung vorgegebenen Extrema vorzunehmen. Auch wenn die Bindung der Mitarbeiter an ein Unternehmen schon lange nicht mehr so ausgeprägt ist wie zu früheren Zeiten, hat der so genannte Personalstamm – also die langjährige, fest angestellte Belegschaft – nicht die Kurzlebigkeit eines unterjährigen Fertigungszyklus. Die Kapazitätssteuerung kann daher nicht ungefiltert aus den ermittelten Planwerten übernommen werden, sondern muss mit Vor- und Nachläufen kalkuliert werden. In Anpassungsphasen sind daher die Ist-Kapazitäten vor Erreichen der Bedarfs-Maxima (Minima) moderat aufzubauen (abzubauen) und kurz vor Überschreiten der Umkehrpunkte genauso moderat abzubauen (aufzubauen). In der Praxis können die bekannten Modelle der Flexiblen Arbeitszeitgestaltung die daraus resultierenden positiven wie negativen Differenzen zwischen Bedarf und Ist-Kapazität kurzfristig abpuffern. Die hierbei von den Arbeitnehmern geforderte Flexibilität wird nur erreicht, wenn man diese über die Notwendigkeit im Sinne einer Arbeitsplatzsicherung umfassend informiert.

Tipp: mehr Eigenverantwortung – mehr Zufriedenheit

Warum werden Ergebnisse der Jahresplanung nicht intern publiziert? Anstelle von rechtlich ohnehin auf tönernen Füßen stehenden „Urlaubssperren" könnte auf Basis einer der nachstehenden Grafik vergleichbaren Belastungskurve eine individual- und teambezogene Selbstverantwortlichkeits-Kultur begründet werden. Voraussetzung ist allerdings das Vorhandensein einer echten Jahresplanung.

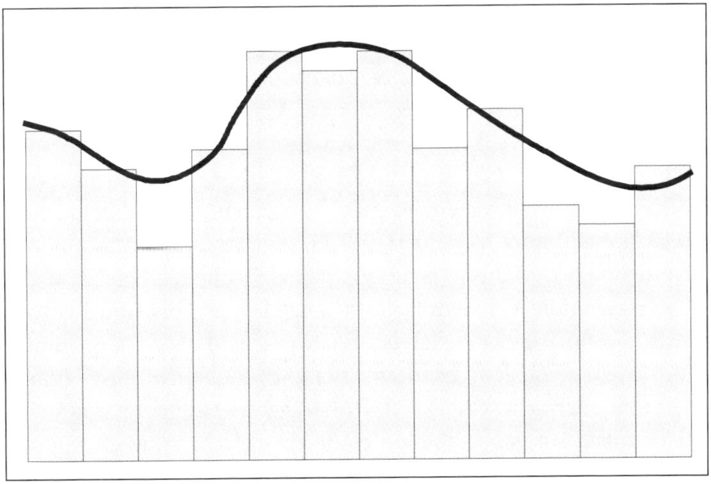

Schaubild: Glättung der Ist- im Vergleich zu den Plankapazitäten

An dieser Stelle wird der eingangs beschriebene Wandel im Ablauf der Personalplanung von der technokratischen Ressourcensicht zu einer unternehmerisch zwar egoistisch motivierten, aber in der Wirkung und Umsetzung sozialverantwortlichen Mitarbeiterorientierung besonders deutlich: Die Kontinuität und Verlässlichkeit der Personalarbeit sind unabdingbare Voraussetzungen für engagierte und leistungsbereite Mitarbeiter. Der entscheidende Unterschied zwischen fertigungsbezogener Unternehmensplanung und der realen Umsetzung der Personalbedarfsplanung liegt zumindest in unserer Gesellschaftsform in der Fristigkeit und in der Volatilität. Eine amerikanische „hire-and-fire"-Mentalität entspricht auch nicht den immer deutlicher spürbaren Tendenzen von Mitarbeiterbindungs-Programmen und der neuerlichen Fokussierung auf ältere, erfahrene Arbeitnehmer (zum Wohle des Unternehmens).

Die „Schlechtleister" behalten – die Guten vergraulen?

Überstürzte Maßnahmen verschlechtern das Qualifikationsniveau der Mitarbeiter

Die Missachtung der oben dargelegten Einsichten führt regelmäßig zu einer Negativ-Auswahl des Mitarbeiterstamms. Polemisch formuliert lässt sich die Belegschaft qualitativ auf ihr tiefstes Niveau bringen, wenn man in kürzesten Zeitabständen Reorganisationsmaßnahmen durchführt und sie durch unkoordinierte und daher für die Belegschaft nicht nachvollziehbare personelle Einzel- und Kollektivmaßnahmen begleitet. Wer am Arbeitsmarkt gute Chancen hat, akzeptiert ein solches Vorgehen irgendwann nicht mehr und orientiert sich um. Alle verbleibenden Mitarbeiter sind nicht zwingend als besonders loyal einzustufen – sie haben meist schlicht keine Möglichkeiten zur Veränderung. Leistungsträger verlassen das Unternehmen und die weniger qualifizierten und weniger beweglichen ertragen die Verwirrungen oft notgedrungen bis zum Renteneintritt. Kann dies das Ziel personalwirtschaftlicher Maßnahmen sein? Jede Personalanpassungsmaßnahme, die kurzsichtig, unbedacht und unsensibel eingeleitet wird, trägt also langfristig und nicht in jedem Fall sofort messbar zu einer Verschlechterung des durchschnittlichen Qualifikations- und Potenzial-Niveaus der Belegschaft bei. Diese Tatsache gilt es, ins Bewusstsein der Entscheider zu rücken, wenn auf eine beschleunigte Umsetzung von Anpassungsmaßnahmen gedrängt wird.

Die AZ Rad expandiert

Nachdem der Planungsprozess abgeschlossen ist, trifft die Geschäftsführung die Entscheidung, das Werk in Flensburg moderat zu erweitern und mit dem französischen Familienunternehmen eine zunächst auf drei Jahre befristete Kooperation zu vereinbaren. Mit diesem Abkommen verfolgt die Geschäftsleitung das Ziel, eine langfristig angelegte und somit stille und reibungslose Integration des französischen Betriebs in die AZ Rad zu betreiben und so das Risiko einer sofortigen Übernahme zu vermeiden. Es besteht weiterhin – und nun auch vertraglich geregelt – die Option, den Familienbetrieb zu kaufen.

Das Flensburger Werk, das bereits über umfangreiche Erfahrungen im Bau von Mountain-Bikes verfügt, wird daher die Produktion der Erwachsenen-Fahrräder übernehmen. Die französischen Kollegen werden unter der Marke „AZ Rad" das gesamte Kontingent Kinderfahrräder beisteuern, den der zwischenzeitlich vertraglich fixierte Großauftrag mit dem bekannten Discounter erfordert.
Während die Planungen der Erweiterung der Flensburger Produktionsanlagen anlaufen, hat die Personalabteilung bereits die interne Weiterbildung für die Besetzung betrieblicher Schlüsselpositionen initiiert und den Startschuss für die externe Beschaffung von Zusatzkapazitäten gegeben.

Fazit

Die Komplexität und die große Anzahl von Abhängigkeiten des vorstehend aufgezeigten Personalplanungsprozesses zeigen deutlich, dass die noch vielfach vorhandene formelle und zeitliche Trennung zwischen klassischer Unternehmens- und der Personalplanung erhebliche Risiken birgt.

Ausschließlich eine effektive Integration des Personalmanagements in die originäre Unternehmensplanung und der Aufbau und die Umsetzung von durchgängigen Kommunikationskonzepten verhindern die ansonsten in Konsequenz erwartbaren Planungsfehler.

Für einen echten Feedback-Prozess wird es erforderlich, dass schon während der Planung der Unternehmensziele und Ausbringungsmengen Personalkapazitäts-Szenarien kurzfristig ermittelt, kontinuierlich angepasst und überrechnet in den Planungsprozess zurückgespielt werden. Der zweite – kleinere, interne – Feedback-Prozess in der Personalabteilung überprüft beständig die zukünftige interne Verfügbarkeit der angeforderten Ressourcen. Daran knüpfen sich Aussagen über Beschaffungs- oder Freisetzungsproblematik. Alle diese modellhaft einfach nachvollziehbaren Forderungen bedingen den Einsatz eines in jeder Hinsicht fortschrittlichen Personalplanungssystems, welches individuell anpassbar ist und durch die Anwender – sprich: Personalcontroller – beherrscht wird.

Beweist die Personalabteilung im Rahmen der Planung ihre Leistungsfähigkeit, sollte einer zukünftig noch engeren Einbindung in die Unternehmensplanung nichts mehr im Wege stehen. Doch hier beißt sich die Katze in den Schwanz: So lange die Personalplanung sich nicht durch beratende Leistungen und Kompetenz qualifizieren kann, wird sie nicht integriert werden. Solange die Personalplanung aber nicht integriert ist und nur reaktiv als Dienstleister akzeptiert wird, kann sie keine pro-aktiven Leistungen und somit „Added-Values" für die Unternehmensplanung erbringen.

Hindernisse sind dabei oft die unternehmensinternen Scheuklappen in Form von Bereichsgrenzen und Exklusivitäts-Egoismen im Rahmen der strategischen Entscheidungen. Diese unsichtbaren Barrieren sind nur durch Überzeugungsarbeit, Qualität, Leistung und beständige Kommunikation zu überwinden.

10 Wie planen Sie den Personalbedarf in schwierigen Zeiten?

10.1 AZ Rad: Die Absatzkrise zwingt zum Handeln

Auf die fetten Jahre folgen die mageren – dies ist nicht nur eine biblische Prophezeiung, sondern für die AZ Rad auch die Auswirkung eines normalen Konjunkturzyklus. Zudem gibt es in der Branche seit einiger Zeit einen „Bereinigungsprozess", der in Form eines Verdrängungswettbewerbs durch Dumpingpreise von Großimporteuren, die ihre Ware aus Fernost beziehen, forciert wird. Die erfolgreiche Zusammenarbeit mit der Supermarktkette kommt für die AZ Rad gerade recht. Sie kann das bedrohlich rezessive Geschäft anderer Bereiche zumindest zum Teil kompensieren und verspricht, für das Unternehmen nachhaltig Erträge zu generieren. Das ist jedoch nicht ohne Veränderungen darstellbar. Als Sorgenkind entwickelt sich seit einigen Jahren die Sparte „Rennräder" am Produktionsstandort Schwerin. Hier besteht dringender Handlungsbedarf.

Tour de France – bien ou mal?

Der Absatz von Rennrädern ist nach dem wenig publikumswirksamen Abschneiden deutscher Sportler bei der Tour de France eingebrochen. Sportliche Großveranstaltungen im Radsport und die Popularität von Idolen waren in den letzten Jahren die Hoffnung der Rennrad-Produzenten. Die hohe Abhängigkeit des Absatzes dieser Hochpreisprodukte vom sportlichen Erfolg einiger weniger Fahrer bedingt eine große Unsicherheit in der Absatzplanung. So hoffte die

Schweriner Belegschaft der AZ Rad im Sommer nicht allein aufgrund nationaler Solidarität auf einen besonderen Erfolg deutscher Radrennfahrer – es ging letztlich um die Sicherung der eigenen Arbeitsplätze. Die Hoffnungen erfüllten sich nicht. Der Markt erfuhr keine Belebung und der Absatz verschlechterte sich auf ein rekordverdächtiges Tief.

10.2 Erfolgreiches Krisenmanagement

Der im vorherigen Kapitel ausführlich beschriebene Personalplanungsprozess wird an dieser Stelle nicht erneut theoretisch erörtert. Es erfolgt die Beschränkung auf

- ausgewählte praktische Maßnahmen (AZ Rad),
- Grundsätze der Umsetzung mit besonderem Fokus auf die verschlechterten Umfeldbedingungen,
- die Verantwortung der Unternehmensleitung sowie
- zu beachtende Besonderheiten in Krisenzeiten.

Krisenmanagement statt individuelle Überlebensstrategie

Eine fachlich-inhaltliche Unterscheidung zwischen Expansionsvorhaben und Krisenmanagement ist kaum erforderlich. Die Grundsätze der Planung gelten hier wie dort. Andere Aspekte, die eher dem persönlichen Bereich und dem individuellen Verhalten zuzuordnen sind, dominieren in Zeiten, in denen eine bedrohliche Situation für das Unternehmen besteht, die Zusammenarbeit in allen Bereichen. Folgerichtig befasst sich dieses Kapitel nicht mit Zahlen, sondern primär mit menschlichen Verhaltensweisen. Die nachstehenden Beschreibungen sollen dem Personalcontroller helfen, in solchen Zeiten in der Praxis zu bestehen und nicht die Orientierung zu verlieren. Eine Gefährdung des Unternehmens überträgt sich auch auf Management und Belegschaft. Das provoziert oftmals bestimmte Verhaltensmuster. So ist grundsätzlich in Frage zu stellen, ob alle Beteiligten noch einer gemeinsamen Strategie folgen oder ob sie egoistische, individuelle „Überlebensstrategien" bevorzugen. Die folgenden Teilkapitel sind ein Versuch der Auseinandersetzung mit dieser Materie – ohne Anspruch auf Vollständigkeit und Allgemeingültigkeit. Es handelt sich um beobachtbares Verhalten mit jeweiligen Interpretationsansätzen. Dieser kritisch aufbereitete Aspekt sollte in einem Praxisratgeber nicht fehlen.

Das Unternehmen – ein stabiles System?

In Gewinn-Phasen bzw. in Zeiten geringer Veränderungen kann zumindest für eine begrenzte Zeit nahezu jeder erfahrene Betriebswirt ein Unternehmen leiten. Alles läuft wie von selbst – dafür sorgen die in langen Jahren eingeübten Abläufe und standardisierten Verfahren. Das Unternehmen präsentiert sich als stabiles System, jedoch nicht als Perpetuum Mobile. Jeder Mitarbeiter im Unternehmen kennt seine Aufgaben und führt diese verantwortungsvoll so lange selbstverständlich durch, bis unvorhergesehene Ereignisse („Sand im Getriebe") eintreten und richtungweisende Entscheidungen verlangen. Ist das gesamte Unternehmen betroffen, so handelt es sich um eine originäre Aufgabe der Unternehmensleitung.

Die „Kapitäne" sind gefordert

Strategisches Handeln in Krisenzeiten

Die wahren Fähigkeiten und Qualitäten von Geschäftsführern zeigen sich also immer erst in den Zeiten des Wandels. Das müssen nicht zwingend Verschlechterungen der Rahmenbedingungen sein – auch positive Ereignisse, wie der Großauftrag im vorherigen Kapitel, erfordern ein strategisches, überlegtes Handeln. In Krisenzeiten kommen jedoch erschwerend einige besondere psychologische Faktoren hinzu. Zunächst muss die Krise als solche rechtzeitig erkannt und angenommen werden. Hier hilft keine „Vogel-Strauß-Politik"; ein fast schon als trotzig zu bezeichnendes „Nicht-wahr-haben-wollen" verschenkt wichtige Zeit. Ignoranz und Schönrednerei sind Indizien dafür, dass man sich den Problemen nicht stellt, sondern ihnen ausweichen will. Vielleicht nur bis zum Ablauf des üblichen Fünf-Jahres-Vertrags (vgl. dagegen: „Wir denken in Generationen, nicht in Fünfjahresverträgen." Ludwig Görtz, „Herr der Schuhe"). Anschließend sollen sich andere um die unbearbeiteten, aufgestauten Probleme kümmern – am besten anerkannte „Sanierer". Die aktuellen Diskussionen um die Frage einer persönlichen Haftung von Geschäftführern von Kapitalgesellschaften und der Vorwurf der Selbstbedienungsmentalität des Top-Managements haben ihren

Ursprung im offensichtlich mangelnden Verantwortungsbewusstsein. An die Stelle der Verantwortung gegenüber Unternehmen und Mitarbeitern ist oftmals eine kurzfristige Gewinn-Ausweis-Orientierung und somit persönliche Tantieme-Optimierung getreten.

Bezüge der Top-Manager

Beispiel

Welcher Top-Manager bleibt noch glaubhaft, wenn er seiner Belegschaft jahrelang etwas von „Loyalität" erzählt und dann innerhalb kürzester Zeit zum ärgsten Mitbewerber wechselt?

Die Vorstandsbezüge der im DAX notierten Aktiengesellschaften sind im Jahre 2003 um durchschnittlich 11,6 % gestiegen.[24] Der effektive Durchschnittsverdienst für deutsche Arbeitnehmer erhöhte sich im gleichen Zeitraum um gerade 1,3 %.[25]

Welcher Mitarbeiter glaubt da noch an die intern propagierte Konjunkturschwäche?

Auch wenn es viele gute Vorbilder gibt, die sich mit aller Kraft für ihre Mitarbeiter und den langfristigen Bestand des Unternehmens einsetzen, so ist dies letztlich nicht der entscheidende Punkt. Wichtig ist, was beim einzelnen Mitarbeiter „ankommt", wie er Handlungsweisen von Führungskräften interpretiert und empfindet. Gerade die Bewältigung schwieriger Phasen bedingt eine emotionale Auseinandersetzung und erfordert große Sozialkompetenz.

Krisenkommunikation

Das Damokles-Schwert der permanent vorhandenen Existenzbedrohung ist sicher ernst zu nehmen – es darf aber nicht zu mentalen Blockaden führen. Geplante oder bereits beschlossene Aktionen bei Kapazitätsreduktionen oder Abbaumaßnahmen sollten gegenüber der Belegschaft nicht verheimlicht werden. Hier gilt:

„Offenheit schafft Vertrauen!"

---

[24] „Stern", Meldung vom 22.07.2004.

[25] „Hamburger Abendblatt" vom 26.03.2004, Wirtschaftsteil.

Eine Krise betrifft auf die eine oder andere Weise alle Mitarbeiter. Was liegt näher, als gemeinsam mit ihnen bzw. der Mitarbeitervertretung mögliche Wege aus dem Tal zu diskutieren? Nichts ist schädlicher für die zukünftige Arbeitsmoral, als mit überraschenden Planstellenstreichungen und betriebsbedingten Kündigungen die Belegschaft zu überrumpeln und vor vollendete Tatsachen zu stellen. Eine offene und vor allem rechtzeitige Kommunikation zeigt den Beschäftigten, dass die Geschäftsleitung der Krise aktiv und verantwortungsbewusst begegnet. Eine durch die Geschäftsleitung einberufene Betriebsversammlung und die persönliche Situationseinschätzung beugen schädlichen Gerüchten vor und sind zugleich ein Signal für die Belegschaft, dass Veränderungen unmittelbar bevorstehen.

Offene Kommunikation zwischen Belegschaft und Geschäftsleitung

„Politik der ruhigen Hand"[26]

Überstürzte Entscheidungen und kurzsichtige Maßnahmen sind grundsätzlich in Frage zu stellen. Auf der Ebene der Unternehmensleitung wäre eine solche Handlungsweise jedoch besonders schädlich. Unkoordinierte Panikreaktionen („man muss doch irgendetwas tun…") sind ebenso wie Lethargie („Erstarren des Kaninchens vor der Schlange") oder Ignoranz Zeichen eines unprofessionellen Krisenmanagements. Der Terminus „ruhige Hand" beschreibt die korrekte Handlungsalternative: Es wird etwas „bewegt", aber – und das ist die beabsichtigte Botschaft – mit Bedacht, Überlegung und auf langfristige Wirkung zielend.

Zu Beginn einer Krise darf niemand erwarten, dass eine ausgearbeitete Musterlösung aus dem Zylinder der Geschäftsleitung gezogen werden kann. Es gehört sicher eine Portion Selbstbewusstsein dazu, seinen Mitarbeiten das klar formuliert mitzuteilen. Ängstliches und

---

[26] „Politik der ruhigen Hand", Bezeichnung seiner eigenen Wirtschaftspolitik durch Bundeskanzler Gerhard Schröder 2001/2002. Schröder bezeichnete mit der „ruhigen Hand" die Maxime seiner Politik, auf kurzfristige wirtschaftliche Entwicklung nicht vorschnell zu reagieren. Die Opposition kritisierte die „ruhige Hand" als Untätigkeit. Im März 2003 wurde die „Politik der ruhigen Hand" durch die „Agenda 2010" ersetzt.
Quelle: http://de.wikipedia.org/wiki/Politik_der_ruhigen_Hand.

halbherziges Agieren nach dem Motto „Wer nichts macht, macht auch keine Fehler." sind jedoch genau so wenig hilfreich wie ein gehetzter Aktionismus.

Solidarisch durch die Krise

Einbindung der Belegschaft bei der Krisenbewältigung

Geschäftsführer und Vorstände unterschätzen oft die Kreativität der Belegschaft und ihrer Mitarbeitervertretungen, wenn es um den Erhalt von Arbeitsplätzen geht. Neben diesem rein inhaltlichen Potenzial ergeben sich zudem weitere Effekte, die dem Unternehmen direkt zu Gute kommen: Werden arbeitnehmerseitig ausgearbeitete Vorschläge in die Überlegungen der Geschäftsleitung ernsthaft mit einbezogen oder nach kritischer Prüfung ganz oder teilweise realisiert, ist die Identifikation mit den – individuell durchaus beeinträchtigenden – Maßnahmen enorm. Des Weiteren fühlen sich Belegschaft und Mitarbeitervertretung als interne Geschäftspartner akzeptiert. Eine gemeinsam bewältigte Krise kann also für das Unternehmen durchaus positive Auswirkungen erzeugen. Wichtig dabei ist jedoch die beiderseitige Ehrlichkeit im Planen und Handeln. So schafft gemeinsames Vorgehen in schwierigen Zeiten ein langfristiges Vertrauensverhältnis. Hier erweisen sich die Wurzeln der AZ Rad als Vorteil. Die nach wie vor vorhandene Prägung eines Familienbetriebs wird an vermeintlichen Kleinigkeiten deutlich und lässt sich als gelebte Unternehmenskultur beschreiben.

Beispiel

Selbst der inzwischen nicht mehr aktive Seniorchef kann bei seinen regelmäßigen Unternehmensbesuchen alle Mitarbeiter mit ihrem Namen ansprechen. Bei vielen langjährig Beschäftigten ist er über ihre private, familiäre Situation informiert. Das ist in Krisenzeiten wertvoller als jede noch so detailliert ausgearbeitete Sozialplan-Bepunktung.

Abstiegsängste

Sozial sensibles Krisenmanagement

Sicher sind auch „Mengengerüste" zu berechnen und die Größenordnungen zukünftiger, funktionsbezogener „Human-Kapazitäten" zu planen. Das sollte nach den bekannten Regeln und Verfahren auch ohne größere Probleme möglich sein. Die individuellen

Existenzängste der Beschäftigten verlangen jedoch nach einem sozial sensiblen Krisenmanagement. In der betrieblichen Krise droht der Rückfall auf eine niedrigere Ebenen in der Bedürfnispyramide nach Abraham Maslow[27]. Alles, was man sich in der Vergangenheit erarbeitet hat, wird in Frage gestellt. Geht es in Zeiten der Expansion mit den einhergehenden Mehrarbeitsstunden und zusätzlichen Belastungen für die Mitarbeiter primär noch um die Sicherung von Bedürfnissen wie Freizeit, soziale Kontakte und Selbstverwirklichung, rücken nun auf einmal grundlegendere Bedürfnisse, wie die Versorgung der Familien (Nahrung, Wohnraum, Arbeitsplatz) wieder in den Fokus der Betrachtung. Die bisher vorhandene Sicherheit entfällt auf einen Schlag – die zweitunterste Stufe der Bedürfnispyramide wird in Frage gestellt. Dieser vielen Mitarbeitern und Führungskräften nicht bewusste Rückschritt erzeugt Stress, teilweise Aggressionen und vor allem Ängste.

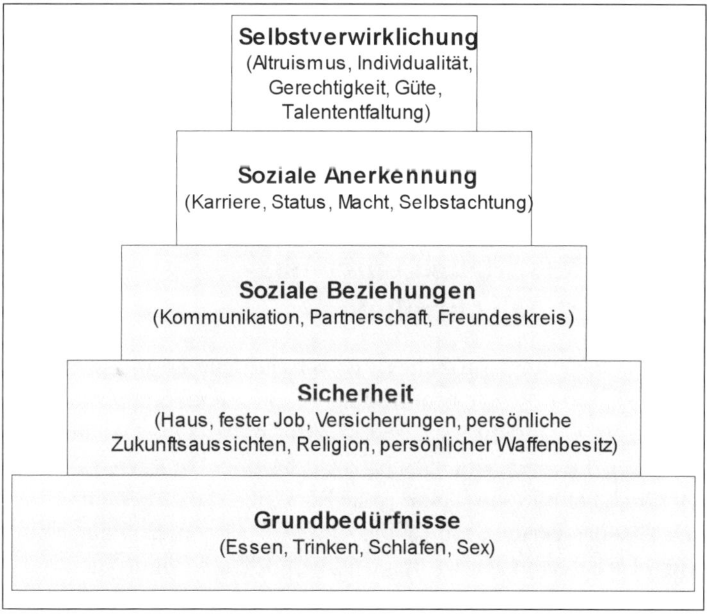

Schaubild: Bedürfnispyramide nach Abraham Maslow

[27] Abraham Harold Maslow (1908 - 1970).

Die Bedürfnispyramide

Exkurs: Die Bedürfnispyramide nach Abraham Maslow

Die Erreichung einer höheren Ebene ist grundsätzlich nur möglich, wenn die Bedürfnisse der jeweils vorherigen befriedigt sind. Die unteren drei Ebenen – allgemein als „Defizitbedürfnisse" bezeichnet müssen befriedigt sein, damit eine Grundzufriedenheit erreicht wird. Sind sie erfüllt, hat man keine weitere Motivation in dieser Richtung mehr, denn wer nicht durstig ist, verspürt auch keinen Wunsch zu trinken. Die fünfte Ebene ist als „Wachtumsbedürfnis" definiert – man kann davon also nie genug bekommen. Die vierte Ebene nimmt eine Sonderstellung ein und ist je nach persönlicher Situation zu den Defizitbedürfnissen zu zählen oder als Wachstumsbedürfnis ausgeprägt. Ist letzteres der Fall, wird es schwer, die oberste Ebene überhaupt zu erreichen. Diese Menschen sind das, was man populär als „Getriebene" bezeichnen könnte.

Auch das Management ist von einer Rückstufung bedroht. Nur vollzieht sich dieser Wechsel normalerweise ein bis zwei „maslowsche Ebenen" höher. Vor diesem Hintergrund sind Denken und Handeln in einem krisengeschüttelten Unternehmen zu bewerten. Anflüge von Sozialneid und eine emotional geführte öffentliche Diskussion bei übermäßig „vergoldeten Handschlägen" sind daher verständlich, überlagern aber eine sachkritische Auseinandersetzung mit anstehenden Themen.

10.3 Unterstützung durch das Personalcontrolling

Über die Lieferung von Zahlen für verschiedene Lösungsszenarien hinaus kann das Personalcontrolling in seiner Funktion als interner Berater an Veränderungsprozessen aktiv mitwirken. Das funktioniert aber nur, wenn die Geschäftsleitung einen konkreten Auftrag klar erteilt hat und somit eine „volle Rückendeckung" besteht.

Restriktive Prozesse fördern oft die Bildung von verschiedenen Interessengruppen

Es ist für das Personalcontrolling sowie für alle operativ eingebundenen Fachabteilungen wichtig, zu überprüfen, ob hinter den initiierten Aktionen integere Absichten stehen. Aus diesem Grunde erfolgte im vorangegangenen Teilkapitel 10.2 die ausführliche Darstellung verschiedener Motivationslagen und Verhaltensweisen des Managements. Während bei Expansionszielen fast immer alle

Beteiligten an einem Strang ziehen, scheint dies bei restriktiven Prozessen nicht zwingend die Regel zu sein. Die eingangs genannten Überlebensstrategien überlagern unterschwellig die offiziell kommunizierten Diskussionspunkte und können zu einer „Untergrundtätigkeit" verschiedener Interessengruppen führen. In der Projektarbeit sind daher verschiedene negative Ausprägungen denkbar. Diese sind nicht zwingend zu erwarten, können den Projektbeteiligten und somit auch dem Personalcontrolling aber in der Praxis begegnen.

Aktionismus

Fehlen sowohl ein roter Faden als auch mittel bis langfristige Maßnahmenplanungen, kann von blindem Aktionismus gesprochen werden. Es lohnt sich nicht, in einem solchen Projekt besonderen Einsatz zu zeigen; es ist zum Scheitern verurteilt. Später, nach leidvoller Erkenntnis, werden dann wieder die Fachleute der verschiedenen Abteilungen zusammengetrommelt werden, um den „Karren mühsam aus dem Dreck zu ziehen".

Lethargie

Warten oder Aufträge abholen? In vielen Fällen hilft nur die Eigeninitiative. Das Management wendet sich von den operativen Problemstellungen ab und überlässt somit die kurzfristige Unternehmenssteuerung den eigeninitiativ tätigen Mitarbeitern. Doch Vorsicht! Wer im Eifer mit der Eigenverantwortung zu weit geht, wird später als „Buhmann" dastehen und verantwortlich gemacht, sobald eine negative Folge eintritt.

Nebelkerzen und Scheinaktivitäten

Das beliebte Werfen von „Nebelkerzen" zur Verschleierung der wahren Absichten lässt sich in der Praxis immer dann beobachten, wenn die geplanten Handlungsweisen der Entscheider nicht vorbildlich sind. Es werden funktionale Kapazitäten mit vielfältigen Aufträgen an „Nebenkriegsschauplätzen" gebunden, deren Sinn sich nicht immer erschließt. Im Hintergrund werden die wirklichen

Maßnahmen unter „Ausschluss der Öffentlichkeit" initiiert. So etwas ist nicht nur deshalb unangenehm, weil unnötige Arbeiten verrichtet werden.

Unternehmensberater - Feigenblatt des Managements?

Werden zur Bewältigung einer schwierigen Situation externe Berater ins Unternehmen geholt, kann dies aus durchaus rechtschaffenen Gründen erfolgen. Es besteht aber auch die Möglichkeit, dass hier ein gut dotierter Externer verabredungsgemäß gegen Honorar den Sündenbock für unpopuläre und unbequeme Entscheidungen spielt. So fordert der Unternehmensberater in streng vertraulichen Papieren, die merkwürdigerweise auf einmal im gesamten Unternehmen kursieren, mindestens 20 % Personalabbau. Verkündet nun die Unternehmensleitung, man habe sich nach reiflicher Überlegung und mit großem Unbehagen für eine 10%ige Reduzierung entscheiden müssen, stellt sich die Frage: „Who's good – who's bad?" Für das Personalcontrolling bedeutet das: Egal welche Daten geliefert werden und egal, wie gut die Kommentierung erfolgt: Die Informationen werden für das von Beginn an feststehende Ergebnis „verbogen".

Tipp

Legen Sie sich in Krisenzeiten ein dickes Fell zu und gehen Sie mit folgendem Bewusstsein in die anstehenden Projektsitzungen: Rechnen Sie mit Widerständen! Auch gute Vorschläge und Ideen werden zerredet und per Hierarchie überstimmt.

Achten Sie auf die „passende Zeit", wenn Sie eigene Realisierungsmöglichkeiten präsentieren. Ihre Daten werden grundsätzlich erst einmal angefochten und nach Gutdünken verwendet und interpretiert. Prüfen sie dabei: Geht es wirklich um die Sache? Aus welcher Interessenlage heraus und mit welchen Zielen werden Sie gerade kritisiert?

Der Ton wird rauer! Potenziell drohender Machtverlust (Maslow) provoziert verstärktes „Revier-Markierungs-Verhalten" und eine deutliche Abgrenzung der internen Hierarchie-Ebenen. „Lean-Management" gehört der Vergangenheit an.

Rechnen Sie mit der Bildung informeller Gruppen, die dem Machterhalt dienen („Seilschaften"). Achten Sie darauf, nicht zwischen die Mühlsteine zu geraten. Agieren Sie überlegt!

10.4 Die Lösungsstrategie der AZ Rad

Personal-verlagerung

Als angemessene Reaktion auf den Einbruch im Bereich des Absatzes von Rennrädern beschließt die Geschäftsführung der AZ Rad folgendes Vorgehen:

- Für einen Zeitraum von sechs bis zwölf Monaten werden zehn Schweriner Mitarbeiter aus der Rennrad-Fertigung im Flensburger Werk tätig. Ihr Einsatz ist ohne aufwändige Qualifizierungsmaßnahmen möglich.
- Um die vorhandenen Maschinen-Kapazitäten optimal auszunutzen, wurde im Einvernehmen mit dem Betriebsrat ein Schichtarbeitsmodell konzipiert, das bis zur Fertigstellung der neuen Produktionsanlagen und dem damit einhergehenden geplanten Personalaufbau Gültigkeit hat.
- Mobilitätsprämien werden nicht gezahlt. Stattdessen übernimmt die AZ Rad befristet die Kosten einer Unterkunft im Raum Flensburg. Alle Mitarbeiter erhalten im Gegenzug für ihre Kooperation eine Arbeitsplatzgarantie für die nächsten zwei Jahre. Diesem Wunsch des Betriebsrates folgte die Geschäftsleitung der AZ Rad.
- Im Rahmen einer Mitarbeiterbefragung (siehe Kapitel 14) stellt sich die Unternehmensleitung allen Mitarbeitern und gibt ihnen die Chance, anonym und konstruktiv-kritisch die Veränderungen zu begleiten und zu bewerten.

Fazit

Kapazitätsreduzierungen in Teilbereichen können auch Chancen eröffnen. Für die AZ Rad war es eher ein Segen als ein Fluch, dass der Reaktionszwang im angeschlagenen Werk Schwerin die Option der Personalverlagerung hervorbrachte. Isoliert betrachtet, wäre bei einer rein betriebswirtschaftlichen Analyse – ohne Berücksichtigung des Wertschöpfungsfaktors Mensch – die Schließung des Werks in Schwerin mittelfristig unumgänglich geworden. Hier beweist die Geschäftleitung jedoch Weitsicht: Einerseits bedeutet der Großauftrag des Discounters eine wirtschaftlich sichere Basis und die zunächst erwartete Kapazitätsunterdeckung von einigen Monaten wird nun nicht eintreten. Andererseits kann noch niemand voraussagen, wie sich die Kooperation mit dem französischen Partner entwickeln wird. Daher bliebe immer noch die Möglichkeit, das Werk Schwerin von Rennrädern auf die Produktion von Kinderrädern umzustellen. Sicher wäre eine Schließung aufgrund der Tradition und dem guten Ruf der Räder als „semiprofessionelle Rennmaschinen" kaum zuträglich und es ist zweifelhaft, ob die Belegschaft eine solche Entscheidung tragen würde. Aber was nutzt das beste Produkt, wenn es wie Blei im Regal liegt und keinen Umsatz generiert.

Allgemein bleibt festzuhalten, dass die Bewältigung einer Krisensituation weniger nach betriebswirtschaftlichen Prämissen als mit erheblicher sozialer Kompetenz und dem Wissen um die Psyche der Belegschaft sowie den zu erwartenden Veränderungen von Handlungsweisen und Verhalten erfolgen muss. Neben den fachlichen Qualifikationen, die ohne Zweifel vorhanden sein müssen, liegen die Anforderungsschwerpunkte in Krisenzeiten eher im persönlichen Bereich. Wird das ignoriert, mutiert der die Krise überlebende „Rest-Organismus Unternehmen" zu einer sozial entkernten und demotivierten Maschinerie. Diesen zu reanimieren, dürfte für lange Zeit unmöglich werden; das bewirkt schon eine Art kollektives Gedächtnis der Belegschaft.

Wahrhaftigkeit, Verantwortungsbewusstsein und Vorbildcharakter sind die größten Erfolgsfaktoren. Ein eindeutiges unternehmerisches Bekenntnis zu diesen Tugenden liefert Wolfgang Grupp, Inhaber der TRIGEMA GmbH & Co. KG: „Der deutsche Arbeitslohn ist nicht zu teuer, wenn die Arbeitskraft richtig eingesetzt, motiviert ist und die Leistung in ein verkaufbares Produkt eingeht. Dies aber ist die Aufgabe von uns Unternehmern. Nicht Macht, Marktanteile und Größe dürfen bestimmend sein, sondern Solidität, Verantwortung für die Mitmenschen, Gerechtigkeit und Beständigkeit"[28]

[28] Quelle: http://www.trigema.de („Firmen Philosophie").

11 Fehlzeiten reduzieren: Ein wichtiges Thema?

11.1 AZ Rad: Montags stehen die Bänder still

Die Geschäftsführung der AZ Rad AG ist durch das nunmehr regelmäßig erstellte Kostenreporting auf den unerwartet hohen Aufwand für Aushilfen und Leiharbeitnehmer aufmerksam geworden. Darauf angesprochen, nannten einige Abteilungsleiter den hohen Krankenstand und die Abwesenheit vieler Mitarbeiter in der Ferienzeit als Begründung. Als dann am vergangenen Montag die Produktion der Rennräder wegen fehlenden Personals ausgesetzt werden musste, nahm die Geschäftsleitung dies zum Anlass, vom Personalcontrolling eine detaillierte Fehlzeitenanalyse für das gesamte Unternehmen anzufordern.

11.2 Was sind Fehlzeiten?

Definition „Fehlzeiten"

Bevor mit den Auswertungen aus den Personaldaten begonnen werden kann, sind eine nähere Bestimmung des Begriffes „Fehlzeiten" und die Formulierung einer Zielsetzung für die durchzuführende Untersuchung erforderlich. Eine einheitliche Definition für Fehlzeiten ist nicht bekannt, obwohl die verbreitete Verwendung von Begriffen wie „Fehlzeitenquote", „Krankenstand" oder „Absentismusrate" Gegenteiliges suggeriert.

Fehlzeitenarten

Betriebliche Fehlzeiten können nach unterschiedlichen Kriterien gegliedert werden. Je nach Zielsetzung werden die zu betrachtenden Fehlzeiten-Arten ausgewählt.

Klassifikation von Fehlzeiten

Verursacher	Planbarkeit	Bezahlung	Beispiele
Betrieb	Ja	Ja	Dienstreisen Seminare
Betrieb	Nein	Ja	Betriebsunfall
Standort	Ja	Ja	Regionale Feiertage
Gesetze, Tarifverträge, Dienstverträge	Ja	Ja	Erholungsurlaub, Bildungsurlaub, Sonderurlaube
Mitarbeiter	Nein	Ja	Kur Krankheit Unfall
			Mutterschutz
Mitarbeiter	Nein	Nein	Krankheit ohne Entgeltfortzahlung, Erziehungszeiten

Welche Fehlzeiten können beeinflusst werden?

In der vorliegenden Situation geht es zunächst darum, den subjektiven Eindruck einer hohen Fehlzeitenquote zu objektivieren. In Abhängigkeit vom Ergebnis ist dann zu prüfen, ob es sich um beeinflussbare Fehlzeiten handelt. Im Fokus der nachfolgenden Analysen stehen die vom Mitarbeiter verursachten, nicht planbaren zu bezahlenden Fehlzeiten: die Arbeitsausfallzeiten aufgrund von Erkrankungen. Die in dieser Gruppe auch enthaltenen Mutterschutz-Zeiten bleiben in den weiteren Analysen unberücksichtigt.

11.3 Auswertungen aus dem Personaldatenbestand

Da die zu untersuchenden Fehlzeiten gehaltsrelevant sind, finden sich die zu analysierenden Daten im Gehaltsabrechnungsprogramm. Viele der eingesetzten Programme sind ohnehin mit einem Zeitwirtschaftssystem verbunden oder Zeit- und Gehaltsdaten werden sogar in unterschiedlichen Modulen der gleichen Software vorgehalten. Für die Analyse müssen diese Daten so aufbereitet werden, dass der Status jedes Mitarbeiters nach Zeit- bzw. Abwesenheitsarten differenziert für jeden Tag dargestellt werden kann. Je nach Anforderungen des für die Analysen verwendeten Programms und der durchzuführenden Auswertungen bieten sich diese Tabellenstrukturen an:

Personal-nummer	Gültig ab	Gültig bis	Zeitart
123456	01.07.2004	21.07.2004	2001
123456	02.08.2004	03.08.2004	2200
234567	05.06.2004	14.06.2004	2001
234567	06.07.2004	16.07.2004	2200
234567	23.09.2004	01.11.2004	2300
345678	14.07.2004	14.07.2004	2200

In dieser Tabelle werden alle Abwesenheitsarten pro Personalnummer mit Beginn- und Endedatum gezeigt. Für einige Auswertungszwecke kann es sinnvoller sein, dass die Tabelle pro Tag und Personalnummer eine einzelne Zeile – also einen Datensatz – enthält:

Personalnummer	Datum	Zeitart
123456	01.07.2004	2001
123456	02.07.2004	2001
123456	03.07.2004	2001
234567	05.06.2004	2001
234567	06.06.2004	2001
234567	07.06.2004	2001
345678	14.07.2004	2200

Diese Umsetzung kann programmgesteuert erfolgen und erleichtert stichtagsbezogene Auswertungen.

Die Bedeutung der einzelnen Zeitarten erschließt sich in einem Datenbanksystem mit relationalen Verknüpfungen wiederum aus einer Schlüsselzahlen-Tabelle, die so aussehen könnte:

Zeitart	Zeitart-Text
2001	Urlaub
2200	Krankheit mit Entgeltfortzahlung.
2300	Kur
2400	Sonderurlaub tariflich
2500	Krankheit ohne Entgeltfortzahlung
2550	Ehrenamtliche Tätigkeit

Excel-Datei

Die Daten lassen sich im Rahmen einer Datenbank oder eines Tabellenkalkulationsprogramms analysieren. Bei Verwendung eines Tabellenkalkulationsprogramms sollten die Daten bereits in ausgewerteter Form vorliegen, so dass die Anzahl der Fehltage nach Zeitarten und organisatorischen Kriterien direkt in eine Tabelle eingegeben werden kann. Wird ein Datenbankprogramm verwendet, können Datenaufbereitung und –analyse i. d. R. innerhalb des gleichen Systems vorgenommen werden.

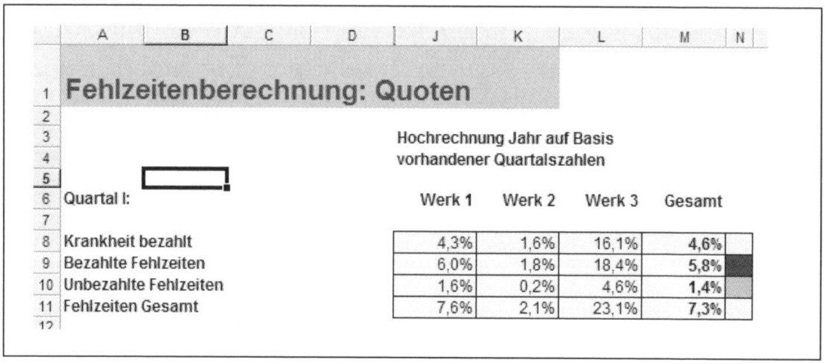

Fehlzeitenberechnung: Quoten

Quartal I:

Hochrechnung Jahr auf Basis vorhandener Quartalszahlen

	Werk 1	Werk 2	Werk 3	Gesamt
Krankheit bezahlt	4,3%	1,6%	16,1%	**4,6%**
Bezahlte Fehlzeiten	6,0%	1,8%	18,4%	**5,8%**
Unbezahlte Fehlzeiten	1,6%	0,2%	4,6%	**1,4%**
Fehlzeiten Gesamt	7,6%	2,1%	23,1%	**7,3%**

Screenshot: Berechnung von Fehlzeitenquoten in Excel.
Die Felder der Spalte „N" sind im Original farbig formatiert („Ampel-Funktion"), um auf zu prüfende Werte aufmerksam zu machen.

Auswertung der Fehltage nach Wochentagen

An welchen Wochentagen fehlen die Mitarbeiter?

Die Aussage „Montags stehen die Bänder still" suggeriert, dass „Krankheiten" an bestimmten Wochentagen häufiger auftreten als an anderen. Diese Aussage lässt sich leicht bestätigen – oder widerlegen. Es reicht eine einfache Zuordnung des Wochentages zu jedem Fehltag und die anschließende grafische Aufbereitung. Möchte man untersuchen, ob sich Mitarbeiter z. B. verlängerte Wochenenden

„gönnen", ist es wichtig, diese Auswertung auf Kurzzeiterkrankungen (Absentismus) einzuschränken. Ebenso sollte die Untersuchung differenziert nach Mitarbeitergruppen oder organisatorischen Kriterien vorgenommen werden können. Diese Auswertung ist mit Hilfe von Tabellenkalkulationsprogrammen oder Datenbanksystemen vorzunehmen. Für die Zuordnung des Wochentages zu einem Datum stehen in den meisten Anwendungen eingebaute Funktionen zur Verfügung (z. B. Excel: *WOCHENTAG(„14.2.90")* ergibt 4 (Mittwoch)).

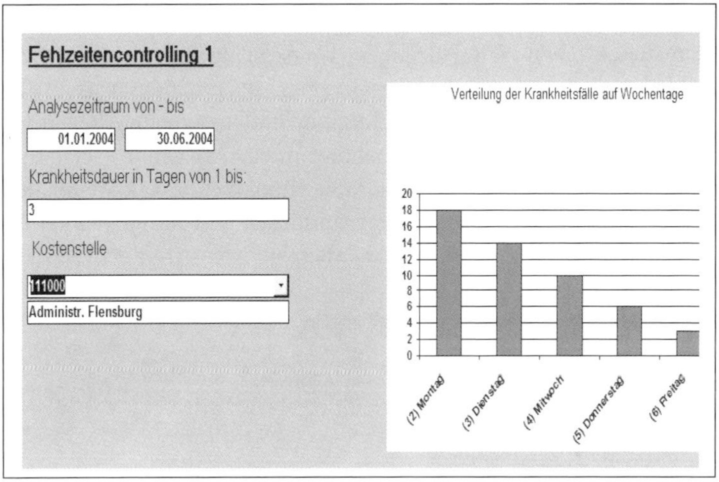

Screenshot: Datenbankfunktion Fehlzeiten/Wochentag

Krankenquote

Ermittlung der Krankenquote

Setzt man die Fehltage ins Verhältnis zu den Sollarbeitstagen, entsteht die Krankenquote, eine der beliebtesten und bekanntesten Kennzahlen. Bei der Ermittlung ist zu beachten, dass als Grundgesamtheit nur die Mitarbeiter gezählt werden, die zum Personalstand gehören und dass in die berücksichtigten Fehlzeiten nur die bezahlten Fehltage einfließen, die auf diese Personengruppe entfallen. Daher sind Mitarbeiter, deren Entgelt aufgrund langfristiger Erkrankung nicht mehr fortgezahlt wird, oder Mitarbeiter, die aufgrund ihrer Vertragsart (z. B. Aushilfen) nicht zum Personalstand zählen, nicht zu berücksichtigen. Es ist individuell zu entscheiden, ob hierbei die gesetzliche Entgeltfortzahlungsdauer (42 Tage) oder gegebenenfalls eine betrieblich oder tarifvertraglich länger gewährte Frist herangezogen wird. Auch hier zeigt sich wieder, wie unsicher durch diese Spielräume unternehmensübergreifende Vergleiche sind.

Die Ermittlung der Krankenquote kann durch weitere Auswertungen flankiert werden. So liefert beispielsweise die durchschnittliche Anzahl der Krankheitstage einen Hinweis auf die Schwere der Erkrankungen im untersuchten Bereich. Bei Statistiken, die Häufigkeiten beschreiben (z. B. Anzahl der Krankmeldungen) ist zusätzlich zu beachten, dass die Größe der Gruppen, nach denen ausgewertet wird, in der Statistik Berücksichtigung findet. Arbeiten beispielsweise zu 80 % weibliche Arbeitnehmer in einer Abteilung, erstaunt es nicht, dass die absolute Anzahl der Krankmeldungen weiblicher Beschäftigter höher ist, als die der männlichen Beschäftigten. Hier ist der ermittelte Wert ins Verhältnis zur Beschäftigtenstruktur zu setzen.

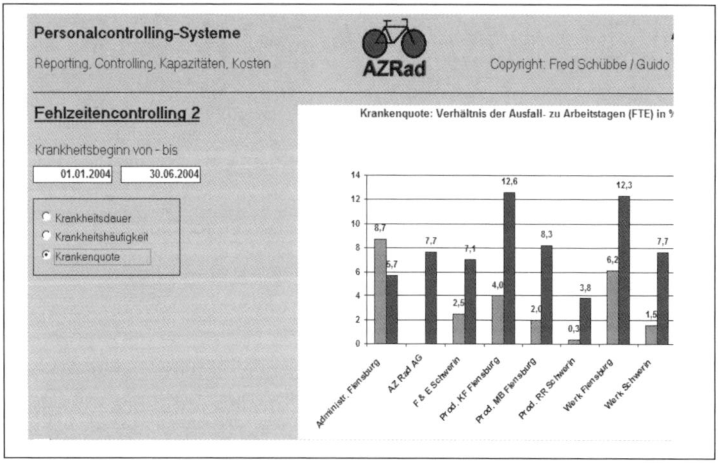

Screenshot:
Krankenquote als Balkengrafik in einer Access-Datenbank

11.4 Interpretation der ausgewerteten Daten

Die vorgenommenen Auswertungen hatten die Aufgabe, die subjektiven Empfindungen über zu hohe Fehlzeiten zu objektivieren. In der Interpretation geht es jetzt darum, durch Vergleiche, erkannte Zusammenhänge und die Betrachtung zeitlicher Entwicklungen die ermittelten Zahlen zu bewerten, um durch anschließend eingeleitete Maßnahmen die bisherigen Zustände zu verbessern. Die folgenden Vergleichsmöglichkeiten stehen bereits durch die Analyse des eigenen Datenbestandes auf Basis der oben beschriebenen Auswertungen zur Verfügung.

Hintergründe des Fehlzeitenverhaltens

Weisen einzelne Bereiche (oder Abteilungen, Standorte, Kostenstellen etc.) stark über dem Durchschnitt liegende Fehlzeiten auf? Ist die Quote in diesen Bereichen „traditionell" hoch oder hat sie sich in der letzten Zeit erhöht? Weisen diese Bereiche Auffälligkeiten in der Beschäftigtenstruktur auf (Alter, Geschlecht, Bezahlung) oder sind die Mitarbeiter dauerhaft oder akut höheren Belastungen ausgesetzt (körperlich, erhöhte Arbeitsmenge, Standort)? Gibt es bekannte Schwierigkeiten in der Führungssituation (gegebenenfalls Korrelation mit Daten aus Zufriedenheitsanalyse einer Mitarbeiterbefragung ermitteln)?

Untersuchung der Krankheitsdauer

Eine weitere Quelle, die Aufschluss über die Hintergründe des Fehlzeitenverhaltens geben kann, ist die Untersuchung der Krankheitsdauer. Motivationsbedingte Fehlzeiten zeichnen sich eher durch kurze, nicht attestpflichtige Krankmeldungen aus, während längere Fehlzeiten mit höherer Wahrscheinlichkeit medizinisch indiziert sind. Auch hier sollte durch den Vergleich von Bereichen (s. o.) ein eventuell vorhandenes Problem näher eingegrenzt werden können. Ein weiterer Indikator für motivationsbedingtes Fehlen kann die ungleiche Verteilung der Fehltage auf die Wochentage sein. Häufen sich Fehlzeiten an den Tagen vor oder nach dem Wochenende, vor oder nach Feiertagen (Brückentage) oder – in Betrieben mit Samstagsarbeit – am Samstag? Bei derartigen Detailanalysen ist besonders darauf zu achten, dass die verfügbare Grundgesamtheit für gesicherte Aussagen ausreichend groß ist. Ist die Datenmenge zu klein (z. B. Fehlzeiten der männlichen Arbeiter an Freitagen des ersten Quartals in der Produktion Rennräder), beeinflussen Zufälligkeiten das Ergebnis zu stark.

Screenshot aus dem Internet: Krankfeiern – kein Tabuthema

Zeitreihenvergleiche

Weitere Interpretationsansätze über die Analyse der aktuellen Daten hinaus bieten Zeitreihenvergleiche. Anders als die Gegenüberstellung von betriebsinternen und externen Daten bieten Zeitreihenvergleiche den Vorteil einer konstanten Ermittlungslogik und Grundgesamtheit. Wichtig zu wissen ist jedoch, dass Veränderungen der Krankenquote im zeitlichen Verlauf nicht immer innerbetriebliche Ursachen haben müssen. In der jüngeren Vergangenheit sorgten insbesondere Maßnahmen aus dem gesundheitspolitischen Sektor, wie z. B. die Einführung von Karenztagen, der Absenkung des Krankengeldes oder die Einführung der Praxisgebühr, für Auswirkungen auf den statistisch auswertbaren „Gesundheitszustand“ der Arbeitnehmer. Fehlzeiten veränderten sich teilweise signifikant.

Vergleich mit externen Daten

Der Vergleich mit externen Daten gestaltet sich aufgrund der nicht standardisierten Ermittlungsverfahren ebenso schwierig wie bei anderen personalwirtschaftlichen Kennzahlen. Bestenfalls innerhalb der Firmen eines Konzerns lässt sich Gewissheit über die Vergleichbarkeit herstellen, da vielfach mit einheitlichen Ermittlungsmethoden und –standards gearbeitet wird. Doch selbst hier stößt man insbesondere bei internationalen Vergleichen (wie definiert man in anderen Ländern z. B. Mutterschutz oder die Freistellung für Ehrenämter?) sehr schnell an die Grenzen der Vergleichbarkeit. In öffentlich zugänglichen externen Quellen wird das statistische Verfahren, mit dem die veröffentlichten Daten ermittelt wurden, i. d. R. nicht beschrieben.[29]

Achtung:
Publizieren öffentliche Einrichtungen und Institutionen der Politik oder Krankenkassen Fehlzeitenquoten, ist bei Vergleichen zu berücksichtigen, dass diese nur attestierte Fehltage enthalten. Nicht attestpflichtige Kurzerkrankungen fehlen. Zieht man derartige Daten zu Vergleichen heran, muss gewährleistet sein, dass auch bei den eigenen Daten nur die Fehlzeiten berücksichtigt werden, für die eine Arbeitsunfähigkeitsbescheinigung vorgelegt wurde.

Interpretation mit mathematischem Verständnis und Fingerspitzengefühl

Neben den bisher genannten inhaltlichen Restriktionen gibt es noch die mathematisch-statistischen. So hängt die erlaubte Interpretation insbesondere von der Größe der Stichprobe ab. Begriffe wie Signifikanz, Verteilung, Standardabweichung und Varianz sollten für den Personalcontroller keine Fremdworte sein, wenngleich selbstverständlich nicht jede einfache Auswertung statistisch durchleuchtet werden muss. Es geht hier vielmehr um das mathematische Verständnis, das in der Praxis als „Fingerspitzengefühl" wahrgenommen wird und besonders bei sensiblen Auswertungen die Grenzen bzw. die Machbarkeit von Berichtsinterpretationen definiert.

11.5 Lösungsansätze zur Senkung der Fehlzeiten

Die vorangegangenen Interpretationen sollten Klarheit über mögliche Ursachen des (hohen?) Krankenstandes geliefert haben. Durch die Eingrenzung auf Beschäftigtengruppen, Kostenstellen (oder andere organisatorische Merkmale), Zeiträume etc. werden

[29] Lobenswertes Gegenbeispiel hierzu: Personalbericht 2003 des Personalamtes des Senats der Freien und Hansestadt Hamburg.

mögliche Ansätze für Maßnahmen zur Senkung der Fehlzeiten vorbereitet.

Die Ursachen für Fehlzeiten am Arbeitsplatz bekämpfen

Die Gründe, warum Mitarbeiter ihrer Arbeit fern bleiben, sind vielfältig. Oft spielt das Arbeitsumfeld eine entscheidende Rolle. Da betriebliche Einflussnahme auf die Fehlzeiten besonders gut hier ansetzen kann, ist die Kenntnis der am Arbeitsplatz auftretenden physikalischen und psychischen Faktoren von entscheidender Bedeutung.

Physikalische Faktoren

Zu den physikalischen Faktoren gehören z. B. Lärm, Wetter, Krafteinsatz, Luft, Beleuchtung und Temperatur. Sie können krankheitsauslösend sein oder dazu führen, dass ein Mitarbeiter seiner Arbeit krankheitsbedingt nicht nachkommen kann.

Beispiel

Ein Arbeitnehmer mit geringen physischen Belastungen kann bei einer Erkältungskrankheit eher seiner Arbeit nachgehen, als ein Arbeitnehmer mit gleicher Erkrankung, aber hohen physischen Belastungen.

Psychische Faktoren

Zu den psychischen, betrieblichen Faktoren, die zu krankheitsbedingten Fehlzeiten führen, gehören z. B. Über- bzw. Unterforderung, Stress, Unzufriedenheit, Mobbing oder ein allgemein schlechtes Betriebsklima. Diese Faktoren führen vor allem bei nicht eindeutigen Fällen zur Entscheidung zwischen Fernbleiben vom und Erscheinen am Arbeitsplatz. Ein zufriedener Mitarbeiter im angenehmen Arbeitsumfeld wird bei gleichen Krankheitssymptomen eher zur Arbeit erscheinen als ein unzufriedener Mitarbeiter, der mit aufgaben- oder personenbedingten Schwierigkeiten umzugehen hat.
Physikalische Faktoren sind in der Regel direkt wirksam, während psychische Faktoren auf einer oder mehreren Ursachen basieren und kombiniert auftreten. Zu den Ursachen für psychosomatische Erkrankungen zählen häufig mangelnde Informationen und Kommunikationsdefizite sowie verlorenes Vertrauen der Mitarbeiter in die Unternehmensführung, was wiederum eine Vielzahl von Gründen haben kann. Oft sind die Zusammenhänge zwischen Ursache und Erkrankung schwer feststellbar, da gerade im Bereich psychosomatischer Reaktionen die Krankheitsbilder sehr individuell sind (Magenbeschwerden, Kopfschmerzen, Antriebslosigkeit, Müdigkeit, in extremen Fällen Depressionen etc.).

Wo liegt die Toleranzgrenze?

Wann genau mit Maßnahmen zur Fehlzeitenreduzierung begonnen werden sollte, bestimmt eine individuell zu setzende „Toleranzgrenze“. Eine pauschale Aussage darüber, wie hoch eine gerade noch akzeptable Fehlzeitenquote sein darf, kann nicht gegeben werden, da viele Einflussfaktoren auf den nicht vermeidbaren „Bodensatz“ an Fehlzeiten wirken. Folgende, in verschiedenen Untersuchungen[30] herausgearbeitete Zusammenhänge, sind auf die Gültigkeit im eigenen Unternehmen prüfen und gegebenenfalls zu berücksichtigen:

- Ältere Arbeitnehmer fehlen seltener als jüngere, dafür dauern die Fehlzeiten von älteren Arbeitnehmern länger.
- Mitarbeiter mit hoher Qualifikation fehlen seltener als Beschäftigte mit einfacheren Aufgaben.
- Verantwortungsträger fehlen seltener.

Langfristig wirksame Maßnahmen, statt Kontrollmechanismen gegen Fehlzeiten

Möchte man ernsthaft und langfristig an der Senkung der Krankenquote arbeiten, ist es mit einfachen Kontrollmechanismen und der Verschärfung von Vorschriften nicht getan. Zu diesen zählen beispielsweise die Forderung eines Attestes ab dem ersten Fehltag oder die Formalisierung von Krankmeldungen (immer telefonisch beim direkten Vorgesetzten, nicht bei Kollegen, nicht per Mail etc.). Indirekte Maßnahmen, die vordergründig mit Fehlzeiten nichts zu tun haben, sind hier oft wirksamer, weil sie die Fehlzeiten durch die bereits genannten Zusammenhänge langfristig positiv beeinflussen können.

Ansatzpunkte für Fehlzeitenreduzierung

Problemfeld	Maßnahmen
Einstellung zur Arbeit	Förderung von Verantwortungsübernahme, Teamarbeit, Job-Enrichment Einführen und Leben von Führungsgrundsätzen (Information, Lob, Anerkennung, Zielvereinbarungen) Flexible Arbeitszeitregelung

[30] z. B. Bayerisches Staatsministerium der Finanzen: „Fehlzeiten der Beschäftigten des Freistaats Bayern 2002“ herausgegeben in der Schriftenreihe „Informationen und Argumente zum Öffentlichen Dienst“.

Problemfeld	Maßnahmen
Soziales Umfeld	Soziale Kompetenzen bereits bei der Einstellung berücksichtigen Aufklärung über Mobbing Berücksichtigen von besonderen Situationen bei Teamzusammensetzung oder Raumplanung (z. B. Raucher/Nichtraucher, Alter, Interessen, Sympathie)
Arbeitsplatz	Untersuchung und Verbesserung der Arbeitsbedingungen (Arbeitsplatz-Ergonomie, Unfallverhütung, Brandschutz) Aufklärung über Arbeitssicherheit und Gesundheitsschutz Sensibilisierung für Gesundheitsfragen in Bezug auf den Arbeitsplatz (z. B. richtiges Sitzen, Ernährung, Arbeit am Bildschirm), Pausenverhalten
Privat/Persönlich	Auch ohne direkte Einflussnahme Ansprechbarkeit signalisieren (Gesprächspartner bereitstellen, gegebenenfalls Suchthelfer ausbilden lassen)
Übergreifend	Krankenrückkehrgespräche Führungskräfteschulungen zu Fehlzeitenmanagement Regelung von Nebentätigkeiten

Gezieltes Fehlzeitenmanagement statt Jagd nach Blaumachern

Ein betriebliches Fehlzeiten-Management umfasst eine ursachengerechte Auswahl aus dem genannten Maßnahmen-Portfolio. Unterstützt wird es durch fortgesetzte Erhebung der Fehlzeiten und ein angepasstes Reporting. Nach der ersten Fehlzeitenanalyse sollte sich das Reporting auf die erkannten Schwerpunkte konzentrieren und diese detaillierter darstellen.

Eine Reihe von fehlzeitenauslösenden oder –fördernden Faktoren kann betrieblich nicht beeinflusst werden. Sie sind gesellschaftlich oder – besonders in jüngster Zeit – gesundheitspolitisch verursacht. Hierzu zählen beispielsweise das Verhalten der Ärzte in Bezug auf Krankschreibungen, die Arbeitsmarktlage, klimatische Bedingungen (und damit saisonale Schwankungen des Krankenstandes), die allgemeine Einstellung zu Gesundheit sowie der unter dem Stichwort „Work-Life-Balance" beschriebene Versuch, Privat- und Berufsleben miteinander in Einklang zu bringen. Auch Medienberichte über eine (angeblich) grassierende „China-Grippe" oder ähnliche Krankheiten können das Verhalten von objektiv davon nicht betroffenen Menschen beeinflussen. Diese Faktoren zu kennen ist wichtig, da sie den „Bodensatz“ an Fehltagen und dessen Entwicklung mitbestimmen. Die beschriebenen Erscheinungen und Entwicklungen sind teilweise gegenläufig, so dass eine pauschale Berücksichtigung bei der Bearbeitung des Themas Fehlzeiten schwer möglich ist. Kurze Beschreibungen der Umfeldfaktoren sollten dem Informationsempfänger ergänzend bereitgestellt werden.

Körperlich anwesend

Eine bloße Anwesenheit am Arbeitsplatz bedeutet nicht automatisch, dass ein Mitarbeiter auch gesund ist. Gerade in Zeiten hoher Arbeitslosigkeit und weit reichender Personalabbaumaßnahmen sinkt nachweisbar die Fehlzeitenquote. So gibt es neben dem „Blaumacher“ eben auch den Kranken, der sich zur Arbeit schleppt. Beide Extreme können nicht im Sinne des Unternehmens sein.

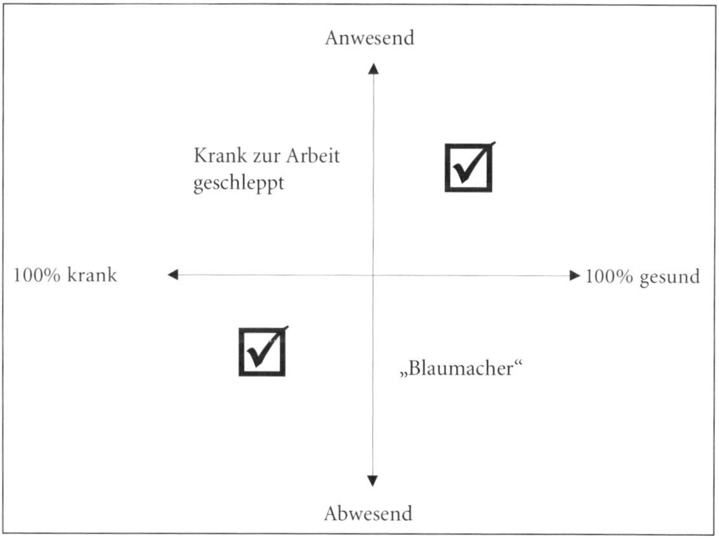

Gefahren durch erkrankte Mitarbeiter am Arbeitsplatz

Die Aufgabe einer Führungskraft besteht nicht nur darin, „Blaumacher“ wieder zu einem normalen Arbeitsverhalten zu führen, sondern auch erkennbar erkrankte Mitarbeiter zu deren eigenem Schutz und auch zum Schutz der Belegschaft und des Unternehmens zu motivieren, sich ärztlich behandeln zu lassen und der Arbeit befristet fern zu bleiben. Nur in wenigen Branchen – z. B. beim fliegenden Personal in der Luftfahrt – wird der Gesundheit der Mitarbeiter eine besonders große Beachtung geschenkt. Aber auch ein Gabelstaplerfahrer, der nur unter Einnahme von Grippemitteln seine Arbeit ausführen kann, stellt eine potenzielle Gefahr für sich und andere dar. Gefahren durch erkrankte, aber der Arbeit nicht fernbleibende Mitarbeiter, drohen z. B. auch durch Fehlentscheidungen (Verträge, Einkauf, Vertrieb), die von leistungsgeminderten Mitarbeitern getroffenen wurden. Körperliche Anwesenheit bedeutet also nicht zwingend die effektive Teilnahme an der unternehmerischen Wertschöpfung. Es gibt also auch das im Vergleich zum „Blaumachen“ andere Extrem, welches sich ebenfalls nicht durch Daten – z. B. in Form einer „Krank-bei-der-Arbeit-Quote“ – hinterlegen lässt.

Bewusste Minderleistung

Fehlzeiten sollten aufgrund der Zusammenhänge mit anderen Ursache-Wirkungsbeziehungen nicht isoliert zur Grundlage von Entscheidungen und Maßnahmen werden. Berührungspunkte gibt es im weiten Feld der bewussten Minderleistung, die auf einer Skala vom einfachen Überziehen der Pausen über Erschleichen von Zeitguthaben bis zur inneren Kündigung („Dienst nach Vorschrift“) oder gar bis zur Arbeitsverweigerung oder Sabotage reicht.

Dass körperliche Anwesenheit nicht Effizienz bedeutet, zeigt in anderem Kontext auch der folgende Ausspruch, der einem Ingenieur der Telekommunikationsbranche zugeordnet wird: „Ich werde hier für meinen Kopf bezahlt und nicht für meinen Hintern!“ – sagt es und verlässt nach perfekt getaner Arbeit am frühen Freitagnachmittag das Unternehmen.

Fazit

Fehlzeiten von Arbeitnehmern stellen einen nicht zu vernachlässigenden und in Teilen betrieblich beeinflussbaren Kostenblock dar. Fehlzeitenmanagement mit der Jagd nach Blaumachern zu verwechseln, wäre jedoch nicht nur falsch, sondern auf lange Sicht auch kontraproduktiv. Die größten, nicht nur kurzfristig wirksamen Einflussmöglichkeiten bestehen dort, wo Einstellungen, Zufriedenheit und Motivationslagen der Beschäftigten berührt werden. Das Personalcontrolling kann helfen, die subjektiven Eindrücke in Bezug auf die Fehlzeiten weitestgehend zu objektivieren und versuchen, die Wirksamkeit ergriffener Maßnahmen festzustellen. Unterstützend bietet sich ein Klima-Index als besondere Form der Mitarbeiterbefragung an. Neben reinen Zufriedenheitsfragen sollten auch Fragen zum Wohlbefinden des Mitarbeiters enthalten sein. So ergibt sich ein subjektives Selbstbild des Gesundheitszustands – das objektivierende, vergleichende Fremdbild liegt in Form von Daten bereits vor. Mit einem relativ geringen Aufwand lassen sich so Zufriedenheitswerte und Ansprüche mit den vorliegenden quantitativen Daten kombinieren und auswerten. Eine reziproke Entwicklung von Fehlzeiten und Zufriedenheit stellt den Normalfall dar (Hohe Zufriedenheit = Niedrige Fehlzeiten). Steigen die Fehlzeiten trotz einer konstant hohen Zufriedenheit, dürften die Ursachen nicht im Betrieb zu suchen sein. Vielmehr ist dann zu prüfen, ob saisonale bzw. allgemein temporäre Ursachen vorliegen, die für die Zukunft unkritisch sind.

12 Wie bekommen Sie die Personalkosten in den Griff?

12.1 AZ Rad: Ständig steigen die Kosten – aber warum?

Die im Jahresabschluss ausgewiesenen Personalkosten sind im Vergleich zum Vorjahr erneut gestiegen. Und das, obwohl an allen Standorten Personal abgebaut worden ist und die Personalkapazitäten unter denen des vergangenen Jahres liegen. Die Ursachen sind unklar. Weder gibt das zum Jahresabschluss erstellte Bilanz-Berichtswesen Auskunft über die Kostenarten, die für den Anstieg verantwortlich sind, noch sind detaillierte Planungen vorhanden, an denen auch unterjährig eine Abweichung rechtzeitig hätte festgestellt werden können. Das Personalcontrolling wird mit der Erstellung von Kostenplanungen und mit der Durchführung einer zeitnahen Kostenverfolgung beauftragt.

12.2 Auswertungen aus dem Personaldatenbestand

Datenquelle: Finanzbuchhaltung und Personalabrechnungsprogramm

Anders als die bislang betrachteten Daten sind die Grundlagen für das Personalkostencontrolling in zwei Systemen vorhanden. Sie können zum einen der Finanzbuchhaltung und zum anderen dem Personalabrechnungsprogramm entnommen werden. In der Finanzbuchhaltung werden die Personalkosten nach Kostenart pro Kostenstelle ausgewiesen. Sie sind gegebenenfalls um Buchungen ergänzt worden, die nicht aus dem Personalabrechnungssystem stammen. Hierbei kann es sich beispielsweise um die Zuführung zu Rückstellungen oder deren Auflösung handeln. Im Personalabrechnungssystem werden die Personalkosten über die Addition von Lohnarten pro Mitarbeiter ermittelt. Bei Bedarf ist es daher möglich, die Entstehung der Kosten bis zum einzelnen Mitarbeiter zurück zu verfolgen. Die nachfolgende Gegenüberstellung zeigt die Unterschiede beider Alternativen.

	Daten aus der Finanzbuchhaltung (FIBU)	**Daten aus dem Personalabrechnungsprogramm**
Detaillierungsgrad	Kostenart pro Kostenstelle	Lohnart pro Mitarbeiter
Zeitlicher Bezug	Abrechnungsperiode, ggf. verändert durch manuelle Buchungen (z. B. Rückstellungen) im Sinne einer periodengerechten Zuordnung des Aufwands	Abrechnungsperiode (am Zahlungsfluss orientiert)
Zeitliche Nähe	Nach Überführung der Ergebnisse der Gehaltsabrechnung in die Finanzbuchhaltung	Laufend
Datenmenge	Gering	Hoch
Inhalt	Abrechnungsergebnisse und personalnahe Sachkosten	Ausschließlich primäre Personalkosten, die in der Abrechnung entstehen

Das nachstehende Schaubild verdeutlicht den Datenfluss des Personalkostencontrollings in beiden Varianten. Insbesondere wird sichtbar, dass sich Ergebnisse, die aus dem Personalsystem gewonnen wurden, bis zur einzelnen Lohnart beim Mitarbeiter zurückverfolgen lassen, während Daten aus der Finanzbuchhaltung aufgrund der Anonymisierung nur in aggregierter Form vorhanden sind und nicht mehr auf den Einzelfall bezogen aufgelöst werden können.

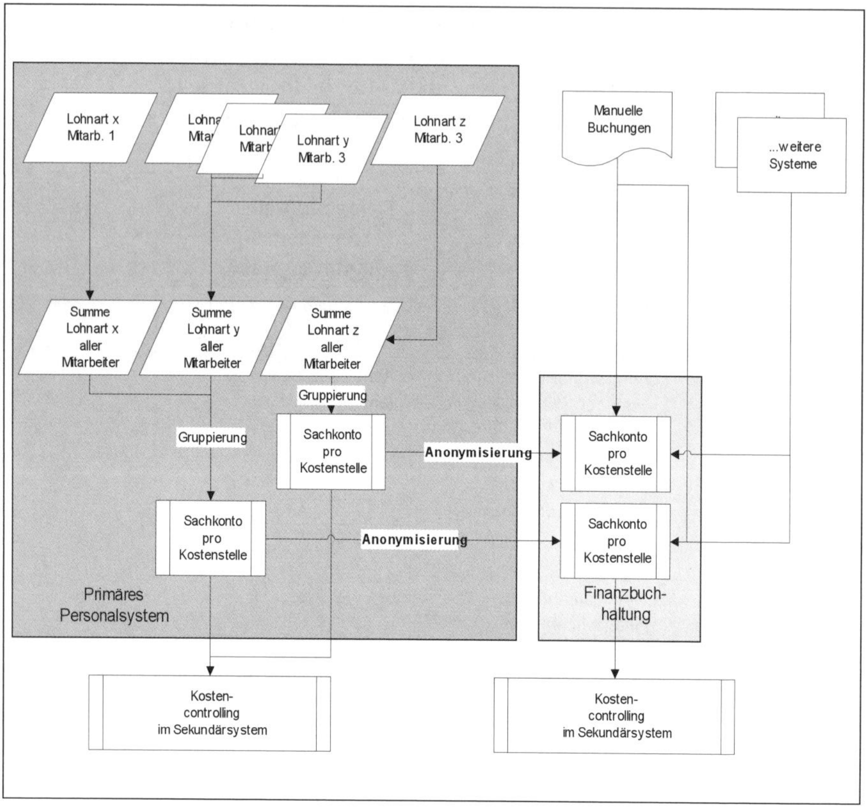

Vergleich: Zwei Quellen für das Kostencontrolling

Da die Ermittlung der Kosten aus Daten der Finanzbuchhaltung in allen Controllingbereichen möglich und üblich ist, die Verarbeitung von Lohnarten aber eine Besonderheit des Personalcontrollings darstellt, wird diese Alternative nachfolgend ausführlich dargestellt.

Aufbau des Datenbestandes

Datenbasis

Als Datenbasis wird eine Tabelle benötigt, wie sie bereits in Kapitel 2.1 schematisch dargestellt ist. Folgender Aufbau wird empfohlen:

Personal-nummer	Gültig ab	Gültig bis	Lohnart	Betrag
123456	01.07.2004		9002	3.250,00
123456	01.07.2004		9301	125,00
123456	01.07.2004		7003	1500,00
123456	01.07.2004	31.07.2004	2562	25,70
123456	01.07.2004	31.07.2004	2563	104,50
123456	01.07.2004		5020	645,23

Relationale Datenverknüpfung

Der Bezug zur Kostenstelle erfolgt über die Beziehungen „Personalnummer – Planstelle", „Planstelle – Organisationseinheit" und „Organisationseinheit – Kostenstelle". Dabei handelt es sich um eine mehrstufige, relationale Verknüpfung von Daten, die somit Redundanzen ausschließt. Auch die Bezeichnung der Lohnarten, von denen in dieser Tabelle nur die Schlüsselzahl erkennbar ist, wird in einer separaten Tabelle vorgehalten, die weitere Informationen zu der Lohnart aufnehmen kann:

Lohnart	Lohnart-Bezeichnung	Konto (FIBU)
9002	Tarifgehalt	97340001
9301	Funktionszulage	97340010
7003	Ergebnisbonus	97340030

Diese Tabelle bildet neben den Bezeichnungen der Lohnarten die Zugehörigkeit zu einer sachlogischen Gruppierung ab. Hier bietet es sich an, die Nummern des jeweiligen Hauptbuchkontos zu verwenden, auf denen die in der jeweiligen Lohnart entstehenden Kosten bei der Überleitung in die Finanzbuchhaltung gebucht werden. So entsteht eine Gruppierung der Lohnarten, die für das reguläre Berichtswesen die Kosten in der Praxis zu detailliert ausweisen. Ein umfangreiches Abrechnungssystem umfasst mehrere hundert Lohnarten, sowie vielfach auch eine weitere Unterteilung der Lohnarten nach Beschäftigtengruppen. Die Bezeichnungen der Hauptbuchkonten werden in einer weiteren Tabelle vorgehalten:

Konto	Kontobezeichnung
97340001	Laufende Bezüge
97340030	Sonderzahlungen

Verdichtete Auswertungen lassen sich auf den einzelnen Mitarbeiter zurückführen

Berücksichtigt man, dass jeder Mitarbeiter über die genannten Datenverknüpfungen (organisatorische Zuordnung) indirekt einer Kostenstelle zugeordnet ist, ergibt sich ein Beziehungsgeflecht, das über die Lohnarten Auswertungen aller Kostenarten pro Kostenstelle oder aller Kostenstellen pro Kostenart ermöglicht. Jede noch so hoch verdichtete Auswertung, die auf diese Weise entstanden ist, lässt sich bei Bedarf unkompliziert auf einzelne Mitarbeiter zurückführen. So lassen sich Ursachen für Plan-Abweichungen leicht und vor allem nachvollziehbar ermitteln und erklären.

Um das Datengerüst zu vervollständigen, ist eine Tabelle mit den Planwerten, möglichst monatsgenau, anzulegen. Lohnarten bilden die Kosten für Planungszwecke i. d. R. zu detailliert ab, so dass als Planungsebene die Kostenart gewählt werden sollte, die durch die bereits erwähnten Hauptbuchkonten dargestellt wird. Auf diese Weise ist auch einfach sicherzustellen, dass mit den gleichen Planwerten operiert wird, wie im Finanzcontrolling, wobei dort eine monatsgenaue Zuordnung von aperiodisch anfallenden Kosten in der Planung meist nicht erfolgt, sondern so getan wird, als würden diese Kosten monatlich in gleicher Höhe anfallen. Auf Jahresebene sind beide Betrachtungsweisen jedoch identisch, sofern es sich nicht um Positionen handelt, bei denen Verursachung und Zahlung in zwei unterschiedliche Jahre fallen (z. B. Bonus für das laufende Jahr wird im nächsten Jahr gezahlt ➔ Rückstellungsbuchung) Für die regelmäßige, unterjährige Verfolgung der Kostenentwicklung ist eine Betrachtung auf Basis der Zahlungsströme sinnvoll. Entsprechend ist der monatliche Planansatz der Kostenarten zu definieren.

Gleiche Kosten – unterschiedliche Sichtweisen

Orientierung am Zahlungsstrom oder periodengerechte Zuordnung am Aufwand?

Der Planansatz zwischen Finanzcontrolling und Personalcontrolling auf Lohnarten-Basis kann aufgrund von Rückstellungsbuchungen, die in den buchhalterischen Systemen vorgenommen wurden, auseinander laufen. Erwartet die Geschäftsleitung für das Planungsjahr x ein hervorragendes Ergebnis, welches zu einem Anstieg der Bonuszahlungen in x + 1 für x führen wird, so erfolgt im Finanzcontrolling nach dem Prinzip der periodengerechten Zuordnung des Aufwands im Jahr x eine Erhöhung der Rückstellungen und somit des Plan-

Ansatzes. Zahlungsstrom orientiert wird der Plan jedoch für das Jahr x+1 erhöht; dem Jahr, in dem der Bonus für das Jahr x rückwirkend gezahlt wird. Das bedeutet, dass bei periodenübergreifenden Personalkosten sehr genau unterschieden werden muss, ob von Aufwand (periodengerecht) oder Zahlungsströmen die Rede ist.

Planwerte	Monate			
Konto	1	2	3	4
97340001	253000	240000	240000	232000
97340010	25000	24000	24000	23000
97340030	0	0	0	500000

In dieser Tabelle werden laufende Bezüge monatlich geplant. Ihre Höhe schwankt entsprechend dem für die jeweiligen Monate erwarteten Personalbestand. Sonderzahlungen (Konto 97340030) werden für den Monat ihrer Entstehung (hier April) geplant.

Flexible Auswertungsmöglichkeiten

Bedarfsgerechte Vergleichs möglichkeiten

Die Kombination der in identischen Tabellenstrukturen vorgehaltenen Ist- und Plankosten lässt eine Vielzahl von bedarfsgerechten Vergleichsdarstellungen zu:

- Vergleich einer Kostenstelle mit einer anderen Kostenstelle
- Vergleich von Ist- und Plankosten pro Kostenstelle oder Kostenart
- Vergleich von Kosten pro Kostenart/Kostenstelle zweier Perioden
- Vergleich des Kostenverlaufs pro Monat und jährlich kumuliert

Diese Vergleiche können tabellarisch oder grafisch dargestellt werden. Werden Grafiken erstellt, sollte immer eine Tabelle als vertiefende Hintergrundinformation bereit stehen.

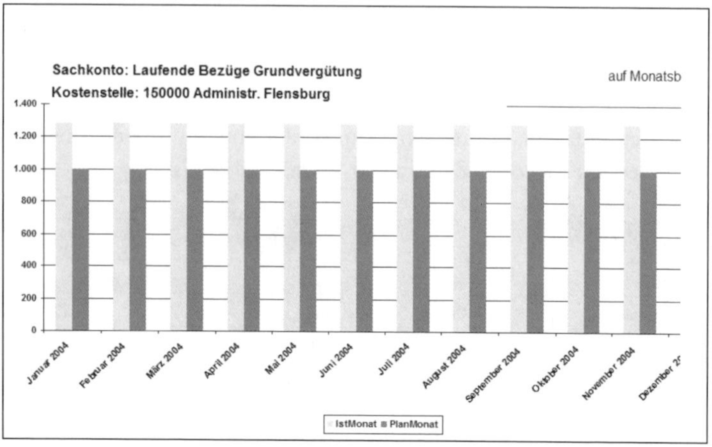

Beispiel für grafische Darstellung eines Plan-Ist-Vergleichs von Personalkosten auf Basis kumulierter Lohnarten

Exceldatei

Wertet man diese Daten in einer Tabellenkalkulation aus, ist es erforderlich, die beschriebene rationale Tabellenstruktur in eine so genannte normalisierte Tabelle zu überführen. Hierzu werden beispielsweise die in getrennten Schlüsseltabellen vorgehaltenen Daten mit den Bewegungsdaten (hier: Lohnartenwerte) zusammengeführt. Plan- und Ist-Werte werden ebenfalls in einer Tabelle vereinigt (nicht zwingend, aber empfohlen). In der auf der CD-ROM vorhandenen Exceldatei „Personalkosten“ werden verschiedene Vergleichsberechnungen beispielhaft auf Basis eines Lohnartenbestandes dargestellt. Die einzelnen Lohnarten wurden in einer Datenbank bereits auf Kostenarten- und Kostenstellenebene summiert. Für die weitere Analyse wird die Pivot-Funktion in Excel genutzt, die eine normalisierte Tabelle auswertet und die Grundlage für die Grafiken bildet.

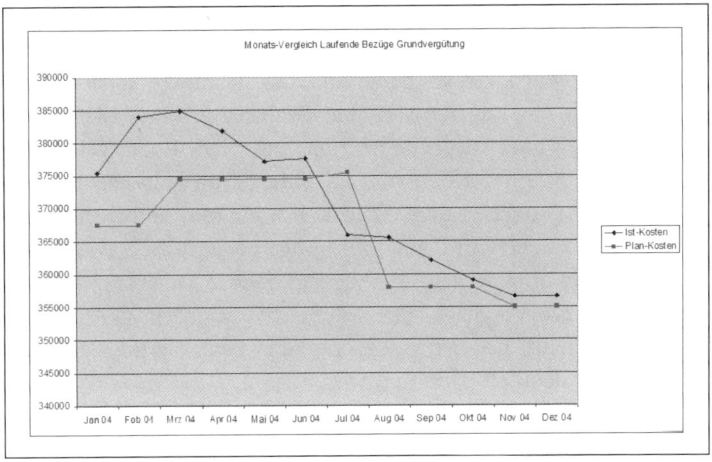

Grafik auf Basis einer Pivot-Tabelle in Excel

Achtung:

Lohnartenrahmen sind branchenspezifisch und unternehmensindividuell und können ebenso wie die Kontenpläne einen beträchtlichen Umfang annehmen. Die Beispieldaten stellen die zu Grunde liegenden Sachverhalte daher zwar korrekt, aber vereinfacht dar. In der Praxis ist sowohl die Anzahl der Lohnarten, der Kostenstellen und der verwendeten Sachkonten in den meisten Unternehmen beträchtlich höher.

Tipp:

Die Datenhaltung in normalisierten Tabellen (z. B. im Rahmen einer Excel-Datei) ist hoch redundant und eher für punktuelle Analysen als für unterjährig wiederkehrende Aufgaben geeignet, da die Datenbasis bei Aktualisierungen jedes Mal erneut aufzubauen ist. Sinnvoller ist die Nutzung einer Datenbank-Anwendung, die durch ihre Tabellenstruktur Redundanzen vermeidet und in der die vorhandenen Daten wie in einem Würfel von allen Seiten betrachtet werden können, ohne dass dafür neue, redundante Tabellen erstellt werden müssen.

12.3 Interpretation der ausgewerteten Daten

Transparenz im Datenbestand

Durch den flexibel auswertbaren und übersichtlich darstellbaren Datenbestand wird zunächst einmal Transparenz hergestellt. Die Globalaussagen über steigende oder gar „aus dem Ruder" laufende Kosten können konkretisiert und auf ihren Wahrheitsgehalt überprüft werden. Betrachtet man einzelne Kostenarten und Kostenstellen, werden Ursachen für Planabweichungen oder hohe Steigerungsraten oft schon ohne weitere Analysen erkennbar. Dieser regelmäßig durchzuführende Vergleich kann automatisiert werden, so dass nach einem Durchlauf des Analyse-Tools die Fokussierung auf die Kostentreiber deutlich erleichtert wird.

Vergleichswerte sinnvoll auswählen

Kumulierte Kostenbetrachtung

Die Betrachtung eines einzelnen Monats sollte immer um die im laufenden Jahr kumuliert angefallenen Kosten ergänzt werden. Nicht nur bei planmäßig aperiodisch anfallenden Kosten erweist sich so eine Planabweichung vielfach als „harmlos", da der Überschreitung in einem Monat eine Unterschreitung in einem anderen Monat gegenübersteht. Am Anfang eines Jahres stellt man jedoch fest, dass diese kumulierte Betrachtung noch wenig aussagekräftig ist. Hier bietet sich an, nicht das laufende Kalenderjahr, sondern einen Vergleichszeitraum des Vorjahres oder die letzten zwölf Monate zu betrachten. Da Kostenrechnung häufig an buchhalterischen Perioden (z. B. Geschäftsjahr = Kalenderjahr) orientiert ist, haben sich diese alternativen Betrachtungsweisen noch nicht hinreichend durchgesetzt. Sie überzeugen jedoch durch einen Gewinn an Aussagekraft.

Rollierende Kostenbetrachtung

Gerade in Bezug auf Personalkosten bietet sich die rollierende Kostenverfolgung an, da geplante Veränderungen selten auf das Jahresultimo fixiert sein können. Leider herrschen in der Praxis immer noch Zielvorgaben vor, deren Erreichung am Jahresende gemessen wird. Daraus resultieren oft „Hau-Ruck-Aktionen", die die personaltypischen langen Vorlaufzeiten (durch Kündigungsfristen, Qualifizierungszeiträume etc.) außer Acht lassen.

Beispiel für unterschiedliche Vergleichszeiträume

Nach Abschluss des Buchungsmonats Februar wird festgestellt, dass die Kosten für Leiharbeitnehmer 25 % über dem anteiligen Planwert liegen. Alternative Vergleiche führen zu anderen Aussagen:

Planwert 2004:	240.000 €
Ist-Kosten Februar 2004:	25.000 €
Anteiliger Planwert	20.000 €
➔ + 25 % gegenüber dem Planwert (Monat)	

Planwert 2004:	240.000 €
Ist-Kosten Jan. - Feb. 2004:	48.000 €
Anteiliger Planwert	40.000 €
➔ + 20 % gegenüber dem Planwert (kumuliert anteiliges Geschäftsjahr)	

Ist-Kosten Mrz. 03 – Feb. 2004:	225.000 €
Durchschnitt monatlich	18.750 €
➔ + 6,7 % gegenüber dem Durchschnitt der letzten zwölf Monate	

Ist-Kosten Jan. - Feb. 2004	48.000 €
Ist-Kosten Jan. - Feb. 2003	50.000 €
➔ - 4 % gegenüber dem Vergleichszeitraum des Vorjahres	

Die Wahl des Vergleichswertes bestimmt die Interpretation

Dieses einfache Beispiel macht deutlich, dass die Wahl des Vergleichswertes entscheidend für die Interpretation des Ergebnisses ist und eine leichtfertig getroffene Aussage bei näherer Betrachtung der sachlichen Grundlage entbehrt. In obigem Beispiel erkennt man erst beim Vergleich mit den Vorjahreswerten, dass es sich um saisonal unterschiedlich anfallende Kosten handelt und die ersten Monate des Jahres offensichtlich regelmäßig überproportional zu Buche schlagen. Im laufenden Geschäftsjahr bleibt man sogar noch unter den Werten des Vorjahres. Bei einer monatsgenauen Hinterlegung von Planwerten, wie im vorigen Kapitel beschrieben, wären solche saisonalen Schwankungen bereits in der Planung berücksichtigt. Ein „Fehlalarm", der bei der einfachen Zwölftelung des Planwertes entsteht, würde unterbleiben.

Zusammenhänge feststellen

Wertvolle Erklärungsansätze für Kostenabweichungen und sich verändernde Kostenvolumina in Einzelpositionen ergeben sich bei der Berücksichtigung der Zusammenhänge einzelner Kostenarten untereinander und mit anderen Daten.

Erklärungsansätze für überproportionale Kostensteigerungen

Viele Kostenarten sind kapazitätsabhängig. Sie steigen oder sinken mit der Personalkapazität, wenn andere Bedingungen gleich bleiben (ceteris paribus). Die Kostenart, in der die laufenden Gehälter verbucht werden, ist eine Position, in der zunächst ein linearer Zusammenhang zwischen Kosten und Kapazitäten besteht. Wird durch die Kapazitätsveränderung jedoch gleichzeitig eine Änderung der Personalstruktur hervorgerufen, wird dieser lineare Zusammenhang durchbrochen. Beobachtet man also eine überproportionale Kostensteigerung, ist es hilfreich, nicht nur die Kapazitätsveränderung in Summe zu betrachten, sondern auch herauszufinden, ob sich die Struktur des Personals verändert hat. Hilfreiche Kennzahlen sind hier die Altersstruktur, die Vergütungsstruktur (Verteilung der Mitarbeiter auf Vergütungsgruppen) oder die prozentuale Verteilung der Beschäftigtengruppen (Azubis, Angestellte, Altersteilzeiter etc.).

Weitere Zusammenhänge gibt es zwischen einzelnen Personalkostenarten. Steigen die laufenden Gehälter, wird sich dies auch auf die durch den Arbeitgeber zu tragenden Sozialabgaben auswirken. Je nach Personal- und Vergütungsstruktur befindet sich eine Reihe von Mitarbeitern jedoch oberhalb der Beitragsbemessungsgrenzen, so dass sich eine Erhöhung der laufenden Bezüge bei den Sozialabgaben nicht mehr bemerkbar macht. Der statistische Zusammenhang zwischen laufenden Gehältern und Sozialabgaben ist daher unternehmensindividuell und kann sich beispielsweise durch eine über oder unter den jährlichen Gehaltsanpassungen liegende Steigerung der Beitragsbemessungsgrenzen verändern. Ihn zu kennen ist insbesondere bei Personalkostenplanungen (siehe Kapitel 12.5) unentbehrlich. Oft liegen diese Informationen zum Planungszeitpunkt noch nicht offiziell vor. Hier ist ein Blick in das Internet und die politische Tagespresse hilfreich, um zumindest eine qualifizierte Schätzung abgeben zu können.

Ursachen für sinkende Kosten

Natürlich gibt es auch Beispiele für umgekehrte Zusammenhänge. Deshalb sollte man sich beim Kostencontrolling davor hüten, sich bei einem Absinken von Kosten vorschnell zufrieden zurück zu lehnen. Sinken beispielsweise Kosten und Kapazitäten, kann es sich entweder um eine echte Reduktion der Arbeitsleistung oder um eine strukturelle Verschiebung handeln. Bei gleich bleibender Leistungserbringung und unveränderten Arbeitsbedingungen („Geschwindigkeit des Fließbandes") liegt es nahe, zu prüfen, ob der Verringerung der Personalkapazität und der Personalkosten eine Zunahme von Kosten für Leiharbeitnehmer oder eingekaufter Fremddienstleistungen gegenübersteht (Verschiebung von Personal- in Sachkosten). Insbesondere, wenn eine bestimmte Kostenart stark im Fokus steht, sind solche „Ausweichmanöver" zu beobachten. Komplementäre Kosten sollten daher immer zusammen betrachtet werden.

Komplementäre Kostenverteilung

Ähnlich wie im obigen Absatz beschrieben muss auch beachtet werden, dass Kosten, die auf einer Kostenstelle wegfallen, auf einer anderen hinzukommen können, ohne dass dies mit einer Verschiebung von Personalkapazitäten einher gehen muss. Wird entschieden, dass bestimmte Kosten künftig zentral gebucht werden, statt die einzelnen Kostenstellen damit zu belasten, fallen die Kosten insgesamt ja nicht weg; bei der Betrachtung einer einzelnen Kostenstelle sind sie jedoch nicht mehr sichtbar. Werden Kostenberichte dezentral bereitgestellt, ist es unverzichtbar, sie um einen zentralen Bericht zu ergänzen, der alle Kosten unabhängig von den Kostenstellen, auf denen diese Kosten belastet werden, enthält.

12.4 Möglichkeiten der Kostengestaltung

Wenn es darum geht, Personalkosten zu senken, wird dies in der Diskussion in aller Regel mit Kapazitätsreduzierung gleichgesetzt. Personalkosten zu reduzieren heißt, Personal abzubauen. Können Personalkosten überhaupt unabhängig von den zu Grunde liegenden Personalkapazitäten reduziert werden? Welche Personalkostenarten sind auch ohne Kapazitätsanpassung beeinflussbar?

Rechtliche Rahmenbedingungen bestimmen die Kosten

Personalkosten sind nur schwer beeinflussbar

Um es vorwegzunehmen: Der größte Teil der Personalkosten ist aufgrund vertraglicher, tariflicher oder gesetzlicher Bestimmungen kurzfristig nicht und auf lange Sicht nur schwer beeinflussbar. Hierin unterscheiden sich Personalkosten wesentlich von den meisten anderen Kostenarten. Stellt man beispielsweise fest, dass die Kosten für den Materialverbrauch zu hoch sind, können andere Anbieter gesucht und als Lieferanten ausgewählt werden. Je nach bisher bestehenden Lieferverträgen und Art des Materials ist ein solcher Wechsel innerhalb von Wochen oder wenigen Monaten möglich. Ein vergleichbarer Vorgang im Personalbereich würde die Auflösung von Arbeitsverhältnissen bedingen. Selbst wenn dies in absehbarer Zeit gelänge, müsste i. d. R. für die Qualifikation von Ersatzpersonal (z. B. Leiharbeitnehmer) je nach Art der Tätigkeit ein nicht unerheblicher Aufwand getrieben werden.
Personalkosten bzw. Arbeitsverhältnisse quantitativ zu verändern macht nur in Verbindung mit einer langfristigen Unternehmensplanung Sinn. So wäre es falsch, während einer dreimonatigen Auftragsflaute Personal abzubauen, um drei Monate später wieder Einstellungen vorzunehmen. Ohne Berücksichtigung rechtlicher Rahmenbedingungen würden hier auch ethische Grenzen überschritten. Es handelt sich bei den Mitarbeitern um Menschen, auch wenn das Controlling Arbeitsverhältnisse begrifflich auf Kosten und Kapazitäten reduziert.
Die Bezahlung der Arbeitnehmer ist in vielen Fällen durch Tarifverträge geregelt und daher innerhalb enger Spielräume an die zu verrichtenden Tätigkeiten gebunden. Die Höhe der Sozialabgaben wird vom Gesetzgeber bzw. den Krankenkassen bestimmt. Innerhalb

eines bestehenden Arbeitsverhältnisses ist der entstehende Aufwand daher kaum positiv zu beeinflussen.

Strukturelle Personalanpassungen

Ein spürbares Entgegenwirken der jährlich durch Tarifabschlüsse und Steigerungen der Sozialversicherungsbeiträge steigenden Kosten kann deshalb fast ausschließlich über strukturelle Personalanpassungen erfolgen. Als Beispiele seien hier befristete statt unbefristete Verträge, flexible Vergütungs- und Arbeitszeitsysteme, Überprüfung von besitzstandsgleichen Zulagen und Auslagerung von Tätigkeiten an Fremdfirmen genannt.

Gestaltungsmöglichkeiten erkennen und nutzen

Dennoch lassen sich durch die konsequente Nutzung bestehender Gestaltungsmöglichkeiten in der Steuer- und Sozialversicherungslandschaft nicht unerhebliche Beträge sparen. In vielen Fällen kommen die erzielten Vorteile auch den Arbeitnehmern zugute. Werden beispielsweise Beiträge für die Altersversorgung vom Arbeitnehmer durch Entgeltumwandlung geleistet, fallen hierfür weder für den Arbeitnehmer noch für den Arbeitgeber Sozialversicherungsbeiträge an. Nutzt man das Instrument der Altersteilzeit nicht nur zum (kostenintensiven) Kapazitätsabbau, sondern gestaltet man die Arbeitsverhältnisse im Unternehmen so, dass die gezahlten Aufstokkungsbeträge erstattungsfähig sind, lassen sich erhebliche Beträge sparen. Die rechtlich einwandfreie Gestaltung solcher Instrumente ist jedoch aufgrund der komplizierten und sich immer schneller ändernden rechtlichen Rahmenbedingungen alles andere als einfach. Da sich diese Tendenz fortsetzt, wird es sich in der Zukunft zunehmend als lohnend erweisen, hierfür im Unternehmen detaillierte Kenntnisse aufzubauen. Das Personalcontrolling liefert für die Gestaltung solcher personalwirtschaftlicher Instrumente wertvolle Hinweise, kann aber die arbeits-, steuer- und sozialversicherungsrechtlichen Hintergründe in der Regel nicht ausführlich genug beleuchten.

Auch Sachkosten betrachten

Weitet man die Betrachtung auf die personalnahen Sachkosten aus, finden sich weitere Ansatzpunkte für eine Kostensteuerung. Je nach dem, in welchem Umfang die Personalabteilung sachkostenverantwortlich ist, lassen sich Maßnahmen zu deren Beeinflussung definieren und auch umsetzen. Bei diesen Kostenarten wird es vielfach darum gehen, bestehende Prozesse in Frage zu stellen oder zumindest Optimierungsmöglichkeiten aufzuzeigen. Beispiele hierzu werden im Kapitel 16 vorgestellt.

12.5 Die Aufgabe der Personalkostenplanung

Die für das Personalkostencontrolling benötigten Planwerte werden im Rahmen eines jährlich stattfindenden Planungsprozesses ermittelt. In die Personalkostenplanung fließt eine Vielzahl von internen und externen Informationen ein.

Datenbasis für Personalkostenplanungen

Als Datenbasis für die Personalkostenplanung kommen

- im laufenden Jahr entstandene Personalkosten pro Mitarbeiter,
- summierte Kosten pro Kostenart,
- (ergänzend) Soll-Kosten pro Planstelle in Frage.

Planung auf Ist-Kosten-Basis pro Mitarbeiter

Wie entwickeln sich die Personalkosten im nächsten Jahr?

Wird auf Basis von tatsächlich entstandenen Ist-Kosten geplant, müssen detaillierte Annahmen darüber getroffen werden, ob und wie sich diese Ist-Kosten in das nächste Jahr projizieren lassen. Einzelne Mitarbeiter, die in diesem Jahr Kosten verursacht haben, können beispielsweise durch den Eintritt in unbezahlte Zeiten (z. B. Erziehungszeit) kostenneutral werden, andere hingegen verursachen im nächsten Jahr Kosten, denen keine Ist-Kosten des laufenden Jahres als Planungsgrundlage gegenüber stehen. Plant man auf Basis der Ist-Kosten auf Mitarbeiterebene, sind bereits bekannte Austrittsdaten zu berücksichtigen und um eine anteilige Fluktuationsquote für noch nicht bekannte Austritte zu ergänzen. Werden diese Mitarbeiter wieder ersetzt? Wenn ja, welche Kosten verursachen die neuen Mitarbeiter? Allein diese wenigen, sich sofort aufdrängenden Fragen zeigen, dass eine Personalkostenplanung auf Mitarbeiterebene zwar sehr genau, aber auch aufwändig und anfällig für nicht im erforderlichen Detaillierungsgrad vorhersehbare Veränderungen ist. Die auf der CD-ROM vorhandene Excel-Datei „Personalkostenplanung1" zeigt ein solches Modell. Es ist funktional, offenbart jedoch bei näherer Betrachtung, dass nicht alle Einflussgrößen auf Mitarbeiterebene angemessen berücksichtigt werden können. Bei der Benutzung solche Rechenmodelle bleibt immer die Hoffnung, dass sich Fehler gegenseitig ausgleichen, was durch die Praxis in vielen Fällen bewiesen werden konnte.

Excel-Datei

Planung mit summierten Ist-Kosten

Verzichtet man auf die Betrachtung der angefallenen Kosten pro Mitarbeiter, erhält man eine wesentlich gröbere Sicht, die aber immer noch die tatsächlichen Kosten darstellt, in der Summe also die gleichen Ausgangswerte für die Planung verwendet (siehe Excel-Datei „Personalkostenplanung2"). Tatsache ist: Wenn sich die Strukturen innerhalb der Personalkosten nicht ändern, kann die Planung erheblich an Komplexität verlieren, ohne gleichzeitig an Genauigkeit einzubüßen. Werden entstandene Kosten um bekannte Planungsparameter ergänzt und auf summarischer Ebene fortgeschrieben, ist zwar ein Rückschluss auf die Plan-Kosten für einzelne Mitarbeiter nicht möglich, i. d. R. aber auch nicht notwendig.

Excel-Datei

Der notwendige und gewünschte Detaillierungsgrad muss unternehmensindividuell festgelegt werden. Er ist abhängig von der Stabilität der Strukturen in den Kostendaten, von den Berichtsstrukturen und –verantwortlichkeiten, vom gewünschten Detaillierungsgrad in den Berichten und letztendlich vom Grad des Vertrauens in die Abstraktion. Letzterer kann durch ein jährliches Abnehmen des Detaillierungsgrades und dem Nachweis einer konstanten Kontinuität der Planungsgenauigkeit sukzessive gesteigert werden. Ändert sich die Personalstruktur nicht oder nur unwesentlich, so sind Parameter der Vorjahre oft gut anwendbar. Dies trifft z. B. auf die erwartete Anzahl neuer Mutterschutz- oder Elternzeitfälle oder das durchschnittliche Alter bei Renteneintritt zu.

Wie detailliert soll die Kostenplanung ausfallen?

Ergänzung der Ist-Kosten durch Soll-Kosten

Ermittlung der Soll-Kosten

Wird auf Ist-Kostenbasis geplant, finden Kosten für derzeit nicht oder unterbesetzte Stellen keine Berücksichtigung. Um dies auszugleichen, sind hierfür ersatzweise Soll-Kosten heranzuziehen. Für die Art der Ermittlung dieser Soll-Kosten ist ebenfalls der gewünschte Detaillierungsgrad der Planung entscheidend. Soll auf Mitarbeiterebene geplant werden, müssen die fehlenden Ist-Kosten auf Ebene der kleinsten organisatorischen Einheit (i. d. R. Arbeitsplatz bzw. Planstelle) ermittelt werden. Hierfür ist es nötig, Arbeitsplätze einzeln oder gleichartige Arbeitsplätze summarisch zu bewerten und mit einer „Soll-Bezahlung" auszustatten. Bei der Kostenplanung wird dann angenommen, dass der betrachtete Arbeitsplatz die Kosten dieser Soll-Bezahlung verursacht (Nebenkosten nicht vergessen!). Bei einem höheren Abstraktionsgrad kann stattdessen ein aus den Ist-Kosten ermittelter durchschnittlicher Soll-Kostensatz herangezogen werden.

Planung mit simulierten Abrechnungen

In der Praxis wird als weitere Methode auch die Simulation einer zukünftigen Gehaltsabrechnung der Planungsperiode genutzt. Diese Werte sind tendenziell zu niedrig: Austritte und Altersfluktuation werden berücksichtigt, die Wiederbesetzung von Planstellen aber nur für einen begrenzten Vorausschau-Zeitraum, für den bereits eine 100%ige Erfassung der zukünftigen Eintritte vorgenommen wurde. Des weiteren ist zu prüfen, ob das Abrechnungsprogramm zum Planungszeitpunkt bereits mit den zu erwartenden externen Parametern „gefüttert" werden kann (z. B. Beitragsbemessungsgrenzen). Der zu niedrige Ausweis der Plankosten kann unternehmerisch gewollt sein, um in der Kostenverfolgung restriktiv auf die Kostenverantwortlichen einwirken zu können. Bei dieser „Daumenschrauben-Taktik" handelt es sich weniger um eine echte Planung, als vielmehr um eine repressive, kapazitätsabbauunterstützende Maßnahme. Mit Hilfe scheinobjektivierter Vorgaben werden die Kostenverantwortlichen durch die Hintertür zu weiteren Einsparungen genötigt. Das Abrechnungsmodell klingt simpel und logisch, beinhaltet aber die genannten Schwächen. Gut parametriert und nachbearbeitet stellt es eine brauchbare Alternative dar.

Einflussfaktoren der Personalkostenplanung

Die Personalkostenplanung unterliegt zahlreichen internen und externen Einflüssen. Sie alle müssen in ihrer Höhe und ihrer zeitlichen Wirksamkeit vorausgesagt und in die Planung einbezogen werden.

Interne Einflüsse	
Kapazitätsplanung	• Ab wann werden auf welchen Kostenstellen (Orten) welche Kapazitäten (Art und Höhe) benötigt? • Welche (Sach-)Kosten werden zusätzlich durch die Beschaffung/Freisetzung verursacht?
Fluktuation	• An Stelle von wegfallenden Personalkosten für ausgetretene Mitarbeiter treten neue bei Ersatzbeschaffung. Fallen diese in gleicher Höhe an oder kann ein Kostenvorteil erzielt werden? • Welche Kosten entstehen durch die Ersatzbeschaffung (Einstellung, Qualifikation etc.)? • Welche Kosten entstehen durch die Austritte selbst (Abfindungen, Vorruhestandszahlungen)?
Fehlzeiten (langfristige unbezahlte)	• Ändert sich die Quote der Mitarbeiter in Elternzeit oder langfristiger Erkrankungen (besonders bei kleineren Grundgesamtheiten)?
Gehaltsstruktur	• Ändert sich durch die Einführung neuer Gehaltsmodelle (gegebenenfalls auch extern –tariflich- beeinflusst) die Aufteilung zwischen fixen und variablen Gehaltsbestandteilen?
Betriebsvereinbarungen	• z. B. über Sozialleistungen und Altersversorgung

Externe Einflüsse	
Tarifanpassungen	• Welche Tarifsteigerungen werden für welche Mitarbeiterkreise ab wann erwartet? • Können übertarifliche Zulagen gegengerechnet werden? In welcher Höhe? • Erfolgt eine analoge Anpassung im außertariflichen Bereich?
Arbeitsmarkt	• Sind Gehaltsanpassungen über die Tarifanpassungen hinaus nötig, um Mitarbeiter an das Unternehmen zu binden? • Wenn ja, in welchen Bereichen und in welcher Höhe? • Gibt es eine unternehmensübergreifende Transparenz über Gehaltsniveaus?
Sozialversicherung	• Welche Beitragssätze und Beitragsbemessungsgrenzen werden für das Planungsjahr vorausgesagt? • Steigen die Beiträge überproportional zum Gehalt?
Gesetzgebung	• Ändern sich steuer- und sozialversicherungsrechtliche Vorschriften, die die Personalkosten beeinflussen (z. B. Steuer- und SV-freie Zahlungen für Altersvorsorge, Veränderungen von Altersgrenzen bei Altersteilzeit und Rentenbeginn)?

Fazit

Bevor eine Entscheidung für die eine oder andere Art der Kostenplanung und -verfolgung getroffen wird, ist detailliert zu analysieren, welche Daten unternehmenstypisch besonders geeignet erscheinen. Auch wenn es sehr arbeitsintensiv erscheint, bietet es sich bei der Installation eines Kostencontrollings an, zunächst zwei oder mehr Wege parallel zu beschreiten, um so die Methode herauszufinden, die die aussagekräftigsten Antworten auf die gestellten Fragen liefert.

13 Wie sichern Sie sich gegen Personalrisiken?

Personalrisikomanagement

Der Satz „Die Mitarbeiter sind unser wichtigstes Kapital!“ klingt mittlerweile abgedroschen. Häufig wurde die Wertschätzung von Arbeitgebern für ihre Mitarbeiter in Veröffentlichungen oder auf Betriebsversammlungen so oder ähnlich ausgedrückt, ohne dass dieser vollmundigen Erklärung erkennbare Handlungen folgten. Bestenfalls dienten diese Äußerungen als Einleitung zur Präsentation von Personalentwicklungsprogrammen, innovativen Vergütungssystemen oder anderen Einzelmaßnahmen, die zur Bindung der Mitarbeiter an das Unternehmen dienen sollen (Retention). Dabei wird jedoch vernachlässigt, dass mit der zunehmenden Verflechtung unternehmerischer und personalwirtschaftlicher Prozesse auch die Risiken beachtet werden müssen, die aus dem Einsatz von Menschen im Unternehmen resultieren.

Die Betrachtung des Personals (in diesem Zusammenhang auch vielfach als Humankapital bezeichnet) unter Risikogesichtspunkten ist – verglichen mit ähnlichen Betrachtungen anderer Produktionsfaktoren – bisher nur wenig verbreitet. In Geschäftsberichten deutscher Aktiengesellschaften finden sich vereinzelt zaghafte Hinweise auf ein vorhandenes Personalrisikomanagement, wobei es fast ausschließlich um Bindungsmaßnahmen geht[31]. Dabei hat das Personal Eigenschaften, die es unter Risikoaspekten noch sensibler machen, als andere Produktionsfaktoren, deren Steuerung längst als selbstverständlich gilt: Das Personal entscheidet selbst über seine Verweildauer und die Intensität, mit der es sich in den Produktionsprozess positiv oder negativ einbringt. Es entzieht sich der einseitigen Bestimmung durch das Unternehmen bzw. dessen Leitung. Verge-

[31] vgl. z. B. Geschäftsberichte Gelsenwasser AG 2001, Linde AG 2003, Karstadt Quelle AG 2003, Lagebericht HUK24 AG 2003, Finanzbericht Konzern Julius Bär, Zürich 2003.

genwärtigt man sich diesen Unterschied zu allen anderen Produktionsfaktoren, wird deutlich, dass es geradezu fahrlässig ist, die Personalrisiken unbeachtet zu lassen. Nicht nur, weil rechtliche Vorschriften es zukünftig verlangen werden (s. u.), ist es eine unabdingbare Aufgabe des Personalcontrollings, Risiken zu identifizieren und sichtbar zu machen, Maßnahmen zu ihrer Vermeidung zu beschreiben und nach Umsetzung durch das Management deren Wirksamkeit zu überprüfen. Ein unterlassenes Personalrisikomanagement ist auch unter Ertragsgesichtspunkten und den qualitativen Ansprüchen der Personalarbeit nicht akzeptabel.

13.1 AZ Rad: Gibt es ein Nachfolgeproblem?

Im vergangenen Monat verabschiedete die Geschäftsleitung der AZ Rad zwei langjährige Mitarbeiter. Der Leiter des Werkes in Flensburg trat in den Ruhestand, der Leiter der Abteilung Forschung und Entwicklung schied – wie es in der Veröffentlichung am schwarzen Brett heißt – „in gutem Einvernehmen“ aus dem Unternehmen. Beide Stellen bleiben zunächst vakant. Eine Nachfolgeplanung für die Stelle des pensionierten Werksleiters hat es nicht gegeben, obwohl das bevorstehende Ausscheiden lange bekannt war. Der Leiter Forschung und Entwicklung ging „von heute auf morgen“. Ein Stellvertreter war nicht eingearbeitet, wichtige Informationen, Arbeitsergebnisse und Projektpläne sind nirgendwo schriftlich hinterlegt. Das Wissen darüber und das Know-how, das in vielen Jahren erworben wurde, verlässt das Unternehmen gemeinsam mit seinen Trägern.

13.2 Der Risikokreislauf

Entwicklung von Risikokennzahlen

Um Risiken zu bewerten, müssen sie zunächst benannt und dann mit messbaren Kriterien unterlegt werden. Die Komplexität des Themas lässt eine Reduzierung auf eine oder wenige Risikokennzahlen nicht zu. Zu unterschiedlich sind sowohl Informationsquellen, Bewertungskriterien und Verfügbarkeit der Einzelwerte. Eine umfassende Kennzahlen-Matrix zu erstellen, ist aufwändig und anspruchsvoll, sie dann noch verständlich darzustellen, gehört schon zur „höheren Kunst“ des Personalcontrollings. Der Ausprägungsgrad eines Personalrisikos wird daher oft nicht in einer Kennzahl, sondern in einer verbalen Beschreibung oder mit Hilfe einer subjektiven Einordnung auf einer Skala bewertet. Unabhängig davon, welche Risiken betrachtet werden, vollziehen sich die Aktivitäten des Personalrisikocontrollings in einem Kreislauf, der mit der Identifikation der Risiken beginnt:

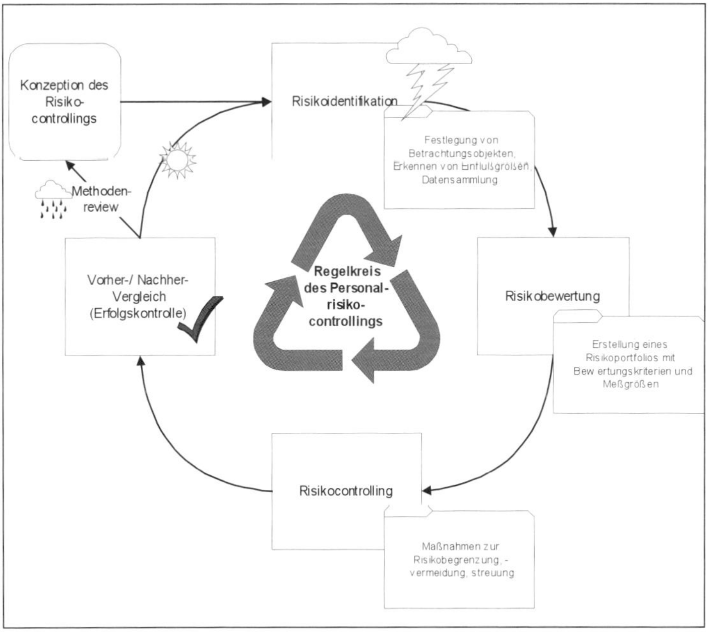

Regelkreis Personalrisikocontrolling

13.3 Die fünf Personalrisiken

Es lassen sich fünf Grundtypen von Personalrisiken identifizieren, die in den folgenden Abschnitten einzeln dargestellt werden. Dabei werden sowohl ihre Ausprägungen, die mit ihnen verbundenen Messgrößen sowie Möglichkeiten zu ihrer Beeinflussung dargestellt. Zu unterscheiden sind: Austritts-, Engpass-, Anpassungs-, Motivations-[32] und Loyalitätsrisiken.

13.3.1 Austrittsrisiko

Direkte und indirekte Kosten

Dieses Risiko beschreibt die Wahrscheinlichkeit, dass Leistungsträger oder Mitarbeiter in Schlüsselpositionen das Unternehmen ungeplant verlassen. Solche Austritte sind für das Unternehmen schmerzhaft, denn sie ziehen erhebliche direkte und indirekte Kosten nach sich. Nur ein Teil der Kosten ist unmittelbar messbar. Es handelt sich dabei insbesondere um

- Kosten für die Suche eines Nachfolgers,
- Kosten des Einstellungsprozesses,
- höhere Personalkosten des neuen Mitarbeiters im Vergleich zum bisherigen Mitarbeiter.

Weitere, direkt nicht messbare Kosten bleiben zumeist unbeachtet. Sie können die direkten Kosten jedoch um ein vielfaches übersteigen:

- Verlust von Kenntnissen über Produkte, Prozesse, Kunden
- Geringere Produktivität nach Kündigungsentschluss
- Bindung von Mitarbeitern durch Übernahme von Tätigkeiten und Einarbeitung eines neuen Mitarbeiters
- Verlust oder Reduzierung von Kundenbeziehungen durch persönliche Bindung des Kunden zum ausgetretenen Mitarbeiter

Ermittlung der Austrittswahrscheinlichkeit

Die letztgenannten Kosten können nur durch Schätzungen ermittelt werden. Soll das Risiko bewertet werden, ist neben der Quantifizierung der Kosten für den Austritt auch die Wahrscheinlichkeit zu ermitteln, mit der das Risiko eintritt. Hier können Kenntnisse über die bisher erfolgten Austritte herangezogen werden. Die Ermittlung einer einfachen Fluktuationsquote reicht dabei jedoch nicht aus,

[32] vgl: Kobi, J.-M., „Personalrisikomanagement“ Gabler-Verlag 1999.

zumal es sich hierbei um eine besonders vergangenheitsbezogene Kennzahl handelt (siehe Kapitel 8). Die untersuchten Austritte sind in Zusammenhang mit dem Alter, der Betriebszugehörigkeit, der Tätigkeit und der hierarchisch/organisatorischen Einordnung im Betrieb zu betrachten. Neben diesen quantitativen Daten ist auch die Mitarbeiterzufriedenheit (siehe Kapitel 14) ein wichtiges Kriterium, denn sie trägt wesentlich zur Entscheidungsfindung hinsichtlich einer Kündigung oder eines weiteren Verbleibs im Unternehmen bei.

Ausreichend große Grundgesamtheit

Die Vielzahl der Kriterien erfordert eine ausreichend große Grundgesamtheit, damit das Ergebnis nicht einzelfallabhängig ist. Sind diese Bedingungen erfüllt, lässt sich eine Austrittswahrscheinlichkeit für einzelne Mitarbeitergruppen ermitteln, die – multipliziert mit den Austrittskosten (s. o.) – das bewertete Austrittsrisiko für die jeweilige Gruppe ergibt. Diese Zahl ist Bestandteil eines Gesamtrisikos, das neben dem Austrittsrisiko noch die weiteren dargestellten Risiken umfasst. Unabhängig von den weiteren Risiken liefert sie einen Indikator, der austrittsvermeidende Maßnahmen auslösen sollte.

Achtung:

Bei kleineren und mittleren Unternehmen ist darauf zu achten, dass die zur Verfügung stehende Datenmenge eine ausreichende Größe erreicht, um statistisch zulässige und aussagekräftige Wertermittlungen durchzuführen.

Liefert das bewertete Risiko Anlass zur Einleitung von Gegenmaßnahmen, können diese an unterschiedlichen Stellen ansetzen. Eine fundierte Auswahl von Maßnahmen zur Vermeidung von Austritten kann nur getroffen werden, wenn die möglichen Motivatoren bekannt sind. Hier helfen u. a. Mitarbeiterbefragungen und Gespräche, in denen Mitarbeiter ihre Wünsche und Ziele offen äußern können. Rein quantitative Analysen greifen hier zu kurz.

Maßnahmen zur Reduzierung des Austrittsrisikos

- Vereinbarung angemessener Kündigungsfristen:
  - Bei erhöhtem Risiko tendenziell längere Fristen vereinbaren
- Analyse von potenziellen Austrittsgründen: Zufriedenheitsanalyse durch Mitarbeiterbefragungen mit den Themenbereichen:
  - Führungssituation
  - Betriebsklima
  - Materielle Leistungen des Unternehmens
  - Weiterbildungs- und Entwicklungsmöglichkeiten
  - Freiraum für eigenverantwortliches Handeln
- Tätigkeitsbezogene regionale und überregionale Analyse des Arbeitsmarktes
- Analyse der soziodemografischen Situation:
  - Schaffung oder Erhaltung einer ausgewogenen Alters- und Dienstaltersstruktur
  - Angemessenes Verhältnis zwischen Bildungsstufen
- Ermittlung und Förderung von materiellen (extrinsischen) Motivatoren:
  - Marktgerechte, transparente und leistungsorientierte Vergütung
  - Zusatzleistungen im Cafeteria-System
  - Betriebliche Altersversorgung oder Förderung privater Altersvorsorge
  - Breit angelegtes Weiterbildungsangebot
- Ermittlung und Förderung von immateriellen (intrinsischen) Motivatoren:
  - Übertragung von Verantwortung
  - Vergabe von Projektaufgaben
  - Flexible Arbeitszeitgestaltung
  - Wertschätzende Führungskultur
  - Kommunikationsfördernde Arbeitsbedingungen

Informations- und Wissensverluste verringern

Während diese Maßnahmen helfen sollen, die Zahl der Austritte zu reduzieren, können andere dazu führen, dass die erfolgten und nicht zu vermeidenden Kündigungen für das Unternehmen weniger schmerzhaft sind. Ein wesentlicher, aber kaum quantifizierbarer Teil der Austrittskosten entfällt auf den Verlust der vom austretenden Mitarbeiter exklusiv vorgehaltenen Kenntnisse über Produkte, Prozesse und Kundenbeziehungen. Auch wenn formell Vertretungsregelungen vorhanden sind, ist es in vielen Unternehmen an der Tagesordnung, dass wichtige Informationen bei wenigen Spezialisten konzentriert sind. Für diese gibt es zunächst keinen Grund, ihre Kenntnisse schriftlich niederzulegen oder mit anderen Kollegen zu teilen. Um zu vermeiden, dass das Unternehmen als Arbeitgeber unter Druck gesetzt werden kann, müssen geeignete Maßnahmen dafür sorgen, dass die personenbezogene Exklusivität des Wissens verloren geht.

So bleibt das Wissen dem Unternehmen erhalten

Maßnahmen zur „Konservierung" von Know-how im Unternehmen

- Institutionalisierung von
  - Prozessbeschreibungen und
  - Dokumentation von Kundenkontakten.
- Förderung der Weitergabe von Kenntnissen durch Auszeichnung von Mitarbeitern, die ihre Kenntnisse mit anderen teilen.[33]
- Weiterentwicklung von Forschungen und Entdeckungen zur Patentreife und
  - Anmeldung von Patenten sowie
  - Schützen von Markenzeichen und Gebrauchsmustern.

Eine angemessene jährliche Anzahl von mitarbeiterseitig ausgesprochenen Kündigungen ist trotz aller Maßnahmen nicht nur unvermeidbar, sondern in aller Regel auch gewünscht, um durch die eintretenden Nachfolger neues Know-how für das Unternehmen zu gewinnen. Durch geeignete Maßnahmen zur Mitarbeiterbindung und die Einführung von Wissensmanagement können Austrittsrisiken auf ein akzeptables Maß reduziert werden.

[33] American Scandia führte 1997 einen Wettbewerb zur Auszeichnung des Mitarbeiters ein, der sein Wissen am bereitwilligsten weitergab. (Skandia: „Human Capital in Transformation", Intellectual Capital Prototype Report 1998).

13.3.2 Engpassrisiko

Jede im Produktionsprozess benötigte Ressource kann einen „Flaschenhals“ darstellen. Durch entsprechende Investitionen und eine vorausschauende Personalplanung kann dieser Engpass i. d. R. beseitigt oder bereits seine Entstehung vermieden werden. So können zusätzliche Kapazitäten beispielsweise durch den Zukauf einer weiteren Maschine beschafft werden, für die Warenauslieferung kann eine weitere Spedition beauftragt werden und für zusätzlich benötigte Lagerhaltung kann temporär oder dauerhaft eine Halle angemietet werden. Dies gilt grundsätzlich auch für die Ressource Personal. Ein personelles Engpassrisiko entsteht jedoch durch die Knappheit spezieller Kenntnisse, Fertigkeiten oder Erfahrungen oder durch die Schwierigkeit, Personal für einen bestimmten Standort zu rekrutieren.

Steigendes Engpassrisiko bei zunehmender Qualifikation

Erfolgsentscheidend für die Beherrschung von Engpassrisiken ist eine in die Unternehmensplanung eingebettete Personalplanung (siehe Kapitel 9) in Verbindung mit detaillierten Kenntnissen über die Verfügbarkeit von Arbeitskräften. Dabei sind die zukünftig benötigten Qualifikationen – besonders für die Schlüsselpositionen des Unternehmens – zu berücksichtigen. Dies gilt sowohl unternehmensintern als auch für den externen Arbeitsmarkt. Das potenzielle Engpassrisiko steigt mit zunehmender Qualifikation.

Identifikation von Engpassrisiken

Das Ergebnis der Personalplanung sind funktionsorientierte Größen der zukünftig benötigten Mitarbeiterkapazitäten. Ist erkennbar, dass das Unternehmen auf einen Personalengpass zusteuert, sollte sofort mit Maßnahmen begonnen werden, um der Bedarfslücke entgegenzuwirken. Dabei darf nicht außer Acht gelassen werden, dass das heute vorhandene Personal zukünftig nicht unverändert zur Verfügung steht (siehe Austrittsrisiko in Abschnitt 13.3.1). Die Bedarfslücke kann durch interne Personalentwicklungsmaßnahmen oder externe Personalbeschaffung geschlossen werden.

Besetzung von Schlüsselpositionen

Die Notwendigkeit für die Besetzung von Schlüsselpositionen kann also aus einem in der Personalplanung erkannten Bedarf oder aus dem Austritt der bisherigen Stelleninhaber resultieren. Benötigte Kandidaten für die Besetzung von Schlüsselpositionen können

- im Unternehmen vorhanden und bekannt,
- vorhanden aber nicht bekannt oder
- nicht vorhanden sein.

Potenzialerkennung

Da ein vorhandenes, aber nicht bekanntes Potenzial dem Unternehmen faktisch nicht zur Verfügung steht, verdient die Potenzialerkennung besondere Aufmerksamkeit. Spezielle, in der Personalentwicklung bekannte Diagnoseinstrumente sollten eingeführt und regelmäßig angewandt werden. Eine systematische Entwicklung von fachlichen, methodischen und sozialen Kompetenzen führt mittel- bis langfristig dazu, dass weitere Kandidaten für die Übernahme von Schlüsselpositionen sowohl in der Fach- als auch in der Führungslaufbahn zur Verfügung stehen.

Checkliste: Identifikation von Engpassrisiken	✓
Definieren Sie die zukünftig vorhandenen Schlüsselpositionen im Rahmen Ihrer Personalplanung.	
Prognostizieren Sie den Personalbedarf und den Personalbestand in diesen Schlüsselpositionen.	
Berücksichtigen Sie die Austrittsrisiken in diesen Schlüsselpositionen.	
Identifizieren Sie die Bereiche, in denen sich eine ungenügende Bedarfsdeckung abzeichnet nach organisatorischen und tätigkeitsbezogenen Kriterien.	
Prüfen Sie, ob die identifizierten Engpässe auf einzelne Mitarbeiter zurückzuführen sind.	

Ermitteln Sie dann für die identifizierten Problembereiche die benötigten Qualifikationen. Richten Sie Ihre Personalentwicklungsprogramme gezielt darauf aus.

Personalengpassrisiken zu bewerten ist sehr schwer. Einen Anhaltspunkt, wie sich Ihr Risiko im Zeitverlauf ändert, können Sie auf diese Weise erhalten:

Bewertung von Engpassrisiken

Ausfallszenario und Nachfolgeregelung

Benennen Sie unter Einbeziehung der Führungskräfte für jede Schlüsselposition einen Mitarbeiter, der bei Ausfall des jetzigen Stelleninhabers sofort dessen Nachfolge antreten könnte. Einen Mitarbeiter können Sie bei diesem Szenario durchaus für mehrere Schlüsselpositionen vorsehen, da es ja unwahrscheinlich ist, dass alle gleichzeitig besetzt werden müssen. Wie viele Stellen blieben in diesem Szenario unbesetzt? Ermitteln Sie eine Quote der nicht zu besetzenden Stellen. Wiederholen Sie dieses Szenario im jährlichen Abstand, während Sie gleichzeitig Ihre Personalentwicklungsprogramme auf die Vermeidung von Engpassrisiken ausrichten.

Beispiel: Bewertung des Engpassrisikos

Schlüsselposition	Quote der spontan nicht zu besetzenden Stellen			
	2002	2003	2004	2005
Forschung und Entwicklung	70 %	70 %	50 %	40 %
Produktionsleitung	20 %	20 %	20 %	30 %
Administration 1. Führungsebene	80 %	60 %	60 %	50 %
Administration 2. Führungsebene	50 %	50 %	50 %	40 %
Vertrieb (Teamleitungen)	40 %	40 %	20 %	20 %
...	...	...	...	...

In welchem Bereich ist das Risiko am größten?

Da die Nicht-Besetzung von Schlüsselpositionen in einzelnen Bereichen unterschiedlich starke Risikobedeutung hat, wird die Quote mit einem Gewichtungsfaktor multipliziert. In diesem Beispiel wird das Risiko im Bereich Forschung und Entwicklung höher bewertet, als das im Vertrieb.

Beispiel:

Unternehmens-bereich	Quote 2003	Gewictungs-faktor	Gewichtete Quote 2003
Forschung und Entwicklung	70 %	1,0	70 %
Produktionsleitung	20 %	0,8	16 %
Administration 1. Führungsebene	60 %	0,8	48 %
Administration 2. Führungsebene	50 %	0,8	40 %
Vertrieb (Teamleitungen)	40 %	0,5	20 %
...	...	...	...

Wenn Sie die oben dargestellte Quote für das ganze Unternehmen ermitteln, erhalten Sie eine Kennzahl, die in die Gesamtrisikobewertung (Engpassrisiko und weitere Personalrisiken) eingehen kann.

13.3.3 Anpassungsrisiko

Können alle Arbeitnehmer den Veränderungen im Unternehmen folgen? Können sie unter veränderten Bedingungen genau so produktiv sein wie bisher? Die sich immer schneller verändernden Rahmenbedingungen, die Unternehmen durch die wechselnden strategischen Ausrichtungen, ihre Produktzyklen und mit ihren Standortentscheidungen schaffen, fordern von den Beschäftigten Veränderungsbereitschaft in steigendem Maße ab. Dieser Situation nicht ausreichend gewachsen zu sein, ist zunächst einmal ein Risiko für den Mitarbeiter. Kann er den Veränderungen nicht folgen, droht langfristig ein Arbeitsplatzverlust. Geschieht dies nicht nur in Einzelfällen, sondern ändert das Unternehmen seine Arbeitsbedingungen so stark, dass ganze Beschäftigtengruppen nicht mehr zur Verfügung stehen, entsteht ein Engpassrisiko (siehe Abschnitt 13.3.2) auf breiter Front. Die Gefährdung der so genannten „Employability“, also der Fähigkeit, unter den gegebenen Bedingungen Beschäftigung zu finden, wendet sich zunächst gegen den Arbeitnehmer selbst, in Folge aber auch gegen das Unternehmen, da eine Ersatzbeschaffung im Sinne von „Austausch der Human-Kapazitäten“ nicht immer möglich und i. d. R. mit hohen Kosten verbunden ist. Im Vergleich zu den anderen bereits beschriebenen Personalrisiken ist dieses Risiko also beiderseits vorhanden.

Qualifikation

Bei den genannten Veränderungen stehen die Anforderungen an die Art und Ausprägung der Qualifikation im Fokus der Betrachtungen. Technische Entwicklungen fordern eine ständige Anpassung des Wissens über Produkte und die Handhabung von Werkzeugen; auch im Sinne einer Bedienung von DV-Programmen. Kenntnisse, die gestern noch aktuell waren, sind heute schon veraltet; die „Halbwertzeit des Wissens“ wird ständig kürzer. Dies bedeutet, dass ein vorhandenes Wissen schon in kurzer Zeit keinen Wert mehr darstellt, wenn es nicht ständig aktualisiert oder gegen neue Inhalte ausgetauscht wird. Es gehört also nicht nur die Bereitschaft und Fähigkeit dazu, sich neues Wissen anzueignen, sondern auch die Einsicht, bestehendes Wissen zwar nicht aktiv zu verlernen, aber doch mit niedrigerer Priorität „abzuspeichern“.

Permanente Aktualisierung des Wissens

Wird die Verantwortung für die Erhaltung und die Aktualisierung des Wissens allein dem Arbeitnehmer zugeschrieben, lässt man außer Acht, dass dies im Sinne der Risikobegrenzung auch ein Thema ist, das jedes Unternehmen aktiv angehen muss. Die Verantwortung ist geteilt. Wenn das Unternehmen Bedingungen schafft, die es den Arbeitnehmern erleichtern, ihr Wissen aktuell zu halten und den veränderten Bedingungen anzupassen, dann ist es Sache der Arbeitnehmer, die gebotenen Chancen wahrzunehmen. Ein breit angelegtes, an den zukünftigen Bedürfnissen des Unternehmens orientiertes Qualifizierungsprogramm muss so beschaffen sein, dass es zur Teilnahme einlädt (Inhalte, Freistellungsmöglichkeiten etc.), andererseits aber nicht zum „Seminartourismus“ verleitet.

Ebenso sind Alternativen des Wissenserwerbs zu akzeptieren, da gerade bei hochqualifizierten Fachkräften in Schlüsselpositionen standardisierte Seminare fehlen. Die Weiterbildung auf höherem

Niveau vollzieht sich ausschließlich auf Initiative des Mitarbeiters. Neben autodidaktischem Erwerb von Wissen zählen zu den hauptsächlichen Informationsquellen Arbeitsgruppen, Fachkonferenzen, Hochschulkontakte und internationale Fachliteratur. Dies bedeutet, dass Freiräume gewährt werden müssen. Wer im Unternehmen außer dem Lernenden selbst könnte bei hochspezialisierten Funktionen fachlich fundiert entscheiden, welche Weiterbildungsoption sinnvoll wäre?

Arbeitsort

Standortwahl

Neben der Qualifikation müssen sich Arbeitnehmer weiteren Veränderungen stellen. Standorte von Unternehmen oder Unternehmensteilen werden heute fast ausschließlich nach Kostenkriterien gewählt. War früher der traditionelle Firmensitz (z. B. Krupp in Essen, Opel in Rüsselsheim, AEG in Nürnberg) der Ort, an dem die meisten Beschäftigten des Unternehmens tätig waren, wird heute je nach Kostensituation Arbeit an neue Standorte verlagert und von anderen abgezogen. Fördermittel lancierten Fabrikneubauten in die neuen Bundesländer – kaum ein Autohersteller, der dort nicht eine Produktionsstätte errichtet hat. Die neuen Produktionsstandorte bieten zwar neue Arbeitsplätze für Menschen aus der jeweiligen Region, viele Positionen müssen aber zumindest anfangs von erfahrenen Mitarbeitern mit entsprechender Mobilität besetzt werden, wobei das Risiko besteht, dass Stellen nicht besetzt werden können. Eine Förderung der Mobilität ist je nach Attraktivität des alten und des neuen Standortes gegebenenfalls teuer zu bezahlen. Neben Mobilitätsprämien müssen Kosten für Umzüge und damit verbundene Nebenkosten (bis hin zu Wohnungseinrichtungen, Nachhilfestunden für Kinder, Aufnahmegebühren für Sportvereine usw.) bezahlt werden. Mit der örtlichen Flexibilität muss auch eine soziale einhergehen, denn durch die Änderung des raumlichen Umfelds müssen i. d. R. nahezu alle sozialen Kontakte neu geknüpft werden. Fest gefügte soziale Bindungen erschweren die Mobilität von Menschen oft mehr als die Vorbehalte gegen eine andere Region.

Arbeitszeit

Im Einzelhandel erweiterten sich durch die Lockerung der gesetzlichen Rahmenbedingungen in den letzten Jahren die Öffnungszeiten kontinuierlich. Galt noch vor wenigen Jahren die feste Regel, dass Geschäfte wochentags bis 18 Uhr und samstags bis 13 Uhr geöffnet sind, ist heute vor allem in Großstädten an sechs Tagen pro Woche eine zehnstündige tägliche Öffnungszeit die Regel. Innerhalb dieser Zeiten verteilen sich die Kundenströme sehr unterschiedlich. Das Bedienungs- und Beratungspersonal ist im Rahmen der Personaleinsatzplanung entsprechend zu verteilen. Die klassischen Vollzeit- und Halbtags-Arbeitsverhältnisse werden im Einzelhandel zur Ausnahme. Arbeit auf Abruf, Einsätze zu unbeliebten Zeiten, „lange Samstage" fordern von den Beschäftigten zusätzliche Flexibilität. Nur wenn Mitarbeiter gefunden werden, die diese Flexibilität beweisen, lassen sich die verlängerten Öffnungszeiten bei gleich bleibender Beratungsqualität und –intensität realisieren. Traditionell niedrige Löhne im Einzelhandel wirken der Flexibilität entgegen; oft müssen Abstriche in der Qualifikation hingenommen werden. Das Risiko ist also auch hier auf beide Seiten verteilt. Die Unternehmen tragen das Risiko, zeitlich flexible Mitarbeiter mit den benötigten Qualifikationen zu finden. Die Mitarbeiter tragen das Risiko des Arbeitsplatzverlustes bei mangelnder Flexibilität.

Entgeltsysteme

Leistungsorientierte Vergütung und flexible Einkommensteile

Die Entlohnungsbedingungen sind ebenfalls Veränderungen unterworfen. Das Thema „leistungsorientierte Vergütung" und Flexibilisierung von Einkommensteilen bestimmt schon seit langem die Diskussion über Entgeltsysteme. Jede Veränderung in diesen Systemen verlangt eine Veränderung des Arbeitsverhaltens, da durch das Entgeltsystem immer nur ein bestimmtes Verhalten belohnt wird. Ist die Höhe der Vergütung in Teilen abhängig von der Zielerreichung des vergangenen Jahres, fördert sie die Fokussierung auf kurzfristige Ziele. Wird die Zielerreichung bereichs-, unternehmens- oder konzernweit festgestellt, hat dies Einfluss auf die Motivation, an einigen Zielen mehr, an anderen weniger intensiv mitzuarbeiten. Das Thema Entlohnung muss auch unter den Aspekten Zusatzleistungen und Altersversorgung gesehen werden.

Mit Zusatzleistungen werden implizit immer bestimmte Verhaltensweisen gefördert. Eine Jubiläumszuwendung fördert beispielsweise die langjährige Betriebszugehörigkeit, während ein Prämiensystem für Verbesserungsvorschläge die Innovationskraft begünstigt. Mitarbeiter versuchen intuitiv, die Hintergründe für die veränderten Zusatzleistungen zu erkennen und richten ihr Verhalten danach aus. Die Konditionierung auf eindeutig vorgegebene Verhaltensweisen führt im Extremfall zu „Belohnungs-Scheuklappen" und hindert Entscheidungsträger, für das Unternehmen wichtige Themen anzugehen, bei denen absehbar ist, dass keine Happiness-Sheets erstellt werden können. Das kann zu einem existenziellen Risiko werden.

Zusatzleistung

Förderung der Anpassungsfähigkeit

Die Verringerung des Anpassungsrisikos liegt also in beiderseitigem Interesse. Arbeitgeber können ihren Beitrag dazu leisten, in dem sie

- positive Erfahrungen mit Veränderungen vermitteln und sichtbar machen,
- Ziele und Zweckbestimmungen der Arbeitsbedingungen rechtzeitig transparent machen,
- Mitarbeiter sowohl fordern als auch fördern,
- klare Zielvereinbarungen treffen, in denen auch die für die Erreichung der Ziele notwendigen Bedingungen genannt sind, die der Mitarbeiter erfüllen muss, und
- Arbeitszeitflexibilität der Mitarbeiter (z. B. durch Betriebskindergärten, Zeitkontensysteme etc.) fördern.

Messbarkeit von Anpassungsrisiken

Anpassungsrisiken sind sehr schwer messbar. Möglich ist jedoch eine Bewertung der Maßnahmen, die durchgeführt werden, um Anpassungsrisiken zu verringern. Dazu zählen vor allem:

Verringerung von Anpassungsrisiken

- Durchführung von betrieblicher Weiterbildung (qualitatives und quantitatives Bildungscontrolling durchführen)
- Transparenz durch Veröffentlichung und Erläuterung aller Rahmenbedingungen für die Beschäftigung (Arbeitszeitregeln, Versetzungsbedingungen, Mobilitätsförderung, Gehaltssystem etc.)

Achtung:
Ein Anpassungsrisiko betrifft auch die Methoden- und Systemwelt des Personalcontrollings selbst. So müssen regelmäßige Überprüfungen und Weiterentwicklungen die Validität und Problemrelevanz der eingesetzten Instrumente garantieren, da sonst falsche Signale die Unternehmenssteuerung erheblich beeinträchtigen.

13.3.4 Motivationsrisiko

Innere Kündigung

Personalstatistiken sagen nur einen Teil der Wahrheit. Die Verwendung von Arbeitszeitfaktoren in der Personalstatistik – also die Zählung der Mitarbeiterkapazitäten unter Berücksichtigung ihrer Arbeitszeit – suggeriert, man könne dadurch messen, wie viel Arbeitskraft dem Unternehmen im jeweiligen Erhebungszeitraum zur Verfügung steht. Die Statistik schweigt jedoch darüber, in welchem Maße die gezählten Mitarbeiter ihre Arbeitskraft real zur Verfügung stellen. Werden aus Gründen mangelnder Motivation nur zehn Prozent der Arbeitskraft zurückgehalten (z. B. langsameres Arbeiten, längere oder zusätzliche informelle Pausen etc.), hat ein Unternehmen unter diesem Aspekt nicht mehr 3.000, sondern nur noch 2.700 Vollzeitmitarbeiter bei gleicher Kostenhöhe. Der Begriff „innere Kündigung" stellt bereits ein weit fortgeschrittenes Stadium mangelnder Motivation dar. Viele Vorstufen sind vorhanden und belasten die Produktivität des Unternehmens.

Messbarkeit von Motivationsveränderungen

Befragungen und Mitarbeitergespräche

Direkt messbar ist die Veränderung der Motivation bestenfalls in Bereichen, in denen das Ergebnis der Leistungserbringung über einen längeren Zeitraum frei von sonstigen veränderbaren Einflussgrößen ist. Dies ist zwar als Modell denkbar, jedoch höchstens in hochgradig standardisierten Produktionsprozessen anzutreffen. Wenn alle anderen Einflussgrößen ausgeschaltet sind, können Veränderungen im Produktionsergebnis auf veränderte Motivation zurückgeführt werden. Direkt messbar sind z. B. die Anzahl der gefertigten Teile und die Fehlerquote. Daneben schlägt sich eine veränderte Motivation in der Krankenquote nieder, jedoch lässt sich hier kein zweifelsfreier Rückschluss bilden. Eine erhöhte Krankenquote kann auch andere Ursachen haben. Motivationsveränderungen lassen sich ausführlicher, wenn auch schwieriger, über Befragungen (Gesamtunternehmen) (siehe Kapitel 14) oder Mitarbeitergespräche (Einzelfälle) sichtbar machen. Stellt man die Ergebnisse von Mitarbeiterbefragungen im Verlauf mehrerer Jahre gegenüber, erkennt man Veränderungen in der Motivationslage. Als Befragungsthemen bieten sich z. B. Führungsstil, Zusammenarbeit, Verantwortung, Konflikte und Betriebsklima an. Die Fragen sollten so gestellt sein, dass sich aus den Antworten Handlungen zur Verbesserung der Motivation in den befragten Themenbereichen ableiten lassen. Über eine direkte Befragung hinaus können auch andere Indikatoren hinzugezogen werden, die nicht immer direkt in den Zusammenhang mit Motivation gebracht werden, aber durch die Freiwilligkeit der Aktivitäten um die dienstvertraglichen Aufgaben herum sehr aufschlussreich sein können:

- Beteiligungsquote bei freiwilligen Befragungen
- Entwicklung des Vorschlagswesens
- Akquisition von Praktikanten, Auszubildenden, Aushilfen aus dem privaten Umfeld der Mitarbeiter (= Empfehlung des Unternehmens)

Nicht messbare Verhaltensindikatoren

Aber auch negative Tendenzen und Unzufriedenheiten lassen sich – oft an vermeintlichen Kleinigkeiten – beim Gang durch die Unternehmensräume erkennen:

- Aufgeschnappte Witze und kritisch-sarkastische Anmerkungen über das Unternehmen oder einzelne Führungskräfte
- Demonstrative Anzeichen „zivilen Ungehorsams“ wie die Veränderung von Inneneinrichtung oder des Kleidungsverhaltens bis zur zulässigen Grenze
- Zurschaustellung von Werbeartikeln von Mitbewerbern (Kalender, Kulis, Feuerzeuge, Tassen etc.)
- Anbringen von „Parolen“ an Pinwänden und schwarzen Brettern oder anderen Örtlichkeiten

Diese kaum messbaren, leisen „Hilfeschreie“ der Belegschaft dürfen nicht ignoriert werden, können aber auch nicht Gegenstand des Personalcontrollings sein. Hier sind die Führungskräfte gefragt, über solche Verhaltensindikatoren mit der Unternehmensleitung offen zu kommunizieren. Wer sehenden Auges durch ein Unternehmen geht, erkennt binnen weniger Minuten relativ genau den Motivationsgrad. Dies gelingt insbesondere auch Externen, also Kunden und Geschäftspartnern. Die meist nur unbewusste Wahrnehmung bleibt dennoch sicher nicht ohne Konsequenzen für die zukünftige Geschäftsbeziehung.

Eigendynamik der Motivationsveränderung

Kennzeichnend für das Motivationsrisiko in der dargestellten Form ist auch, dass es sich selbst nährt. Sinkt die Motivation der Beschäftigten, kann diese Bewegung durch Solidarisierungseffekte eine Eigendynamik entwickeln, die nur schwer zu stoppen ist. Hierin liegt die besondere Problematik des Motivationsrisikos. Wenn es erst einmal als schick gilt, mit dem Unternehmen unzufrieden zu sein, und Kollegen, die sich mit ihrem Betrieb identifizieren, belächelt werden, ist diesem Problem mit herkömmlichen, motivationssteigernden Mitteln kaum beizukommen. In diesen Fällen sind grundsätzliche Änderungen in der Unternehmenskultur zu vollziehen – Themen, die über die Möglichkeiten und das Aufgabenfeld des Personalcontrollings weit hinausgehen.

Risiko durch Übermotivation

Burn-Out-Syndrom

Ist es ein sinnvolles Ziel, die Motivation des einzelnen Mitarbeiters immer weiter zu steigern? Gilt das Prinzip „Je höher – Je besser“ uneingeschränkt? Sicher nicht, denn eine unangemessen hohe Motivation kann in einer Spirale zu Überarbeitung und Ausbrennen („Burn-Out-Syndrom“) führen. Die übersteigerte Motivation mündet dann in Produktivitätseinschränkungen oder gar Ausfällen einzelner Mitarbeiter. Nur wenige Unternehmen thematisieren diese Erscheinungen durch Bekenntnisse zu einer angemessenen Balance zwischen Beruf- und Privatleben oder durch Seminare zum Stress-management, Work-Life-Balance oder durch körperorientierte Veranstaltungen.

Mit der Übermotivation geht die Gefahr der Kritiklosigkeit einher, die nur sehr vordergründig einen Vorteil für die Unternehmen darstellt. Natürlich ist es im Sinne des Unternehmens, wenn Mitarbeiter die Leitlinien der Geschäftsleitung gerade nach außen loyal vertreten. Eine völlige Kritiklosigkeit ist jedoch kontraproduktiv, weil sie die Entwicklung eigener Ideen verhindert, keine Fehler aufdeckt und neue Wege kaum zulässt.

Übermotivation und Kritiklosigkeit

Maßnahmen zur Risikobegrenzung

Die Messung des Motivationsrisikos ist schwer, da in der Praxis kaum eindeutige Kausalzusammenhänge festgestellt werden können. Maßnahmen, die Motivationsrisiken wirksam bekämpfen, gibt es dagegen viele. Zwar erzielen materielle Zuwendungen kurzfristige Motivationseffekte; dennoch wirken fast alle langfristig sinnvollen Maßnahmen auf der qualitativen Ebene. Dies gilt insbesondere bei Mitarbeitern höherer Hierarchieebenen, die materiell ohnehin abgesichert sind. Das Spektrum reicht hier von der glaubwürdigen Unternehmensstrategie über partizipative Führungskultur bis zu durchdachter Teamzusammensetzung. Das Personalcontrolling kann dazu beitragen, die Motivationssituation durch geeignete Messmethoden sichtbar zu machen. Ein wesentlicher Schritt zur Begrenzung des Motivationsrisikos ist das Schließen der Schere zwischen propagierter und real gelebter Unternehmenskultur. Die interne Glaubwürdigkeit herzustellen und langfristig zu gewährleisten ist eine der vornehmsten Aufgaben der Unternehmensleitung.

13.3.5 Loyalitätsrisiko

Dass Mitarbeiter ihre beruflichen Handlungen und ihr Verhalten am Interesse ihrer Arbeitgeber ausrichten, wird oft als selbstverständlich unterstellt. Besonders von Unternehmen mit einer traditionell hohen Mitarbeiterbindung wie z. B. von Familienbetrieben oder den großen „alten" Arbeitgebern in der Industrie wird die Loyalität der Arbeitnehmer öffentlich nie diskutiert und auch intern kaum in Frage gestellt. Zu groß ist das Vertrauen in die Identifikation der

Mitarbeiter mit ihrem „väterlichen" oder prominenten Arbeitgeber. Dennoch birgt jedes Arbeitsverhältnis das Risiko, dass der Arbeitnehmer sich nicht vertragsgemäß verhält.

Verletzung der Treuepflicht und Wirtschaftskriminalität

Das Spektrum ist auch hier groß; es reicht von der oft kaum nachzuweisenden Verletzung der arbeitsvertraglichen Treuepflicht bis zu schweren Wirtschaftsstraftaten. Im Vergleich zum vorher beschriebenen Motivationsrisiko geht es hier immer um bewusst vollzogene Handlungen, die sich gegen das arbeitgebende Unternehmen richten. Loyalitätsrisiken lassen sich nicht zu 100 % ausschließen, da sie oft in der kriminellen Energie einzelner Personen liegen. Dennoch gilt auch hier der Grundsatz „Gelegenheit macht Diebe", und so sind geeignete Maßnahmen zu treffen, diejenigen Taten zu verhindern, die aufgrund der einfachen Möglichkeiten provoziert werden könnten.

Grenzbereiche

Die Grenzen sind fließend und Überschneidungen häufig. Einige Beispiele sollen dies verdeutlichen:

Beispiele

Am Ende eines Arbeitstages klingelt noch einmal das Telefon im Kundenservice. Der Berater erkennt auf dem Display, dass ein „schwieriger Kunde" anruft. Er murmelt „Bin schon weg." und verlässt das Büro, ohne den Anruf entgegen zu nehmen. Mangelnde Kundenorientierung, fehlende Motivation oder verloren gegangene Loyalität?

Der Bankangestellte eröffnet ein Anlagekonto bei einer Direktbank, weil er dort 0,5 % mehr Zinsen erhält, als bei seinem Arbeitgeber. Im Arbeitsvertrag steht, es sei arbeitgeberseitig nicht gewünscht, dass Bankangestellte Konten bei anderen Instituten unterhalten. Fehlende Loyalität, arbeitsvertragliche Pflichtverletzung oder freie Marktwirtschaft?

In der Werkzeugfabrik stehen die Mitarbeiter bei Schichtende vor der Stempeluhr und warten darauf, dass der Zeiger auf die nächste Minute umspringt, bevor sie ihre Zeitbuchung vornehmen. Schließlich macht auch Kleinvieh Mist und jeden Tag eine Minute bringt im Jahr einen halben freien Tag. Lächerliche Angewohnheit oder erschlichene Freizeit?

Wenn die Außendienstmitarbeiter bei ihrer Reisekostenabrechnung jeweils 5 Euro Nebenkosten angeben, fragt eigentlich niemand nach einem Beleg. Und irgendwelche Kosten hat man schließlich immer, für die man keine Quittung hat. Großzügige Regelauslegung oder Betrug?

Diese Beispiele zeigen alle illoyales Mitarbeiterverhalten, unabhängig davon, ob sie arbeits- oder gar strafrechtlich relevante Tatbestände beschreiben. In allen Fällen verschaffen sich Arbeitnehmer durch ihr Verhalten zeitliche oder finanzielle Vorteile zu Lasten der Unternehmen. Das Bewusstsein, mit diesen Handlungen etwas Unrechtes zu tun, ist vielfach schwach ausgeprägt oder nicht vorhanden. Hand aufs Herz: Wie waren Ihre Gedanken beim Lesen dieser Beispiele? Waren Sie empört über solches Verhalten? Haben Sie gedacht: „Genau wie bei uns!" oder gar „Eigentlich bin ich viel zu ehrlich."? Fest steht, dass – unabhängig von der steigenden Zahl der Wirtschaftsstraftaten – die Loyalität der Mitarbeiter zu ihren Arbeitgebern in den letzten Jahren gelitten hat. Es ist schwer, dafür nachprüfbare Gründe zu nennen. „Weiche" Begründungen wie „allgemeiner Werteverfall", „sinkendes Unrechtsbewusstsein" etc. sind für Controller meist wenig hilfreich. Aber es scheinen tatsächlich solche Gründe zu sein, die das Verhalten der Mitarbeiter langfristig verändern. Hinzu kommt, dass seitens der Unternehmen immer weniger soziale Verantwortung gezeigt wird und stattdessen Begriffe wie „Kostenoptimierung", „Outsourcing", „Lean Production" und Ähnliches die Schlagzeilen beherrschen. Diese Begriffe können die dahinter stehenden Personalabbaumaßnahmen kaum verbergen. Das Arbeitsverhältnis reduziert sich aus Sicht der Arbeitnehmer mehr und mehr auf eine Wirtschaftsbeziehung „Hand gegen Geld". Oberste Managementebenen machen vor, wie kurzfristige Tantiememaximierung mehr zählt als langfristiges Unternehmenswachstum. Während in unteren Einkommensgruppen die durchschnittliche Betriebszugehörigkeit nach wie vor hoch ist, wird im Topmanagement häufig –für jeden sichtbar – die Seite gewechselt. Prominente Beispiele: Gestern BMW, heute VW oder gestern Opel, dann VW und heute?

Das Unternehmen als gesellschaftlicher Mikrokosmos

Gesellschaftliche Entwicklungen finden ihren Niederschlag regelmäßig im Mikrokosmos „Unternehmen". So sind die feststellbaren Trends zu Egoismen und mangelnder Verantwortungsübernahme – oft gepaart mit Selbstüberschätzung – selbstverständlich auch im Arbeitsleben zu finden. Äußerungen wie

„Das steht mir doch zu."

„Die da oben machen es doch vor!"

„Das machen doch alle!"
sind Belege für ein gefährlich verändertes Selbstverständnis. Ein Unternehmen hat es schwer, gegen diese Entwicklungen anzukämpfen. Es ist jedoch einfach, die gesellschaftlichen Veränderungen im negativen Sinne zu fördern, da auch hier ein Feedback-Prozess vorliegt: Bestätigt ein Arbeitgeber die Meinungsmache der Medien durch soziale Kälte und eine „Nimm-was-Du-kriegen-kannst-Mentalität" der obersten Hierarchien, was sich in einem immer steileren Verdienstgefälle ausdrückt, sind die Konsequenzen absehbar.

Wirtschaftskriminalität

Hohe Dunkelziffer

Eine Studie[34] ergab, dass von 402 befragten deutschen Unternehmen etwa 100 in einem Zeitraum von drei Jahren Opfer von Vertrauensschäden, also durch eigene Mitarbeiter oder mit deren Hilfe geschädigt wurden. Ungleich höher ist die Quote derjenigen, die eine Schädigung vermuten, sie aber nicht nachweisen konnten. Eine andere Untersuchung[35] beziffert den Anteil der Mitarbeiterbeteiligungen an unternehmensschädigenden Aktionen mit 84 %. Die Delikte reichen hier von dem „in die Tasche gefallenen" Büromaterial über nach persönlichen Vorteilen ausgewählte Einkaufsquellen, umgeleitete Zahlungseingänge, umfangreiche private Nutzung von Firmeneigentum bis zu Manipulation von Buchungsprogrammen mit Schadenshöhen im Millionenbereich. Ob persönliche Schwierigkeiten der Mitarbeiter (Überschuldung, Spielsucht, aufwändiger Lebensstil etc.), Unüberschaubarkeit von Prozessen im Unternehmen, wegrationalisierte Kontrollen oder andere Gründe zum Anstieg der Wirtschaftskriminalität führen, bleibt auch hier der subjektiven Einschätzung überlassen. Gemessen am Risiko sind die zu erwartenden Strafen im Bereich der Wirtschaftsstraftaten ver-

---

[34] Studie im Auftrag der Euler Hermes Kreditversicherungs-AG, Befragung von 402 Unternehmen, veröffentlicht als „Wirtschaftskriminalität – das diskrete Risiko" unter www.eulerhermes.com.

[35] KPMG, „Wirtschaftskriminalität in Deutschland" veröffentlicht unter www.kpmg.de.

gleichsweise gering. Die polizeiliche Kriminalstatistik[36] verzeichnet für das Jahr 2003 eine Zahl von über 86.000 erfassten Wirtschaftsstraftaten. Die Aufklärungsquote ist mit 95,1 % sehr hoch. Gleichzeitig geht man von einer hohen Dunkelziffer aus, denn aus Imagegründen wird nicht nur bei prominenter Beteiligung gern eine „einvernehmliche" interne Regelung bevorzugt, so dass als einzige Konsequenz der Verlust des Arbeitsplatzes droht.

Erkennen und Beeinflussen des Loyalitätsrisikos

Prävention und Aufdeckung von Straftaten

Am häufigsten tragen interne Kontrollen und Beobachtungen anderer Mitarbeiter zur Aufklärung von Verfehlungen im Unternehmen bei. Aber auch der Zufall ist in hohem Maße an der Entdeckung beteiligt. Dies zeigt, dass es einen erheblichen Handlungsbedarf für systematische Früherkennung oder Prävention gibt. Viele der präventiv gegen Wirtschaftskriminalität wirkenden Maßnahmen befinden sich auch bei großzügiger Definition außerhalb des Handlungsfeldes Personalcontrolling. Auch das Feststellen von begangenen Delikten ist nicht Aufgabe des Personalcontrollings. Dennoch gibt es eine Reihe von Ansätzen, mit denen das Personalcontrolling beitragen kann, das Loyalitätsrisiko zu ermitteln und positiv zu beeinflussen. Dabei geht es eher um das Erkennen abnehmender Loyalität als um die Aufdeckung oder Vermeidung von Straftaten.

Was Personalcontrolling beitragen kann

- Personalauswahl: Betrachten Sie den Prozess der Personalauswahl bei externen Einstellungen oder Versetzung auf Vertrauenspositionen. Wie werden die Angaben der Bewerber geprüft?
- Vertragsgestaltung: Werden die Rechte an „geistigem Eigentum" klar definiert und enthalten die Arbeitsverträge deutliche Verpflichtungen zu loyalem Verhalten?
- Mitarbeiterbefragung: In einer anonymen Befragung können Sie die Einstellung der Mitarbeiter zum Unternehmen erfahren. Wie hoch ist die Identifikation? Werden interne Anweisungen akzeptiert? Würde man das Unternehmen oder die Produkte weiterempfehlen? Hält man die Geschäftsleitung für ehrlich und loyal (Vorbildfunktion und Maßstab für eigenes Handeln)?

[36] Polizeiliche Kriminalstatistik 2003, Punkt 3.19 Wirtschaftskriminalität, veröffentlicht unter www.bka.de.

- Datenabgleich: Personalcontrolling ist die Schaltzentrale für Personaldaten. Untersuchen Sie, welche sicherheitsrelevanten Bereiche Personaldaten benötigen (z. B. über bevorstehende Austritte, Änderung von Tätigkeiten etc.).
- Datenstrukturen: Die eindeutige, transparente Zuordnung von Mitarbeitern innerhalb der Unternehmensstruktur und insbesondere zu einer Führungskraft schafft Möglichkeiten für Auswertungen, direkte Ansprache und sicherheitsrelevante Datenabgleiche.

Hohe Loyalität ist der beste Schutz vor strafbaren Handlungen

Es ist nachvollziehbar und wegen der abnehmenden Bindungsgefühle zum Unternehmen verständlich, dass Mitarbeiter primär ihre eigenen Interessen verfolgen. Ziel muss es daher sein, dass sich diese Interessen mit denen des Unternehmens möglichst weitgehend dekken. Identifikation ist die wirksamste Prävention gegen mangelnde Loyalität. Hohe Loyalität ist der beste Schutz gegen strafbare Handlungen im Unternehmen. Immer wieder wird aber deutlich, dass hier weniger das Personalcontrolling, als viel mehr die Führungskräfte in der Pflicht stehen. Das alte Postulat vom „Führen durch Vorbild" erhält hier wieder eine neue Bedeutung.

13.4 Auswertungen aus dem Personaldatenbestand

Zur Ermittlung der verschiedenen dargestellten Personalrisiken können Personaldatenauswertungen wertvolle Indikatoren und Kennzahlen liefern. Dennoch gibt es keine speziellen „Risikoauswertungen". Beispiele für sinnvoll unterstützende Analysen wurden bei den einzelnen Risiken beschrieben. So kann eine detaillierte Fluktuationsanalyse Hinweise auf Austrittsrisiken liefern, die Ermittlung von Bildungsdaten hilft bei der Betrachtung des Anpassungsrisikos. Da das jeweilige Risiko schwer in eine griffige Kennzahl zu fassen ist, geht es eher darum, die Entwicklung von Daten im zeitlichen Ablauf zu verfolgen. Die durchgeführten Auswertungen sollten daher über längere Zeit strukturell konstant sein.

13.5 Interpretation der ausgewerteten Daten

Die Risikobilanz

Eine Risikoanalyse ist immer eine Zusammenführung vieler Einzeldaten und Auswertungen. Ergänzt wird diese Sammlung um die persönliche Einschätzung der Analysten, basierend auf Kenntnissen, Erfahrungen und nicht zuletzt auf guter Intuition und einer exzellenten Beobachtungsgabe. Diese Faktoren werden in einem Bericht über das jeweilige Risiko im untersuchten Bereich zusammengefasst. Es kann sich dabei durchaus um eine durch Zahlen unterstützte verbale Beschreibung handeln, an deren Ende eine Gesamteinschätzung steht. Eine solche Risikobilanz wird nachfolgend beispielhaft dargestellt.

Beispiel:
Risikobilanz AZ Rad – Abteilung Forschung und Entwicklung für das Jahr 2004

1. Austrittsrisiko
   Die Fluktuationsquote im Bereich F&E schwankte in den vergangenen drei Jahren zwischen 4 und 6 %. Es wurden vier Schlüsselpositionen identifiziert, jeweils ohne konkretes Austrittsrisiko. Der Altersdurchschnitt beträgt 32,5 Jahre. Drei Mitarbeiter werden aber in den kommenden 4 Jahren altersbedingt ausscheiden. Bei den hier beschäftigten Mitarbeitern handelt es sich zum großen Teil um breit ausgebildete Ingenieure, die am Arbeitsmarkt gute bis sehr gute Chancen haben. Die letzte Mitarbeiterbefragung zeigte eine überdurchschnittlich hohe Bindung an das Unternehmen, was auch mit dem dort eingesetzten Total Compensation Entlohnungssystem zu tun hat. Insgesamt wird das Austrittsrisiko als UNTERDURCHSCHNITTLICH bewertet.
2. Engpassrisiko
   Die Schlüsselpositionen im Bereich F&E sind alle besetzt. Ein Austritt ist konkret nicht zu erwarten. Eine Nachbesetzung dieser Positionen wäre intern derzeit nicht möglich, es konnten keine geeigneten Nachfolger identifiziert werden. Der Bereich F&E muss gemäß den vorliegenden Personalplanungen innerhalb der nächsten zwei Jahre um 30 % expandieren. Die benötigten Arbeitskräfte sind derzeit intern nicht vorhanden und auch am Arbeitsmarkt knapp. Das Engpassrisiko wird aus diesen Gründen als KRITISCH bewertet.

3. Anpassungsrisiko
   Die Mitarbeiter zeichnen sich durch hohe Qualifikation und hohe Lernbereitschaft aus, was im F&E-Bereich unerlässlich ist. Außergewöhnliche Veränderungen innerhalb des Bereiches oder eine Standortverlagerung sind derzeit nicht zu erwarten. Letzteres wäre kritisch und würde zu Verlusten an qualifiziertem Personal führen. Das Anpassungsrisiko wird als UNTERDURCHSCHNITTLICH bewertet.
4. Motivationsrisiko
   Die Leistungsbeurteilungen in diesem Bereich sind regelmäßig überdurchschnittlich gut. Die Entwicklungsergebnisse sind ein wesentlicher Grund für die gute Positionierung der AZ Rad am Markt. Die Fehlzeitenquote im Bereich F&E liegt im Unternehmensdurchschnitt, der im Branchenvergleich sehr niedrig ausfällt. Befragungen haben ergeben, dass das neue Vergütungssystem zusätzliche Motivationsanreize geschaffen hat. Die Identifikation der Mitarbeiter mit ihren Arbeitsergebnissen ist hoch. Das Motivationsrisiko wird als SEHR GERING bewertet.
5. Loyaliltätsrisiko
   Aufgrund der hohen Sensibilität des Bereiches und der hier vorhandenen intimen Kenntnisse ist diesem Risiko auch ohne konkrete Anhaltspunkte erhöhte Aufmerksamkeit zu widmen. Interne Revisionen zeigten keinen Anlass zu Beanstandungen, wiesen jedoch auf das Fehlen von bestimmten Arbeitsanweisungen hin und verlangen zukünftig die regelmäßige Belehrung von Mitarbeitern über sicherheitsrelevante Themen. Damit soll möglichen Vertrauensschäden vorgebeugt werden. Das Loyalitätsrisiko wird aufgrund der Sensibilität des Bereiches und der noch ausstehenden Maßnahmen als ÜBERDURCHSCHNITTLICH bewertet.
6. Gesamteinschätzung
   Die Personalrisiken in diesem Bereich sind heterogen. Sie haben sich jedoch im Vergleich zum Vorjahr aufgrund des erhöhten prognostizierten Bedarfs an Fachkräften (Engpass) im Durchschnitt etwas erhöht, ohne als kritisch angesehen werden zu können. Die Einhaltung der Revisionsanforderung ist zeitnah zu überprüfen, um das betreffende Teilrisiko in einen akzeptablen Rahmen zurückzuführen. Engpass- und Loyalitätsrisiken sind zu fokussieren.

Fazit

Personalrisiken systematisch anzugehen heißt, der Ressource Personal endlich ebenso viel Aufmerksamkeit zu schenken, wie es bei anderen Produktionsfaktoren längst selbstverständlich ist. Wenn Kreditinstitute künftig ihre Kredite je nach Risikoklasse unterschiedlich stark mit Eigenkapital unterlegen müssen, wird sich ein konsequentes Risikomanagement in teilweise günstigeren Finanzierungskosten bemerkbar machen[37]. Auch Qualitätsnormen auf nationaler oder europäischer Ebene sowie gesetzliche Regelungen[38] stellen Anforderungen an das Personalmanagement und fördern damit die Notwendigkeit, sich personalwirtschaftlichen Prozessen und Produkten zu widmen. Personalrisikomanagement ist kein Vorhaben, bei dem eine einfache Frage („Wie hoch ist das Risiko?") eine einfache Antwort ermöglicht. Es ist ein an vielen Punkten ansetzender Prozess, der je nach Branche, Zukunftserwartungen, Unternehmensgröße und anderen Faktoren ein individuelles Konzept verlangt. Die Ergebnisse der Risikoanalysen ziehen Entscheidungen nach sich, die ebenfalls individuell zu erarbeiten sind. In regelmäßigen Abständen müssen die Analysen unter gleichen Bedingungen wiederholt werden, denn nur der Vergleich im zeitlichen Ablauf gibt Aufschluss über Veränderungen, während der Vergleich mit anderen Unternehmen aufgrund fehlender Standards und unterschiedlicher Problemstellungen in den wenigsten Fällen hilfreich ist. Die Vergegenwärtigung der fünf Personalrisiken – eventuell auch im Rahmen einer Führungskräfteweiterbildung – ist ein Schritt in die richtige Richtung. Das Personalrisiko-Controlling stellt eine der anspruchsvollsten Aufgaben der Personalarbeit dar.

[37] Basel II: Mit dem Stichwort „Basel II" wird die Diskussion um die Neugestaltung der Eigenkapitalvorschriften der Kreditinstitute bezeichnet. Diese Diskussion hatte der Basler Ausschuss für Bankenaufsicht mit der Vorlage eines Konsultationspapieres im Juni 1999 eröffnet. Ziel von „Basel II" ist es, die Stabilität des internationalen Finanzsystems zu erhöhen. Dazu sollen die Risiken im Kreditgeschäft besser erfasst und die Eigenkapitalvorsorge der Kreditinstitute risikogerechter ausgestaltet werden. Daher werden Kreditinstitute künftig umso mehr Eigenkapital vorhalten müssen, je höher das Risiko des Kreditnehmers ist, an den sie einen Kredit vergeben. Parallel zu diesen für international tätige Banken wird auf EU-Ebene eine Eigenkapitalrichtlinie für alle Kreditinstitute erarbeitet, die sich an den Basel II-Richtlinien anlehnt.

[38] KonTraG: Gesetz zur Kontrolle und Transparenz im Unternehmensbereich fordert die Einführung eines Risikofrüherkennungssystems. Dazu gehören neben den Markt- und Kreditrisiken auch die operationellen Risiken, wozu auch die Personalrisiken zählen.

14 Wie geht es Ihren Mitarbeitern? Das Betriebsklima

14.1 AZ Rad: Stimmungsschwankungen in der Belegschaft

Die AZ Rad AG hat innerhalb kurzer Zeit mehrere Reorganisationen und Phasen größerer Unsicherheit hinter sich gebracht. Viele Mitarbeiter haben neue Aufgaben übernommen und in kurzer Abfolge Höhen und Tiefen durchlebt. Auch die Übernahme des elsässischen Unternehmens ist in den Stammwerken mit gemischten Gefühlen aufgenommen worden. Während einige Mitarbeiter eine nahezu euphorische Stimmung verbreiten, ist nicht zu übersehen, dass in weiten Teilen der Belegschaft deutliche Unsicherheiten über den Kurs des Unternehmens bestehen. Steigende Fluktuation, sinkende Produktivität und nachlassende Qualität sind darüber hinaus Gründe, die die Geschäftsleitung veranlassen, das Betriebsklima durch eine Mitarbeiterbefragung untersuchen zu lassen. Das Personalcontrolling wird in dieses Projekt eingebunden.

14.2 Die neun Phasen der Mitarbeiterbefragung

Mitarbeiterbefragungen richten sich nach der individuellen Situation

Die nachfolgende Beschreibung zeigt neun Phasen eines Befragungsprojektes, von denen die meisten zwingend und einige optional sind. Jede Mitarbeiterbefragung ist jedoch ein individuelles Vorhaben. Je nach Zielsetzung, sowie technischen, organisatorischen und finanziellen Möglichkeiten gleicht kein Projekt dem anderen. Die konkrete Ausgestaltung der beschriebenen Phasen ist von der individuellen Situation im Unternehmen zum Befragungszeitpunkt abhängig. Aufgrund der Vielfalt und der Komplexität des Themas können nicht alle Facetten und Möglichkeiten in diesem Kapitel beschrieben werden. Es werden daher neben der Skizzierung des Gesamtablaufes einer Mitarbeiterbefragung schwerpunktmäßig Phasen detaillierter beschrieben, in denen das Personalcontrolling wichtige Projektarbeit leistet. Für weitergehende Informationen zum Gesamtkomplex Mitarbeiterbefragungen wird auf die zahlreich vorhandene Literatur verwiesen[39].

Achtung:
Die Mitarbeiterbefragung ist eines der sensibelsten Instrumente des Personalgeschäfts. Sie beinhaltet gleichermaßen hohe Anforderungen an Personaldatenverarbeitung, Organisationsentwicklung und Psychologie. Sie fragt nach ganz persönlichen Befindlichkeiten der Mitarbeiter und weckt Erwartungen. Vernachlässigen Sie bei der Durchführung keinen einzigen Punkt. Die Mitarbeiterbefragung als weitreichendes personalwirtschaftliches Instrument scheitert langfristig beim ersten Fehler!

Phase 1: Zielsetzung und Projektorganisation

Klare Zielbestimmung der Befragung

In dieser ersten Phase gilt es, den Auftrag zur Durchführung einer Mitarbeiterbefragung von der Geschäftsleitung entgegenzunehmen. Dabei hat der benannte Projektleiter darauf zu achten, dass eine klare Zieldefinition erfolgt. Warum soll eine Befragung stattfinden? Was sind die Auslöser, die Befragung gerade jetzt durchzuführen? Geht es „nur" darum, mit traditionellen Methoden einen aktuellen Stand zu bestimmten Fragestellungen (z. B. Betriebsklima) zu erheben („Fieber messen"), oder sollen auf Basis der Befragungsergebnisse weitergehende Veränderungsprozesse initiiert werden? Die sorgfältige Beantwortung dieser Fragen beeinflusst maßgeblich den weiteren Verlauf des Projektes und ist erfolgsentscheidend.
In dieser Projektphase wird auch das Projektteam zusammengesetzt und dessen Berichts- und Kommunikationsstruktur festgelegt. Auch die Einbindung des Betriebsrates erfolgt bereits zu diesem Zeitpunkt. Obwohl kein Paragraf des Betriebsverfassungsgesetzes ein

[39] z. B. Borg, I., „Führungsinstrument Mitarbeiterbefragung", Verlag für Angewandte Psychologie.

Mitbestimmungsrecht des Betriebsrates bei Befragungen ausdrücklich vorsieht[40], lässt es sich indirekt aus mehreren Vorschriften ableiten. Es wäre zudem absolut kurzsichtig, eine Befragung ohne eine enge Zusammenarbeit mit der Mitarbeitervertretung durchführen zu wollen.

Zusammenarbeit mit dem Betriebsrat

Der Betriebsrat kann wertvolle Motivationshilfe zur Teilnahme an der Befragung leisten, die Durchführung unterstützen und in der Ergebnisumsetzung mitwirken. Ebenso könnte er jedoch durch gezielte „Informationen" für eine Verweigerungshaltung der Mitarbeiter sorgen.

Als Personalcontroller werden Sie ständiges Mitglied des Projektteams und für alle Fragen rund um die benötigten Personaldaten, für die arbeitsrechtlichen Problemstellungen und die Gewährleistung der statistischen Validität der Ergebnisse zuständig sein.

Phase 2: Konzeption

Die Planung der Befragung wird in mehreren Schritten umgesetzt.

Umfeldanalyse

Was ist die gegenwärtige Situation des Unternehmens?

Die Projektgruppe erarbeitet eine Umfeldanalyse, die genau beschreibt, wie sich die derzeitige Situation des Unternehmens bzw. des Unternehmensteils, in dem die Befragung stattfindet, darstellt. Dabei werden u. a. durchgeführte Veränderungen (z. B. Reorganisationen), die Positionierung des Unternehmens am Markt (Produkt- und Arbeitsmarkt) und Beeinflussungen durch standortpolitische Faktoren beschrieben und bewertet. Die Ergebnisse dieser Umfeldbetrachtung beeinflussen die Gestaltung der Fragestellungen und helfen bei der späteren Analyse der Befragungsergebnisse. Es ist daher wichtig, diese Erhebung – gerade bei einem längeren Projektverlauf – bereits in dieser frühen Phase durchzuführen, um den zu diesem Zeitpunkt vorhandenen Stand zu konservieren.

---

[40] vgl. jedoch LAG Hessen, 05.07.2001, 5 TaBV 153/00, hier wird unter Bezugnahme auf §94 das Mitbestimmungsrecht bei einer Online-Befragung bestätigt.

Art und Umfang der Befragung

Wer soll befragt werden?

Als nächstes sind Art und Umfang der Befragung festzulegen. Je nach Zielsetzung wird bestimmt, ob im Rahmen einer so genannten „Vollbefragung" alle Mitarbeiter des Unternehmens, Mitarbeiter ausgewählter Gruppen oder ein repräsentativer Querschnitt aller Mitarbeiter befragt werden soll. Während Stichprobenbefragungen sich eher anbieten, wenn es lediglich um die Abfrage der gegenwärtigen Befindlichkeiten geht, sollte im Vorfeld von Organisationsentwicklungsprozessen eine Vollbefragung durchgeführt werden. Da in diesem Fall alle Mitarbeiter von den Folgen der Befragungsergebnisse betroffen sind, wäre es ein großer Fehler, die Mehrheit durch eine Stichprobenbefragung auszuschließen. Bei der Entscheidung für eine Vollbefragung ist kritisch zu hinterfragen, ob damit wirklich alle Mitarbeiter gemeint sind oder z. B. nur die derzeit aktiv Beschäftigten. Dies ist nicht nur inhaltlich relevant, sondern auch für die weitere Organisation.

Der Umfang der Befragung beeinflusst die Zeit, die ein Mitarbeiter für die Befragung aufwenden muss. Geht man von der Befragungsmethode „Fragebogen" aus, ist die Messgröße die Anzahl der zu beantwortenden Fragen. Hier gehen die Interessenlagen im Projekt naturgemäß auseinander. Während die einen die Mitarbeiter möglichst wenig belasten wollen, möchten die anderen so viele Fragen wie möglich unterbringen.

Achtung:

Auch wenn es sich im Einzelfall um Minuten handelt, darf der Gesamtaufwand für das Ausfüllen der Fragebögen nicht unterschätzt werden. Die Zeit, die jeder Mitarbeiter benötigt, ist mit der Anzahl der erwarteten ausgefüllten Bögen zu multiplizieren. Beansprucht der Vorgang 30 Minuten, kommen bei 1.000 Mitarbeitern schon ca. 62 Arbeitstage zusammen. Bei 25 Minuten ca. 51 Arbeitstage, also schon 11 Arbeitstage weniger. Dennoch sollte der Zeitaufwand nicht als Arbeitszeitverbrauch, sondern als zeitliche Investition betrachtet werden, da mit der Entscheidung für die Durchführung einer Mitarbeiterbefragung positive Erwartungen verbunden sind.[41]

[41] vgl. auch Hoff, Weidinger, Herrmann: Texte zur Arbeitszeitgestaltung, veröffentlicht u.a. unter www.arbeitszeitberatung.de.

Die Antworten müssen auswertbar sein

Befragungen können mündlich, in Form von persönlich oder telefonisch geführten Interviews, oder schriftlich in Papier- oder Onlineform durchgeführt werden. Unabhängig von der Wahl des Mediums ist auf die Auswertbarkeit der Antworten zu achten. Freie Antworten, egal ob in Interviews oder in schriftlichen Befragungen, erfüllen diese Voraussetzung nicht. Nur schwer lassen sich freie Antworten später über Stichwort-Cluster zu validen Aussagen verdichten. Vergleiche in einer Zeitreihe oder mit anderen Organisationen lassen sich so praktisch nicht durchführen.

Zeitpunkt der Befragung

Orientierung am Zeitplan

Ein Zeitplan, der den Termin der Befragung als zentralen Orientierungspunkt beinhaltet, ist eine wichtige Leitlinie für das Projekt. Mit einem Countdown, der die Anzahl der Tage bis zur Befragung zählt, lässt sich die Spannung erhöhen und der Fokus wird klar auf das zu erreichende Ziel gerichtet. „X – 90“, „X – 60“, …, „X – 5“. Solche Formulierungen zeigen jedem unmissverständlich, wie der erwartete Zeitpunkt näher rückt und die für die Vorbereitung zur Verfügung stehende Zeit verrinnt. Für das Projektteam ergibt sich als Nebeneffekt so eine vom Erhebungsstichtag unabhängige Zeitplanung, die auch die Folgeaktivitäten zeitlich bestimmt („X + 60“). So lässt sich der Projektablauf auf andere Unternehmen (z. B. innerhalb eines Konzerns) oder auf zukünftige Befragungen hervorragend adaptieren oder bei zeitlichen Verschiebungen mit geringem Aufwand anpassen.

Wahl des richtigen Zeitpunkts

Die Wahl des Zeitpunktes der Befragung ist von einigen internen und externen Faktoren abhängig. Wenn es einen konkreten Anlass gibt, der die Entscheidung für eine Befragung ausgelöst hat, sollte im Projekt alles daran gesetzt werden, die Befragung möglichst umgehend durchzuführen. Handelt es sich um eine Art Routinebefragung, kann das Projektteam freier entscheiden.

Auf jeden Fall sollten diese Faktoren berücksichtigt werden:

- Keine größeren Reorganisationen oder Führungskräftewechsel zwischen Befragung und Ergebnispräsentation
- Keine gehäuften Abwesenheiten (z. B. Schulferien, Jahreswechsel) während und nach der Befragung

- Abstimmung mit anderen Projekten, die die gleiche Mitarbeitergruppe betreffen (z. B. umfangreiche Schulungen, neue Arbeitsanweisungen, Austausch von Produktionsanlagen oder EDV)
- Keine Befragung in Zeiten von Arbeitskämpfen, kritischen Tarifverhandlungen oder Gesetzesnovellierungen mit Auswirkungen auf die Beschäftigungsverhältnisse

Befragungen sind Momentaufnahmen

Gleichgültig, welcher Zeitpunkt für die Befragung gewählt wird: Es ist immer eine Momentaufnahme, die durch die Umfeldanalyse in einen Zusammenhang gebracht wird. Dies schränkt auch die Verwendbarkeit von Zeitreihenvergleichen ein.

Medienwahl

Anonymität der Befragten

Ausgehend von der Entscheidung für eine datentechnisch auswertbare, also mit geschlossenen Fragen versehene Befragung ist das geeignete Medium auszuwählen. Bislang noch nicht erwähnt, aber einer der wichtigsten Grundsätze für die Durchführung von Mitarbeiterbefragungen, ist die Wahrung der Anonymität der Befragten. Nicht nur, dass Betriebsrat und Datenschutzbeauftragte dies regelmäßig verlangen, es ist auch im Sinne einer ehrlichen Meinungsäußerung sinnvoll und daher im Projektinteresse, die Konzeption der Befragung immer wieder auf die strikte Wahrung der Anonymität zu überprüfen. Bei einer Online-Befragung wird diese technisch dadurch erreicht, dass die persönlichen Daten nicht auf den Server übermittelt werden, der die Antworten speichert. Zusätzlich kann durch organisatorische Maßnahmen und Datenschutzerklärungen die Anonymität der Befragten geschützt werden. Ob die Mitarbeiter in allen Fällen darauf vertrauen und ehrliche Antworten geben, zeigt sich vor allem in einer hohen Beteiligungsquote. Nur die vordergründig altmodisch anmutende Methode des gedruckten Fragebogens kann bei durchdachter Versandlogistik und ausreichender Größe der Auswerteeinheiten (Mindestanzahl der Fragebögen, für die eine Auswertung erstellt wird) auch nachweisbar und für den Mitarbeiter transparent Anonymität garantieren. Ein gut aufbereiteter oder als Broschüre gestalteter Fragebogen in Papierform dokumentiert den Stellenwert einer Befragung. Im Gegensatz zu einer vielfach unpersönlich empfundenen Online-Befragung erhält jeder Mitarbeiter „sein eigenes" Dokument. Jeder Befragungsteilnehmer kann seine Meinung buchstäblich „zu Papier bringen", was auch in diesen von Elektronik dominierten Zeiten sehr geschätzt wird.

Vorteile der Online-Befragung

Befragungen auf elektronischem Wege haben den entscheidenden Vorteil, dass eine weitere Datenerfassung entfällt, da durch den Mitarbeiter selbst die Erfassungsarbeit bereits vorgenommen wurde. Damit wird eine wesentliche Fehlerquelle ausgeschaltet und ein erheblicher Zeitvorteil geschaffen. Zudem wird sämtlicher Transportaufwand vermieden, der besonders bei großen Unternehmen nicht unterschätzt werden sollte. Voraussetzung für eine Online-Befragung ist jedoch eine vorhandene, belastbare und für jeden Mitarbeiter zugängliche technische Infrastruktur. Insbesondere wenn Mitarbeiter in gewerblichen Bereichen befragt werden sollen, ist dies auch heute noch nicht selbstverständlich. Anstatt hier einen Medienbruch vorzunehmen und für bestimmte Gruppen Fragebögen auszugeben, sollten bei einer generellen Entscheidung zu Gunsten einer papierlosen Befragung temporär technische Einrichtungen für die Online-Erfassung geschaffen werden (Aufstellen von PCs, die von mehreren Mitarbeitern nur für diesen Zweck genutzt werden, einfache Bedienung des Fragebogens als unbedingte Voraussetzung).
Auch hinsichtlich der zeitlichen Planung bieten Online-Befragungen einen entscheidenden Vorteil: Änderungen im Fragebogen und in der Distribution können noch unmittelbar vor der Befragung vorgenommen werden, während Druck und Versand im Vergleich bedeutend längere Vorlaufzeiten erfordern.

Rücklaufquote

Ein wesentliches Ziel bei der Durchführung einer Befragung ist das Erreichen einer möglichst hohen Rücklaufquote. Um Mitarbeiter, die ihren Fragebogen (Online oder Papier) noch nicht ausgefüllt haben, an die Befragung zu erinnern, muss es möglich sein, zu erkennen, ob der Fragebogen eines bestimmten Mitarbeiters vorliegt oder nicht. Um die Wahrung der Anonymität nicht zu verletzen, muss diese Information getrennt von den Antworten vorgehalten werden. Bei einer Online-Befragung wäre nach der Beantwortung der Fragen ein Kennzeichen zu setzen, das ein zweites Aufrufen des Fragebogens verhindert und gleichzeitig die noch ausstehenden Beantwortungen identifiziert.

Erläuterung

Vergleichen Sie die Anonymisierung bei einer Online-Befragung mit dem Vorgehen bei einer Wahl. Im Wahllokal wird im Wählerverzeichnis ein Kennzeichen gesetzt, wenn der Wähler seinen Stimmzettel abgegeben hat. Der Stimmzettel verschwindet in einer Urne und ist nachträglich nicht mehr mit dem Wähler in Verbindung zu bringen, obwohl er namentlich registriert worden ist. Die Registrierung des Wählers verhindert gleichzeitig, dass er ein zweites Mal einen Stimmzettel ausgehändigt bekäme, würde er das Wahllokal erneut betreten. Ist die beschriebene Trennung zwischen Wahlregister und Stimmzettel bei einer Onlinebefragung technisch überhaupt durchführbar? Oder verbleiben immer „digitale Spuren", die eine Anonymität von Beginn an in Frage stellen? Für den Befragten ist hier – im Gegensatz zu einer papiergebundenen Befragung – eine Überprüfung nicht möglich.

Bei der Entscheidung für ein Befragungsmedium müssen also organisatorische, technische und unternehmenskulturelle Aspekte gleichermaßen berücksichtigt werden.

Kommunikationskonzept

Eine Mitarbeiterbefragung ist stets von Emotionen begleitet, denn die Mitarbeiter werden nicht nur nach sachlichen Dingen, sondern auch nach ihrer Meinung gefragt. Äußerungen wie „Da sag ich denen mal richtig die Meinung!" sind genauso zu erwarten wie skeptische Vorbehalte „Da kannst Du eh ankreuzen, was Du willst, es ändert sich sowieso nichts." Gerade wegen der emotionalen Betroffenheit ist es von entscheidender Bedeutung, die Mitarbeiter rechtzeitig, umfassend und in geeigneter Form über die Ziele, die Durchführungsdetails und zu erwartende Folgeaktivitäten zu informieren. Dabei sind Form, Inhalt und Zeitplan der Informationen im Rahmen eines Kommunikationskonzeptes genau festzulegen. Nicht immer ist „möglichst früh" und „möglichst viel" der richtige Weg. Wird zu früh informiert, gerät die Information in Vergessenheit, bevor sie relevant wird. Wird, insbesondere über sensible Themen, zuviel informiert, führt dies zu Misstrauen („Wenn die immer wieder über den Datenschutz reden, kann doch da was nicht stimmen!").

Grundsätzlich gilt, dass die Informationen konkreter und ausführlicher werden sollten, je näher der Zeitpunkt der Befragung rückt. Entscheidend ist auch, wer informiert. Natürlich hat die Geschäftsleitung durch das Projektmanagement die Fäden auch hier in der Hand, aber die Mitarbeiter sollten die Informationen von Geschäftsleitung und Mitarbeitervertretung gleichermaßen erhalten. Auch der betriebliche Datenschutzbeauftragte sollte (positiv) informieren und zeigen, dass er diesem Projekt sein Vertrauen schenkt.
Die für die Informationen selektierten Medien sollten vielfältig sein. Die Auswahl ist abhängig von den im Unternehmen vorhandenen Mitteln (Intranet, Betriebszeitschrift, Schwarzes Brett, E-Mail-Verteiler, Firmenfernsehen, Rundschreiben, Umlaufmappen etc.) und, wie viele andere Entscheidungen in einem solchen Projekt, von dem zur Verfügung stehenden Budget.
Empfehlenswert ist auch, zumindest bei umfangreichen, aufwändigen Befragungen, die regelmäßig stattfinden, ein Logo zu verwenden, das diesem Instrument der Personalarbeit ein Markenzeichen verleiht (siehe Kapitel 5.4). Dies unterstreicht die Wichtigkeit des Vorhabens und erleichtert durch den Wiedererkennungswert die Durchführung der einzelnen Kommunikationsmaßnahmen.

Fragebogenkonzeption

Die Auswahl der Fragen

Die inhaltliche Gestaltung des Fragebogens ist eine der sensibelsten Projektphasen. Dafür sind mehrere Gründe ausschlaggebend. Zum einen bestimmt die Auswahl der Fragen maßgeblich die Qualität der Befragung. Sie ermöglicht oder verhindert Aussagen und sie weckt Erwartungen („Sind Sie der Meinung, dass Ihre Gehaltshöhe angemessen ist?“ „Wie wichtig ist Ihnen die Höhe Ihrer Vergütung?“). Zum anderen finden sich in jedem Befragungsprojekt in dieser Projektphase regelmäßig selbsternannte Experten, die zu diesem Thema etwas beitragen möchten. Viele Sitzungsstunden können mit der Diskussion über die Auswahl und die Formulierung von Fragen vergehen, nur weil Projektteilnehmer aus verschiedenen Bereichen ihre Fragen auf dem Bogen untergebracht wissen möchten. Nicht nur aufgrund persönlicher Befangenheit, sondern auch wegen fehlender Kenntnis von Befragungsmethoden, können hier viele nicht

reparable Fehler gemacht werden. Deswegen kann eine externe Beratung in dieser Phase sehr sinnvoll sein.
Bevor konkrete Fragen formuliert werden, ist Einigkeit über die Themenbereiche herzustellen, die in der Befragung angesprochen werden sollen. Diese sollten sich aus der in der vorangegangenen Projektphase durchgeführten Zieldefinition ableiten lassen und müssen nach ihrer Festlegung durch die Auftraggeber bestätigt werden. Trotz des notwendigen Bezugs auf die Ziele und die Anlässe, die die Durchführung der Befragung verursacht haben, sollten die Fragethemen nicht zu eng daran angelehnt sein, sondern eher ein weiteres Spektrum abdecken. Die Begründung dafür ist einfach: Wenn im Extremfall nur nach einem Thema gefragt wird, kann dies leicht überbewertet werden. („Ich hab schon lange gewusst, dass dieses Thema bei uns ein Problem ist. Jetzt machen die sogar eine Befragung dazu.“) Ebenso falsch wäre es, bestimmte Themen nicht anzusprechen, zu denen sich jeder Mitarbeiter (zumindest anonym) gern äußert. Hierzu gehören auf jeden Fall die Bereiche „Vergütung“ und „Führung“. Die Aussparung dieser Themen suggeriert, sie „totschweigen zu wollen“, und dies kann wiederum den paradoxen Effekt haben, dass der Mitarbeiter sie überbewertet: „Dazu wollen die natürlich nichts hören.“

Tipp

Bei der Auswahl der Fragen hilft es, sich der Entscheidung über ihre Wichtigkeit von der möglichen Antwort her zu nähern. Könnten Sie aus der erwarteten Antwort zu einer Frage etwas ableiten? Könnten Sie Handlungen generieren, um einen Missstand zu verbessern, der durch diese Frage aufgedeckt wird?

Maximal 45 Minuten für die Beantwortung

Die Anzahl der vorgeschlagenen Fragen übersteigt wahrscheinlich die unterzubringenden deutlich. Die Länge des Fragebogens sollte den Themen angemessen sein und so begrenzt werden, dass ein Mitarbeiter nicht länger als 45 Minuten für die Beantwortung benötigt. Dies ist ein Richtwert, von dem selbstverständlich in Abhängigkeit von der Themenkomplexität abgewichen werden kann.
Die Anordnung der Fragen auf dem Bogen bestimmt in Teilen die Befragungsergebnisse mit. Wenn man die Struktur des Fragebogens transparent gestaltet, fördert dies den Eindruck der Mitarbeiter von

einer ehrlichen und offenen Art der Befragung. So können die Fragen „Wie zufrieden sind Sie mit den Informationen über …?“ und „Wie wichtig ist es Ihnen, über … informiert zu sein?“ durchaus direkt aufeinander folgen. Bewährt hat sich auch die Methode, die Wichtigkeits- und Zufriedenheitsfragen in zwei Blöcke zu trennen und die Befragten einleitend darauf hinzuweisen. Ebenso ist die Aufforderung an die Befragten sinnvoll, Wichtigkeitsfragen ohne Bezug zum Arbeitsplatz zu beantworten und die Zufriedenheitsfragen konkret auf die persönliche Situation zu beziehen.

Likert-Skala

Die Beantwortung der Fragen kann in unterschiedlichen Formen erfolgen. Beispielhaft werden hier die Likert-Skala (siehe Kapitel 2), die gerichtete Antwortskala und eine qualitative Auswahlfrage gezeigt.

5-stufige Likert-Skala

	Stimme voll zu	Stimme zu	Teils, teils	Stimme nicht zu	Stimme gar nicht zu
Das Bildungsangebot entspricht meinen Bedürfnissen.					
Im Intranet finde ich hilfreiche Unterstützung für meine Arbeit.					

Hierbei können mehrere Aussagen mit der gleichen Antwortskala versehen werden, was das Ausfüllen des Fragebogens erleichtert. Zu entscheiden ist, wie viele Antwortalternativen ermöglicht werden sollen. Neben der klassischen 5-stufigen Skala ist eine 7-stufige oder eine 3-stufige denkbar. Alle erlauben eine mittlere Bewertung, was bei Skalen mit einer geraden Antwortzahl ausgeschlossen ist.

10-stufige gerichtete Antwortskala

Wie hilfreich sind für Sie die Stellenbeschreibungen im Intranet?									
1	2	3	4	5	6	7	8	9	10
Überhaupt nicht hilfreich									Sehr hilfreich

Bei dieser Art der Beantwortung sind die Formulierungen der Extrema sehr wichtig!

Qualitative Auswahlfrage

Was empfinden Sie an Ihrem Arbeitsplatz als störend?	
Dass es dort sehr laut ist	☐
Dass ich das Büro mit anderen teilen muss	☐
Dass ich die Klimaanlage nicht regulieren kann	☐
Dass die Beleuchtung ungeeignet ist	☐
Dass die Möbel nicht ergonomisch sind	☐

Der Punkt „sonstige Gründe"

Diese Antwort-Skala kommt einer offenen Fragestellung sehr nahe. Es muss sichergestellt sein, dass jeder Mitarbeiter mindestens eine zutreffende Antwortmöglichkeit findet; alternativ ist ein zusätzlicher Punkt „Sonstige Gründe" aufzunehmen, der aber zunächst keinerlei Aussagekraft für das Ergebnis hat. „Sonstige Gründe" können in Folgeprozessen aufgegriffen werden, wenn diese vom Mitarbeiter frei genannt werden können.

Jeder Fragebogen enthält zusätzlich zu den inhaltlichen auch soziodemografische Fragen. Hiermit wird sichergestellt, dass die Antworten in Bezug zu Kriterien wie Alter, Tätigkeitsbereich, Position im Betrieb, Betriebszugehörigkeit, Geschlecht etc. gesetzt werden können.

Achtung:

Durch die detaillierte Abfrage demografischer Daten kann in Verbindung mit kleinen Auswerteeinheiten die Anonymität gefährdet werden. Daher sollten Auswertungen unter Berücksichtigung dieser Daten nur auf übergeordneten Ebenen durchgeführt werden. Bei kleinen Einheiten würde die Zerlegung der Auswerteeinheit in weitere Kleingruppen ohnehin keine statistisch validen Ergebnisse hervorbringen.

Die Angabe dieser Daten sollte unabhängig von der Beantwortung der inhaltlichen Fragen explizit als freiwillig deklariert werden, um Identifikatikons-Ängste zu reduzieren.

Äußere Gestaltung des Fragebogens

Die formelle Gestaltung des papiergebundenen Fragebogens ist von Aspekten des Corporate Designs und von der Art der Auswertung abhängig. Soll der Bogen zur Auswertung eingescannt werden, sind die Anforderungen für die maschinelle Lesbarkeit zu ermitteln und zu berücksichtigen. Werden die Bögen manuell erfasst, ist auf ergonomische und klare Gliederung der Antwortbereiche zu achten.

Pretest

Tipp

Testen Sie die Eignung Ihres Fragebogens vor dem Einsatz in einer kleinen Gruppe von Mitarbeitern. Dieser Pretest gibt Ihnen wertvolle Hinweise, ob Ihre Fragen verstanden werden, ob die Antwortalternativen sinnvoll sind und ob die veranschlagte Zeit ausreicht. Neben dem Ausfüllen des Fragebogens unter Bedingungen, wie sie auch bei der späteren „echten" Befragung vorherrschen werden, können dem Befragten im Anschluss Fragen zum Antwortvorgang selbst gestellt werden. „Wie übersichtlich fanden Sie den Bogen?", „Waren die Fragen verständlich?" usw. Pretests können gegebenenfalls in mehreren Runden durchgeführt werden, um den Fragebogen immer wieder zu verbessern. Je nach Struktur des Unternehmens und der Mitarbeiter ist die Gruppengröße für den Pretest zu bestimmen. Pretest-Teilnehmer erzählen ihren Kollegen von der Teilnahme. Deshalb sollten Sie sie über Sinn und Zweck, sowie über den Stand des Projektes und insbesondere über den Fragebogen informieren. Sie gewinnen so wertvolle Multiplikatoren, die durch ihre Einbindung als „Geschäftspartner" des Projektes von Beginn an einen hohen Identifikationsgrad mit der Befragung haben.

Der Beitrag des Personalcontrollers

Während dieser Phase bringt der Personalcontroller seine Kenntnisse über statistische Verfahren und Auswertung von Datenbeständen in die Diskussion ein. Er gestaltet den Fragebogen dadurch aktiv inhaltlich und formell mit. Seine Kenntnisse über die verfügbare Personal-EDV ermöglichen Aussagen über Machbarkeit von Vorschlägen in der Konzeptphase. Zur Umfeldanalyse steuert er Daten aus dem Unternehmen und dem Arbeitsmarkt bei, die er aus verschiedenen internen und externen Quellen generiert und aufbereitet.

Phase 3: Organisation

In der vorangegangenen Phase der Konzeption war der Andrang nach Mitarbeit im Projekt stets sehr rege. Insbesondere bei der Fragebogengestaltung gab es keinen Mangel an zum Teil selbst ernannten Projektbeteiligten oder „Gästen", die ihre Meinung zu diesem Thema einbringen wollten. Im Gegensatz zur jetzt folgenden Phase der Organisation konnten dort auch die nicht so umsetzungs- aber

dafür wortstarken Projektteilnehmer punkten. Die eher operativen, organisatorischen Aufgaben genießen in derartigen Projekten regelmäßig einen niedrigeren Stellenwert. Es wird als selbstverständlich erachtet, dass die Organisation reibungslos funktioniert. Das hat zur Folge, dass eine Reaktion nur bei negativem Erleben erfolgt. Über einen einzigen falsch adressierten Fragebogen wird mehr geredet, als über 5.000 Bögen, die richtig und pünktlich beim Empfänger angekommenen sind.
Die erfolgreiche Durchführung der Organisation bedingt eine aktuelle und im Detail korrekte Datenbasis hinsichtlich

- Mengengerüsten und Strukturen (Mitarbeiter, Standorte),
- Zuordnung der Mitarbeiter zu Führungskräften und Auswerteeinheiten,
- Adressierung der Mitarbeiter sowie
- An- und Abwesenheiten.

Vorausschauender Personaldatenbestand

Die erforderlichen Informationen liefert das Personalcontrolling als Eigentümer der Personaldaten im Unternehmen. Da die Konzeption und Organisation der eigentlichen Befragung einige Monate vorausgeht, muss zur Ermittlung der zu befragenden Mitarbeiter ein vorausschauender Datenbestand zur Verfügung gestellt werden, der beispielsweise die bis zum Befragungszeitpunkt noch austretenden Mitarbeiter berücksichtigt und die Grundgesamtheit genau abbildet. Diese Datenbasis muss bis zur Verteilung der Fragebögen aktualisierbar bleiben, was regelmäßig eine der anspruchvollsten Aufgaben der Datenverarbeitung in diesem Zusammenhang darstellt. Neben der Einschränkung der Befragung auf bestimmte organisatorische Bereiche könnte beispielsweise zu berücksichtigen sein, dass nur Mitarbeiter befragt werden, die zum Befragungszeitpunkt mindestens ein Jahr in diesem Bereich oder im Unternehmen tätig sind. Auch solche Nebenbedingungen müssen bei der Datenermittlung beachtet, aber bereits in der Konzeptionsphase festgelegt werden.
Über die Organisationsdaten können die Mitarbeiter ihren Standorten zugeordnet werden. Dies ist für die weitere Logistik entscheidend, denn bei einer papiergebundenen Befragung sind die zu transportierenden Mengen ein wichtiges Kriterium. Auch der Einsatz von so genannten „Befragungsbeauftragten", die als örtlich

zuständige Hilfskräfte maßgeblichen Einfluss auf den Durchführungserfolg haben, orientiert sich regelmäßig nicht an organisatorischen, sondern an räumlichen Strukturen. Der vorausschauende Personalbestand berücksichtigt auch Abwesenheiten (z. B. Urlaub, Seminar) zum Befragungszeitpunkt, sofern diese bereits bekannt und im Personalsystem hinterlegt sind.

Tipp

Fordern Sie die Mitarbeiter auf, ihren Urlaub und andere geplante Abwesenheiten rechtzeitig im Personalsystem erfassen zu lassen, damit diese Daten für die Organisation der Befragung zur Verfügung stehen.

Die Adressierung der Fragebögen richtet sich nach der im Personalsystem hinterlegten, hausinternen Anschrift des Mitarbeiters. Wird entschieden, dass temporär abwesende Mitarbeiter (auch Mitarbeiter in Elternzeit) ebenfalls an der Befragung teilnehmen sollen, muss die Adressierung in diesen Fällen die private Anschrift enthalten.

Bildung von Auswerteeinheiten

Bei jeder Befragung, die Auswertungen unterhalb der Unternehmensebene hervorbringen soll, sind die Mitarbeiter Auswerteeinheiten zuzuordnen. Diese Auswerteeinheiten sind, wenn ein hoher Detaillierungsgrad gewünscht wird, den Teams mit ihren Führungskräften gleichzusetzen. Jede Auswerteeinheit muss mindestens eine vorher festgesetzte Anzahl von Teilnehmern haben, damit genügend ausgefüllte Fragebögen eine Wahrung der Anonymität gewährleisten. Zu empfehlen sind mindestens sechs bis acht Mitarbeiter in einer Auswerteeinheit und mindestens fünf auswertbare Fragebögen. Sind die Einheiten kleiner, sind sie mit anderen Einheiten zusammenzufassen. Dies kann horizontal (Zusammenfassung mit anderen Einheiten auf hierarchisch gleicher Ebene) oder vertikal (Zusammenfassung mit der nächst höheren Einheit) erfolgen. Alternativ kann auch auf eine Einzelauswertung verzichtet werden, so dass das Ergebnis der kleinen Einheit nur in das verdichtete Ergebnis des Bereiches eingeht, aber nicht separat ausgewiesen wird.

Achtung:

Antizipieren Sie möglichst viele „Eventualfälle", damit Sie im Bedarfsfall die richtige Entscheidung parat haben. Einige Beispiele:

- Sollen akut kranke Mitarbeiter die Möglichkeit der späteren Teilnahme erhalten?
- Wie können Sie einen Mitarbeiter nachträglich einer anderen Auswerteeinheit zuordnen, wenn er sich nach Fragebogenerhalt meldet und Ihnen mitteilt, dass er falsch zugeordnet ist?
- Wie gehen Sie damit um, wenn versandte Fragebögen nicht ankommen?

Bei Online-Umfragen: Prüfen Sie, welche theoretischen Ausfallmöglichkeiten es gibt (Ausfall während der Befragung, mangelnde Datensicherung nach erfolgter Befragung etc.). Können Daten verloren gehen? Wenn ja, was ist zu tun (z. B. Nacherhebung)?

Um Auswerteeinheiten maschinell bilden zu können, sind folgende Angaben in den Personalsystemen notwendig:

- Anzahl Mitarbeiter pro Organisationseinheit
- Leiter der Einheit (gegebenenfalls über Kennzeichnung der Planstelle, die die Einheit leitet)
- Nächst höhere Einheit

Jede so gebildete Auswerteeinheit wird mit einer Nummer versehen, die auf den Fragebögen der Mitarbeiter angebracht wird. Bei Onlinebefragungen erfolgt diese Zuordnung ebenso. Die Auswerteeinheiten sind untereinander so zu verknüpfen, dass verdichtete Auswertungen erstellt werden können.

Tipp

Erstellen Sie die benötigten Personaldatenauswertungen so, dass Sie sie jederzeit *maschinell* aktualisieren können. Von der ersten Auswertung bis zum Befragungstag vergehen Wochen oder Monate. Eine manuelle Pflege dieser Daten führt zwangsläufig zu Fehlern.

Versuchen Sie, den Befragungsstichtag und die entsprechenden Projekt Vor- und Nachbereitungszeiten in eine Phase organisatorischer Stabilität zu legen.

Phase 4: Durchführung

Je nach den in der Konzeptphase festgelegten Rahmenbedingungen findet die eigentliche Befragung in einem Zeitraum oder nur an einem Tag statt. Die Beschränkung auf einen einzigen Tag unterstreicht die Wichtigkeit und suggeriert durch die Parallelen mit einer politischen Wahl eine implizite Teilnahmepflicht. Es entwickelt sich zudem eine Art „Gruppendynamik des Bogenausfüllens“, der sich – zu Gunsten einer hohen Beteiligungsquote – kaum einzelne Mitarbeiter entziehen können. Außerdem ist so der Aufwand für die aktive Unterstützung der Befragung durch Personal vor Ort, Hotline etc. am geringsten. Die Gefahr, dass Fragebögen, die „irgendwann in den nächsten drei Wochen“ auszufüllen sind, erst mal beiseite geschoben und dann vergessen werden, ist groß. Dieses Vorgehen setzt natürlich voraus, dass Abwesenheiten in der Organisation berücksichtigt worden sind oder man sich darauf einigt, auf die Befragung geplant oder ungeplant abwesender Mitarbeiter zu verzichten.

Die Befragung kann (egal ob mit Fragebogen oder Online) am Arbeitsplatz des Mitarbeiters oder in speziell dafür eingerichteten Räumen („Wahllokale“) erfolgen und sollte (im angemessenen Rahmen) als „Event“ dargestellt werden. Dazu gehört selbstverständlich das Ausfüllen des Fragebogens während der Arbeitszeit und gegebenenfalls kleinere, aktionsbezogene Streuartikel (z. B. Kugelschreiber mit Befragungslogo) als Erinnerung. Mit Slogans und Plakaten, sowie vor Ort anwesenden Befragungsbeauftragten, die das Verteilen und den Rücklauf der Fragebögen koordinieren, lässt sich die Rücklaufquote beträchtlich steigern.

Rücklauf der Fragebögen

Die Rücksendung der Fragebögen erfolgt direkt durch den Mitarbeiter an die auswertende Stelle, die in den meisten Fällen außerhalb des Unternehmens angesiedelt ist, oder gesammelt durch den Befragungsbeauftragten in neutralen Rücksendeumschlägen. Für einen externen Auswerter gilt die Regel, dass nur die Bögen erfasst werden dürfen, die individuell kuvertiert in originalen, unversehrten Rücksendeumschlägen eintreffen. Eine Kennzeichnung als Original ist z. B. mit einem Stempelaufdruck (Befragungslogo) darstellbar.

Bei Online-Befragungen ist mit der Erfassung der Antworten die Durchführung abgeschlossen, sofern die Speicherung direkt bei der auswertenden Stelle vorgenommen wurde (Internetbefragung).

Die Rücklaufquote

Wie hoch sollte die Rücklaufquote ausfallen?

Neben der sorgfältigen Auswahl der Grundgesamtheit und einer guten Versandlogistik ist die persönliche Ansprache von Mitarbeitern vor Ort erfolgsentscheidend für die Höhe der Rücklaufquote. Wichtig ist auch, Fragebögen, die nicht beantwortet werden können, gar nicht erst zu verteilen (s. o. Berücksichtigung der Abwesenheiten). Wie hoch muss eine Rücklaufquote sein, um als zufrieden stellend oder gar hoch bezeichnet werden zu können? Bei einer zentral organisierten Vollbefragung sollte man, eine gute Vorbereitung vorausgesetzt, 70 % - 90 % erreichen können. Aber auch dieser Wert ist nur ein Anhaltspunkt. Ebenso wie die Beschäftigtenstruktur und die Unternehmenskultur hat die aktuelle Situation Einfluss auf die Bereitschaft, dem Unternehmen über die Befindlichkeit am Arbeitsplatz Auskunft zu geben. Eine unerwartet niedrige Quote ist jedoch auch ein wichtiges Ergebnis, dessen Ursachen offen diskutiert werden müssen. Fehlt es an Verbundenheit, an Offenheit oder ist es schlichtweg das verloren gegangene Vertrauen, irgendetwas beeinflussen zu können? Wenn in solchen Situationen die Schuld sofort bei der Organisation oder im Inhalt des Fragebogens gesucht wird, stellt sich die Frage, warum eine Mitarbeiterbefragung überhaupt initiiert worden ist.

Phase 5: Auswertung

Externe Auswertung

In vielen Fällen wird ein externes Institut mit der Auswertung der Befragung beauftragt. Auch wenn die fachliche Kompetenz hierfür im Unternehmen selbst vorhanden ist, hat dies mehrere Vorteile:

- Den teilnehmenden Mitarbeitern ist die Anonymität und Vertraulichkeit bei einer externen Auswertung leichter zu vermitteln, als wenn diese durch den Arbeitgeber selbst durchgeführt würde.
- Die Erfassung der Fragebögen bei einer papiergebundenen Befragung bindet nicht unerhebliche Kapazitäten.

- Institute, die sich professionell mit der Auswertung von Fragebögen befassen, verfügen über spezialisiertes Wissen, Auswertungsprogramme und vorformatierte Ergebnisberichte.

Tipp

Gewährleisten Sie, dass die Ergebnisse, oder zumindest Zwischenergebnisse schon nach kurzer Zeit vorliegen. Die Situation, in der der Mitarbeiter den Fragebogen ausgefüllt hat, sollte sich bis zur Ergebnispräsentation nicht wesentlich geändert haben (Versetzungen, Reorganisationen etc.).

Darstellung der Ergebnisse

Das Datenmaterial, das in Mitarbeiterbefragungen generiert wird, erlaubt eine Vielzahl von komplexen statistischen Auswertungen. In der Regel sind diese jedoch kaum gefragt, da sich die Ergebnisse von Mitarbeiterbefragungen primär an Nicht-Statistiker richten. Mitarbeiter und auch Führungskräfte verfügen in der Regel nicht über das erforderliche Wissen, um solche Berichte lesen und auch verstehen zu können. Da sie sich darüber hinaus auch nur mit begrenzter Zeit der Analyse der Befragung widmen können, sind vielmehr verständliche Auswertungen gefragt, die nicht nur Daten, sondern auch Aussagen enthalten. Die ausgewerteten Fragen müssen daher i. d. R. nicht nur in Tabellen, sondern auch in aussagekräftigen Grafiken dargestellt werden.

Angabe eines Vergleichswerts

In der vollständigen Ergebnisliste für die eigene Einheit ist es für die Führungskraft hilfreich, einen Vergleichswert (horizontal oder vertikal) zu erhalten, um die Orientierung und die Bestimmung der eigenen Position zu erleichtern. Neben der Ergebnisliste, die die Beantwortung aller gestellten Fragen enthält, sollten den Führungskräften Auswertungen zur Verfügung gestellt werden, die Antworten auf folgende Fragen liefern:

- Welche Sachverhalte werden besonders kritisch beurteilt?
- In welchen Punkten gibt es die größten Abweichungen zur Beantwortung in anderen Einheiten?
- Wo liegen die größten Erwartungen der Mitarbeiter?
- Wo weichen Wichtigkeit und Zufriedenheit am stärksten voneinander ab?

Diese Auswertungen sind für den Folgeprozesses meist wichtiger, als die reinen Ergebnislisten.

Beispiel: Diskrepanzanalyse

Es wird ermittelt, in welchen Bereichen der Unterschied zwischen den Erwartungen und der Zufriedenheit der Mitarbeiter besonders hoch ist. Während eine gewisse Diskrepanz bei dieser Art von Befragungen „normal" ist, gibt ein hoher Wert (~ > 40 %) Anlass zur Analyse. Interessant ist, dass die Diskrepanz üblicherweise mit zunehmender Hierarchie-Ebene geringer wird und teilweise die Zufriedenheitsfragen sogar höhere Antwortwerte ergeben, als die Erwartungsfragen. Entscheider sind im Allgemeinen in der glücklichen Lage, Aufgabengebiete mit intrinsisch motivierenden Arbeitsinhalten bearbeiten zu dürfen.[42]

Die Tabelle zeigt jeweils die in Prozent ausgedrückte Summe der Werte „sehr wichtig" und „wichtig" sowie „sehr zufrieden" und „zufrieden". Dazu müssen jeweils mindestens eine Wichtigkeits- und eine Zufriedenheitsfrage dem gleichen Thema zugeordnet werden.

Diskrepanzliste AZ Rad Befragung 2004 Team: Produktion Rennräder/Ausgewertet: 20 Bögen			
Thema	Wichtigkeit	Differenz	Zufriedenheit
Angemessene Vergütung	87 %	74 %	13 %
Betriebssport	95 %	60 %	35 %
Weiterbildung	80 %	55 %	25 %
„Wir-Gefühl"	70 %	45 %	25 %

Und damit auch eine Führungskraft, deren Ergebnisse katastrophal ausgefallen sind, etwas Angenehmes zu berichten hat, wird noch eine Liste mit den Fragen geliefert, die am positivsten beantwortet wurden. Selbst wenn der Bereich „Führung" in den Frageblöcken thematisiert wird, darf in den Ergebnisbesprechungen niemand an den Pranger gestellt werden.

[42] „Differenzierte Motivationslagen bei Mitarbeitern unterschiedlicher Hierarchie-Ebenen", Diplomarbeit Guido Lisges, Fachhochschule Kiel, Fachbereich Wirtschaft, 1991.

Phase 6: Ergebnispräsentation

Befragungen schüren Erwartungen. Die primäre Erwartung der Mitarbeiter ist, dass ihnen die Ergebnisse der Befragung umfassend und zeitnah zugänglich gemacht werden. Dies kann vor der eigentlichen Ergebnispräsentation durch Bekanntgabe von Ergebnissen auf Unternehmensebene z. B. im Intranet erfolgen. Die eigentlichen Rückmeldungen, nämlich die Ergebnisdarstellungen in jeder einzelnen Einheit, erfolgen persönlich durch die Führungskraft.

Ergebnismoderation

Aufgabe des Projektes ist es, die Führungskräfte, die die Präsentationen vorzunehmen haben, vorzubereiten. Dazu gehört neben der Ausstattung mit ansprechend aufbereiteten Ergebnissen auch eine Einweisung in die erwartete Form und den Inhalt der Ergebnispräsentation. Je nach dem, wie das Ergebnis insgesamt und im Detail ausgefallen ist, kann so eine Ergebnisveranstaltung für die Führungskraft zu einem „Tanz auf dem Vulkan" werden. Hier wird die Führungskraft unmissverständlich mit den Meinungen der Mitarbeiter konfrontiert – je nach Befragungsthema auch mit Äußerungen zur eigenen Person. Wenn die Möglichkeit besteht, sollte den Führungskräften in Konfliktfällen eine unterstützende Ergebnismoderation durch einen erfahrenen Trainer angeboten werden.
Eine weitere Form der Ergebnisverwendung ist die Überleitung der Ergebnisdaten an das Personalcontrolling. Insbesondere im Bereich Personalrisikomanagement sind Umfrageergebnisse als qualitative Daten von hohem Interesse (siehe Kapitel 13).

Phase 7: Der Follow-Up-Prozess

Folgeaktivitäten

Der weitere Inhalt der Ergebnisveranstaltung ist abhängig von den geplanten Folgeaktivitäten. Soll die Mitarbeiterbefragung nicht nur ein „Fieber messen" sein, schließt sich an die Ergebnisanalyse die Verabredung von Maßnahmen an, um die erkannten Kritikpunkte positiv zu beeinflussen. Maßnahmen, die nicht im internen Kreis umgesetzt werden können, werden von der Führungskraft an die nächsthöhere Ebene gemeldet und dort veranlasst. Die vorherrschende Unternehmenskultur bestimmt, ob die Führungskraft im Interesse einer Lösung diesen Weg beschreitet oder an den eigenen Vorgesetzten lediglich Erfolge gemeldet werden. Im zweiten Fall ist es nicht verwunderlich, wenn der Unternehmensleitung vorgeworfen wird, sie hätte keine Ahnung von den Problemen „der Basis". Sie muss dann davon ausgehen, dass die durch die Mitarbeiterbefragung erkannten Probleme allesamt in den jeweiligen Einheiten gelöst werden können.

Folgeaufträge für die Personalabteilung

Die Gestaltung umfangreicher Folgeprozesse fördert die Personalabteilung – bei aller Anerkennung der Sinnhaftigkeit solcher Vorhaben – natürlich nicht ganz uneigennützig. Sie ist es, die die hierfür notwendigen Werkzeuge bereitstellen kann und sich so langfristige Folgeaufträge sichert.

Vielleicht erfolgt unter Verweis auf die Umfrageergebnisse auch die eine oder andere organisatorische – oder sogar personenbezogene – Veränderung. Für die Mitarbeiter ist i. d. R. nicht erkennbar, ob dies nicht ohnehin vorgesehen war.

Befragungsergebnisse enthalten fast immer auch Aufforderungen an die Unternehmensleitung, bestimmte Dinge zu ändern oder anzugehen. Dennoch leitet sich daraus kein Anspruch ab. Das Management ist nicht verpflichtet, den geäußerten Aufforderungen nachzukommen. Gleichwohl sollte sie diese aufgreifen und offen dazu Position beziehen. Auch dies ist eine der Haupterwartungen, die Mitarbeiter an die Teilnahme an einer Befragung knüpfen.

Phase 8: Evaluation der Befragung

Die Qualität des Folgeprozesses

Nach der Durchführung eines umfangreichen Projektes ist es legitim, nach dessen Erfolg zu fragen. Dabei geht es hier nicht nur darum, festzustellen, ob das Projekt selbst im Rahmen seiner Vorgaben (Zeit, Budget, Qualität) zum Abschluss gekommen ist, sondern vielmehr um die Qualität des Folgeprozesses, also um den Umgang mit den erarbeiteten Ergebnissen.

Evaluationsbefragung

Dies ist ohne eine weitere Befragung kaum möglich, da sich die Umsetzungserfolge nicht ausschließlich quantitativ nachweisen lassen. Eine Evaluationsbefragung hilft, das Instrument Mitarbeiterbefragung dauerhaft zu verankern und qualitativ zu verbessern. Gleichzeitig zeigt ihre Durchführung den Mitarbeitern, dass die Befragung im Vergleich zu anderen Projekten einen hohen Stellenwert hat und insbesondere die Umsetzung der vereinbarten Maß-

nahmen aus dem Folgeprozess sich im Fokus der Unternehmensleitung befindet.
Die Evaluationsbefragung erfolgt ähnlich wie die Mitarbeiterbefragung selbst, jedoch mit einem wesentlich geringeren Aufwand. Statt einer Vollbefragung werden lediglich Stichproben vorgenommen, die Anzahl der Fragen ist deutlich geringer und die Kommunikation der Ergebnisse erfolgt ausschließlich von zentraler Stelle seitens der Projektleitung. Eine Auswertung durch Externe ist nicht erforderlich, da durch das Fehlen von Auswerteeinheiten Anonymität in jedem Fall gegeben ist.

Mögliche Themen einer Evaluationsbefragung

- Ablauf und Organisation der Befragung
- Relevanz und Verständlichkeit des Fragebogens
- Umsetzung der getroffenen Vereinbarungen in der eigenen Einheit
- Umsetzung der getroffenen Vereinbarungen in übergeordneter Verantwortung
- Empfundene Verbesserungen seit der Maßnahmenumsetzung

Somit generiert die Evaluation Erkenntnisse sowohl zum Ablauf selbst als auch zu den Inhalten und stellt sich als ein prozess- und ergebnisorientiertes Instrument qualitativer Personalarbeit dar (siehe Kapitel 16), auf das bei einem so sensiblen Vorhaben wie der Mitarbeiterbefragung keinesfalls verzichtet werden sollte.

Phase 9: Institutionalisierung der Befragung

Die Befragung als dauerhaftes Instrument

Wenn mit der ersten Kommunikation über das Vorhaben „Mitarbeiterbefragung“ die Ziele erklärt werden, die die Unternehmensleitung mit der Durchführung verbindet, wird sich bereits die Frage stellen, ob es sich um eine einmalige oder dauerhafte Aktivität handelt. An dieser Stelle muss sich die Unternehmensleitung darüber klar sein, dass das Bekenntnis zur Befragung als dauerhaftes Instrument eine ernstzunehmende Verpflichtung darstellt. Immer wieder wird man erkennen, dass gerade dann, wenn nach dem kommunizierten Rhythmus eine Befragung ansteht, „es eigentlich gerade nicht

passt". Das Unternehmen befindet sich kurz vor oder kurz nach einer Reorganisation, die Stimmung wird beispielsweise von langwierigen Tarifverhandlungen oder von Fusionsgerüchten beeinflusst. Eine einmal aus fadenscheinigem Grund verschobene oder ausgefallene Befragung stellt das Instrument für lange Zeit in Frage oder „verbrennt" es auf Dauer.
Wenn nicht wirklich sichergestellt ist, dass die Befragung im versprochenen Rhythmus durchgeführt wird, sollte trotz aller Euphorie zu Projektbeginn auf vollmundige Versprechungen verzichtet werden. Eine erneute Befragung kann dann bei Bedarf trotzdem geplant und umgesetzt werden.

14.3 Zugang zu qualitativen Daten durch Befragungen

Verknüpfung von qualitativen und quantitativen Daten

Die Mitarbeiterbefragung ist die Hauptquelle für qualitative Daten des Personalcontrollings. Diese ansonsten schwer zugänglichen Informationen helfen, Vorgänge zu erklären, die durch quantitative Daten erkannt wurden. So werden beispielsweise für die Ermittlung der Fluktuationsquote ausschließlich quantitative Daten benötigt – die Erklärung ihrer Höhe wird durch valide und aktuelle qualitative Daten wesentlich erleichtert. Das Verhalten von Mitarbeitern wird durch quantitative Daten erkannt und durch qualitative Daten erklärt. Natürlich gibt es in der Mitarbeiterbefragung keine spezielle Frage, die genau ein bestimmtes beobachtetes Verhalten erklären würde. Die Aufgabe besteht dann darin, zu ergründen, welche Fragen Verbindungen zu welchen Verhaltensweisen aufzeigen. Qualitative Daten werden – z. B. durch die Likert-Skala – in eine datentechnisch verarbeitbare Form übersetzt und können auf diese Weise mit quantitativen Daten verknüpft werden.
Deshalb ist es wichtig, dass sich das Personalcontrolling bereits frühzeitig an einem Projekt zur Durchführung einer Mitarbeiterbefragung beteiligt. So können bereits in der Phase der Frageformulierung die späteren Verwendungsmöglichkeiten im Personalcontrolling berücksichtigt werden.

Aber auch durch seine intimen Kenntnisse der Mitarbeiter und der Unternehmensstrukturen leistet das Personalcontrolling wertvolle Beiträge für ein Befragungsprojekt. Als „Herr der Daten" verfügt das Personalcontrolling zudem über die einzige Datenquelle, die geeignet ist, die logistischen Anforderungen eines solchen Projektes zu bewältigen.

Das Personalcontrolling ist somit zugleich wesentlicher Projektteilnehmer, Umsetzer und Nutznießer der Durchführung von Mitarbeiterbefragungen.

15 Über welche Qualifikationen verfügen die Mitarbeiter des Unternehmens?

„Das einzige unersetzliche Kapital, das eine Organisation besitzt, ist das Wissen und die Kompetenzen ihrer Menschen. Die Produktivität dieses Kapitals hängt davon ab, wie effizient Menschen ihre Kompetenzen mit jenen teilen, die sie verwenden können."

(Andrew Carnegie, 1930)

15.1 AZ Rad: Mitarbeiter für das neue Werk in Frankreich

Dass es so schnell kommen würde, hatte niemand gedacht. Schon im nächsten Monat wird die AZ Rad AG als neuer Besitzer der „Soc. Bicyclettes d'Alsace" Fahrräder in Frankreich produzieren. Das Projektteam sieht die Entsendung eines Management- und Umsetzungsteams vor, um das französische Unternehmen zu integrieren. Das Projekt tritt mit einer Reihe von Stellenbeschreibungen über die Geschäftsleitung an das Personalcontrolling heran und erteilt den Auftrag, Mitarbeiter zu benennen, die über die benötigten Qualifikationen verfügen.

15.2 Qualifikationsdaten: mehr als nur Sprachkenntnisse

„Wenn Siemens wüsste, was Siemens weiß!" heißt ein geflügeltes Wort, mit dem ausgedrückt wird, dass im Unternehmen nur Bruchteile der Qualifikationen bekannt sind, über die die Mitarbeiter verfügen und die damit potenziell auch dem Unternehmen zur

Verfügung stehen. „Bekannt" heißt unter Personalcontrolling-Gesichtspunkten, dass die Daten über die Qualifikationen von Mitarbeitern vollständig und vor allem datentechnisch auswertbar vorhanden sind. Die Ablage von Zeugnissen, Seminarbescheinigungen und Eignungstests in der Personalakte erfüllt diese Bedingung nicht.

Wissen muss datentechnisch fixiert sein

Auch das Wissen der Führungskräfte über Stärken und Schwächen ihrer Mitarbeiter ist exklusiv an eine Person gebunden, nicht datentechnisch fixiert und somit nicht außerhalb dieser bilateralen Beziehung nutzbar.

Die Qualifikation eines Menschen resultiert aus drei voneinander getrennten Kompetenzbereichen. Nur im Zusammenspiel lässt sich eine Qualifikation für bestimmte – hier betrieblich definierte – Aufgaben erreichen.

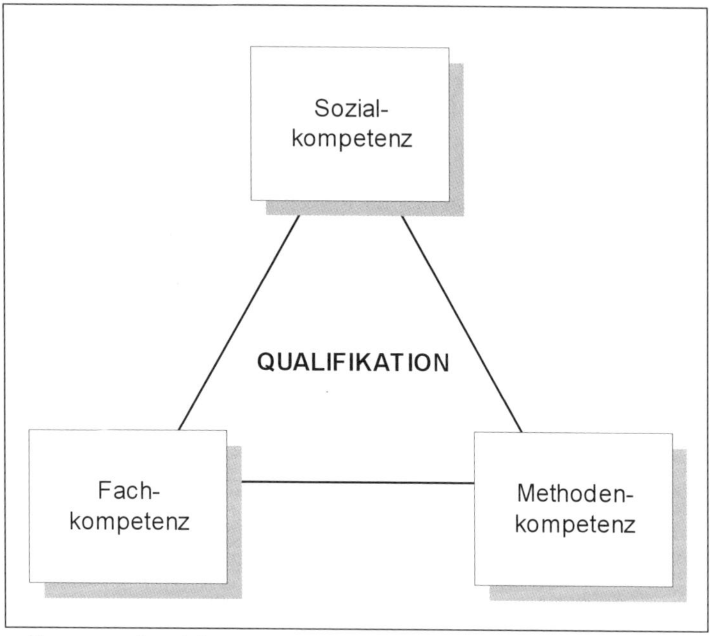

Kompetenzbereiche

Die Sammlung von Qualifikationsdaten in Unternehmen wird vielfach auf den Bereich der fachlichen Qualifikationen beschränkt. Aber auch im Bereich der Methoden- und der Sozialkompetenz können Qualifikationen vermittelt bzw. erworben werden. Diese sind jedoch wesentlich schwerer messbar; sie werden oft der Persönlichkeit des Mitarbeiters zugerechnet und damit als „privat" gekennzeichnet. Andererseits werden in Mitarbeiterbeurteilungen und Feedback-Gesprächen fast immer auch diese Kriterien bewertet. Für ein vollständiges Qualifikations-Bild müssen solche Daten gemeinsam mit den Daten der fachlichen Qualifikation betrachtet werden, da fachliche Qualifikationen ohne soziale und methodische Kompetenzen kaum nutzbar sind. Dass dies ausschließlich datentechnisch nicht möglich ist, wird nachfolgend dargelegt. Das Wissen über die Mitarbeiterqualifikationen bildet eine Basis für Bildungsbedarfsplanungen und liefert Entscheidungshilfen bei Stellenbesetzungen.

Vollständige Sammlung von Qualifikationsdaten

Um Datenfriedhöfe zu vermeiden, wird hier auf einige spezielle Eigenschaften der Qualifikationsdaten hingewiesen.

Besonderheiten von Qualifikationsdaten

Qualifikationsdaten unterscheiden sich von Personaldaten, die in den vorigen Kapiteln dargestellt wurden, durch einige Besonderheiten:

Qualifikationsdaten unterliegen einem ständigen Wandel

Aussagekraft

Während es sich bei anderen Personaldaten um relativ statische Daten handelt, ändern sich Qualifikationsdaten laufend. Einmal erfasste Daten sind zwar formell für immer gültig (z. B. Schulbildung), verlieren aber mit fortschreitender Zeit an Aussagekraft. Welche Bedeutung hat nach 30-jähriger Betriebszugehörigkeit die Tatsache, dass der Mitarbeiter die Schule mit der Mittleren Reife verließ? Können Sie sich darauf verlassen, dass jemand, der vor zwei Jahren ein Excel-Seminar besucht hat, diese Software heute noch anwenden kann? Bedeutet ein Seminarbesuch in jedem Fall, dass das erworbene Wissen auch umgesetzt und angewandt werden kann?

Qualifikationsdaten können nicht vollständig objektiv erhoben werden

Objektivität

Auch erfüllen formelle Abschlüsse lediglich den Tatbestand der formellen Objektivität. Der Nachweis der damit erworbenen Qualifikation ist bereits nicht mehr gesichert. Eine inhaltliche Objektivität ist auch bei formell identischen Abschlüssen nicht gegeben. Insbesondere Qualifikationen, die autodidaktisch erworben wurden, fallen auch bei außerordentlichem Niveau durch das Raster. Ein Mitarbeiter, der in seiner Freizeit als Referent Computerkurse veranstaltet, wird betrieblich kaum ein Excel-Seminar besuchen. Wie sollen Qualifikationen jedoch ohne formelle Belege datentechnisch abgebildet werden? Noch deutlicher wird dies bei methodischen oder sozialen Kompetenzen. Beurteilungen, die aussagen, dass ein Mitarbeiter z. B. teamfähig, ideenreich, vertriebsstark oder kompromissbereit ist, resultieren in aller Regel aus den Beobachtungen anderer. Auch die in der Personalentwicklung angewandten Personaldiagnoseverfahren suggerieren lediglich eine Objektivität durch tief gegliederte Beobachtungskriterien und geschulte Beobachter.

Qualifikationsdaten können nicht vollständig erhoben werden

Vollständigkeit

Es ist nicht möglich, die gesamte Qualifikation eines Mitarbeiters zu erfassen. Unabhängig von der datentechnischen Möglichkeit der Darstellung kann ein vollständiges Qualifikationsprofil aufgrund der Vielzahl der Ausprägungen und der ständigen Veränderungen nicht gelingen. Deshalb ist klar festzulegen, welche Qualifikationen denn überhaupt erhoben werden sollen. Werden nur Daten über Qualifikationen erhoben, die in unmittelbarem Zusammenhang mit der Tätigkeit im Betrieb stehen, gehen wertvolle Informationen verloren. Besonders im Hinblick auf zukünftige Tätigkeiten oder Entwicklungspotenziale sind Kenntnisse und Fertigkeiten interessant, die mit der jetzigen Aufgabenstellung im Unternehmen nichts zu tun haben. Es stellt sich die Frage, wie weit diese Bereiche gefasst werden sollen und wie Mitarbeiter dazu motiviert werden können, diese Informationen zur Verfügung zu stellen.

15.3 Erhebung und Auswertung von Qualifikationsdaten

Fachliche Qualifikation

Am einfachsten ist die einmalige Erhebung von fachlichen, formell nachzuweisenden Qualifikationen. Bei Beschäftigungsbeginn oder zu einem Start-Zeitpunkt werden die vorhandenen Daten der Mitarbeiter (z. B. Zeugniskopien in der Personalakte) erfasst und vom Mitarbeiter bestätigt oder ergänzt. Da eine Erhebung nach Aktenlage ohnehin vom Mitarbeiter geprüft werden muss, können alternativ alle formellen Qualifikationen erfragt werden. Die Entscheidung für eine der Varianten hängt davon ab, ob die angegebenen Abschlüsse nachgewiesen werden sollen. Je nach Art des Abschlusses kann dies nötig oder überflüssig sein. Während die Vorlage eines Führerscheins für kraftbetriebene Flurförderzeuge („Gabelstaplerschein") vor Aufnahme der Tätigkeit als Staplerfahrer unerlässlich ist, hat die Vorlage eines vor vielen Jahren entstandenen Schulzeugnisses fast ausschließlich dokumentarischen Wert.

Standardisierung der Qualifikationsdaten

Da die erhobenen Qualifikationen datentechnisch auswertbar sein sollen, müssen sie standardisiert werden, wobei sich die Wünsche nach Übersichtlichkeit und exakter Abbildung entgegenstehen. Allein bei den schulischen Abschlüssen gibt es aufgrund der Länderhoheit der Kultusbehörden außerhalb der Standardabschlüsse Hauptschule, Mittlere Reife und Abitur eine große Vielfalt. Müssen auch ausländische Schulabschlüsse erfasst werden, potenziert sich diese Problematik. Unter Inkaufnahme des Informationsverlustes wird meist eine Zuordnung dieser Abschlüsse zu den Standardabschlüssen vorgenommen (Gruppierung). Noch schwieriger gestaltet sich die Aufgabe, Berufsabschlüsse zu kategorisieren. Die Vielfalt der anerkannten Berufsausbildungen in Industrie, Dienstleistung und Handwerk ist unüberschaubar und einem ständigen Wandel unterworfen. Auch hier stellt sich die Frage nach der Einordnung ausländischer Ausbildungsabschlüsse, zumal das System der dualen Berufsausbildung mit ihren Abschlüssen in den meisten Ländern nicht vorhanden ist. Aber auch im eigenen Land ist dieses Thema u. a.

durch die im „Westen" kaum bekannten Berufsbezeichnungen der ehemaligen DDR problematisch. Welcher Kategorie sollte man beispielsweise einen „Mechanisator in der Geflügelzucht" oder einen „Kunstblumenarbeiter" zuordnen? Auch hier hilft nur eine Selbstbeschränkung unter Akzeptanz des damit verbundenen Informationsverlustes oder eine Gruppierung in allgemeine Kategorien (z. B. „handwerkliche Ausbildung", „landwirtschaftliche Ausbildung").

Sonderfall Sprachkenntnisse

Bewertung der Kenntnisse

Im Rahmen der fachlichen Kompetenzen bilden die Sprachkenntnisse eine Sondergruppe. Zwar lassen sie sich leicht kategorisieren – die Zahl der auch bei großzügiger Auslegung relevanten Sprachen liegt bei unter 100, jedoch ist die Festlegung des Umfangs der Sprachkenntnisse und die Bewertung von Abschlüssen unter Bezug auf die seit dem Nachweis der Qualifikation vergangene Zeit schwierig.

Europäisches Sprachenportfolio (ESP)

Da Mitarbeiter je nach Selbstbewusstsein und Interessenlage die Güte ihrer Sprachkenntnisse selten realistisch einschätzen und eine unternehmensinterne Fremdeinschätzung (z. B. durch die Führungskraft) meist aus Kompetenzgründen entfällt, helfen nur Sprachenprüfungen, deren Niveau sich an einheitlichen Richtlinien orientiert. Hier bietet sich das Europäische Sprachenportfolio (ESP) des Europarates[43] an, das Sprachkenntnisse in sechs Ebenen einteilt, die zur genaueren Zuordnung noch in die Bereiche „hören", „lesen", „an Gesprächen teilnehmen", „zusammenhängend sprechen" und „schreiben" detailliert werden. Auch bei einer mit den oben beschriebenen Problemen behafteten Selbsteinschätzung hilft das Kriterienkorsett, die Kenntnisse realistisch einzuordnen.

Beispiel: ESP Level B2 „Schreiben"

Ich kann über eine Vielzahl von Themen, die mich interessieren, klare und detaillierte Texte schreiben. Ich kann in einem Aufsatz oder Bericht Informationen wiedergeben oder Argumente und Gegenargumente für oder gegen einen bestimmten Standpunkt darlegen. Ich kann Briefe schreiben und darin die persönliche Bedeutung von Ereignissen und Erfahrungen deutlich machen.

[43] Europäisches Sprachenportfolio: www.coe.int/portfolio.

Für die datentechnische Verarbeitung müssen die einzelnen Ebenen des Sprachenportfolios mit Punkten bewertet werden (z. B. oberste Ebene 10 Punkte, unterste Ebene 1 Punkt). Die Aussagekraft dieser Abschlüsse ist abhängig von der seit der Prüfung verstrichenen Zeit. Wie hoch man die einmal erbrachte Prüfungsleistung nach mehreren Jahren noch bewertet, ist subjektiv festzulegen. Bis zu einem Jahr nach der Prüfung wäre der Faktor beispielsweise 1,0, im nächsten Jahr 0,9, dann 0,8 usw. bis ein Wert von 0,1 erreicht ist. Der verbleibende Restwert drückt aus, dass erworbene Sprachkenntnisse nicht ganz auf Null zurückfallen, auch wenn die Kenntnisse nicht angewandt oder aktualisiert werden.

Beispiel: Bewertung von Sprachkenntnissen

Sprache:	Finnisch
Level (ESP):	B1 (6 Punkte)
Jahre seit Nachweis:	2 (Faktor 0,8)
Bewertungspunkte:	4,8

Natürlich können einmal erworbene Sprachkenntnisse auch auf dem Laufenden gehalten werden, ohne dass eine weitere Prüfung dies nachweist. In diesen Fällen muss der Faktor manuell korrigiert werden können, wobei die manuelle Korrektur immer als solche zu kennzeichnen ist.

Achtung:

Sprachkenntnisse können auch völlig ohne das Ablegen einer Prüfung auf hohem Niveau vorhanden sein. Menschen, die durch familiäre Herkunft oder längere Auslandsaufenthalte Sprachkenntnisse erworben haben, würden bei einer ausschließlichen Orientierung an Zertifikaten nicht angemessen berücksichtigt werden.

Datentechnische Abbildung fachlicher Qualifikationen

Um fachliche Qualifikationen in einer Datenbank abbilden zu können, werden Tabellen benötigt, die in Kombination miteinander und in Verknüpfung mit den Mitarbeiterdaten die Kenntnisse des jeweiligen Mitarbeiters ausdrücken.

Tabelle 1: Qualifikationsarten (Auszüge)	
Schlüssel	Text
100	Schulabschluss
102	Berufsabschluss
104	Sprache
106	Fachlehrgang IHK
108	Fachseminar betrieblich

Tabelle 2: Einzelqualifikationen (Auszüge)		
Schlüssel	Text	Qualifikationsart
4001	Hauptschule	100
4002	Höhere Handelsschule	100
4003	Abitur	100
4020	Konditor	102
4021	Elektromechaniker	102
4022	Handelsfachpacker	102
9920	Englisch	104
9921	Französisch	104
9922	Dänisch	104
8001	Ausbilder IHK	106
8002	Fachkaufmann Personal	106
7555	Seminar CNC-Fräsen	108
7556	Seminar REFA	108
...		

Tabelle 3: Sprachkenntnisse Ebenen (Auszüge ESP)		
Schlüssel	Text	Punktwert
A1	Elementare Sprachverwendung	3
B1	Selbstständige Sprachverwendung	6
C1	Kompetente Sprachverwendung	9
...		

Tabelle 4: Reduzierung der Punktzahl (Faktor) nach zeitlichem Abstand zum Nachweis der Sprachkenntnisse	
Jahre	Faktor
< 1	1,0
< 2	0,9
< 3	0,8
...	...
>9	0,1 (Restwert bleibt)

Halbwertzeit des Wissens

Auch andere Fachkenntnisse können mit einem Faktor belegt werden, der ausdrückt, ob sie angesichts der seit dem Erwerb verstrichenen Zeit noch berücksichtigt werden sollen. Andere Bildungsmaßnahmen können wiederum völlig unberücksichtigt bleiben, wenn der Erwerb mehr als eine festgelegte Anzahl von Jahren zurückliegt. Nimmt man den Begriff „Halbwertzeit des Wissens" ernst, muss man auch über eine „Nullwertzeit" nachdenken, die aussagt, dass eine einmal erworbene Qualifikation irgendwann schlicht wertlos ist und daher im Qualifikationsdatenbestand entsprechend mit „Null" gekennzeichnet werden muss. Welche Relevanz hat beispielsweise ein vor zehn Jahren besuchter EDV-Kurs oder eine Schulung über Produkte, die das Unternehmen schon lange nicht mehr vertreibt?

Soziale und methodische Qualifikation

Subjektive Bewertung

Während sich fachliche Qualifikationen anhand von Prüfungen relativ genau nachweisen lassen, entstammen Informationen zur sozialen oder methodischen Qualifikation eines Mitarbeiters fast ausschließlich subjektiven Bewertungen. Diese erfolgen regelmäßig in Feedback-Gesprächen, die Anlass bezogen oder als regelmäßige Jahresbeurteilung stattfinden. Potenzialdiagnoseverfahren versuchen durch den Einsatz geschulter und unbefangener Beobachter, auch solche Kompetenzen möglichst objektiv zu beurteilen. Die Bewertung erfolgt dann im Rahmen verbaler Beschreibungen, die sich einer datentechnischen Auswertung entziehen. Diese Verfahren sind zudem stichtagsbezogen und bilden neben allen Kritikpunkten der Subjektivität nur einen Bruchteil der Realität ab. Wer zum Beob-

achtungszeitpunkt „einen schlechten Tag hatte", unterliegt möglicherweise verfälschenden Beurteilungen.
Eine Reduktion der Darstellung von Sozial- und Methodenkompetenz auf wenige Schlüsselzahlen oder Punktwerte wäre angesichts der Bedeutung dieser komplexen Bereiche für das Persönlichkeitsbild des jeweiligen Mitarbeiters nicht angemessen. Ob ein Mitarbeiter diese Kompetenzen besitzt, zeigt sich besser in seiner Fähigkeit, Positionen, bei denen diese Kompetenzen benötigt werden, erfolgreich auszufüllen. Versuche, diese Kompetenzbereiche datentechnisch auszuwerten, sind daher eher skeptisch zu betrachten.

15.4 Die Verwendung von Qualifikationsdaten

Die Anlage von Qualifikationsprofilen ist aufwändig und darf daher kein Selbstzweck sein. Dies verbietet auch der Grundsatz der Datensparsamkeit, den das Bundesdatenschutzgesetz vorgibt. Die bloße Ermittlung von Quoten für deklaratorisches Berichtswesen (z. B. Ermittlung einer Akademikerquote) rechtfertigt dies mangels Zielorientierung nicht.

Soll-Ist-Abgleich

Mit einer aktuellen Datenbasis über fachliche Qualifikationen lassen sich jedoch Personalauswahlentscheidungen sinnvoll unterstützen. Voraussetzung ist aber, dass nicht nur die Qualifikationen der Mitarbeiter, sondern auch die Anforderungen, die erfüllt werden müssen, um einzelne Arbeitsplätze zu besetzen, bekannt und in einer standardisierten Form hinterlegt sind. Stellenbeschreibungen sollten daher ein datentechnisch abbildbares Soll-Qualifikations-Profil enthalten.

**Beispiel:
Stellenbeschreibung mit Qualifikationsanforderungen**

Stelle:	Koordination Produktionsprozess Frankreich
Berichtet an:	Leiter Produktion
Hauptaufgaben:	• Sicherstellung einer optimalen Abstimmung der Prozesse innerhalb der produzierenden Bereiche des Werkes in Frankreich • Kapazitätssteuerung in Abstimmung mit den Werken Flensburg und Schwerin • ...
Anforderungen:	• Zwingend notwendig: Französische Sprachkenntnisse mind. Level C1 (9 Punkte) • Optional: Projektleiterqualifikation • Optional: Absolvierte Führungsausbildung • Hohes Verhandlungsgeschick

Die drei erstgenannten Anforderungen lassen sich so standardisiert formulieren, dass ein Datenabgleich mit den Qualifikationsdaten der Mitarbeiter technisch möglich ist. Die Anforderung „Hohes Verhandlungsgeschick" erfüllt diese Voraussetzung nicht. Bei der durchzuführenden Selektion aus dem Mitarbeiterdatenbestand werden zunächst alle Mitarbeiter gesucht, die die Anforderungen an die Sprachkenntnisse erfüllen, da diese als zwingend notwendig gekennzeichnet sind. Die weiteren benötigten Kenntnisse werden, wenn vorhanden, als zusätzliche Informationen aufgelistet. Der eigentliche Personalauswahlprozess ist selbstverständlich eine manuelle, menschliche Tätigkeit. Deshalb ist es auch nicht sinnvoll, anhand der ausgewerteten Qualifikationsdaten lediglich den einen Mitarbeiter auszugeben, der die Kriterien am Besten erfüllt. Die Qualifikationsdatenauswertung kann die Personalauswahl nur unterstützen und sollte daher behutsam eingesetzt werden.

Skill-Management

Im Unternehmen herrscht im Regelfall keine Klarheit über den Umfang und die „Standorte" des im Hause vorhandenen Wissens. „People-Finder-Systeme"

Dies ist jedoch erstrebenswert, weil es den zielgerichteten Einsatz von Mitarbeitern und die Nutzung der in ihnen vorhandenen Potenziale ermöglicht. Skill-Management-Systeme versuchen, auf Basis vorhandener Qualifikationsdaten den jeweils richtigen Experten für das identifizierte Problem zu finden. Anders als Wissensmanagement-Systeme, die vielfach im gleichen Zusammenhang genannt werden, speichern Skill-Management-Systeme nicht das Wissen selbst ab (also keine Datenbanken, in die der Mitarbeiter seine Kenntnisse dokumentiert), sondern stellen lediglich den Zugang zu diesem Wissen über die Wissensträger sicher. Sie werden daher auch als „People-Finder-Systeme" bezeichnet.[44]

Bildungsbedarfsplanung

Vorqualifikation

Die Notwendigkeit, Mitarbeiter im laufenden Beschäftigungsverhältnis zu qualifizieren, ergibt sich aus den gegenwärtigen, vor allem aber aus den künftigen Anforderungen an deren Tätigkeit. Entscheidend für die tatsächlich durchzuführenden Bildungsmaßnahmen sind auch die Vorqualifikationen der betroffenen Mitarbeiter. Sind diese im Detail bekannt, kann der Netto-Bildungsbedarf viel genauer geplant werden, als wenn zunächst davon ausgegangen wird, dass jede benötigte Qualifikation noch vermittelt werden muss.

Beispiel

Aufgrund einer strategiebedingten Umorganisation werden viele Mitarbeiter auf neue Positionen versetzt. Im Werk Flensburg der AZ Rad AG werden 15 Mitarbeiter auf Arbeitsplätze in der Produktion versetzt, an denen Kenntnisse über CNC*-Maschinensteuerung notwendig sind. Die Auswertung aus den Qualifikationsdaten der Mitarbeiter ergab, dass bereits sieben Mitarbeiter ein Zertifikat „CNC-Grundlagenschulung" haben. Es müssen daher nur acht Mitarbeiter geschult werden. Bereits während die Besetzung der Stellen vorbereitet wurde, konnte der Bildungsbedarf genau ermittelt und die entsprechenden Schulungen budgetiert und vorbereitet werden.

* CNC = Computer Numeric Control

[44] Becerra-Fernandez, I.: Pearson International 2003: „Knowledge Management".

Erfolgreich Qualifikationsdaten erheben

Die nachfolgenden Hinweise helfen, bei der Erhebung von Qualifikationsdaten planvoll vorzugehen und erfolgreich zu sein:

Tipps

- *Definieren Sie genau, für welchen Zweck die erhobenen Daten verwendet werden sollen.*
- *Üben Sie Selbstbeschränkung! Welche Qualifikationen sind wirklich interessant für Sie?*
- *Welchen Detaillierungsgrad streben Sie bei der Abbildung von Schulbildung, Berufsausbildung, Weiterbildung und Sprachkenntnissen an?*
- *Motivieren Sie Ihre Mitarbeiter, Ihnen die Daten zu liefern. Machen Sie die Datenerhebung für den Mitarbeiter möglichst bequem. Nutzen Sie beispielsweise intranetbasierte Möglichkeiten der Datenerfassung durch den Mitarbeiter selbst und geben Sie ihm die Möglichkeit, jederzeit in seine Daten Einsicht zu nehmen. Stellen Sie das Eingabesystem dauerhaft zur Verfügung, um die laufende Aktualisierung durch die Mitarbeiter zu ermöglichen.*
- *Verzichten Sie auf scheinobjektive Erfassung von Sozial- und Methodenkompetenz. Erkennen Sie an, dass sich nicht alles datentechnisch abbilden lässt.*

16 „Controllen" Sie sich selbst: Wie gut ist die Personalarbeit?

16.1 AZ Rad: Das Management fordert schlanke Prozesse

Manchmal verhindert der Stolz auf die Traditionen, ausgetretene Pfade zu verlassen, um neue, bessere Wege zu finden. In der AZ Rad führte das kontinuierliche Wachstum der letzten Jahre dazu, dass Geschäftsprozesse spontan, situativ, isoliert und eigeninitiativ durch die jeweils Handelnden angepasst wurden – so, wie es gerade erforderlich schien. Manchmal ging der Überblick über den Gesamtprozess verloren und eine Prüfung aus der Vogelperspektive hinsichtlich der Berührungspunkte mit anderen Abläufen – geschweige denn anderen funktionalen Abteilungen – wurde überhaupt nicht vorgenommen.

Die Geschäftleitung erhielt in der letzten Zeit einige Beschwerden über lange Reaktionszeiten der Personalabteilung. Die Bewerbung der Tochter eines regionalen Gemeindevertreters, der mit einem Geschäftsführer der AZ Rad persönlich bekannt ist, brachte den Stein ins Rollen. Als Reaktion auf ihre Bewerbung auf eine vakante Position in der Verwaltung, die dringend wiederbesetzt werden sollte, erhielt die junge Dame nach drei Wochen einen Zwischenbescheid. Ihre Unterlagen seien eingegangen, und es erfolge nun eine Prüfung, die noch etwas Zeit beanspruche. Sie solle sich bitte etwas gedulden. Neben der nicht akzeptablen Antwortzeit gab es auch qualitative Defizite. So wurde die Bewerberin im Schreiben mit „Sehr geehrter Herr ..." angesprochen.

Verständlicherweise brachte die Geschäftsleitung keine Geduld auf, als ihr dies zu Ohren kam. Der Leiter der Personalabteilung wurde umgehend zu einem Gespräch gebeten, aus dem er mit einem schwierigen Auftrag wieder herauskam: Alle Prozesse im Personalwesen sind umgehend zu prüfen und zu optimieren. So wenig detailliert und konkretisiert diese Formulierung erscheint, für das weitere Vorgehen ist sie jedoch völlig ausreichend. Das Personalcontrolling hat die Aufgabe, die erstmalige Prozessoptimierung projektorientiert vorzubereiten und anschließend auch durchzuführen. Der Personalchef hat bereits angekündigt, dass eine Überprüfung interner Abläufe zukünftig regelmäßig erfolgen wird; er möchte nicht ein zweites Mal von der Geschäftsleitung auf diesbezügliche Defizite hingewiesen werden.

16.2 Phasen des Optimierungsprozesses

Da es ein internes Prozesscontrolling bisher in der AZ Rad nicht gab, gilt es nun – bevor die eigentliche Umsetzung beginnen kann – die wesentlichen Phasen eines solchen Optimierungsprozesses herauszuarbeiten und die Projekt-Beteiligten zu identifizieren. Das Prozesscontrolling stellt sich als ganzheitliches Vorhaben dar. Das bedeutet, dass grundsätzlich das „Herauspicken" einzelner Abläufe wenig sinnvoll ist. Stattdessen soll das gesamte Wirkungsgeflecht Gegenstand einer Untersuchung sein. Sicher ist es im ersten Schritt nicht möglich, das Unternehmen einer solchen Analyse zu unterziehen, aber es müssen von Beginn an Schnittstellen und Berührungspunkte zwischen funktionalen Gruppen berücksichtigt und entsprechend dokumentiert werden. Als Projektmitglieder werden zunächst alle Führungskräfte der Personalabteilung benannt. Es ist geplant, im Laufe des Projektfortschritts bedarfsorientiert die individuelle Mitarbeit einzufordern. Insofern wird die operative Projektarbeit in wechselnd starken Gruppen unterschiedlicher Besetzung erfolgen. Eine projektorientierte Arbeitsweise unterstreicht die Wichtigkeit und den Ausnahmecharakter des eingeleiteten Verbesserungsprozesses.

Bestandsaufnahme

Übersichtliche Prozessbeschreibung

Die Erstellung einer Übersicht aller vorhandenen Abläufe, Instrumente und Verfahren klingt einfach, erweist sich in der Praxis jedoch als erste Hürde. Was ist überhaupt ein Prozess? Muss wirklich jede Kleinigkeit berücksichtigt werden? Wer erstellt eine solche Übersicht? Versperren Scheuklappen und Schreibtischgrenzen der Zuständigkeiten den Blick auf das Ganze? Eine hohe Arbeitsteiligkeit erschwert die ablauforientierte Betrachtung und es wird zur Aufgabe der Projektgruppe, aus Mosaiksteinchen ein Gesamtbild zusammenzufügen. Dabei gilt: Je höher die Arbeitsteiligkeit ausgeprägt ist, desto kleiner sind die Mosaiksteine und desto größer ist ihre Anzahl. Aus diesem Grund haben kleinere Unternehmen mit einem typischerweise häufig verbreiteten Generalistentum Vorteile in der Prozessbeschreibung, da oft „alles in einer Hand liegt". Eine Prozessoptimierung „passiert" dabei häufig wie von selbst.

Prozessbeschreibung vor Ort

Mobiles Einsatzkommando

Die Bestandsaufnahme von Prozessen kann schwerlich vom grünen Tisch aus erfolgen. Nur wer die Beteiligten am Arbeitsplatz aufsucht, wird die Prozesse begreifen können. Gerade in einer erstmalig durchgeführten Untersuchung sind beispielsweise Medienbrüche in der Weitergabe von Informationen zu erwarten. So ist es wichtig, sich ein Bild darüber zu machen, wo z. B. ein Posteingangskorb aufgestellt ist oder wie in einem Büro die Ablage organisiert wird. Für die mobile Prozessaufnahme werden einige Utensilien benötigt. Dazu zählen je nach vorhandener Ausstattung z. B.

- Laptop,
- Diktiergerät,
- Klemmbrett oder
- Digitalkamera.

Optimierungs-Motivation

Wer einen Prozess von Beginn bis zum Ende detailliert kennt und in alle Vorgänge involviert ist, hat per se ein Interesse an einer Optimierung, da die daraus resultierenden Vorteile direkt wirksam werden und dem Initiator der Verbesserungen zu Gute kommen. Hingegen stellt sich in sehr großen Unternehmen die Frage, wer von einer Ablaufreorganisation persönlich profitiert. Die Motivation, einen kontinuierlichen Verbesserungsprozess anzustoßen und nachhaltig zu verfolgen, haben nur die Mitarbeiter, die sich davon unmittelbare Vorteile versprechen. Genauso kann es zu Blockaden kommen, wenn Kollegen befürchten, nach einem „Re-Engineering“ mehr Arbeitsvolumen bewältigen zu müssen als vorher oder ihren eigenen Arbeitsplatz zu verlieren.

Abläufe unter der Lupe

Bei der Gesamterhebung (Auflistung) der Prozesse sind zunächst folgende Punkte zu dokumentieren:

- ID und Benennung (jeder Ablauf erhält eine prägnante Bezeichnung und eine eindeutige Identifikationsnummer)
- Kurzbeschreibung (was passiert?)
- verantwortliche Zuständigkeiten (organisatorisch/persönlich)

Diese Basis wird in der folgenden Einzelfallbetrachtung um weitere Informationen ergänzt:

- Übersicht aller Prozessbeteiligten
- Erarbeitung und Beschreibung von Zusammenhängen (prozessintern)
- detaillierte Auflistung von Schnittstellen und Berührungspunkten (systemische, komplexe Betrachtung, Definition der Folge- und Querverbindungen zu anderen Abläufen, Abhängigkeiten, Datentransfer etc.)
- gegebenenfalls Anzahl der Prozessabläufe pro Zeiteinheit (z. B. 100 Einstellungen p. a. oder 2.500 Gehaltsabrechnungen monatlich)
- Dauer eines Prozessdurchlaufes (vom Beginn bis zum Ende einschließlich der Qualitätssicherung)
- aktuelle Hemmnisse/Beeinträchtigungen (Langzeiterkrankung eines Fachverantwortlichen)
- bekannte Restriktionen (Servergeschwindigkeit, Zugriffsberechtigungen, zu große zeitliche Abstände von Entscheiderrunden)
- Bedarfe („was geht noch nicht, sollte aber gern …“)
- Priorisierung (Wie groß ist der Veränderungsdruck? Welcher Prozess muss bevorzugt analysiert werden?)

Erst wenn diese fundamentalen, groben Prozessbeschreibungen dokumentiert sind, kann die eigentliche Analyse beginnen. Dazu erfolgt eine Zerlegung einzelner Prozesse in Teilprozesse, die wiederum weiter detailliert werden müssen. Hierbei sind Zuständigkeiten und funktionale Grenzen bewusst auszublenden, da es ja gerade gilt, die Aufteilung und Weitergabe von Aufgaben und Informationen zwischen diesen zu verbessern. Dennoch kann für alle Beteiligten schon zu diesem Zeitpunkt ihre individuelle Rolle im Prozess beschrieben werden. Hierbei ist zu unterscheiden zwischen:

- Kunde (Auftrag-, Impulsgeber)
- Entscheider
- Berater („seitliche“ Prozesseinbindung analog Stabsfunktionalität im Organigramm)
- Dienstleister (operational, Sachbearbeitung)

Beispiel: Beteiligte am Teilprozess

Als Teilprozess einer Einstellung kann die „Externe Ausschreibung einer vakanten Position" definiert werden. Beteiligte sind u. a.:

- die Fachabteilung (da, wo der Bedarf entsteht) als interner Kunde
- die Personalabteilung als Koordinator und Dienstleister
- der Betriebsrat als Kontrollorgan
- die Abteilung für Öffentlichkeitsarbeit (Anzeige) als Dienstleister

Analyse

Der einfachste Ansatz, eine Verbesserung von Abläufen zu erreichen, ist bereits das schlichte Gespräch über dieselben. Folgerichtig gehen die Bestandsaufnahme, die ja eine Prozessbeschreibung beinhaltet, und Analyse gleitend ineinander über. Im Gespräch kann vielfach schon ein unterschiedliches Verständnis von verschiedenen Prozessbeteiligten ausgeräumt werden. Das führt zu einer Standardisierung und somit leichteren Handhabung von Abläufen, was sich unter anderem in einer deutlich optimierten Abwesenheitsvertretung zeigt. Die bewusste, kritische Auseinandersetzung mit Prozessen erfolgt für viele Beteiligte zum Teil erstmalig. Ging es früher nur darum, seine Aufgaben zu erledigen („was?“), wird nun eingefordert, sich um das „Wie?“ Gedanken zu machen. Ein positiver Nebeneffekt für Beteiligte ist, dass Analyse- und Organisationstechniken (Dokumentation von Prozessabläufen, Arbeitsplatzorganisation) erlernt und die eigenen fachlichen und persönlichen Stärken und Defizite erkannt werden.

Tipp

Lassen Sie sich einmal einen Prozess von einem Kollegen erklären, mit dem Sie sonst relativ wenig berufliche Berührungspunkte haben. Hinterfragen Sie einen geschilderten Ablauf immer dann, wenn Ihnen eine Handlungsweise nicht plausibel erscheint oder Sie etwas nicht auf Anhieb verstehen. Beobachten Sie, wie sich die Einstellung des Erzählenden im Verlauf des Gesprächs verändert! Weicht die anfängliche Überzeugung vom eigenen Handeln nun leichten Zweifeln oder Unsicherheiten? Irgendwann kommt der Punkt, an dem der Erklärende selbst Teilabläufe kritisiert oder zumindest in Frage stellt. Manchmal sind während des Erzählens logische Brüche zu bemerken. In nahezu jedem Gespräch über einen Prozess ergeben sich Ansätze für Optimierungsmaßnahmen. Oft (er-)kennen die Betroffenen Probleme, was an Satzanfängen wie „Da müssen wir noch etwas verändern", „Das sollte eigentlich ..." oder „Wir wollten demnächst ..." deutlich wird. Bevor Handlungen folgen können, müssen diese Erkenntnisse in das Bewusstsein der Beteiligten übergehen.

Was unterscheidet die Analyse von der Bestandsaufnahme? Die Analyse zerlegt den Ablauf zunächst theoretisch in „nummerierte Mosaiksteinchen". Dabei ist zu beachten, dass die Realität abgebildet wird und nicht eine Idealvorstellung der Beteiligten („Eigentlich würde anschließend ..." oder „Dann sollte ... folgen ..."). Solche Diskrepanzen sind hervorragende Indikatoren für Schwachstellen.
In der Analyse werden die Daten der Bestandsaufnahme und Einzelfallbetrachtung weiter ergänzt. Dies kann durch Ablauforganigramme oder auch durch individuelle, ergänzende Dokumentationen, z. B. durch Fotos, Skizzen etc. erfolgen.
Anschließend können anhand von Negativ-Beispielen fehlgeschlagene Prozesse nachgestellt werden. Ein Vergleich mit Tathergangsrekonstruktionen von Kriminalisten ist hier durchaus statthaft. Sowohl die Gesetzeshüter, als auch die Prozess-Optimierer gehen auf Fehlersuche. Während die Kriminalisten darauf hoffen, dass ein Täter Fehler gemacht hat, um ihn der Tat zu überführen, geht es in einem Optimierungsprozess darum, Fehler zu finden und für die Zukunft auszuschließen. Warum gerade Negativbeispiele? Da offen-

kundig Fehler gemacht wurden, werden die Fehlerquellen transparent. Korrekt abgelaufene Prozesse zeigen seltener akutes Verbesserungspotenzial auf.

Aus Fehlern lernen

Neutrale Dritte

Wenn schlechte Beispiele also wenigstens zu Analysezwecken nützlich sein können, warum nutzen dies die Beteiligten nicht selbst? Auch hier geht es – wie so oft – weniger um Inhalte, als um Zwischenmenschliches. In der betrieblichen Praxis möchte nun einmal niemand als Sündenbock herhalten, wenn kritische Fehler vorgekommen sind. Jeder Beteiligte des Gesamtprozesses ist bestrebt, zunächst einmal nachzuweisen, wie weiß seine Weste ist. Persönliche Schuldzuweisungen werden vorgenommen. Wenn sich jemand in einer solchen Situation erhebt und ankündigt, dass er den Prozess analysieren möchte um zukünftig Probleme dieser Art zu vermeiden, so wird ihm schnell unterstellt, dass er wohl ein schlechtes Gewissen habe. Also lieber die Finger davon lassen? Neutrale Dritte können deutlich einfacher agieren. Sie sind nicht verantwortlich in einen Prozess integriert.

Den Auftrag abholen

Einsatz von externen Vermittlern

Im Idealfall wird ein Auftrag zu einer einzelnen Prozessoptimierung von den betroffenen Kollegen erteilt. Dies wird zu Beginn des Dienstleistungsangebots seltener der Fall sein; kann aber – je nach Leidensdruck – durchaus vorkommen. Erst nachdem positive Erfahrungen die informelle Informations-Runde machen, wird eine breite Akzeptanz erfolgen. Um persönliche Hürden zu nehmen, bietet es sich an, über einen externen Mittler an die engsten Kollegen „heran zu kommen“. Dafür bietet sich die Mitarbeit von studentischen Praktikanten oder Aushilfen an, die oft sehr motiviert die Betroffenen interviewen und eine gute Bestandsaufnahme ohne die typische Betriebsblindheit durchführen können. Auch wird es ihnen nicht übel genommen, wenn sie „dumme Fragen“ stellen, die in Wirklichkeit sehr gezielt vorbereitet sind. So werden interne Hemmungen durchbrochen, die ansonsten aufgrund der kollegialen Nähe bestehen. Studenten nähern sich der betrieblichen Realität sehr unbefangen und unvoreingenommen – eben als neutrale Externe – und sie werden von Beteiligten nicht so sehr als Bedrohung empfunden, wie beispielsweise die „Men In Black“ externer Beratungsunternehmen.

Zusammenspiel

Intern müssen seitens der Prozess-Optimierer Vorurteile abgelegt werden. Jeder hat einen Eindruck von der Leistungsfähigkeit funktionaler Gruppen oder einzelner Personen in seinem Umfeld und ist daher zunächst grundsätzlich befangenen. Sympathie und Antipathie beruhen in vielen Fällen auf Gegenseitigkeit. Ein Verbesserungsprozess beinhaltet nicht nur das Risiko, persönliche Beziehungen zu verschlechtern und dabei die Abläufe aus den Augen zu verlieren, er bietet auch die Chance, ganz andere Qualitäten und Stärken unmittelbarer Kollegen kennen zu lernen. Dennoch darf die Besonderheit der Situation („primus inter pares“) nicht verkannt werden. Empfinden die Prozessbeteiligten auch nur einen Anflug von Arroganz, ist der Erfolg der Maßnahme schon zweifelhaft. Dennoch sind – auf partnerschaftlicher Ebene – fachliches Know-how und Leistung einzufordern. Stärken und Defizite sind klar und unmissverständlich aufzuzeigen. Ebenso wie notwendige Veränderungen sind im Ergebnis bewährte Prozesse zu bestätigen und zu stärken.

Prozessorganigramme - Optimierung durch Systematisierung

Ablauforganigramm

Aufbauorganisatorische Organigramme werden regelmäßig erstellt. Jeder kennt sie und sie werden sowohl intern als auch extern gern publiziert. Ihre Aussagekraft beschränkt sich meist auf die Darstellung der hierarchischen Stellung von funktionalen Einheiten im Unternehmen; eventuell sind noch Mengengerüste abzulesen. Es ist aufgrund der Komplexität und Vielschichtigkeit nicht darstellbar, ein einziges Ablauforganigramm der gesamten Unternehmung zu erstellen. Insofern gibt die Abbildung der Aufbauorganisation zumindest einen guten Anhalt, wo welche Funktionen angesiedelt sind, wer sie ausführt und wer als Leiter einer funktionalen Einheit entscheidungsberechtigt ist. Die inhaltliche Beschreibung einzelner Abläufe lässt sich sehr gut als schematisches Ablaufdiagramm darstellen. So sollten zumindest die Kernprozesse in einem Unternehmen dokumentiert sein. Nachstehend ist beispielhaft die Prozessgrafik „Bewerbungseingang vor Optimierung" abgebildet.

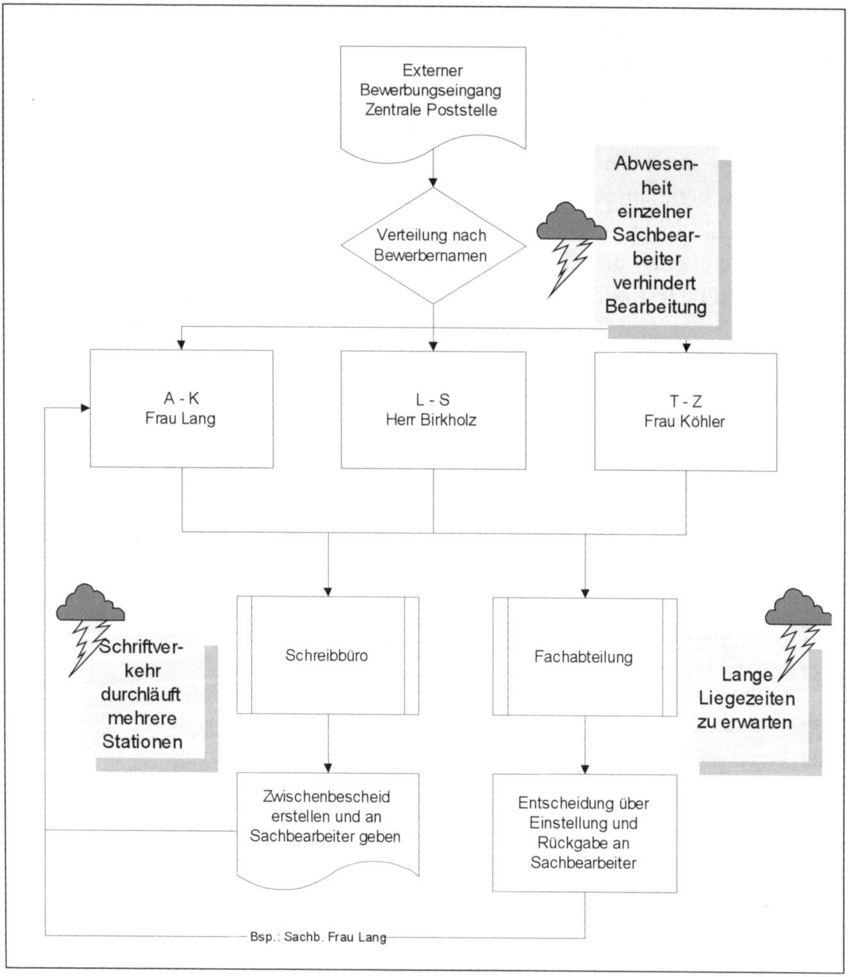

Prozessgrafik: Bewerbungseingang vor Optimierung

„Optimus“ bedeutet als Superlativ von „bonus“ (lat.: gut), „das Beste“ – die substantivierte Form „Optimierung“ bedeutet demnach die Tätigkeit, „das Beste“ anzustreben bzw. zu erreichen. Was ist das Beste? Was ist auf den besten Stand zu bringen? Alles auf einmal? Welche Teilaspekte sind zu verbessern? Es gibt Ziele, die konform erreicht werden können. Aber es gibt auch Antipoden-Paare. Dazu zählen häufig:

- Kosten und Qualität
- Geschwindigkeit und Qualität
- Komplexität und Verständlichkeit

Eine der Größen ist in solchen Fällen festzulegen, dann kann an der anderen „gestellt“ werden. Häufig erfolgt eine Definition der Mindestqualität. Alle anderen Aktivitäten unterstützen dann primär die Schnelligkeit und/oder die Kostenreduzierung.
Gelingt es nun im Rahmen einer Verbesserungsmaßnahme tatsächlich, die scheinbaren Antipoden aufzubrechen, ist das „Optimum“ bestimmt nicht mehr weit entfernt. Häufig können sowohl Qualität als auch Geschwindigkeit und Kostenstrukturen durch einen zielgerichteten Einsatz Ablauf unterstützender, moderner IT-Systeme verbessert werden. Denkbar ist aber auch, dass zunächst die aktuellen Kosten als Obergrenze festgelegt und primär ausschließlich qualitative Veränderungen angestrebt werden. In Folgemaßnahmen kann der Fokus dann auf die Kosten gelegt werden – unter der Maßgabe, dass die Qualität nicht leiden darf.

Optimierungsfokus

Es hat also immer eine Entscheidung zu erfolgen, unter welchem Blickwinkel eine Optimierungsmaßnahme durchgeführt werden soll. Die Fokussierung auf einen Schwerpunkt macht einen Erfolg wahrscheinlicher. Mehrdimensionale Zielwelten verhindern eine wahre Optimierung. Die Resultate der Feinjustierungen im Verbesserungsprozess sind bei paralleler Veränderung verschiedener Dimensionen kaum noch zuordenbar. Deutliche Ablaufoptimierungen wären kaum mehr als ein Zufallsprodukt.

Gründe für Widerstände

Prozessoptimierungen offen anzunehmen und die daraus resultierenden Veränderungen zu akzeptieren, bedeutet auch immer, die eigene Wertschöpfung an einem Ablauf sowie die eigene Effizienz und Qualität in Frage stellen zu müssen. Dem ist nicht jeder Mitarbeiter gewachsen. Insofern kann es zu Widerständen kommen, die bis zu einer Sabotage der neuen Verfahren reichen, um dann triumphierend („Das habe ich ja gleich gesagt!") die Rückkehr zu alten Verfahrensweisen fordern zu können. Widerstände gibt es bereits in der vorbereitenden Phase. Sie müssen ernst genommen werden, da sie oft existenzieller Natur sind („Wenn die hier fertig sind, bin ich meinen Arbeitsplatz wohl los.").

Prozesse in den Köpfen

Veränderungen von Ablaufbeschreibungen sind – einmal fixiert – formal erledigt. Die Veränderung althergebrachter Handlungsmuster erweist sich als deutlich schwieriger.

> „Die größte Schwierigkeit besteht nicht darin, Menschen von neuen Ideen zu überzeugen, sondern darin, sie davon zu überzeugen, alte Ideen aufzugeben."
>
> John Maynard Keynes, britischer Volkswirtschaftler (1883-1946)

Manchmal ergeben sich besondere Probleme gerade in den Bereichen, in denen man es nicht vermutet hätte, andererseits überraschen andere Beteiligte durch eine schnelle Adaption der neuen Wege. Veränderungsbereitschaft und folglich die Veränderungsfähigkeit zeigen sich ausschließlich in der Praxis und nicht als Ich-Ideal-orientierte und sozial erwünschte Aussagen in einem Mitarbeitergespräch.

Tipp

Vergessen Sie alle Vorurteile! Nicht immer sind die jungen Menschen die geistig beweglicheren. Viele sind mit knapp 30 Jahren schon derart „kopf-alt", dass ihnen jede Veränderung ihrer geübten Routine wie eine Existenzbedrohung erscheint. Andere haben mit 60 den Schalk im Nacken und überzeugen durch frischen Verstand, Optimismus und ungeheure Flexibilität. So nebenbei stecken sie das gesamte Optimierungsteam „in die Tasche" und machen Vorschläge, die in einer Mischung aus Erfahrung und Progressivität oft nützliche Ideen beinhalten.

Veränderungsfähigkeit bedingt eine gewisse Stabilität der Persönlichkeit. Unsichere und unerfahrene Menschen suchen Halt in Standardisierungen. So, wie einem Kind allabendlich eine Geschichte vorgelesen wird, erwarten diese Menschen ritualisierte Abläufe. Regelmäßige Prozess-Veränderungen überfordern sie und führen dazu, dass die mit der Veränderung anvisierten Ziele nicht erreicht oder gar gegenteilige Effekte beobachtbar werden.

Spielregeln

Es zeigt sich immer wieder, dass die Definition bestimmter Regeln Abläufe und das tägliche Miteinander vereinfachen. Sei es, weil sie jeder versteht oder weil einfach ein Verlangen nach Leitlinien der Orientierung besteht. Das bedeutet nicht, jede Kleinigkeit im Detail an Vorschriften zu knüpfen. Die Beschränkung auf einige grundlegende „Spielregeln" hilft jedoch, Prozesse zu steuern. Sie bilden die linken und rechten Grenzen eines Prozess-Korridors, innerhalb dessen eine Flexibilität der Zielerreichung existiert.

16.3 Systemunterstützung in der Personalarbeit

Indirekte Systemunterstützung

Systeme, die einen Ablauf indirekt unterstützen, sind alle Einrichtungen, die nur mittelbar einen Prozess beeinflussen. Hierzu zählt auch Software, mit deren Hilfe Prozesse dokumentiert und Projekte begleitet werden können. Es muss nicht in jedem Fall eine komplexe Projektmanagement-Software sein – oft sind es die kleineren, unbekannten Programme, die Großes leisten.

Dazu zählt „Visio" (inzwischen Microsoft), ein Programm, das auch für einige Schaubilder in diesem Buch eingesetzt wurde. Auf einfache Art und Weise können so – mit einem großen Vorrat an Symbolen, zum Teil nach einschlägigen Normen – Abläufe visuell dargestellt werden. Ebenso sind Veränderungen und Anpassungen zu jeder Zeit unkompliziert möglich.

Beispiele

Direkte Systemunterstützung

Systeme, die im Prozess aktiv eingesetzt werden, um Routineaufgaben zu bearbeiten oder standardisierte Vorgänge zu automatisieren, unterstützen diesen Prozess direkt. Dies müssen nicht nur Computerprogramme sein. Denkbar wären auch Maschinen oder andere mechanische Einrichtungen.

Beispiel:
Systemunterstützung – immer ein Fortschritt?

Rohrpost

Vor einigen Jahrzehnten gab es in vielen Warenhäusern und größeren Unternehmen Rohrpostanlagen zu bewundern. Diese dienten einerseits – quasi als Vorläufer der E-Mail – einer internen Kommunikation, andererseits wurde sogar Bargeldverkehr mit einer Zentralkasse durchgeführt. Nach einer wenig kundenfreundlichen Wartezeit von einigen Minuten kam ein Kaufbeleg mit dem Wechselgeld zurück. Insgesamt ein hervorragendes Beispiel für eine völlig verfehlte Optimierungs-Fokussierung. Sicher wurde mit dem Argument der Kostenersparnis (nur noch eine Kasse) real der Kostenaufwand reduziert. Andererseits sind die negativen Auswirkungen auf den Umsatz – durch entnervt abwandernde Kunden – sicher ungleich höher gewesen. In dem geschilderten Fall erfolgte jedoch nach kurzer Zeit wieder eine Umstellung auf dezentrale Kassen, was wiederum ein positives Beispiel für die Erfolgs-Evaluation darstellt.

Direkte Systemunterstützung kann in der Personalabteilung bevorzugt durch den Einsatz von passender Hard- und Software erfolgen. Seit Jahrzehnten erfolgen die Stammdatenhaltung und die Gehaltsabrechnung durch Großrechner und PC. Personalakten liegen neuerdings zunehmend in digitaler Form vor. Und trotzdem werden viele andere standardisierte Abläufe nach wie vor nach einer Karteikarten-Methodik durchgeführt – ohne angemessene Unterstützung durch spezielle Applikationen. Die großen Softwareanbieter setzen langsam auch auf diesen Markt, jedoch erweisen sich die angebotenen Lösungen in der Praxis als zu komplex und wenig anwenderfreundlich. Es scheint – nicht nur in der Personalarbeit – immer noch eine technische Dreiklassengesellschaft zu geben. Die einen betrachten den PC als ihren natürlichen Feind und vermeiden jeglichen „Kontakt", der über das Verfassen und Lesen von Mails hinausgeht. Das andere Extrem – eine recht kleine Gruppe – kommt dem papierlosen Büro schon recht nahe und nutzt intensiv jegliche Unterstützung, die die modernen „Rechenknechte" bieten. Dazwischen liegt die große Gruppe der klassischen Anwender, die ausschließlich das nutzen, was ihnen aufbereitet angeboten wird und was sie zwingend für die Bearbeitung ihrer Aufgaben benötigen. Der Blick über den Tellerrand gelingt dieser Gruppe häufig nicht, und es bedarf externer Impulse, um Verbesserungen – gerade im Hinblick auf den Einsatz der modernen IT – zu initiieren. Hier liegt noch ein großes Potenzial brach. Ein Unternehmen sollte es sich nicht leisten, den Einsatz von effektiver Systemunterstützung von der Eigeninitiative Einzelner abhängig zu machen. Wird also ein Bedarf des Einsatzes von DV-Tools erkannt, so ist zunächst zu prüfen, ob mit vorhandenen DV-Systemen die benötigten Funktionalitäten abgebildet werden können. Die erforderliche Datenbasis sowie Erfassungs- und Auswertungsmöglichkeiten sind zu ermitteln und in einem „Pflichtenheft" zu fixieren.

Oft sind es nur die vermeintlichen Kleinigkeiten, die über Erfolg oder Misserfolg entscheiden. So sind es manchmal hilfreiche Excel-Rechner, die einen Ablauf dauerhaft und nachhaltig enorm verbessern können. In anderen Fällen lohnt sich eine größere zeitliche Investition im Rahmen einer Eigenentwicklung.

Evaluierende Systeme

Werkzeuge zur Evaluation von Prozessen sind grundsätzlich langfristig anzulegen (Zeitreihenvergleiche, Bewertung der Ergebnisse). Sie sind „Erfolgsmesser" und können somit wichtige Hinweise auf die Qualität von Prozessen geben. Leider ist dies fast ausschließlich für die Vergangenheit möglich. Von daher ist eine zügige Evaluation wünschenswert, sobald Prozessveränderungen umgesetzt wurden. Um Verfälschungen durch die Besonderheiten der Einführungszeit zu vermeiden, sollte die Überprüfung nach einer gewissen Vorlaufzeit beginnen. Die aus der Politik bekannte „100-Tage-Frist", in der man neue Amtsinhaber auch aus Sicht der Opposition zunächst „in Ruhe" wirken lässt, ist für die betriebliche Umsetzung ein Anhalt, zum Teil sicher aber zu lang. Evaluierende Systeme benötigen

Daten. Von daher ist auch hier das Personalcontrolling wieder gefragt, da es zu nahezu allen personalwirtschaftlichen Prozessen Berührungspunkte in verschiedenen Phasen aufweist. So ist es vielen Prozessen vorgelagert, in dem es eine Datenbasis überhaupt bereitstellt. Das Personalcontrolling begleitet Verfahren durch Entwicklungsarbeit und Verarbeitung der in den Prozessen erhobenen Daten und letztendlich evaluiert es die Erfolgswirksamkeit durch nachgelagerte Auswertungen. Personalwirtschaftliche Abläufe sowie Planungs- und Entwicklungsprozesse funktionieren nicht ohne eine auswertbare Datenbasis!
Evaluation bedeutet hinsichtlich eingesetzter Systeme aber auch

- die kontinuierliche Überprüfung auf das Verhältnis von Pflegeaufwand (datentechnisch/Erfassung) zu Ergebnissen (Performance-Afford-Analysis, Ergebnisrelevanz),
- die Überprüfung der Anwendbarkeit (sind Anwender überfordert oder fehlen wichtige Bestandteile oder Datenfelder?).

Als Prozessunterstützung eingesetzte Systeme „leben" und müssen kontinuierlich den Erfordernissen der jeweiligen Abläufe angepasst werden. Eine Systemfixierung führt zu starren Prozessen und der unterstützende Charakter mutiert schnell und führt zu gegenteiligen Effekten.

Adaption und Integration

Wurden prozessunterstützende DV-Systeme erfolgreich etabliert, sollte eine Prüfung der Adaptionsmöglichkeiten dieser Verfahren und DV-Tools auf andere Instrumente und Abläufe vorgenommen werden. Existieren bereits mehrere solcher Systeme unabhängig voneinander, kann eine Prüfung der Integrationsmöglichkeiten und des Zusammenwirkens im Sinne der Prozessoptimierung sinnvoll werden. Dies kann durch die Auswahl von universellen Systemplattformen vorbereitend unterstützt werden. Gerade wenn verschiedene Bearbeiter und Abteilungen involviert sind, lassen sich so einerseits technisch Schnittstellen verbessern, andererseits aber auch personell Verbesserungen nach dem Prinzip der „interdisziplinären Arbeitsweise" forcieren. Eine erfolgreiche Durchführung von

Prozessen ist erschwert, wenn alle vorhandenen Verfahren isoliert ablaufen. Dies bezieht sich auf

- die Handelnden (Zusammenarbeit) und
- die Systeme (Schnittstellen).

Eine klassische Trennung in funktionsbezogene Abteilungen („Schreibtischgrenzen") kann im Rahmen einer System-Evaluation nicht akzeptiert werden. Prozessoptimierung beinhaltet auch die Veränderung der Sichtweise; einmal aus der Vogelperspektive, dann wieder aus der niedrigen „Frosch-Sicht". Nur der beständige Wechsel der Standpunkte führt zu einer Transparenz des Beziehungsgeflechts aller Abläufe.

16.4 Positive Konsequenzen der Prozessoptimierung

Die „neue" Personalabteilung der AZ Rad

Optimierte Arbeitsabläufe

Die Geschäftleitung der AZ Rad ist mit den ersten Ergebnissen der Prozessoptimierung in der Personalabteilung sehr zufrieden. So wurde ein Bewerbermanagementsystem eingeführt, welches eine Bewerber-Datenbank beinhaltet, automatisierten Schriftverkehr mit Wiedervorlagefunktion und die Möglichkeit einer prozessorientierten Weiterleitung an andere Prozessbeteiligte bietet.

Schnelle Reaktionszeiten

Ferner können vakante Positionen erfasst werden, denen Bewerbungen dann zugeordnet werden. Der Betriebsrat erklärte sofort seine Zustimmung zu dieser Maßnahme, da er – ebenfalls an dieses System angeschlossen – zukünftig zeitnah, qualitativ hochwertig und standardisiert über geplante Einstellungen sowie über vorhandene Kandidaten informiert wird. Die Reaktionszeit für ein Bewerbungs-Feedback wurde projektseitig auf maximal drei Werktage beschränkt und liegt – nach den ersten Erfahrungen – nur noch in Einzelfällen knapp darüber. Bisher musste ein Bewerber bis zu drei Wochen auf eine Eingangsbestätigung warten. Was waren die Ursachen? Die Prüfung der Einzelabläufe im Einstellungsprozess hatte eine eindeutige Fehlerquelle identifiziert. So führten urlaubs- und krankheitsbedingte Abwesenheiten zu einem „Vergessen“ von personenbezogenen Posteingangskörben. Wie ein Statussymbol hatte in der Vergangenheit nahezu jeder Mitarbeiter der Personalabteilung ein Körbchen auf seinem Schreibtisch stehen. So etwas sieht wichtig aus, und wenn dieser Korb dann auch noch ständig überquillt, gerät man in den Ruf, ständig „Berge von Arbeit“ bewältigen zu müssen.

Achtung:

Es sollte Prozess-Optimierern immer verdächtig vorkommen, wenn die Schreibtische von Mitarbeitern einen über lange Zeiträume unveränderten Zustand aufweisen – ob nun „top" aufgeräumt oder chaotisch überfüllt. Kaum ein Arbeitsplatz weist eine derartige Konstanz auf.

Kurze Liegezeiten

In der Personalabteilung der AZ Rad erfolgte also zunächst die Einrichtung eines zentralen Eingangskorbs. Dieser Korb – so eine Prozess-Regel – wird ausschließlich durch die Assistenzkräfte des Personalleiters bearbeitet. Auch Bewerbungen werden erst dann an die zuständigen Personalreferenten weitergegeben, wenn eine Erfassung im neuen System bereits erfolgt ist. Dazu zählen die persönlichen Daten, ein Eingangsdatum und die Zuordnung zu einer Zielposition. Die neuen, virtuellen Eingangskörbe dulden keine Liegezeiten mehr. Wenn ein Vorgang überfällig wird, werden alle Anwender, die sich am neuen Bewerbermanagementsystem anmelden, in einer zweistufigen Eskalation darüber informiert. Die erste Alarmstufe ist lediglich eine Benachrichtigung, während in der zweiten Stufe zunächst eine Bearbeitung – das kann auch einer Weiterleitung der Zuständigkeit sein – erfolgen muss, bevor eine weitere Systemnutzung möglich wird.

Fazit

Systeme, Optimierung, DV-Tools – zählt denn die menschliche Komponente in der Personalabteilung gar nicht mehr?

Um in einem Unternehmen – Kleinbetriebe einmal ausgenommen – „alle Fäden in der Hand zu behalten", ist eine prozessuale und zielorientierte Nutzung von datenverarbeitenden Systemen erforderlich. Es handelt sich bei nahezu allen Abläufen um ein mehr oder minder „standardisiertes Mengengeschäft"! Die Menschlichkeit bleibt nur dann auf der Strecke, wenn die technische Basis nicht unterstützend vorhanden ist. Wer zuviel unnötige Handarbeit in administrative Aufgaben steckt, findet keine Zeit mehr für die Gespräche mit den Mitarbeitern. Auf welche andere Art und Weise, als durch systemtechnische Unterstützung, könnten alternativ die viel gepriesenen „Freiräume" geschaffen werden?

Die gesamte Personalabteilung wird durch das Zusammenspiel mit dem Personalcontrolling erfolgreicher. Dies betrifft sowohl den Umgang mit Daten als auch das „Controlling der Prozesse"; insbesondere durch Einführung in neue Techniken und zeitweiliges Coaching in der aktuell zur Verfügung stehenden System-Umgebung.

Prozessoptimierung in der Personalarbeit beinhaltet nahezu immer den Einsatz moderner, unterstützender IT-Systeme.

17 Rechtliche Grundlagen

Die Arbeit des Personalcontrollings unterliegt verschiedenen rechtlichen Vorschriften. Sie verhindern einen unkontrollierbaren Wildwuchs im Umgang mit Personaldaten, beeinflussen aber auch Ihre Gestaltungsmöglichkeiten bei der Einführung und dem Einsatz von Personalcontrolling-Instrumenten.

In diesem Kapitel erfahren Sie, welche rechtlichen Vorschriften Sie in Ihrer Arbeit beachten müssen. Neben den Bestimmungen des Bundesdatenschutzgesetzes (BDSG) berührt vor allem das Betriebsverfassungsgesetz (BetrVG) und seit August 2006 auch das Allgemeine Gleichbehandlungsgesetz (AGG) die Arbeit des Personalcontrollings. In einer Musterbetriebsvereinbarung zum Personalcontrolling, die Sie am Ende des Kapitels finden, sind die zentralen inhaltlichen und formellen Aspekte der Zusammenarbeit mit dem Betriebsrat aufgeführt.

Weniger bekannt ist, dass es seit 1999 in Deutschland auch eine gesetzliche Grundlage gibt, die Unternehmen verpflichtet, Personalplanung zu instrumentalisieren. Mit dem „Gesetz zur Kontrolle und Transparenz im Unternehmensbereich" (KonTraG) erfolgte eine Änderung im Aktiengesetz, durch die der Begriff „Personalplanung" offiziell und die Einführung von Risikoüberwachungsinstrumenten zwingend notwendig wurden. Praktische Hinweise zur Personalplanung liefern Ihnen die Kapitel 9 und 10.

17.1 Welche Datenschutzbestimmungen müssen Sie beachten?

Dem Wunsch des Personalcontrollings, in Sekundärsystemen möglichst viele und unveränderte Personaldaten zusammenzutragen und vorzuhalten, stehen die Vorschriften des Bundesdatenschutzgesetzes (BDSG) gegenüber. Die verwendeten Daten werden i. d. R. aus dem

System bezogen, das der Erstellung der Gehaltsabrechnung und der Verwaltung der Beschäftigungsverhältnisse dient.

So wenig personenbezogene Daten wie möglich

Interessanterweise fordert das BDSG in § 3a (Datenvermeidung und Datensparsamkeit) die Ausrichtung der Datenverarbeitungssysteme auf das Ziel, keine oder so wenig personenbezogene Daten wie möglich zu nutzen. Unter diesem Aspekt verbietet sich also ein globaler Transfer von Daten aus dem Primärsystem in das für das Personalcontrolling verwendete DV-Werkzeug. Vielmehr ist für jedes Datenfeld die Notwendigkeit der Nutzung einzeln zu begründen.

Anonymisierung von Daten

Das BDSG verlangt in der gleichen Vorschrift zusätzlich, von den Möglichkeiten der Anonymisierung, also dem Weglassen von identifikationsermöglichenden Daten, und Pseudonymisierung, also der Verwendung von Decknamen[45], Gebrauch zu machen, sofern dies mit einem angemessenen Aufwand möglich ist. Während es im Primärsystem ausgeschlossen ist, Personendaten unkenntlich zu machen, muss in einem sekundären, für Personalcontrolling-Zwecke erstellten System diese Möglichkeit ausdrücklich in Betracht gezogen werden.

Tipp: Führen Sie ein Pflichtenheft

Nur durch die rechtzeitige und ausführliche Erstellung eines Pflichtenheftes kann entschieden und einzeln begründet werden, welche Daten unverändert gespeichert oder unkenntlich gemacht werden sollen.

Welche Ergebnisse soll das Sekundärsystem hervorbringen?

Die Art der Datenverarbeitung orientiert sich grundsätzlich daran, welche Ergebnisse das Sekundärsystem hervorbringen soll:
Sollen Ergebnisse in zusammengefasster Form ausgegeben werden, kann auf eine Verarbeitung der Daten in unveränderter Form eher verzichtet werden, als wenn das System beispielsweise Informationen über einzelne Mitarbeiter an Folgesysteme (z. B. Personalfreisetzung, Qualifizierung etc.) zu übermitteln hat. Der Anforderung, jedes kumulierte Ergebnis bei Bedarf auf Mitarbeiterebene zurück-

[45] Anonymisierung und Pseudonymisierung werden in §3 BDSG definiert. Es geht darum, die Daten soweit zu verändern oder zu ersetzen, dass eine Zuordnung zu der betroffenen Person nicht oder nur mit unverhältnismäßig großem Aufwand möglich ist.

zuführen, steht eine Anonymisierung oder Pseudonymisierung jedoch entgegen.

Tipp: Arbeiten Sie mit dem Datenschutzbeauftragten zusammen

Eine pauschale Aussage über Zulässigkeiten oder Verbote bei der Verarbeitung von personenbezogenen Daten lässt sich nicht treffen. Es empfiehlt sich daher, den betrieblichen Datenschutzbeauftragten rechtzeitig einzubinden; wohl wissend, dass man damit den größten Bedenkenträger involviert. Es kann jedoch in niemandes Interesse sein, ein Sekundärsystem einzuführen, das rechtlich auf wackeligen Beinen steht.

Fürsorgepflicht des Arbeitgebers

Neben dem Postulat der Datenvermeidung ist aber noch ein weiteres Rechtsgut zu bedenken: Jeder einzelne Mitarbeiter ist vor negativen Konsequenzen zu schützen, die entstehen können, wenn auf Basis fehlerhafter Auswertungen unternehmerische Fehlentscheidungen getroffen werden. Dies ergibt sich aus der Fürsorgepflicht des Arbeitgebers.

Beispiel

In einer Personalkosten-Analyse fällt eine Abteilung deutlich negativ auf. Auf Basis dieser Daten entscheidet die Geschäftsführung, in dieser Abteilung 2,00 FTE abzubauen und die geplante Übernahme von drei Auszubildenden auszusetzen. Da nur kumulierte Kostendaten genutzt werden, war nicht erkennbar, dass die Mehrkosten aus personenbezogenen, einmaligen Sonderheiten resultieren. Wäre eine ergänzende, auf Personenebene durchgeführte Auswertung vorgenommen worden, hätte man diese Besonderheiten rechtzeitig erkannt und die Geschäftsführung darüber vor ihrer Entscheidung informieren können. Die negativen Auswirkungen auf die Belegschaft, bzw. auf die einzelnen betroffenen Mitarbeiter wären also vermeidbar gewesen!

17.2 Mit dem Betriebsrat konstruktiv verhandeln

Der Vorgang des DV-gestützten Personalcontrollings berührt mehrfach betriebsverfassungsrechtliche Vorschriften, die nachfolgend aufgeführt werden. Mindestens ebenso wichtig wie das formelle Beachten dieser Vorschriften ist die vertrauensvolle Zusammenarbeit mit den Gremien der Personalvertretung. Betriebsräte können die Einführung und die Nutzung funktionierender Personalcontrolling-Systeme verhindern oder fördern.
Im Folgenden sollen diejenigen Vorschriften des Betriebsverfassungsgesetzes (BetrVG), die die Personalplanung als wichtigen Zweig des Personalcontrollings betreffen, und solche Vorschriften, die aufgrund des Einsatzes von technischen Personalcontrolling-Systemen Anwendung finden, getrennt voneinander betrachtet werden.

Recht auf Unterrichtung bei der Personalplanung

Das Betriebsverfassungsgesetz räumt den Mitarbeitervertretungen mit § 92 ein rechtzeitiges und umfassendes Recht auf Unterrichtung zur Personalplanung ein. Da der Begriff Personalplanung dort nicht näher spezifiziert ist, liegt es nahe, dass er sich auf alle Teilaspekte der betrieblichen Personalplanung bezieht. Lediglich der „gegenwärtige und künftige Personalbedarf" wird in dieser Vorschrift separat genannt.

Unterrichtung des Betriebsrats im Planungsstadium

Der Hinweis auf die Rechtzeitigkeit der Unterrichtung bedeutet, dass der Arbeitgeber den Betriebsrat bereits dann beteiligen muss, wenn seine Überlegungen das Planungsstadium erreicht haben. „Planung besteht im systematischen Suchen und Festlegen von Zielen sowie im Vorbereiten von Aufgaben, deren Durchführung zum Erreichen der Ziele erforderlich ist. Der Plan ist das Ergebnis der Planung."[46] Sinn dieser Vorschrift ist, dass der Betriebsrat über genügend Zeit verfügen soll, um die aus der Planung abzuleitenden Maßnahmen beeinflussen zu können.

[46] Fitter: Betriebsverfassungsgesetz; Handkommentar, 18. Aufl., S. 1488.

Tipp

Das Recht auf umfassende Unterrichtung schließt nach gängiger Rechtsauffassung die Einsichtnahme in Unterlagen ein, die der Arbeitgeber für seine Entscheidungsfindung heranziehen wird. Vielfach ist eine Aushändigung der Unterlagen für eine erfolgreiche Zusammenarbeit sinnvoll oder sogar notwendig.

Schließen sich an die Personalbedarfsplanung konkrete Maßnahmen an, um die Planung zu realisieren, so muss der Arbeitgeber diese hinsichtlich Art und Umfang mit dem Betriebsrat beraten (§ 92 Abs. 1, S. 2 BetrVG). Der Unterschied zum Unterrichtungsrecht des Satzes 1 ist, dass sich der Arbeitgeber hier mit den Argumenten der Arbeitnehmervertretung sachlich und ernsthaft auseinandersetzen muss. Da es sich um kein Mitbestimmungsrecht handelt, obliegt die endgültige Entscheidung jedoch dem Arbeitgeber allein.

Achtung:

Versäumt der Arbeitgeber oben genannte Pflichten, d. h. kommt er seiner Informationspflicht nicht, wahrheitswidrig, unvollständig oder verspätet nach, handelt er ordnungswidrig (§ 121 BetrVG) und kann durch die Verhängung eines Bußgeldes bestraft werden.

Größer als der materielle Schaden, der durch ein Bußgeld entsteht, ist jedoch die verloren gegangene Vertrauensbasis, die gerade in diesen Bereichen der Zusammenarbeit erfolgsbestimmend ist.

Mitbestimmungsrecht bei der Anwendung von technischen Einrichtungen (§ 87,6 BetrVG)

Neben den Vorschriften zur Personalplanung greift das Betriebsverfassungsgesetz durch die Vorschrift des § 87, Absatz 6.

Einrichtungen zur Leistungs- und Verhaltensüberwachung

Hierin wird die Mitbestimmung bei der Einführung und Anwendung von technischen Einrichtungen festgelegt, die dazu bestimmt sind, eine Leistungs- und Verhaltensüberwachung durchzuführen. Nun ist dies nicht Ziel des Personalcontrollings, aber die hierfür verwendeten Systeme werden diese Eigenschaften in aller Regel aufweisen. Bereits eine Analyse von Fehlzeiten erfüllt diesen Tatbestand. Es kommt dabei nicht darauf an, ob eine Leistungs- und Verhaltenskontrolle gemäß dem Wortlaut des Gesetzes Zweck der eingesetzten Systeme ist, es reicht, dass diese Systeme hierfür geeignet sind.[47]

Ergänzend sei hier noch auf weitere Vorschriften des Betriebsverfassungsgesetzes hingewiesen, die das Personalcontrolling im weiteren Sinne berühren:

- § 80 Allgemeine Aufgaben
- §§ 90, 91 Gestaltung von Arbeitsplatz, Arbeitsablauf und Arbeitsumgebung
- §§ 96-98 Berufsbildung
- § 106 Wirtschaftliche Angelegenheiten.

Zusammenarbeit mit den Arbeitnehmervertretern

Jenseits dieser rechtlich-formellen Aspekte ist es ein entscheidender Erfolgsfaktor, die Mitarbeitervertretungen davon zu überzeugen, dass ihre Beteiligungsrechte ernst genommen werden und sie durch den Arbeitgeber eine angemessene Anerkennung in ihrer Rolle als Vertreter der Mitarbeiterschaft erfahren.

Zugriffsrecht für den Betriebsrat?

Indikator hierfür ist z. B., dass der Betriebsrat nicht nur über die eingesetzten Systeme informiert wird, sondern sie im Detail in Augenschein nehmen kann oder sogar selbst eine (gegebenenfalls abgestufte) Zugriffsberechtigung erhält. Wichtig ist auch, dass der Zeitpunkt der Unterrichtung so früh gewählt wird, dass der Betriebsrat die Informationen nicht bereits aus anderen Quellen erhält.

Der Betriebsrat als Kunde des Personalcontrollings

Aktive Gremien der Mitarbeitervertretungen zählen zum Kundenkreis des Personalcontrollings. Was auf den ersten Blick widersprüchlich klingt, erweist sich bei näherem Hinsehen als zielführend: Nur gut informierte Betriebsräte können Argumente der Arbeitgeber nachvollziehen und konstruktiv an Problemlösungen mitarbeiten. Betriebsräte lernen als Kunden des Personalcontrollings die Vorteile und den Nutzen kennen, den das Personalcontrolling stiftet. Es wird ihnen zunehmend leichter fallen, auch weitere Ausbaustufen des Personalcontrollings positiv zu begleiten. Erkennen die Arbeit-

[47] Grossmann, Ruprecht: Arbeitsrecht, 8. Aufl., S. 323f.

nehmervertreter, dass ein neues System auch für sie und für die Belegschaft Vorteile verspricht, erfolgt in den meisten Fällen eine breite Unterstützung. Im Idealfall steht also nicht nur das Management als Treiber hinter einer Systemeinführung, sondern auch der Betriebsrat.

17.3 Betriebsvereinbarung

Die Tätigkeiten des Personalcontrollings sollten in einer Betriebsvereinbarung beschrieben werden. Dies hat den Vorteil, dass – nachdem die Rahmenbedingungen definiert sind – das Personalcontrolling „ungestört" arbeiten kann. Immer noch gibt es in vielen Unternehmen die Situation, dass jede einzelne Personaldaten-Auswertung vom Betriebsrat zu genehmigen ist. Ein frustrierender und vor allem lähmender Zustand.

Die Vorteile einer Betriebsvereinbarung

Der Abschluss einer Betriebsvereinbarung zum Personalcontrolling stellt nur auf den ersten Blick eine Einschränkung der Handlungsfähigkeit dar. In der Praxis ergeben sich viele Vorteile, wenn die Arbeit des Personalcontrollings in dieser Form zwischen der Unternehmensleitung und den Mitarbeitervertretungen geregelt ist.

- Zeitaufwändige Einzelabstimmungen und Genehmigungsverfahren bei Auswertungen aus den Personaldatenbeständen werden vermieden.
- Eine Betriebsvereinbarung schafft Rechtssicherheit für den ausführenden Mitarbeiter und schützt vor Aufträgen im „Grauzonen-Bereich".
- Dem Betriebsrat wird ein Bewusstsein für die Arbeit des Personalcontrollings vermittelt. Er erkennt die Notwendigkeit und verliert unbegründete Widerstände durch Transparenz und eigenen Nutzen.
- Die Mitarbeiter erhalten die Sicherheit, dass ihre Daten nicht willkürlich und ohne Regeln ausgewertet, verwendet oder weitergegeben werden.
- Auftraggebern wird bewusst, dass Personaldaten und Ergebnisse von Auswertungen sensibel zu handhaben und Reports streng zweckgebunden und restriktiv durchzuführen sind.

Tipp

Formulieren Sie eine Betriebsvereinbarung zum Personalcontrolling möglichst kurz sowie system- und personenunabhängig. Eingesetzte Systeme oder Zugriffsberechtigungen für Personen sollten in Anlagen geregelt werden, damit bei Veränderungen eine Aktualisierung erfolgen kann, ohne den Text der Vereinbarung ändern zu müssen. So kann eine Betriebsvereinbarung Systemwechsel überleben, wenn sie sorgfältig formuliert wird.

Inhalt einer Betriebsvereinbarung

Eine Betriebsvereinbarung zum Personalcontrolling sollte neben den formellen (Vertragspartner, örtlicher, personeller und zeitlicher Geltungsbereich etc.) folgende inhaltliche Punkte enthalten:

- Erklärung zur beabsichtigten Nutzung der Daten
- Aussage über Leistungs- und Verhaltenskontrolle
- Verpflichtung zur zweckbestimmten Datennutzung
- Erlaubte und verbotene Datenverknüpfungen
- Kontrollrechte des Betriebsrates
- Festlegung des Datenbestandes
- Zugriffsberechtigungen
- Protokolle und Aufzeichnungen
- Dissensklärung

Musterbetriebsvereinbarung

Zwischen der AZ Rad AG

– vertreten durch die Geschäftsführung –

und dem Gesamtbetriebsrat der AZ Rad AG

– vertreten durch dessen Vorsitzenden –

wird die folgende Betriebsvereinbarung zum Personalcontrolling geschlossen:

1. Sie gilt für alle Mitarbeiter der AZ Rad AG, sofern diese nicht Leitende Angestellte i. S. v. § 5 BetrVG sind.

2. Geschäftsführung und Betriebsrat sind sich darüber einig, dass für die Gestaltung einer zukunftsweisenden Personalarbeit und die Steuerung des Unternehmens Auswertungen aus den Personaldatenbeständen im Rahmen eines Personalcontrollings erfolgen sollen.

3. Die Vertragsparteien betonen die besondere Verantwortung, die aufgrund der besonderen Schutzwürdigkeit, der Sensibilität und der Bedeutung der Personaldaten den mit deren Auswertung betrauten Personen obliegt.

4. Der Geschäftsführung ist es ein wichtiges Anliegen, dem Betriebsrat gegenüber Transparenz über die Verarbeitung und die Nutzung personenbezogener Daten im Unternehmen herzustellen und durch die Bereitstellung formal und qualitativ hochwertiger Auswertungen ihren Informationspflichten nachzukommen. Der Betriebsrat erkennt das berechtigte Interesse des Unternehmens an, Mitarbeiterdaten für Planungs- und Steuerungszwecke zu erheben, zu verwenden und weiterzugeben, sofern dies im Rahmen der hier getroffenen Vereinbarungen geschieht.

5. Personaldaten dürfen im Rahmen von EDV-Anwendungen außerhalb des Gehaltsabrechnungsprogramms gespeichert und weiterverarbeitet werden, sofern sichergestellt ist, dass die Daten in ihrem Inhalt nicht verändert werden und die Zugriffsberechtigungen gem. Anlage 1 zu dieser Vereinbarung beschränkt sind.

6. Eine Auswertung der Daten zum Zwecke der Leistungs- oder Verhaltenskontrolle ist nicht gestattet. Aus diesem Grund dürfen Personaldaten auch nicht mit Daten verknüpft werden, die in Kombination mit Personaldaten geeignet wären, Leistungs- oder Verhaltensprofile von Mitarbeitern zu erstellen. Dies gilt insbesondere für vertriebsbe-

zogene Daten wie z. B. Umsätze, Verkaufszahlen, Kundenbesuche etc. Sollten in besonderen Fällen Verknüpfungen zu anderen personenbezogenen Datenbeständen erforderlich sein, ist darüber vorab zwischen den Vertragsparteien eine Einigung herbeizuführen.

7. Auswertungen aus Personaldatenbeständen sind so zu dokumentieren, dass dem Betriebsrat jederzeit über die ausgewerteten Daten, die jeweilige Zweckbestimmung, den Empfänger und die Art der Datenweitergabe Auskunft gegeben werden kann. Auskünfte müssen dem Betriebsrat unverzüglich und in einer Form erteilt werden, die eine Kenntnis der Systeme nicht erfordert.

8. Systeme, mit denen Personaldaten ausgewertet werden, sind in einer Anlage 2 zu dieser Betriebsvereinbarung so zu beschreiben, dass deren Zweck, das System (Programmname, gegebenenfalls Programmiersprache), die Eingabe-, Verarbeitungs- und Ausgabeschritte, die zeitliche Verwendung und die eingesetzten Datenschutzmechanismen deutlich werden. Sofern es sich um Systeme handelt, die außerhalb des Personalcontrollings Verwendung finden, sind diese dem Betriebsrat vor Inbetriebnahme vorzustellen. Auswertungen und Systeme, die ausschließlich innerhalb des Personalcontrollings eingesetzt werden, sind im Rahmen der Bestimmungen dieser Vereinbarung genehmigungsfrei.

9. Sollte es bei der Anwendung dieser Vereinbarung zu Schwierigkeiten kommen, die die Vertragsparteien nicht einvernehmlich lösen können, ist ein Gremium zu bilden, dem neben den Vertragsparteien der betriebliche Datenschutzbeauftragte angehört. Das Gremium hat die Aufgabe, innerhalb von 14 Tagen eine Lösung herbeizuführen. Die in den einleitenden Absätzen dieser Vereinbarung genannten Grundsätze sind dabei besonders zu beachten.

10. Sollte eine der in dieser Vereinbarung formulierten Bestimmungen unwirksam sein, so wird sie durch eine wirksame ersetzt, die dem beabsichtigen Sinn möglichst nahe kommt. Die anderen Bestimmungen bleiben in ihrer Wirkung unberührt.

11. Diese Vereinbarung tritt am Tage ihrer Unterzeichnung in Kraft. Sie kann von jeder der Vertragsparteien mit einer Frist von sechs Monaten gekündigt werden.

(Ort), __________, (Datum) __________

____________________ ____________________

(Geschäftsführung) (Gesamtbetriebsrat)

17.4 Das Allgemeine Gleichbehandlungsgesetz (AGG)

AZ-Rad: Im Einklang mit dem AGG?

Die Suche nach geeigneten Mitarbeitern für die Produktionsausweitung am Standort Flensburg war zunächst wenig erfolgreich. Der Leiter der Abteilung hatte sehr klare Vorstellungen von seinem „Wunschkandidaten“ und teilte dies den Bewerbern in den Gesprächen auch mit. Eine Kandidatin bekam zu hören, die Arbeit sei für Frauen zu schwer und deshalb werde man einen Mann einstellen. Ein 52-jähriger männlicher Kandidat wurde im Gespräch darauf hingewiesen, dass schon genug „alte Leute“ hier beschäftigt seien. Einem türkischen Bewerber bescheinigte der Abteilungsleiter sogar per Mail: „Leider können wir bei der Stellenbesetzung generell keine ausländischen Bewerber berücksichtigen.“ Nach nicht einmal einer Woche erhielt die Geschäftsleitung eine Klageandrohung unter Bezugnahme auf das Allgemeine Gleichbehandlungsgesetz (AGG).
Der Betriebsrat des Werkes Schwerin verlangt nach Inkrafttreten des AGG von der Geschäftsleitung die sofortige Einstellung einiger Personaldatenauswertungen. So soll die Auswertung „AUSL-1 – Mitarbeiter mit ausländischer Staatsangehörigkeit“ und die Liste „FK Ü55 – Führungskräfte mit Alter > 55 Jahre“ diskriminierend sein und ist daher nach Meinung des Betriebsrates rechtswidrig.
Nach diesen Vorfällen wird das Personalcontrolling beauftragt, die AGG-Konformität der Personalarbeit zu untersuchen.

Inhalt und Ziel des Gleichbehandlungsgesetzes

Anforderungen an den Arbeitgeber

Das „Allgemeine Gleichbehandlungsgesetz“ (AGG) trat am 18.08.2006 in Kraft. Da es für die darin geregelten arbeitsrechtlichen Benachteiligungsverbote keine Übergangsfristen gibt, mussten und müssen Arbeitgeber verzögerungsfrei dafür sorgen, dass ihre betrieblichen Prozesse, Maßnahmen und Strukturen sowie alle arbeitsrechtlichen Verträge mit dem AGG vereinbar sind. Anderenfalls drohten Schadensersatzklagen sowie die Unwirksamkeit von arbeitgeberseitig initiierten Maßnahmen. Das AGG trifft daher auch Unternehmen, die sich bereits vor Inkrafttreten des Gesetzes in vorbildlicher Weise um den Schutz vor Benachteiligung im Arbeitsverhältnis gekümmert haben.[48]

Zielsetzung des AGG

Das Gesetz will Benachteiligungen in der Arbeitswelt verhindern oder beseitigen. Dafür sind 7 Merkmale aufgeführt, aufgrund derer keine Benachteiligung erfolgen darf:

1. Rasse
2. ethnische Herkunft
3. Geschlecht
4. Religion oder Weltanschauung
5. Behinderung
6. Alter
7. sexuelle Identität

Beschwerderecht

Mitarbeiter, die sich nach einem der genannten Merkmale oder Kriterien benachteiligt fühlen, haben ein Beschwerde- und (unter Umständen) ein Leistungsverweigerungsrecht. Im berechtigten Fall muss der Arbeitgeber mit Sanktionen in Form von Entschädigungs- oder Schadensersatzzahlungen rechnen.

Wer trägt die Beweislast?

Eine Besonderheit des Gesetzes ist die Beweislastregel: Wer sich auf das AGG beruft, muss lediglich Indizien beibringen, die eine Benachteiligung vermuten lassen. Nach § 13 besteht ein Beschwerderecht, sobald ein Betroffener sich benachteiligt fühlt. Nach einer Beschwerde muss „die andere Seite" (also meist der Arbeitgeber) prüfen und beweisen, dass kein Verstoß vorliegt. Das Ergebnis der Prüfung ist dem Beschwerdeführer mitzuteilen.

Beispiel: Ungleiches Gehalt für vergleichbare Tätigkeit

Eine Mitarbeiterin hat im Gespräch mit männlichen Kollegen, die ein vergleichbares Aufgabengebiet haben, erfahren, dass diese eine um durchschnittlich 20 % höhere Vergütung erhalten. Sie beschwert sich bei der zuständigen Stelle und nennt diese persönlichen Gespräche als Beweis für ihre Benachteiligung. Der Arbeitgeber ist zu einer Prüfung verpflichtet. Er hat das Ergebnis der Prüfung mitzuteilen.

---

[48] Diskriminierungsschutz gab es bisher bereits im BGB (§§ 611a, 612) in Bezug auf das Geschlecht, im SGB IX (§81) in Bezug auf Behinderung und im TzBfG (§4) in Bezug auf Teilzeittätigkeit.

Auswirkungen des AGG auf die Personalarbeit

Ist die Personalarbeit AGG-konform?

In vielen Unternehmen stellt man sich jetzt die Frage: Ist die Personalarbeit überhaupt „AGG-konform"? Die Personalarbeit wird in allen Phasen und Prozessen vom AGG berührt. Insbesondere trifft dies zu auf:

- Einstellung einschließlich Auswahlkriterien
- Beschäftigungs- und Arbeitsbedingungen einschließlich Arbeitsentgelt
- beruflicher Aufstieg (z. B. Beförderungen)
- Zugang zu allen Ebenen und Formen der Berufsberatung
- Berufsbildung einschließlich der Berufsausbildung
- berufliche Weiterbildung und Umschulung
- Beendigung des Arbeitsverhältnisses und Austrittsbedingungen
- Mitgliedschaft und Mitwirken in Gewerkschaften oder Arbeitgeberverbänden

Seitens des Gesetzgebers wurden einige Mindestanforderungen definiert, die vielfach zu einem erhöhten administrativen Aufwand in den Personalabteilungen führen werden. Dem Postulat der Vorbeugung kann ein Arbeitgeber in der Praxis beispielsweise durch die Einrichtung einer Beschwerdestelle, kontinuierliche Überprüfung der Personalarbeit und Schulung der Mitarbeiter nachkommen.

Achtung:
Nicht nur personenbezogene Einzelmaßnahmen, sondern auch allgemeine Prozesse sollten einer AGG-Kontrolle unterzogen werden!

Auswirkungen des AGG auf das Personalcontrolling

Prüfung der Datenauswertungen

Wie das Personalcontrolling vom AGG betroffen ist, hängt stark von der Funktion dieser Abteilung im jeweiligen Unternehmen ab. Zum einen sollten Sie prüfen, ob die im Personalcontrolling selbst durchgeführten Tätigkeiten – insb. Personaldatenauswertungen und Berichte – AGG-konform sind bzw. ob die Ergebnisse dieser Arbeit gegebenenfalls Benachteiligungen bewirken können. Ein weiteres Betätigungsfeld ist die bereits erwähnte Prüfung der Personalprozesse.

Sind die Personaldatenauswertungen und Berichte AGG-konform?

Eine Personaldatenauswertung als solche stellt noch keine Benachteiligung dar. Erst durch ihre Verwendung kann eine Situation entstehen, in der ein Mitarbeiter benachteiligt wird und ggf. Ansprüche nach dem AGG geltend macht.

Beispiele:

Bericht „FK Ü55" – Führungskräfte, mind. 55 Jahre alt:

Seit Jahren wird im Unternehmen die langfristige Nachfolgeplanung neben anderen Berichten durch eine Auswertung unterstützt, die folgende Selektionsmerkmale aufweist:

- Führungskraft
- Alter >= 55 Jahre

Eine weitere Differenzierung erfolgte nach Organisationseinheit und Tätigkeit. Die Liste wurde zu keinem anderen Zweck genutzt.

Bericht „AUSL-1" – Mitarbeiter mit ausländischer Staatsangehörigkeit

In der Personaladministration wird zur Überwachung behördlicher Meldepflichten regelmäßig eine Auswertung der ausländischen Mitarbeiter mit deren Daten über die Arbeits- und Aufenthaltserlaubnisse (Aufenthaltstitel) erstellt. Die Auswertung verbleibt in der Personalabteilung und dient als Arbeitsliste zur Terminüberwachung.

Das AGG stellt insofern einen weiteren Grund dar, warum das Personalcontrolling den Zweck und die weitere Verwendung von Auswertungen immer hinterfragen und auch dokumentieren sollte. Ob letztlich eine Benachteiligung von Mitarbeitern entsteht, kann das Personalcontrolling allein nicht abschließend prüfen. Besteht jedoch aufgrund der Auswahlkriterien und der Informationen über den Verwendungszweck der dringende Verdacht, dass ein AGG-Verstoß vorliegen könnte, obliegt es der Verantwortung des Personalcontrollers, dies sichtbar zu machen und in einem entsprechenden Rahmen intern zu kommunizieren bzw. zu diskutieren. Das Ergebnis sollte wiederum dokumentiert werden.

Tipp: So machen Sie Ihre Auswertungen AGG-sicher

Dokumentieren Sie die Zielsetzung von Selektionen, die vermeintlich diskriminierend sein können, sehr genau (z. B. eine Liste älterer Führungskräfte als Basis einer Nachfolgeplanung).

Prüfen Sie bestehende Reports, ob diese Hinweise auf Benachteiligungen geben (z. B. Tätigkeit-Geschlechter-Pivot hinsichtlich der Vergütung).

Umgekehrte Diskriminierung

Das AGG lässt so genannte „umgekehrte Diskriminierungen" zu. Eine Ungleichbehandlung ist demzufolge zulässig, wenn dadurch bestehende Nachteile tatsächlicher oder struktureller Art wegen eines in § 1 genannten Grundes verhindert oder ausgeglichen werden sollen. Bekanntes Beispiel einer solchen Maßnahme ist die Frauenförderung, etwa über eine Quotenregelung. Zur Unterstützung derartiger Maßnahmen sind häufig Personaldatenauswertungen gefragt.

Beispiel: Durch Auswertungen Diskriminierung verhindern

Regelmäßig wird eine nach Geschlechtern getrennt aufbereitete Gehaltsstatistik erstellt. Sie ermöglicht eine Übersicht darüber, ob bei vergleichbarer Tätigkeit männliche und weibliche Arbeitnehmer gleich bezahlt werden. An diesem Beispiel ist leicht zu erkennen, dass eine Personaldatenauswertung auch zur Aufdeckung oder Abwendung von Diskriminierungen eingesetzt werden kann.

Tipp: So gehen Sie mit Ausnahmetatbeständen um

Ermitteln, erfassen und überprüfen Sie in regelmäßigen Abständen alle Positionen, bei denen sachlich begründet eine Ungleichbehandlung gerechtfertigt ist. Kommunizieren Sie derartige Tatbestände den betroffenen Ansprechpartnern (diverse Interessenvertreter).

Sind die Personalprozesse AGG-konform?

Bestandsaufnahme

Im Rahmen einer Bestandsaufnahme unterziehen Sie alle Betriebsvereinbarungen, Verträge, Handbücher, Broschüren, Regelungen etc. einer umfänglichen Prüfung auf potenziell diskriminierende Inhalte. Dies betrifft neben Formulierungen auch Befristungen oder Altersgrenzen. Schnell wird deutlich werden, dass das Personalcontrolling diesen Prozess zwar steuern, aber aufgrund der thematischen Vielfalt und der arbeitsrechtlichen Komplexität inhaltlich nicht abschließend durchführen kann.

Über die genannten Dokumente hinaus sind die eigentlichen Prozesse zu prüfen. Dies kann natürlich nur dann erfolgen, wenn diese aktuell, vollständig und verbindlich dokumentiert sind. Da in vielen

Personalabteilungen solche Prozessbeschreibungen noch fehlen, könnte die Einführung des AGG ein guter Anlass sein, diese einzuführen. Der anfängliche Aufwand sollte sich durch die mit der hiermit vielfach verbundenen Reorganisation und Verschlankung von Prozessen in der Regel rentieren.

Dokumentation von Prozessen

Eine Dokumentation von Prozessen ist insbesondere wegen der umgekehrten Beweislast unbedingt erforderlich. Die Dokumentation enthält neben den eigentlichen Prozessschritten auch die zu verwendenden (nun AGG-konformen) Formulare und Texte. Es ist wichtig, für gleiche Prozesse (z. B. die Bearbeitung einer Bewerbung) auch gleiche Arbeitsunterlagen (hier: Formulare oder Mustertexte) zu verwenden. Nur so ist eine Gleichbehandlung im Streitfall grundsätzlich überhaupt belegbar. Standardisierung, eine höchst mögliche Objektivierung und ein stringentes Handeln nach internen Vorschriften unterstützen eine allgemein akzeptierte Vorgehensweise – formell wäre so kaum noch ein Ansatz für den Nachweis von Verstößen gegeben. Voraussetzung dafür ist, dass die Prozesse auch gelebt werden und nicht nur als Papier-Postulate verfasst wurden.
Die Prozesskontrolle – eigentlich eine originäre Führungsaufgabe – kann durch das Personalcontrolling unterstützt werden.

Die nachfolgenden Checklisten für den Personalbeschaffungsprozess zeigen, worauf Sie bei der Stellenauschreibung und der Bewerberauswahl im Hinblick auf das AGG achten müssen.

AGG-Checkliste: Was müssen Sie bei Stellenauschreibungen beachten?		✓
1.	Nutzen Sie durchgängig geschlechtsneutrale Formulierungen.	
2.	Verwenden Sie keine zahlenmäßig benannten Altersangaben oder solche, die eine definierte Altersgruppe vermuten lassen könnten.	
3.	Verwenden Sie keine sonstigen Formulierungen, die eine Benachteiligung nach § 1 AGG vermuten lassen könnten (Rasse, ethnische Herkunft, Religion oder Weltanschauung, Behinderung, sexuelle Orientierung).	

4.	Prüfen Sie kritisch auch alle zunächst positiv und wohlwollend erscheinenden Formulierungen (z. B. „Schwerbehinderte Menschen werden bei gleicher Qualifikation bevorzugt" – gemäß EuGH kein absoluter Vorrang!).	
5.	Vermeiden Sie unüberlegte Floskeln, auch wenn man sie „immer schon genutzt" hat. Beispiel: „Senden Sie Ihre Bewerbung bitte mit den üblichen Bewerbungsunterlagen" – das beinhaltet auch ein Foto, was bei „erkennbaren Merkmalen" problematisch sein könnte. Die Formulierung „aussagekräftige Bewerbungsunterlagen" ist dagegen AGG-konform.	
6.	Aber: Eine Aufforderung zur Direktbewerbung – ausgesprochen an eine bestimmte Person – ist nicht diskriminierend.	

AGG-Checkliste: Was müssen Sie bei der Bewerberauswahl beachten?		✓
	Auswahlkriterien	
1.	Definieren Sie objektive Kriterien zur Bewerberauswahl; möglichst als standardisiertes Formblatt mit der Option eines individuellen, positionsbezogenen Kriterienspeichers.	
2.	Verwenden Sie ausschließlich Bewerberfragebögen, die auf mögliche Diskriminierungstatbestände geprüft worden sind. (Ist z. B. eine Frage nach dem Alter erforderlich?)	
3.	Vermeiden Sie Einstellungsentscheidungen, die auf subjektiven Gründen beruhen. Stellen Sie jegliche Entscheidung immer auf objektive Kriterien ab.	
4.	Kommunizieren Sie Entscheidungen gegenüber Bewerbern ausschließlich auf Basis Ihrer höchst möglich objektivierten Entscheidungsfindung.	
5.	Wägen Sie ab, welche Form der Mitteilung aus Gründen der Beweissicherung vorzuziehen ist (schriftlich, telefonisch, persönlich).	

	Absageschreiben	
1.	Eine neutrale und weitestgehend inhaltsleere Form der Absageschreiben bietet die größte Sicherheit, obwohl sie de facto nicht im Interesse von Bewerbern ist.	
2.	Dokumentieren Sie, wer als Gesprächspartner bzw. in der Folge als Ansprechpartner in diesen individuellen Bewerbungsvorgang involviert war.	
3.	Fertigen Sie Gesprächsnotizen bei allen nicht schriftlich dokumentierten Kontakten.	
	Umgang mit den Unterlagen	
1.	Sichern bzw. dokumentieren Sie alle einer personalwirtschaftlichen Entscheidung zugrunde liegenden Daten und Fakten. Tipp: Ein Dokumentenscanner ermöglicht die Ablage als Datei, z. B. im PDF-Format.	
2.	Sorgen Sie dafür, dass Sie die Inhalte für die Beweissicherung nachvollziehbar und jederzeit verfügbar archivieren (stringente Systematik).	
3.	Prüfen Sie mögliche Klagefristen und definieren Sie danach die Aufbewahrungsfristen und Löschungsdaten.	
4.	Beachten Sie bei externen Bewerbern in jedem Fall die konkurrierende Gesetzgebung zwischen AGG-Anforderungen und dem Bundesdatenschutzgesetz.	

Beispiele für aufbewahrungswürdige Dokumente:

Stellenausschreibungen, Bewerberunterlagen inklusive Schriftverkehr, Telefon- und Gesprächsnotizen, Entscheidungsgrundlagen für Beförderungen, Bonus- und Tantiemezahlungen, Gehaltserhöhungen, Kündigungen.

Anhand dieser Checklisten erkennen Sie, wie detailliert das AGG in die Personalarbeit eingreift und wie wichtig eine Prozessdokumentation ist, um überhaupt prüfen zu können, ob AGG-konform gehandelt wird. Generell gilt für die Entscheidungsvorbereitung und Durchführung von personalwirtschaftlichen Maßnahmen:

- Entwickeln Sie für alle Vorgänge überprüfbare und nachvollziehbare Verfahren und Konzepte und achten Sie auf eine konsequente Dokumentation.
- Sorgen Sie für die kompetente Umsetzung und unterstützen Sie diese durch exakt formulierte Ablaufbeschreibungen.
- Unterstützen, fördern und schulen Sie die Umsetzungsverantwortlichen außerhalb der Personalabteilung (z. B. Führungskräfte bzgl. der Durchführung von Mitarbeitergesprächen).

Unabhängig von einzelnen Personalprozessen ist zu empfehlen, die Personalarbeit insgesamt AGG-sicher zu machen. Die Checkliste auf der folgenden Seite unterstützt Sie dabei.

AGG-Checkliste: So machen Sie Ihre Personalarbeit AGG-sicher		✓
1.	Führen Sie regelmäßig Schulungen für Führungskräfte und Mitarbeiter durch.	
2.	Überprüfen Sie die aushangpflichtigen Gesetze (Schwarzes Brett, Rundschreiben, Intranet, Internet, E-Mail-Aktionen).	
3.	Richten Sie eine Beschwerdestelle ein.	
4.	Verpflichten Sie Ihre Geschäftspartner (z. B. Lieferanten, Kunden) zu einer AGG-konformen Vertragsdurchführung. Tipp: Nehmen Sie eine entsprechende Formulierung in Ihre Allgemeinen Geschäftsbedingungen auf!	
5.	Prüfen Sie, ob weitere Maßnahmen erforderlich sind. (z. B. Maßnahmen zur Vorbeugung, Erstellung von Anti-Diskriminierungs-Vereinbarungen, Ergänzung der Unternehmensrichtlinien)	
6.	Beobachten Sie die sich entwickelnde Rechtsprechung zum Diskriminierungsschutz, um ggf. weitere Anpassungen rechtzeitig vornehmen zu können.	

Fazit

Insbesondere die erste Schulungswelle von Führungskräften und die anschließende Information aller Mitarbeiter erfolgen mit einem großen Aufwand. Die Frage, ob hier die Relation zwischen Aufwand und Erfolg noch in einem akzeptablen Verhältnis steht, kann zwar gestellt werden, entbindet jedoch nicht von der Erfüllung der durch den Gesetzgeber mittelbar oder unmittelbar auferlegten Pflichten. Erst die zukünftige Rechtsprechung wird zeigen, ob die Unternehmen sich beispielsweise vor „AGG-Schnorrern" in aufwändiger Weise schützen müssen oder ob sie sich auf die Erfüllung der eigentlichen Gesetzesabsicht konzentrieren können Die Angst vor dem Diskriminierungsvorwurf und den damit verbundenen (finanziellen) Konsequenzen wird in jedem Fall dazu führen, dass beispielsweise Bewerber im Falle einer Absage kein qualifiziertes Feedback, sondern ein möglichst aussageloses Absageschreiben erhalten. Ob das im Sinne des Gesetzgebers war, bleibt offen.

Für das Personalcontrolling bedeutet die Einführung des AGG, dass die Berichts- und Inhaltsverantwortung für Auswertungen deutlich an Relevanz gewinnt. Gleiches gilt für die Beratungskompetenz, die im Rahmen des Prozesscontrollings nachzuweisen und einzubringen ist.

Noch Fragen?

Pionierarbeit Personalcontrolling

Auf vielen Seiten haben wir verschiedenste Themen bearbeitet, die Ihnen im Personalcontroller-Alltag begegnen werden oder schon begegnet sind. Wir haben uns an verschiedenen Stellen bemüht, mit „Blicken über den Tellerrand" das reine Zahlenwerk aus dem Fokus der Betrachtung zu ziehen. Diese Anregungen sollen Sie motivieren, ähnlich zu agieren und sich so in die Lage zu versetzen, auf Basis eines breit angelegten Wissens und vor allem Verstehens Ihrem Beratungsauftrag in hoher Qualität nachkommen zu können. Sie haben erfahren, welche Voraussetzungen zu schaffen sind, damit Sie ein Personalcontrolling aufbauen und betreiben können. Und dennoch wissen wir aus jeweils über einem Jahrzehnt Erfahrung in der Personalarbeit, dass Fragen offen bleiben und dass Sie im weiteren Verlauf Ihrer Tätigkeit als Personalcontroller mit immer neuen Fragestellungen konfrontiert werden. Gerade die thematisch und inhaltlich kaum definierte und äußerst unterschiedliche Abgrenzung des Personalcontrollings führt in der Praxis zu einer abwechslungsreichen, anspruchsvollen und daher auch erfüllenden Tätigkeit, welche oft auch Pionierarbeit und immer eigenverantwortliches Denken und Handeln beinhaltet.

www.azrad.de

Wir, die Autoren, möchten Sie einladen, Ihre Fragen zu stellen und mit uns oder anderen Personalcontrollern zu diskutieren. Gern geben wir Ihnen auch Starthilfe für die eine oder andere Problemlösung. Bitte nutzen Sie dafür das Forum, das Sie über unsere Internetseiten www.azrad.de und www.personalcontroller.de erreichen können. Dort erhalten Sie auch die Microsoft Access-Datenbank, die für die Beispiele in diesem Buch verwendet wurde, in einer voll funktionsfähigen Version kostenlos zum Download. Wir freuen uns über Ihr Interesse!

Stichwortverzeichnis

C

D

E